기독청년들에게 전하는 메시지!

창조관점으로 환경이슈 터파기

— 다양한 환경이슈에 대한 기도 및 행동지침서 —

유지철 지음

(하나님이 만드신 아름다운 세상 연구소)

저자 소개

유지철(하나님이 만드신 아름다운 세상 연구소 대표)
한국교원대학교 환경교육 석사(M.ed)
침례신학대학원 신학석사(M.div)

디자인

오진실(하나님이 만드신 아름다운 세상 연구소 간사) - 표지
이용석(하나님이 만드신 아름다운 세상 연구소 회원) - 챕터

윤문

채율미(하나님이 만드신 아름다운 세상 연구소 간사)

===========================
발행일 2024년 11월 17일
펴낸이 채윤성
펴낸곳 하만아세(도서출판 올포워십)
편집 디자인 하만아세
주소 서울시 영등포구 당산로 176, 101호
전화 010. 7124. 1671
이메일 edit@all4worship.com
홈페이지 all4worship.com
ISBN 979-11-976613-6-5
====================

목 차

7

글을 시작하며

환경문제는 다양한 시공간 속에서 나타난다. 과거에도 그랬고 현재에도 그러하며 미래에도 그럴 것이다. 끝나지 않는 환경문제는 우리의 삶에 직간접적으로 어려움을 주고, 괴로움으로 이어지기까지 한다. 그러나 다양한 환경문제를 알기란 쉽지 않고, 해결방안을 구축하는 것 또한 쉽지 않다. 그렇기 때문에 우리는 환경에 대해 관심을 갖고 있어도 쉽사리 앞장을 서거나 활동하지 못한다.

특히, 기독교인으로서 다양한 환경문제와 이슈에 대해 어떠한 반응을 보여야 할까? 기독교가 하나의 정치적인 색깔로 드러나면 안 되기에, 우리는 그저 조용히 각자의 위치에서 환경문제에 대응하는 것 말고는 다른 방도가 없었다. 하지만 형제가 연합하여 선한 일을 하는 것이 하나님의 뜻임으로, 우리는 환경문제와 이슈를 더욱 확고하게 인식하고 전달해야 하며, 하나님의 뜻을 토대로 문제를 해결하는 노력을 기울여야 한다.

이 글을 쓰면서 두렵고 떨리는 마음이 앞선다. 그 이유는 하나님의 뜻이라 말하지만, 아래에 서술할 내용이 나의 바르지 못한 생각과 신념에 사로잡힌 채 전달될 수 있기 때문이다. 그러므로 더욱 말씀에 주목했고, 환경문제와 이슈를 면밀히 분석하려고 노력했다. 이 글이 독자들에게 선한 영향력을 끼치고, 함께 하나님이 만드신 아름다운 세상을 회복하는 자그마한 힘으로 이어지길 소망한다.

*중요 키워드 : 기독교, 환경, 하나님이 만드신 아름다운 세상, 환경문제, 환경이슈, 제로웨이스트, 업사이클링, 생태, 생태계, 케이블카, 세계자연유산, 갯벌, 해안사구, 신공항 논란, 탈석탄, 탈핵, 폐기물(전자, 방사성, 플라스틱), 스키장 복원, 비트코인, 데이터센터, 환경난민, 기후난민, 생물권, 동물권, 식물권, 기후위기, 지구온난화, 전염병, 코로나19, 환경선교, 일상생활 속 환경 등

환경의 문제는 작은 것에서 큰 것으로 이어진다

환경문제와 이슈에 대한 규모와 영향력은 상황과 여건마다 다르다. 국지적인 문제도 있고, 전 세계적으로 영향을 주는 문제도 있다. 이는 다른 말로, 한 마을 안에서 벌어지는 문제일 수도 있는 반면에, 다른 대륙 혹은 전 세계에 영향을 끼치는 문제일 수도 있다는 말이다. 대표적인 사건이 바로 '오존층 파괴'다. 이 문제는 환경문제 중에서 거의 유일하게 세계적으로 합의하고 노력해 회복되고 있는 사례이다. 하지만 다양한 문제를 하나의 방향으로 평가해 상·중·하로 나눌 수는 없다. 모든 문제가 중요하고 반드시 그리고 빠르게 해결되어야 한다. 이 글을 통해 환경문제와 이슈를 기독교의 관점과 성경의 말씀으로 채워서 해결하기를 소망한다.

안타깝게도, 환경문제는 우리의 삶 속 우선순위에 있어 상당히 뒤로 밀려나 있는 것 같다. 물론 살아가기 위해선 돈이 필요하고, 경제적인 안락과 누림, 개발이 필요한 것은 사실이다. 그러나 이러한 모습은 자칫 잘못하면 세상을 파괴하기 쉽고, 우리의 욕심과 욕망으로 인해 하나님이 창조하신 세상의 모든 면면을 무너뜨릴 수 있다. 이 세상을 창조하신 분은 하나님이시다. 창조주가 세상을 관리하고 다스릴 수 있는 권리를 우리에게 주신 것을 기억해야 한다. 그래서 인간은 청지기 의식을 가지고 살아야 하며, 정의의 하나님을 닮아 세상을 잘 관리하고 정의롭게 환경을 지켜야 한다.

하나님은 정의로우신 분이시고 정의를 사랑하시며 이 세상에 정의가 넘치기를 바라신다. 그러므로 하나님이 만드신 아름다운 세상이 인간만의 것이 아님을 기억하면 좋겠다. 우리는 하나님의 뜻에 합하여 세상을 관리해야 하며, 생태계와 모든 관련 시스템들—즉, 탄소순환이나 물 순환, 대기 순환 등의 다양한 시스템들—에 속해 있음을 기억하고, 이 시스템들이 무너지지 않도록 지속가능하게 살아가야 한다. 하나님이 모든 피조물을 기쁨으로 창조하셨다는 것과 그들이 너무나 소중한 존재임을 기억하고 한 종 한 종 소중히 관리해야 함을 잊지 말아야 한다. 개발만 하려고 한다면 이 문제들은 다른 피조물에게 악한 영향을 끼칠 것이다. 우리가 어느 방향으로 걷느냐에 따라 멸종 혹은 회복으로 이어질 수 있다.

지금부터 다양한 환경이슈를 선정하고, 규모별로 나누어 국지적인 이슈부터 국제적인 이슈까지 성경 말씀을 토대로 나아가야 할 방향을 생각해 보고자 한다. 물론 이것이 정확한 하나님의 뜻이라 확정할 순 없을지라도, 조금 더 하나님의 계획에 맞게 헤엄쳐 나갈 수 있는 좋은 변화로 이어지리라 믿는다. 즐겁고 행복하게 그리고 문제들에 집중하며 함께 생각해 보도록 하자.

Ⅰ. 20여 년이 넘는 긴 논쟁의 끝은 어디일까?
'설악산 오색케이블카 설치 논란'

15이 모든 일에 전심전력하여
너의 성숙함을 모든 사람에게 나타나게 하라
16네가 네 자신과 가르침을 살펴 이 일을 계속하라
이것을 행함으로 네 자신과 네게 듣는 자를 구원하리라.

디모데전서 4장 15~16절

세부논란1. 지난 20년간 논란이 된 오색케이블카 사업!!

2000년 12월! 설악산 국립공원이 위치한 양양군의 한 마을 오색에 '케이블카' 설치를 위한 타당성 용역의 결과가 발표되었다. 결과는 긍정적이었고 2003년 지역 주민에게 서명을 받으며 본격화되었지만, 격렬한 논쟁과 찬성·반대 측의 첨예한 대립이 지속되고 있다.

2004년, '백두대간보호법'이라는 법령이 제정되었다. 이 법은 2㎞이상 삭도의 경우 공사시행 인가 전 환경영향평가 합의가 필수적이라는 엄격한 기준과 절차를 포함한다. 소중한 유산인 설악산에 삭도를 설치해야 할 경우 정확한 '환경영향평가' 즉, 환경성이 얼마나 있는지 확인하는 절차가 반드시 필요하다는 것이다. 이 법령의 재정으로 양양군과 강원도가 설치하려 했던 케이블카 사업은 잠잠해진다.

하지만 강원도와 양양군은 포기하지 않았다. 2010년 이명박 대통령 정부였을 때, 자연공원법령이 개정되면서 상황이 바뀌었다. 법령에 의하면, 삭도의 길이가 2→5㎞로 상향되었고, 정거장 높이의 제한이 9→15m로 완화되었다. 이는 케이블카 계획을 수립할 기회를 열어주었고, 실제로 오색케이블카 설치를 위한 계획으로 이어졌다. 하지만 2012년 6월 26일, 사업 가능성만을 열어둔 채 부결되었다.

그렇게 끝날 것만 같았던 오색케이블카 사업이 양양군의 유치 결의 다짐으로 재점화됐다(2013년 8월). 박근혜 전 대통령이 2014년 10월 조기추진을 언급하면서 급물살을 탈 것으로 보였으나, 시민단체와 환경단체, 지역주민들의 기자회견 등 극심한 반발에 부딪쳤다. 복지논리를 내세운 정부에서 사업을 최종 승인하기에 이르자(15.8.28), 반대하는 단체와 시민들이 1인 시위와 반대서명운동을 시도했고, 다음 해 12월에 문화재위원회가 부결처리했다. 원인은 산양서식지의 고립 심화와 더불어 공사로 인한 환경파괴였다. 이는 지극히 당연한 결과였지만 강원도와 양양군은 물러서지 않으며, 행정심판을 청구('17.3)했고 그에 따라 문화재위원회가 보류를 결정했다('17.9.27). 또한 환경정책제도개선위원회가 나서서 허가를 재검토할 것을 권고('18.3)하면서 더큰 갈등이 시작됐다.

이러한 재검토는 2019년 허가를 위한 7가지 조건으로 이어졌다. 그 조건은 다음과 같다.

하나, 정상부 탐방로 회피 대책을 강구할 것
둘, 산양을 조사하고 해당 지역의 멸종위기종의 보호대책을 수립할 것
셋, 시설의 안전대책의 보안
　　즉, 지주 사이의 거리와 풍속의 영향을 판단하여 재설정할 것
넷, 사후 관리 모니터링 시스템을 마련할 것
다섯, 케이블카 공동 관리를 양양군과 국립공원관리공단이 함께 할 것
여섯, 운영 수익의 15%를 설악산 환경보존기금으로 조성할 것
일곱, 상류 정류장 주변의 식물 보호대책을 강구할 것

양양군이 노력하여 다시 허가를 신청했으나 결과는 좋지 않았다. 그 이유는 다음과 같다. 첫 번째는 정류장에서 떨어진 1.6㎞에 이르기까지 환경훼손이 우려된다는 것이었다. 두 번째는 과도한 관광객이 방문할 경우 '훼손'은 당연하다는 것이다. 그래서 세계자연유산인 제주도도 마찬가지로 인원을 제한하는 것이 중요하다는 의견이 지배적이었다. 더불어 세계자연유산센터가 위치한 거문오름은 하루 탐방객을 450명으로 제한 및 예약으로 진행되고 있는 실정을 볼 때, 그만큼 자연생태계를 유지하기 위해서는 과도한 관광객이 유치되는 것이 옳지 않다. 결국 케이블카 사업은 국립공원 내에서 좋지 않다. 마지막으로 멸종위기종 보호대책이 부족하다는 의견이다. 오색은 설악산 국립공원에서 자생하는 산양을 비롯한 멸종위기종들이 많이 살고 있다. 그러나 케이블카를 설치하고 운행하는 데 발생하는 소음 및 진동에 의해 생태계가 훼손될 우려가 있을 뿐 아니라, 멸종위기종들의 서식지를 방해 및 훼손할

수 있다.

2021년 7월 13일, 양양 주민 등 1만 5천여 명이 서명을 통해 '집단 민원'을 넣었다. 그들은 친환경오색케이블카추진위원회로써, 국민권익위원회 특별조사팀에 의해 13일 만에 조사에 착수하게 되었다. 그들의 대답은 다음과 같다. '국민의 올바른 권익은 몸을 던져서라도 지키겠다.' 이는 마치 답을 정해 놓고 조사하겠다는 내용과 같았다. 더불어 같은 해 7월 27일, 오색리에서 '장애인의 국립공원 향유권 보장' 요구 행사를 진행했다. 그렇다면 정말 장애인의 국립공원 향유가 케이블카 설치로 인해 진행될 수 있는 것인가? 만약 이러한 설치들로 인해 국립공원이 황폐해지고, 이후 재난이 닥친다면 장애인의 향유권이 유지될 수 있는가? 오히려 향유권을 잃게 될 것이다. 이미 설치된 권금성 케이블카 지역의 생태계가 황폐된 것을 보면 알 수 있다. 결국, 기존 갈등이 더욱 심화되고 강화될 뿐임을 잊지 말아야 한다.

그런데 2022년 엉뚱한 곳에 케이블카를 설치하겠다고 발표했다. 그곳은 강원도 고성에 위치한 국립공원 밖에서 시작되는 울산바위였다. 이 추진은 화엄사에 의해 시작되었고, 환경부에서 긍정적으로 바라보고 있었다. 그로 인해, 이중 잣대의 논란이 나오기도 했다. 하지만 이러한 논란은 같은 해 6월 3일 화엄사가 계획을 철회하면서 일단락되었다.

이러한 오색케이블카 사업의 논란은 끝나지 않았다. 윤석열 정부가 들어선 뒤 케이블카 설치에 대한 긍정적인 신호가 보였다. 이는 국립공원의 가치를 훼손시킬 수 있는 위험한 발상임에도 과학만능주의와 지역 발전이라는 미명하에 소중한 생태자원을 무너뜨리는 처사다. 지난 제8회 전국동시지방선거('22.6.1) 이후, 대통령과 강원도지사가 공약했던 오색케이블카 설치가 더욱 거세게 요구되고 있다. 더 큰 문제는 강원도가 특별자치도가 된 것이다. 강원도지사가 원하면 케이블카를 건설하는 것이 상대적으로 쉽다는 의미이다. 2023년 10월 경이면 건축이 시작될 것이라는 추측이 난무했다. 나는 이러한 상황을 만든 정부를 지탄하고 싶다. 그 이유는 첫째로 제대로 된 환경영향평가를 도 자체에서 진행할 수 없다는 것이고, 두 번째로 국립공원을 개발하는 것이 맞느냐는 의문이 들기 때문이다. 양양군과 강원도 그리고 지역주민들은 오색케이블카 건설을 추진하고 환영하지만, 그 이후의 모습에 대해서는 생각하지 않는 것 같다. 더불어 과연 오색 케이블카가 설치된다면, 얼마나 경제적으로 효용 가치가 있는 것일까? 만약 그 가치가 생태계를 보존하고, 함께 살아가는 공존의 시대를 여는 것보다 얼마나 더 중요한지 되묻고 싶다.

세부논란2. 찬성 측과 반대 측의 격렬한 논쟁 심화

오색케이블카 설치 논란의 찬성·반대 측은 자신들의 주장이 더 옳다고 말하며 논쟁을 멈추지 않고 있다. 찬성 측은 강원도를 비롯하여 양양군과 친환경케이블카추진위원회이고, 반대 측은 자연공원케이블카반대범대위가 주축을 이루고 있다.

격렬한 논쟁은 그들의 주장을 보면 정확히 알 수 있다. 찬성 측이 강조하는 부분은 '관광객 유치효과'이다. 2000년대부터 갈수록 관광객이 줄어드는 양양군에 관광 상품이 필요하다는 주장이다. 특히, 편의를 고려한 오색-대청봉(정상) 구간을 잇는 케이블카 설치를 추진하여 설악산 국립공원에 관광객을 유치하자는 것이다. 이들은 장애인과 노약자에게 설악의 비경을 쉽게 감상할 기회를 제공하는 데 큰 의미를 둔다.

또, '환경보호의 기능'을 주장한다. 이들은 설악산이 심한 암반으로 구성되어 있어 토사 유출로 생태계 파괴가 일어날 수 있다고 말한다. 등산로 주변 나무의 훼손을 방지하기 위해 케이블카를 설치하고 등산로를 폐쇄하면 자연적으로 생태계 파괴를 막을 수 있다는 주장이다. 또한, 케이블카가 설치되어 이용되는 요금의 전액을 설악산 보전과 환경훼손 복구에 사용하자고 제안한다. 그러나 한 번 파괴된 생태계는 복원 또는 회복되는 것이 거의 불가능하기에 이러한 주장은 실효성이 없다.

다음으로 반대 측의 주장이다. 이들이 가장 중요하게 생각하는 것은 환경 문제다. 설악산 자체가 국립공원이자 생물권 보전지역이기 때문이다. 그렇기에 보존을 위해 연구 또는 환경 모니터링 시설만 허용될 뿐 다른 것은 불가능하다는 입장이다. 케이블카, 지주, 그리고 운영과정에서 발생하는 소음과 진동은 그곳에 살고 있는 조류의 공중 이동 통로에 영향을 미칠 뿐만 아니라, 조류의 종과 개체수의 변화가 눈에 띄게 변화될 것이다. 조류뿐 아니라 다른 생명체에게도 위협이 될 수 있다. 특히, 멸종위기종인 산양과 더불어 희귀식물들이 자생적으로 살아가는 곳이기 때문에 더욱 조심해야 한다.

그들의 두 번째 주장은 '설악산 생태계 파괴 및 국립공원의 기능 훼손'이다. 무엇보다 자연 풍경이 손상되는 것을 우려한다. 우리는 일상생활을 하면서 자신이 사는 집 앞의 경관을 상당히 중요시 한다. 마찬가지로 여행을 할 때도 산이나 바다가 아름답게 펼쳐져 있으면 그 모습에 매료된다. 하지만 케이블카를 설치하면, 도시에 자기부상열차가 생기는 것처럼 경관이 삭막해질 것이다. 또한 케이블카를 설치하면 유동인구가 많아질 텐데, 그로 인해 관리와 통제가 제대로 이루어지지 않을 수도 있다. 즉, 환경이 보호되지 못할 가능성이 높아지며, 종을 보존하는 기능을 상실하게 될 것이다.

앞에서 살펴본, 찬성 측과 반대 측의 주장은 어느 정도 타당함을 갖고 있다. 물론 사람마다 초점을 어디에 두느냐에 따라 의견이 엇갈릴 수 있다. 찬성 측과 반대 측이 주장하는 내용을 경제적인 측면과 환경적인 측면에서 알아보고, 기독교인으로써 어느 방향으로 나아가야 하는지 생각해 보자.

먼저 경제적 차원이다. 오색케이블카가 설치되면 과연 어떠한 경제적 이득을 얻게 될까? 찬성 측(환경부, 양양군, 지자치 및 지역주민 등)에 의하면, 케이블카가 설치되었을 경우 관광객의 신규수요가 확대되고 관광과 관련된 지역 내 관련 시설의 증가로 낙후된 지역을 활성화시킬 수 있다고 한다. 내수확대, 지역경제 활성화, 일자리 창출 그리고 외국인 관광객 유치 효과 등이 발생한다는 말이다.

반대 측에 의하면, 개발로 인한 이익창출이 지속적이지 못할 가능성이 높다. 케이블카 운영 이후 관심도가 급증해 관광객의 수요가 확대될 것은 사실이나 이를 지속적으로 유지하기는 과거의 사례에서 보듯이 어렵다. 수많은 관광지에서 케이블카를 설치했지만, 경제적 이익은 효과적이고 지속적이지 않았기 때문이다. 반면에 이러한 개발로 인해 발생하는 생태계·생물권 보존 지역의 파괴는 손해를 주게 되고 아름다운 국립공원이 무너진다는 좋지 않은 소식으로 이어질 수 있다.

다음으로 환경적 차원이다. 찬성 측은 케이블카를 통해 등산객의 분산으로 자연환경 훼손이 감소가 되고, 국립공원 내 쓰레기 및 오수 처리가 신속하게 이뤄져 관리 효율을 높일 수 있다고 주장한다. 그러나 이러한 부분은 지금도 국립공원 내에서 처리할 수 있고, 법령으로 쓰레기 및 오수를 배출할 수 없게 되었기에 큰 효과가 있을지 의문이다. 반대 측은 오색 케이블카가 설치되면 산양, 조류 및 설악산에 사는 모든 동식물이 큰 위협에 처하고, 쓰레기 및 오수 처리에 더 큰 문제로 확대될 것이라 우려한다. 이는 설악산 국립공원에 설치된 권금성 케이블카 주변이 쓰레기로 뒤덮여 있는 모습이 자주 알려지기 때문이다.

이처럼 설악산 국립공원에 위치한 오색이라는 지역은 그만큼 보존되어야 하는 부분이 분명하다. 특히, 이동이 불편하거나 등산하기 어려운 사람들을 위해 케이블카를 설치하는 명분은 분명히 환영받아야 하나, 국립공원만큼은 보호하고 미래세대에 넘겨주어야 하지 않을까? 케이블카 설치로 인해 정상인 대청봉 부근까지 큰 위협을 받는다면 그것이 효과적이고 중요한 일인지 고민해야 한다.

세부논란3. 확실하게 보이는 '환경영향평가'를 외면하는 이유는?

지난 제20대 대통령선거를 앞둔 2월 말 '더불어 민주당'은 환경영향평가를 통과하지도 못한 오색케이블카 사업을 추진하겠다 밝혀 논란이 되었다. 이 논란은 찬성 측과 반대 측으로 극명하게 갈리며, "국립공원 안의 환경문제와 멸종위기종 위협에 대한 우려의 문제인가? 아니면 노약자나 장애인들을 위한 복지 혜택인가?"의 커다란 쟁점을 가지고 있었다.

그렇다면, 확실하게 보이는 '환경영향평가'의 내용을 우리는 왜 외면하고 있을까? 특히, 현 정부가 들어선 뒤로 더욱 공고하게 추진하려는 흐름이 우려를 낳고 있다. 지난 2019년 설악산 오색케이블카 사업에 대한 환경영향평가가 총 10가지 항목으로 보완 요구를 요청했다. 그 내용을 알아보면서, 우리가 어떠한 마음을 갖고 있는지 그리고 '함께 쉬고, 함께 살아가고(공존하고), 그 공간이 거룩해질 수 있도록 노력'하는 것이 얼마나 중요한지 깨달아 가기를 소망한다.

설악산은 국립공원(1970년 제정)이자, 환경부 산림청 백두대간 보호지역 (2005.9월 제정)이고, 문화재청 천연보호구역(1965년 제정, 163.6㎢)이며, 산림청 산림유전자원보호구역(2003년 제정, 19.3㎢)과 유네스코 생물권보호지역(1982년 제정, 767.49㎢)으로, 생태경관적 보호가치가 매우 높은 곳이다. 특히, 설악산 내에는 국내 생물종의 약 10%인 총 5,018종의 동·식물이 서식하고 있으며, 멸종위기야생생물 38종이 거주하고 있다.

동물상과 식물상으로부터 시작하여 각 항목별로 검토한 의견은 다음과 같다. 이 의견을 왜 외면하는지 생각해 보도록 하자.

먼저 동물상이다. 오색 케이블카 설치 예정지를 조사해 본 결과, 직간접적인 영향권에서 산양, 하늘다람쥐, 무산쇠족제비, 독수리 등 멸종위기 야생생물 13종의 서식이 확인되었다. 평가 대상지역은 보호종의 서식지로서 생태적 보전가치가 매우 뛰어난 곳이다. 특히, 멸종위기종 1급인 산양은 어린 개체를 포함하여 38개체가 발견되었고, 지주 및 상부정류장 인근에서도 다수 개체가 서식하는 것으로 확인되었다. 따라서 산양의 특성상 사업예정지에서 삭도시설을 설치하는 것은 바람직하지 않다. 환경부와 문화재청이 함께 조사한 결과, 상부 정류장 일원은 설악산 상위 1%에 해당하는 산양 서식지이기에 이에 따른 대응책이 필요하다.

그러나 양양군 측에서 공사 후 산양의 재이입을 유도하기 위한 '미네랄블록'을 제시했다. 이 방안은 야생성 유지 및 전염병 확산 예방, 산양의 서식지 교란 방지 등을 위해 사용을 제한하고 있어 국립공원의 특성을 고려하지 않은 부적절한 대책이다. 이전에는 산양만을 생각했던 것과 달리, 평가 대상 지역에서 하늘다람쥐, 삵, 담비, 무산쇠족제비 등 다른 멸종위기종들이 조사용 무인 센서 카메라로 확인되었기에 이에 대한 적정한 대책도 필요하다.

두 번째로 식물상이다. 식물에 대한 환경영향평가는 다양한 곳에서 미흡한 부분이 많다. 그 중에서 3가지만 언급하려 한다. 먼저 상부정류장 입지는 '자연공원 삭도 설치 및 운영 가이드라인'에 따라 극상림, 아고산대 식물군락, 보호종 분포지를 최대한 회피해야 한다. 그러나 오색케이블카 사업 상부정류장 예정지가 식생보전 Ⅰ등급의 극상림·자연림, 아고산대 수종(분비나무, 사스래나무 등), 희귀식물 분포지(국화방망이, 백작약, 연영초 등)이다. 이는 보전가치가 높은 식물상에 대한 영구적 훼손을 가하는 것이라 크게 우려된다. 하지만 대응책은 거의 제시되고 있지 않다.

다음으로 보전가치가 높은 식물들에 대한 보호대책이 미흡하다. 우리는 흔히 동물들에 대해선 많은 신경을 쓰지만, 식물들에 대해선 무관심하거나 덜 관심을 갖는다. 전문가 현장조사 결과, 희귀식물 조사 누락(자주솜대 등), 영구훼손지 조사지점 부적정(등산로를 조사함), 식생조사와 매목조사 결과 불일치 등 현황조사가 미흡하다. 또한, 설악산에서만 유일하게 자생하여 보존가치가 큰 이노리나무(IUCN 보호종)에 대한 보호대책이 미흡하다. 좀더 치밀하고 구체적인 설악산 식물상에 대한 연구를 한다면, 더 이상 케이블카 사업 설치에 집중하기 어렵다는 결론을 내릴 수 있다.

다음으로 사업 시행 시 수목 훼손과 손상될 우려가 높은 초본류에 대한 저감방안을 적정하게 수립하지 않았다. 또한, 오색케이블카 사업을 시행할 경우 벌목, 답압(땅을 밟아주는 행위) 등으로 인해 아고산성 수종을 포함한 수목이 훼손될 것이며, 희귀식물종, 특별산림보호종, 아고산성 수종의 어린개체 등 보호대상 초본류의 훼손이 우려되지만 이에 대한 저감방안이 적절하게 수립되지 않았다. 오색케이블카 추진단은 상부정류장 일대에 수목을 포함한 1,267주의 훼손 수목에 대한 보호 대책이 없고, 하류 정류장에서 발생하는 훼손 목 20주에 대해서만 이식 계획을 수립했다. 더불어 희귀식물 등 각 종마다 다른 특성을 가지고 있음에도 일반적인 이식방법인 '비오톱'을 제시하여 해당 식물에 적용하기 어려운 경우가 많다. 이는 실질적인 식물상을 회복하려는 노력이 뒷받침되어 있지 않다고 볼 수 있는 부분이다.

세 번째로 지형·지질 및 토지이용에 대한 부분이다. 오색케이블카 사업을 진행하기 위해서는 지주 및 상부가이드타워와 상부정류장 산책로, 하부정류장 작업장 등이 세워져야 한다. 그럼에도 백두대간 핵심구역인 이 지역에 대한 지형변형 규모를 초과하여 과도한 지형변화와 대규모 질·성토로 인한 환경상 악영향, 설악산의 생태 및 경관적 가치를 훼손시킬 우려가 있다. 지주 및 상부가이드타워 설치로 훼손되는 면적이 총 2,259㎡이나 토지이용계획에는 56㎡로 제시하였다. 그 안에는 하부정류장, 상부정류장 산책로 공사를 위한 케이블웨이 면적도 제시하지 않는 등 사업으로 인한 영향 및 훼손 정도를 축소하여 평가했다. 이는 통과를 위한 보고일 뿐, 제대로 된 환경영향평가를 하지 않은 것으로 판단할 수 있다.

네 번째로 소음과 진동문제다. 사람들에게도 소음과 진동에 민감한 사람이 있고, 반대로 무던한 사람이 있다. 동물들에게도 마찬가지이다. 특히, 야생동물들은 10㏈ 이하의 소음에도 번식·행동·생리 등에 영향을 받는다는 연구 결과가 있다. 그렇기에 공사를 진행할 때, 지주 및 상부정류장의 배경소음(35㏈)과 공사 및 운영 시 발생하는 소음(68~80㏈)은 저감방안을 마련하더라도 악영향을 상당히 미칠 것으로 보인다. 그래서 가축피해 예상 소음(60㏈ 이하)을 적용하여 영향을 예측하고 대책을 수립하는 것은 처음부터 잘못된 방안이다. 이는 통과를 위해 적용하는 것일 뿐 설악산에 살고 있는 야생동물에 대한 생각은 없다. 대표적으로 산양은 공사 시 발생하는 소음을 회피할 것으로 예상했으나, 사업 직접영향권(500m 이내)은 헬기 소음도가 약 57㏈ 이상으로 배경소음(35㏈)보다 높고 산양의 특성상 회피와 재이입을 예측하기 쉽지 않은 문제가 있다. 환경영향평가 결과, 반복적인 헬기 소음에 의한 서식지 포기, 어미와 어린 새끼의 분리로 인한 어린 산양의 생존률 저하 등 개체군의 축소가 우려된다. 무엇보다 공사 시 사용하는 헬기는 지금 설악산에서 이용하고 있는 헬기(연간 140회)보다 212일간(2년 동안) 하루 60회 운항을 할 계획이기에 산양의 서식 문제에 상당한 위협이 된다. 더불어 산양뿐 아니라, 다른 야생동물들에게도 커다란 악영향을 끼칠 것이 분명하다.

다섯 번째로 경관의 문제이다. 설악산의 경관은 국립공원으로써 상당히 중요하다. 그 누구도 설악산 국립공원에서 인위적인 경관이 눈 앞에 보이면 좋아하지 않을 것이다. 서울의 중심이 되는 남산은 경관을 보호하기 위해 90m를 고도제한으로 두었다. 지금은 완화되어 안타까운 상황이지만, 이는 서울의 어느 방향에서도 남산을 바라볼 수 있게 하기 위한 것이다. 마찬가지로 설악산의 경관도 그렇다. 특히, 대청봉(정상)과 서북능선 탐방로에서 상부정류장과 전망데크가 조성된다면 어떨까? 사업을 추진하는 양양군에서는 대규모 질·성토 공정을 계획하고 있음에도 경관 영향 저감 대책을 제시하지 않은 것이 큰 문제이다. 이질적인 인공경관과 설악산의 산림경관이 부조화를 이룰 가능성이 높기 때문이다. 즉, 설악산의 자연경관을 위해서는 우리가 어찌해야 하는지 깊은 고민이 필요하다.

여섯 번째로 탐방로 회피대책이다. 상부정류장 산책로 예정지는 서북능선 탐방로가 근접(211m 이격)해 있어 전망대 예상부지에서 조망할 수 있는 경관자원이 부족할 것으로 보인다. 또, 서북능선 탐방로와 연결 및 대청봉 정상부로의 연계가능성에 추가적인 환경훼손을 낳을 수 있다. 과거 덕유산 케이블카를 설치할 때, 이용객의 51%가 향적봉 정상까지 연계 탐방하여 정상부의 생태계가 교란·훼손되었고 식생복원이 불가능하게 됐다. 설악산의 경우는 심할 가능성이 크다. 특히, 탐방로 회피대책을 강화하는 조건으로 승인하였으나, 탐방예약제(공원관리청과 협의하지 않음) 등을 제시했다. 이는 진정한 탐방로 회피대책에 대해서는 사실상 생각조차 하지 않은 것으로 보인다.

마지막으로 시설안전대책이다. 평가서에 의하면, 산악지형의 지주를 500m 이하가 적정한 것으로 제시했으나, 지주 간 거리가 500m를 초과하는 곳이 네 구간(최대 761m)이나 있다. 그래서 돌풍이 빈번한 설악산의 경우 안전에 큰 문제가 발생할 가능성이 크다. 환경 훼손의 문제를 대응한 것으로 보이지만, 무엇보다 탑승객의 안전을 최우선으로 고려해야 한다. 다만, 설악산은 잦은 돌풍(15㎧ 이상)과 기상악화로 삭도 운행이 중지될 때, 헬기를 이용한 탑승객 구조계획을 제시한 것은 의미가 없다. 그 이유는 기상 악조건에서 헬기 운행이 불가능하며 지주의 높이가 45m에 달해 밧줄을 이용한 탈출도 용이하지 않기 때문이다. 그러므로 시설안전대책을 잘 구상하는 것이 필요하다.

위와 같이 환경영향평가에 따른 오색케이블카 사업의 대응책은 그다지 환경친화적이지 않았고, 더불어 국립공원을 생각하는 모습으로 보기 어렵다는 점에서 우려가 크다. 그렇기에, 오색케이블카 사업은 더욱 거세게 밀어붙이는 것이 아니라 정밀하고 확고한 대응책을 통해 진행하거나(실제로 불가능한 방향으로 가야 함), 오색케이블카 사업 자체를 취소시키는 일을 감당해야 한다.

상황이 변했다. '오색케이블카'는 어디로 가고 있는가?

지난 2023년 2월, 41년 만에 환경영향평가 조건부 통과가 이뤄지면서 오색케이블카 설치사업은 전환을 맞았다. 강원도가 특별자치도가 되면서 환경영향평가 주최기관이 사실상 환경부에서 강원도로 넘어갔고, 2023년 11월 20일 비로소 착공식을 가졌다. 2026년 완공을 목표로 많은 관광객이 남설악의 비경을 15분 만에 즐길 수 있다는 긍정적인 응답이 많았다. 하지만 완공된 이후에도 환경파괴 없이 잘 유지될 수 있을지 의문이다. 또한, 케이블카 설치로 경제적 효과를 누리는 것이 설악산 생태계 파괴보다 큰 이익을 줄지도 의문이다.

양양군과 강원도에 의하면, 친환경 공법을 사용해 환경 훼손을 최소화할 계획이라 한다. 하지만 여전히 계획에 따라 환경 훼손을 최소화할 경우는 찾기 드물다. 자재는 소음 피해를 우려해 당초 계획이었던 헬기가 아닌 임시 삭도를 만들어 운반할 예정이고, 암반 발파 등의 공법은 사용하지 않기로 했다. 더불어 동물피해를 방지하기 위해 2m가량 펜스를 설치한다. 현재 설악산 권금성 케이블카 설치 이후 정상 부근이 황폐되었다. 이처럼 케이블카의 설치는 설악산 특히, 남설악을 파괴하는 근본 문제가 될 가능성이 크다.

❖ 우리가 바라보아야 할 방향성

환경영향평가는 사업을 할 때 환경적으로 얼마만큼의 영향을 끼치는지 확인하는 것이다. 이러한 검증은 최소한의 장치일 뿐이다. 그러므로 환경영향평가에서 "부동의"가 나오면 진행하지 말아야 한다. 그러나 오색케이블카 설치 사업은 그렇게 하지 않았다. 오히려 '조건부 동의'가 나올 때까지 끊임없이 요청했고, 결국 설치로 이어졌다. 이러한 상황에서 우리는 어떻게 해야 할까? 디모데전서 4장 15~16절은 다음과 같이 말하고 있다.

> [15]이 모든 일에 전심전력하여 너의 성숙함을 모든 사람에게 나타나게 하라
> [16]네가 네 자신과 가르침을 살펴 이 일을 계속하라 이것을 행함으로 네 자신과 네게 듣는 자를 구원하리라. (디모데전서 4장)

본문 말씀에는 '전심전력'을 강조하고 있다. 모든 일에 전심전력을 하라는 것이다. 이는 달리 생각해 보면, 하나님의 뜻에 맞게 전심전력을 해야 하고, 더불어 국립공원은 국립공원답게 유지되도록 전심전력하는 것이 중요하다. 하지만 복지라는 측면을 강조하여 '돈 혹은 경제'를 확장하려는 모습은 근시안적이다. 모든 일에 전심전력하면, 국립공원과 생물보전지역이 유지되어야 하는 것이 당연한 이치다. 우리는 설악산 국립공원으로 우리 미래 세대에게 물려줄 당연한 권리와 의무가 있다. 우리의 어리석음으로 인해 케이블카가 설치되는 일이 없도록 노력해야 한다.

Ⅱ. 전국 곳곳에 만들어졌고 만들어지고 있는 케이블카의 실정
'왜 케이블카일까?'

> Q. 오색케이블카 설치 논란 이외의
> 설치를 진행하려는 케이블카 예정지는?
>
> A. 신불산(울주), 지리산, 목포 해상,
> 해운대/광안리(이기대), 화성시 제부도~전곡항 해상

그 외1. 울산광역시 울주군 '신불산 케이블카'
《영남알프스의 꽃 신불산에 케이블카 설치![1]》

*'생태축 우선의 원칙' 위반 Vs. 불가피한 최소한의 시설

자연공원법 제23조 2항 '생태축 우선의 원칙'을 정면으로 위반한 대표적인 사례가 신불산 케이블카 사업이다. 하지만 울주군은 상부정류장이 법률로 정한 최소한의 시설이며, 이 지점이 아니면 경제성이 없으므로 '불가피한 사유'라고 주장한다. 과연 불가피한 사유로 경제성이 근거가 될 수 있는가? 아래는 자연공원법 제23조 2항의 내용이다.

[자연공원법 제23조의2]
도·철도·궤도·전기통신설비 및 에너지 공급설비 등 **대통령령으로 정하는 시설
또는 구조물은 자연공원 안의 생태축 및 생태통로를 단절하여 통과하지 못한다.**
다만, 해당 행정기관의 장이 <u>지역 여건상 설치가 불가피하다고 인정하는
최소한의 시설 또는 구조물에 관하여 그 불가피한 사유 및 증명자료를
공원관리청에 제출한 경우에는 그 생태축 및 생태통로를 단절하여 통과할 수 있다.</u>

울주군의 경제성이 '불가피한 사유'임을 확신한다면, 법령에 따라 그 불가

---

1) 환경운동연합(2016) 인터넷 검색 [신불산 케이블카 살펴보기]

피한 사유 및 증명자료를 공원관리청에 제출해야 되는데 이들은 그리 하지 않았다. 그러면서도 제8회 지방선거('22.6.1)에서 당시 당선인 측 인수위원회는 계획대로 진행될 수 있게 만전에 기해달라고 부탁했다. 즉, 신속하고 적극적으로 추진한다는 의미이다. 위 법령은 생각지도 않은 듯한 뉘앙스였다. 그렇기에 케이블카 추진이 과연 어떤 영향을 끼칠 것인지 고민해야 한다.

＊전략환경영향평가 대상이다 Vs. 면제대상이다

　　신불산 케이블카 사업은 환경영향평가법 시행령에 따라 전략환경영향평가의 대상이 되어야 함에도 불구하고, 사업계획 면적이 종전보다 10% 이상 확대되지 않아 재협의 대상이 아니라 판단하고 있다. 또한 환경부는 신불산이 군립공원으로 지정된 것이 1983년이고, 환경영향평가법이 1993년에 시행되었으므로 전략환경영향평가법 대상에 맞지 않다고 말한다. 하지만 전략환경영향평가법은 과거에 없었던 것이 아니라 (구)환경정책기본법의 사전환경성검토를 일원화한 제도다. 따라서 신불산 케이블카 사업이 반드시 전략환경영향평가 대상이며, 환경을 지킬 방안을 마련하는 것이 중요하다. 그리고 전략환경영향평가법 이전이라 하더라도 전략환경영향평가에 대한 취지에 부합해야 한다. 케이블카 사업은 법이 적용한 이후에 시작되었기 때문이다.

그 외2. '지리산 케이블카 추진' 제1호 국립공원에 무슨 일? 《지리산 케이블카 설치 논란》

＊2012년 4개의 지자체!! 앞다퉈 케이블카 설치하려 해[2]

　　"우리 모두는 지리산과 함께 평화롭게 공존하길 원한다. 지리산권 5개 시군도 소통과 협력으로 지리산과 함께 지속가능한 미래를 열어나가길 간절히 요청한다." 이 내용은 지리산 케이블카 사업을 반대하는 '국립공원을 지키는 시민의 모임'이 구례군에게 요청한 내용이다. 지리산 권역 지자체는 각각 케이블카 설치 사업을 진행하려는 계획을 세우고 있다. 특히, 2012년 반선 인근~중봉 하단(남원시), 중산리~장터목 인근(산청군), 백무동~망바위 인근(함양군)에 케이블카 놓겠다고 했다. 그러나 환경부는 모두 불허했다. 그 이유는 자연생태계에 끼칠 영향에 대한 지자체간 합의가 필요했기 때문이다.

---

2) 오마이뉴스(21.12.03). 구례군, 지리산 케이블카 추진... "2022년 지방선거 의식?"

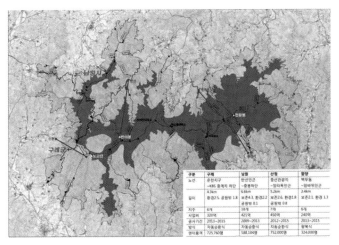

[오마이뉴스, 21.12.03 기사 인용]

　그런데 구례군은 케이블카뿐만 아니라 이후 다룰 내용인 하동군 '지리산 알프스하동프로젝트'의 일환으로 케이블카(산청군 중산리~장터목~함양 마천면 추성리, 10.6㎞)와 산악열차, 모노레일 건설에 대한 계획을 세웠다. 이러한 건설은 국립공원으로써의 지리산 경관과 생태계를 파괴하고, 지리산에서 복원하며 관리하는 반달가슴곰이나 그 외 다양한 멸종위기생물들을 보호하는 데 악영향을 끼치게 된다.

*목표 해상케이블카 논란(현 운행)

　30여 년 전에 케이블카를 설치하려 했지만, 여러 문제(환경성 문제 포함)로 전면 취소되었다가 지난 2019년 9월 6일 개통되었다. 세 번의 경로를 변경하며 유달산 훼손, 다도해를 바라볼 수 있는 일주도로 훼손 등 환경파괴 논란이 끊이지 않았던 케이블카 사업이다. 영산강유역환경청이 진행한 전략환경영향평가 본안에서 '생태·자연도 1등급 G마크(일등바위), 스카이라인 및 상징성의 훼손 우려'가 있으니 노선을 변경하라는 요청으로 노선이 변경되었고, 일말의 환경적 영향이 조금 덜한 것에 다행으로 봐야 한다.

*해운대 (-광안리-) 이기대 해상케이블카 논란(예정)

　국내 최장 해상케이블카 사업으로 이슈가 되었던 해운대-이기대 해상케이블카 설치사업은 2016년 철회한 지 5년 만인 2021년에 다시 진행하게 되면서 논란이 가중됐다. 이 케이블카는 4.2㎞에 이르며, 35인승 자동순환식 케이블카 형식으로 운영한다고 밝혔다. 사업비는 총 약 6,091억에 이른다.

이 사업은 여러 환경훼손 문제와 시민들의 반대 목소리로 결국 백지화 수준을 밟고 있지만 여전히 불안요소가 많다. 반대의 이유는 첫째, 해상케이블카를 설치할 때 바다에 교각을 세우는 것 자체가 환경훼손이다. 둘째, 케이블카의 두 정류장인 동백섬과 이기대공원은 공원이자 자연녹지이기에 훼손되면 큰일이다. 특히 동백섬의 경우, 주차장면을 약 2천 대 정도로 2배 확대하면 녹지가 당연히 줄어들 것이며 그에 따른 환경 훼손이 심하다. 셋째, 해운대 지역은 지금도 교통체증이 마비 수준이다. 만약 케이블카가 설치되면(특히, 주차장면이 더 늘어나면 차량이 급증할 것으로 예상) 교통 마비는 더욱 심해질 것이다. 넷째, 해상케이블카 사업예정지 주변에 위치한 마린시티, 광안리 주민들의 '사생활 침해우려'가 있다. 다섯째, 공공재인 바다에 민간투자 사업을 진행해 사유화로 이어질 우려를 낳는다.

*서해랑 제부도 해상케이블카(현 운행)

화성시 서신면 제부리와 장외리 간 2.12㎞를 잇는 해상케이블카(해상으로만 따졌을 때 가장 긴 케이블카 노선)가 2021년 12월 23일에 운행을 시작했다. 밀물 때 바닷물에 잠겨 통행할 수 없었던 제부도 주민과 관광객에게 새로운 교통수단이자 관광 상품이 탄생했다는 의미다. 하지만 이 해상케이블카에 대한 효과와 환경성은 조금 더 확인해 봐야 한다. 2019년 사업을 추진할 때의 논란이 여전히 줄어들지 않았기 때문이다.

이 사업은 환경영향평가 본안에서 조건부 승인을 받으면서 논란이 됐다. 화성환경운동연합은 420억 원 규모의 건설 사업이 조건부 승인이 될 때부터 우려했다. 생태계 및 지질 훼손의 문제가 있기 때문이다. 전곡정류장이 설치될 사업부지 내 해안절벽과 주변 지역은 중생대 백악기에 형성된 탄도분지다. 이곳은 1억 년 전의 지구환경을 알 수 있는 곳이며, 국내 최대 규모의 지질 자원이다. 사업부지인 고렴산과 안고렴섬 일대는 국내에서 몇 곳 안 남은 상부갯벌로 멸종위기 야생생물 2급 흰발농게가 대규모로 서식하는 지역이다. 또한 국제적인 멸종위기 보호종인 저어새, 노랑부리백로, 검은머리물떼새, 알락꼬리마도요, 큰고니 등 많은 철새가 근처 갯벌을 이용한다. 케이블카 지주 건설로 갯벌에 서식하는 생물들의 서식지가 파괴되며, 토사유출과 소음·진동으로 인한 생태계 및 갯벌의 훼손이 불 보듯 뻔하다. 이 해상케이블카는 생태관광이라는 명목하에 지어졌지만, 환경영향평가에서 조건부 승인이 될 수 있었는지 확인할 필요가 있으며, 갯벌 및 해안 생태계가 해상케이블카 설치로 어떤 영향을 받고 있는지 지속적으로 모니터링을 해야 한다.

Ⅲ. 곳곳에서 나타나는 케이블카 논란
케이블카 설치 논란에 대한 기도

케이블카 설치는 경제성과 복지적인 측면에서 많이 강조되어 왔다. 그만큼 산을 정복하고자 하는 사람들의 욕망이 크다. 경제적인 효과는 분명히 있을 것이다. 최근 해안케이블카를 설치하여 망망대해를 볼 수 있는 관람까지 이어지고 있으니 말이다. 수많은 관광 선진국에서도 케이블카를 도입 및 운행하고 있다. 이러한 운행에는 체계적인 규제가 필요한데, 정부와 지자체장이 바뀌고 나서 구조적인 준비 없이 추진하는 상황이 안타깝다. 우리는 지금부터라도 케이블카 설치 문제에 대해 깊은 고민과 기도를 이어가야 할 것이다.

케이블카 설치 논란(오색 등)을 위한 기도

◆**기도제목-1.** 케이블카를 '돈의 수단'과 '욕심을 채우는 수단'으로만 보지 않게 하시고, 모든 존재(주변의 모든 사람과 그곳에 함께 누리며 살아가는 모든 동·식물)가 함께 공유하며 서로를 돕는 '공공재'임을 기억하게 하소서.

◆**기도제목-2.** 케이블카 설치에 찬성하거나 관심이 크지 않은 사람들이 '하나님이 만드신 세상'에 대한 관심을 가질 수 있게 도와주소서. 그들을 위해 정확한 정보가 제공되게 하시고, 온전히 '변화'되어 모든 존재가 공생할 수 있는 길로 이어지게 하소서.

◆**기도제목-3.** '눈앞의 나무'를 보는 것이 아니라, 더 크고 많은 것을 생각할 수 있는 '큰 숲'을 볼 수 있는 눈을 허락하소서. 눈앞의 나무는 돈이나 행복, 만족감이라 할 수 있지만, 현재와 미래의 환경과 모든 피조물이 함께 행복감을 가지고 누릴 수 있는 큰 숲을 그리게 하시고, 지속 가능한 삶과 개발이 이어지도록 감시하여, 나라와 사업체가 변화될 수 있도록 인도하옵소서.
[관광 자원화되는 것보다, 지역의 경제와 복지, 환경 등을 골고루 다방면으로 판단하는 사회가 되게 하소서.]

하나님, 우리의 기도를 들어주소서.
세상에서 우리는 편리함과 욕구를 채우기 위해 급급한 모습을 보입니다.
이것이 우리의 '죄'임을 깨닫고 회개하오니 용서하여 주옵소서.

이 세상은 하나님의 섭리와 계획 속에서 창조되었습니다.
그리고 우리에게 맡겨 주시며 사용을 허락하셨습니다.
하지만 우리 인간은 그 한도를 쉽게 넘어버리고, 살기 편하도록
"조금만 더 조금만 더"를 외치며 건물을 세워나가고 있습니다.

이번 이슈인 케이블카 설치 문제도 마찬가지입니다.
케이블카 설치가 유행처럼 번지고 있는 우리나라의 상황을 우려하오니
이를 기억하여 주시고 진정으로 모두가 주님 안에서 균형을 이루며
살아갈 수 있도록 인도하옵소서.

두 번째로 '케이블카 설치 문제'에 관심을 갖지 않는 자들을 위해 기도합니다.
케이블카 설치 논란이 가중될 때마다 사람들은 한쪽의 이야기만 듣습니다.
환경을 생각하는 사람들은 환경의 이야기만 듣고,
경제와 편리함을 우선하는 사람들은 케이블카 설치 찬성의 이야기만 듣습니다.
이러한 갈등에서 벗어나 정보를 정확히 알아가게 하소서.

특히, (전략)환경영향평가를 실시한 뒤, 반응이 극히 갈라졌습니다.
환경영향평가가 어떠한 의미인지 정확히 알도록 인도해 주시고,
이 내용이 시민들에게 전달되고 알려져서
오직 하나님의 뜻 가운데에서 설치 논란이 온전히 해소되고
설치 또는 개발을 포기하는 등의 행위들로 이어지게 하소서.

세 번째로 케이블카 설치사업을 '나무'를 바라보는 것이 아니라,
'지속 가능한 삶'과 '지속 가능한 개발'로 이어질 수 있는
『숲』을 볼 수 있도록 지혜를 허락하소서. 눈앞만 보면, 편리함과
지금의 행복, 누릴 수 있는 모든 것을 추구할 수밖에 없습니다.

하지만 우리는 하나님의 자녀입니다. 그리고 예수님의 제자이며,
예수님께서 재림하실 날을 기다리고 복음을 전하는 사도입니다.
현재의 만족과 행복, 돈만을 쫓는 것이 의미 없음을 기억합니다.

케이블카가 단순히 경제 부흥만을 위해 세워야 하는 것이 아님을 기억하고,
우리의 요구를 지자체와 사업체에 분명히 전하도록 하옵소서.

위의 기도 제목을 기억하여 주시고, 온전히 주님의 뜻대로 이루게 하소서.
사랑이 많으신 예수님의 이름으로 기도합니다. 아멘~!

두번째 이슈
가로림만 해양조성사업을 통한 교훈

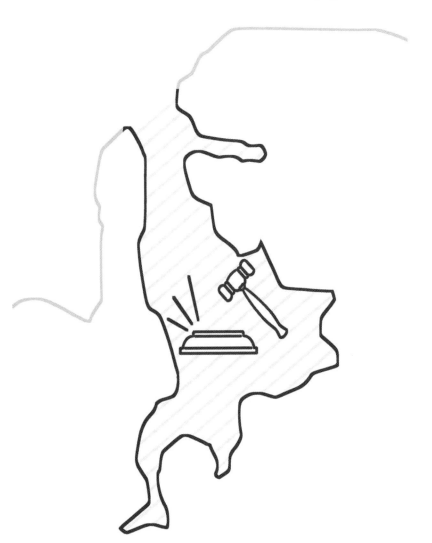

Ⅳ. 해양(바다)은 어디까지 보호해야 할까?
가로림만 해양조성사업의 타당성!

> [1]책망을 자주 받으면서도 고집만 부리는 사람은,
> 갑자기 무너져서 회복하지 못한다.
> [4]공의로 다스리는 왕은 나라를 튼튼하게 하지만,
> 뇌물을 좋아하는 왕은 나라를 망하게 한다.
>
> 잠언 29장 1,4절

기본계획. '가로림만 해양조성사업 기본계획'

최초 가로림만은 조수간만의 차가 큰 서해안에 위치하고 있어 조력발전에 용이하다는 의견이 많았다. 하지만 이 계획을 철회하고, '해양생태관광'이라는 명목하에 해양조성사업을 실시했다. 기본계획은 총 면적 159.85㎢에, 해양생태원(이 안에 세워질 곳은 등대정원, 가로림만 생태학교, 점박이물범 홍보전시관이 있음), 해양문화예술섬, 예술창작공간, 가로림만 전망대, 해양힐링숲까지 다양한 생태관광을 위한 하나의 공원을 건설하는 것이었다. 그중 해양생태원은 기수역(바다-하천이 만나는 지점)을 중심으로 공유수면이 매립된 지역의 해양환경을 복원하고 조성하려 했다. 다음으로 갯벌·습지 생태원을 만들 계획이었다. 서해안의 갯벌은 세계 5대 갯벌 중 하나로, 중요한 생태적 가치를 지닌다. 그래서 오지리 갯벌 생태계를 복원하여 함께 갯벌 생태원으로 확장 및 생태공원화하려고 했다.

세 번째로 하천 생태원을 지으려 했다. 하천의 고수부지와 주변 농경지에 인공습지를 조성하려는 것이었다. 이러한 하천 생태원은 전국의 일반 공원과 다르지 않다는 것이 중론이다. 네 번째로 여러 탐방로를 설치하는 계획이다. 생태탐방로, 생태탐방뱃길, 식도락거리 등을 조성하여 다양한 해양정원을 연결하려 했다. 이러한 네 종류의 공원을 통해 해양조성사업을 진행하고자 했

고, 이에 대한 목표는 건강한 바다 환경을 조성하고 해양생태관광의 거점이 되는 것이었다.

하지만 이 해양조성사업에는 몇 가지의 아쉬움이 있다. 해양을 토대로 하는 생태관광지를 위해 해양과 갯벌 및 습지를 개발하여 오염을 발생시킬 수밖에 없는 상황이기 때문이다. 이전에 조력발전소 건설 추진에 따른 논란으로 상처 입은 지역을 상생과 공존의 공간으로 만들겠다 주장했지만, 더 큰 피해를 줄 것으로 예상된다.

현재, 계획은 철회되었으나 2021년 국가해양정원조성 사업지가 정부에서 예산안을 확보하면서 또다시 건설 사업으로 이어졌다. 이 사업이 과연 예비 타당성 대상에 선정될 수 있을지 확인해야 한다. 개발로 인해 해양과 갯벌 생태계가 파괴된다면 국가해양정원으로 조성하는 것이 의미가 없다. 지속적인 관심과 확인 그리고 타당성을 검토하고 환경영향평가를 골고루 확인할 수 있도록 사업 추진단과 환경부는 정확한 판단을 내려야 한다.

가로림만 논란. '가로림만 해양조성사업 논란의 역사'

가로림만은 해상조성사업이 우선 되었던 장소는 아니다. 2007년 포스코건설과 서부발전이 1조 원을 들여 세계 최대 조력발전소를 지으려 했고, 26MW의 조력발전기를 20대 설치하여 일일 발전량 520MW, 연 발전량 950,000MW의 전력을 생산할 계획이었다. 조력발전은 신재생에너지의 하나로, 조수간만의 차가 심한 서해안에 효과적인 발전이다. 하지만 가로림만은 갯벌 생태계의 가치가 크고, 해양 생태계를 잘 보존해야 하는 지역이다. 그렇기 때문에 환경부의 환경영향평가 심사에서 2차례 반려되었다. 특히, 2차 평가서에서 갯벌침식과 퇴적변화 예측이 부족하다고 밝혔다. 또한 멸종위기종 2급인 점박이물범이 이 지역에 서식하는데 조력발전소를 건설하면 점박이물범의 서식지를 대체할 만한 곳을 정하기 어렵다는 것이다.

2016년 7월 27일, 가로림만이 해양보호구역으로 지정되면서 조력발전사업은 최종적으로 백지화되었다. 그러나 생태관광이라는 명목 하에 이 지역을 『국가해양정원』으로 지정하고, 더 나아가 해양 보호와 관광산업에 집중하고 있다. 예비타당성 검토의 통과를 위해 가로림만 생태관광협의회는 노력한다. 가로림만 주변 플로깅(줍깅)을 하거나 나무 심기 등의 행사를 진행하고 있다. 아주 작은 부분이지만, 가로림만을 국가해양정원으로 세우고, 해양과 갯벌이 보존되는 효과를 줄 수 있을 것이다. 22년 6월 21일,이렇게 이어져 온 가로림만 해양조성사업에 정부가 36억 원의 예산을 반영했다. 그리고 국회에서는 7월 4일 해양생태계법 개정안을 대표 발의하여 '국가해양정원'이 실질적인 결과를 냈다. 지금의 국립공원과는 사뭇 다른 진짜 해양과 갯벌을 위한 국가해양정원이 되고, 생태관광을 통해 해양과 갯벌이 살아 숨 쉬는, 하나님이 만드신 아름다운 세상을 깊이 체험하며 깨닫는 순간으로 이어질 수 있도록 해야 한다.

✿ 우리가 바라보아야 할 방향성

가로림만 해양조성사업은 보존을 위한 최선의 방법이었다. 하지만 하나님이 만드신 아름다운 세상은 인간의 죄악이 만연해서 쉽게 부서지거나 오염된다. 하지만 잠언 29장 4절의 말씀에 의하면, 공의로 세상을 다스리는 왕은 나라를 튼튼하게 한다. 마찬가지로 우리가 정의롭게 하나님이 만드신 가로림만을 소중히 여기고 국가해양정원으로 만들 수 있다면 충분히 잘 보존될 수 있으리라 믿는다.

> [1]책망을 자주 받으면서도 고집만 부리는 사람은, 갑자기 무너져서 회복하지 못한다. [4]공의로 다스리는 왕은 나라를 튼튼하게 하지만, 뇌물을 좋아하는 왕은 나라를 망하게 한다. (잠언 29장)

본문의 말씀은 우리가 어떠한 선택을 하든, 하나님 보시기에 공의롭게 판단해야 함을 알려준다. 특히, 하나님의 책망을 받을 만한 선택을 한다면, 그것은 올바르지 않은 선택이다. 가로림만 해양조성사업도 그렇다. 우리가 할 수 있는 일은 하나님이 창조하신 가로림만을 어떻게 하면 더 잘 보존하고, 이곳을 통해 하나님의 살아계심을 깨닫게 할 수 있을지 고민하며 기도하는 것이다. 더불어 그 선택의 기로에서 환경영향평가와 예비타당성 검토를 통해 검증되는 모든 일을 확인하고, 만약 사업이 통과된다면 주어진 역할을 톡톡히 하는지 지속적으로 확인할 필요가 있다. 이러한 부분을 가로림만 주변 교회들만이 하는 것이 아니라, 모든 그리스도인들이 기도해야 한다.

Ⅴ. 국가해양정원과 가로림만해양조성사업을 위한
가로림만을 향한 기도

　가로림만 해양조성사업은 마치 가로림만 조력발전을 시행하지 못해 지역발전에 저해가 되는 것을 만회하고자 하나의 방안으로 만든 것 같다. 그렇기에 우리는 이러한 사업에 어떠한 반응을 보여야 하는지, 그리고 어떻게 기도해야 하는지 깊이 고민해야 한다.

＊국가해양정원과 가로림만 해양조성사업 즉, "가로림만" 그 자체를 위한 기도＊

◆**기도제목-1.** 천혜의 자연환경을 유지하고 있는 가로림만을 기억하여 주소서. 생물 다양성을 확보하고, 우리가 '가로림만'을 경험하고 누릴 수 있는 기회를 열어주소서. 그러기 위해 우리가 <u>하나님의 자녀이며 청지기임을 기억</u>하고 약속의 주체로 가로림만이 나아갈 방향과 계획(국가해양정원과 해양조성사업)이 잘 진행되는지 확인하고 그 기회와 여건이 나라 안에서 잘 준비되게 하여 주소서.

◆**기도제목-2.** 지역의 발전에 가장 중요한 것이 무엇인지 확실히 분별할 수 있는 지혜와 능력을 지역주민들이 가질 수 있게 하시고, 하나님이 만드신 아름다운 세상이 "공존"하고 자연환경 및 생태계의 "조화"가 하나님의 섭리 아래 채워지게 하소서.

◆**기도제목-3.** 태안 북부와 서산시를 잇는 가로림만은 충남을 넘어 서해안의 해양생태계가 무너지지 않아야 하는 중요한 지리적 위치에 있습니다. 가로림만의 해양생태계가 온전히 잘 유지될 수 있게 하옵소서. 특히, 우리 기독교인들이 이 부분을 잊지 않고 기도와 행동(해양생태계 보호법(가칭)이 법제화)으로 이어나갈 수 있게 우리와 함께해 주소서.

하나님, 하나님이 만드신 아름다운 세상은 언제나 아름답고 소중하며,
우리가 상상한 것 그 이상으로 균형되어 있음을 기억합니다.
우리가 함부로 만지고 활용하면, 쉽게 무너지거나 황폐되어 가는 것을 봅니다.
우리가 '가로림만'을 위하여 어떻게 해야 하는지 깊게 고민하며 기도하오니
우리의 기도를 들어주옵소서.

가로림만은 그 자체로도 지속 가능하게 보존되어야 하는
소중한 하나님의 것입니다.
해양생물이 다양하게 존재하는 공간임을 기억합니다.
우리가 생물 다양성을 온전히 확보하고 잘 유지할 수 있도록,
그 가운데 우리가 '가로림만'을 누릴 수 있도록 인도하옵소서.
또 이 누림이 인간에게만 해당하는 것이 아니라,
가로림만에 존재하는 피조물이 모두 누릴 수 있게 하옵소서.

우리가 가로림만이 현재 나아가려고 하는 방향성을 잊지 않게 하시고,
국가해양정원과 가로림만 해양조성사업이 어떻게 진행되는지
확인하게 하소서. 또한 이러한 기회와 여건이 하나의 개발의 수단으로
이어지지 않고 소중한 하나님의 창조물을 잘 유지하고 보존하며
사람들이 누릴 수 있는 공간으로 탄생이 될 수 있도록 인도해 주소서.

다음으로 국가해양정원의 지정과 해양조성사업을 진행하기 위하여
어떠한 방향성을 가지고 잘 보존하며 개발할 수 있을지
담당자와 지역주민에게 지혜를 허락하여 주서서 좋은 방안을 내리게 하소서.
그리고 가로림만의 '자연환경'과 생태계가 균형되도록 인도하여 주옵소서.

하나님의 섭리가 가로림만 사업을 하려는 담당자들 가운데 임재하게 하시고,
하나님을 두려워하는 마음으로 이 사업을 진행하게 하소서.

마지막으로 가로림만이 지리적·생태적 가치가 있음을 기억하게 하옵소서.
이렇게 중요한 지리적 위치에서 해양생태계가 무너지지 않도록
지역주민과 함께 협력하여 하나님의 뜻(보존과 회복)을 온전히 이루게 하소서.
이를 잘 감당하기 위하여 함께 모여 기도하게 하시고, 해양생태계 보호법으로
해양환경을 보존 및 회복시키기 위한 법률이 잘 지정되도록 이끄소서.

주님께서 기뻐하시고 흡족해하시는 모습을 보게 하시고,
우리가 항상 이 공간을 통해 하나님의 은혜가 넘침을 깨우치도록 도와주소서.
모든 것을 함께 하실 주님을 찬양하며 기대하며
예수님의 이름으로 기도합니다. 아멘.

해안사구 난개발: 제주도 해안사구의 난개발 문제

> [28]하나님이 그들에게 복을 베푸셨다.
> 하나님이 그들에게 말씀하시기를
> "생육하고 번성하여 땅에 충만하여라. 땅을 정복하여라.
> 바다의 고기와 공중의 새와 땅 위에서
> 살아 움직이는 모든 생물을 다스려라" 하셨다.
>
> 창세기 1장 28절, 문화명령-정복하라(subdue)

제주도 해안사구의 특징과 중요성
—제주 해안사구, 섬의 단점을 메우고 이점 극대화!

많은 사람은 제주도를 화산섬이자, 우리나라에서 자연경관이 가장 아름다운 곳이라 생각한다. 반면에 제주도는 물이 부족한 지역이기도 하다. 하지만 사람들은 해안사구가 존재하는지도 알지 못하고, 해안사구의 문제가 얼마나 심각한지도 아예 모른다. 해안사구는 제주도의 식수원을 보호하는 장치이며, 퇴적물 교환에 의해 사구와 해안의 평형을 유지하는 중요한 역할을 한다. 해안사구 난개발은 해안가의 안전성을 위협하며 식수원을 보호하지 못하게 하기에, 해안사구의 사라짐은 상당히 큰 문제이다.

국립생태원이 발표한 2017년 국내 해안사구 관리현황 조사에 의하면, 제주도의 해안사구 훼손율이 82.4%로 심각하다. 그만큼 제주의 해안사구 주변 개발과 항만개발 그리고 방파제 축조 등으로 발생한 모래 유실 및 식수원 염수 침투 등의 영향이 우려되는 상황이다.

그렇다면 제주도의 해안사구는 어떠한 특징을 가지고 있을까? 그 특징이 무엇을 의미하는지 알면, 해안사구를 개발하는 것이 얼마나 큰 위협인지 짐작할 수 있다. 첫째, 동쪽 성산일출봉에서 시작하여 서쪽 송악산 일대까지 화산 지층 위에 해안사구가 형성되어 있다. 둘째, 월정, 김녕 해안사구는 아름다운 석회동굴로 만들어졌다. 제주도의 특징은 화산폭발로 인해 만들어진 섬답게 해안사구 또한 영향력이 거대하다. 그래서 암반을 보호하고, 모래 유실을 막기 위해서는 해안사구의 보존 자체가 중요하다. 셋째, 해안사구는 독특한 생물들의 서식지로 유명하다. 염생식물들이 자라고, 멸종위기종인 바다거북과 흰물떼새의 서식지이기도 하다. 마지막으로 제주도민들의 삶과 매우 밀접한 관계를 가진다. 과거에는 해안사구가 위치한 곳에 집을 짓기도 하고, 마을공동체를 이루었다. 하지만 지금은 관광지 개발로 파헤치고 무너뜨려서 해안사구의 면적이 13.5㎢에서 2.38㎢로 약 82%가 감소(2017년 기준)했다. 특히, 제주도의 최대 해안사구였던 김녕 사구(원래 3.98㎢)는 소형사구가 됐다. 이를 우리는 어떻게 바라보아야 할까?

제주도 해안사구의 현황
―제주해안사구, 어떠한 문제가 있는가?

제주도 해안사구는 전국적으로 가장 발달이 되었고, 제주도민들이 살 수 있는 여건을 마련해 준다. 이 해안사구는 조간대와 인접한 해안 숲의 완충지대로써, 염수 침투를 방지하여 부족한 식수원을 보호한다. 그리고 퇴적물 교환으로 사구와 해안의 평형을 유지하는 중요한 역할을 한다. 이러한 해안사구가 사라진다면, 주민들의 삶이 위험에 노출될 것이다.

제주도 해안사구(20곳): 난개발로 훼손 가득

2020년 제주환경운동연합은 제주도 안에 있는 20개의 해안사구를 연구하여 결과를 보고했다. 이들은 모래 유실과 암반이 드러나는 문제가 심각하다고 밝혔다. 특히, 김녕, 곽지, 월정 등의 해수욕장에서 심각성이 더욱 두드러지게 나타나고 있었다. 그 원인은 항만을 개발하고 방파제를 축조하면서 해안사구를 없애고 해안도로 조성 및 관광지 개발을 진행했기 때문이다. 특히, 관광지의 개발은 카페나 식당, 리조트 혹은 다양한 관광시설 설치한 것이다. 즉, 지역주민들의 삶을 위한 장소가 아니라, 아름다움을 만끽하고 경제적인 수입을 늘리려는 모습일 뿐이었다.

대표적으로 해안사구가 심각한 곳은 바로 '섭지코지 해안사구'다. 섭지코지는 유명한 제주도의 관광지이지만, 이곳이 해안사구라는 것을 아는 사람은 많지 않다. 섭지코지에 '성산포해안관광단지' 사업을 진행하면서 해안사구가 사유화되고 심각한 침식이 발생하고 있다. 특히, 해중전망대 설치 계획은 2021년에 철회되었으나, 지금까지 성산읍 고성리 127-2 일원 632㎡에 호텔, 콘도미니엄, 해양레저센터를 짓는 계획으로 총 사업비 중 약 2/3가 투자된 상태이다. 이러한 시설공사가 계속해서 이어진다면, 섭지코지에 있는 해안사구가 사라져 버릴 것이고, 황량한 앞바다에 그칠 가능성이 크다. 그만큼 개발로 인한 해안사구의 난개발 문제는 제주도의 젠트리피케이션과 투어리즘 포비아의 심각성이 발현된 것이다.

땅을 정복함에 대한 오해가 불러일으킨 '난개발', 하나님의 관점으로 바라보기

창세기 1장에 보면, 하나님께서 최초로 인간에게 명령을 내리셨다. 바로 '문화명령'이라 하는데, 이는 '생육하고 번성하여 땅에 충만하라. 땅을 정복하여라.'는 말이다. 죄 많은 인간에게 이 명령은 상당히 큰 오해를 불러일으켰다. 사람들은 땅을 자신의 소유라 여기고, 자기 마음대로 했다. 그 결과, 환경파괴가 계속 이어지고 있으며, 해안사구를 무분별하게 개발하고 있다.

> 나는 **침식이 하나님의 소유를 도둑질하는 일이라고 생각**한다. 땅의 주인은 내가 아니라 하나님이시다. 하지만 침식은 거리낌 없이 내 이웃과 공동체의 소유를 도둑질하는 행위와 같다. 모두를 피폐하게 하기 때문이다. 침식을 부추기는 식품과 농업체계(**난개발 및 과도한 욕망**)는 우리 이웃에 대한 직접적인 공격일 뿐 아니라 하나님의 재산에 대한 직접적인 공격이다.
>
> 『돼지다운 돼지』 264쪽

위 글은 조엘 셸러틴이 쓴 책 '돼지다운 돼지'의 한 문구이다. '침식'을 하나님의 소유를 도둑질하는 것이라 생각하는 그의 말은 일리가 있어 보인다.

땅의 주인은 하나님이시고, 그의 소유를 우리가 빌려 쓰는 것이기 때문이다. 조엘 셀러틴은 농업을 위주로 말하고 있지만, 제주도의 해안사구는 관광지 개발과 관련 있다. 그만큼 침식을 부추기며 자연을 파괴하려는 관광개발에 대하여 많은 생각을 해야 하고, 하나님이 만드신 해안사구를 보존하여 피조물들이 함께 살 수 있는 공간으로 복원하는 일을 감당해야 한다.

아담은 하나님의 문화명령을 받아 최초의 정복행위를 했다. 창세기 1장 28절에 의하면, "하나님이 그들에게 복을 베푸셨다. 하나님이 그들에게 말씀하시기를 '생육하고 번성하여 땅에 충만하여라. 땅을 정복하여라. 바다의 고기와 공중의 새와 땅 위에서 살아 움직이는 모든 생물을 다스려라.' 하셨다." 라고 기록되 있다. 이는 최초의 인간 아담에게 내리신 최초의 명령이었다. 우리는 세상을 살아가면서 이 말씀에 기초하여 살아가야 한다.

환경문제에 있어서만큼 오해를 불러일으켰던 말씀은 '땅을 정복하여라'이다. '정복하다'라는 단어의 뜻은 영어성경으로 subdue이며, '마음과 감정을 다스리다'라는 의미이다. 정복이라는 행위는 자기 마음대로 모든 것을 사용하고 핍박하고 억압하는 것을 의미하지 않는다. 우리에게 맡겨주신 모든 피조물을 사랑하는 마음으로 다스리고 관리하는 것이 정복의 행위라 할 수 있다.

아담이 땅을 정복하는 행위를 분명하게 보여준 사건이 있다. 창세기 2장 19~20절을 보도록 하자.

> [19]주 하나님이 들의 모든 짐승과 공중의 모든 새를 흙으로 빚어만드시고, **그 사람**에게로 이끌고 오셔서, 그 사람이 그것들을 무엇이라고 하는지를 보셨다. 그 사람이 **살아 있는 동물 하나하나를 이르는 것이 그대로 동물들의 이름이 되었다.** [20]그 사람이 **모든 집짐승과 공중의 새와 들의 모든 짐승에게 이름을 붙여 주었다.** (창세기 2장, 아담의 최초 정복 행위)

아담이 행한 최초의 정복행위는 모든 피조물의 이름을 지어준 것이다. 우리 각자에게는 이름이 있다. 그 이름은 어떻게 정해졌을까? 자신에게 이름이 중요하든, 중요하지 않든 이름을 지어준 사람이 "사랑"을 가지고 지어준 것은 분명하다. 아담이 모든 피조물의 이름을 지어줄 때, 사랑의 마음을 가지고 있었다. 또한, 하나님께서 그가 빚어 만드신 모든 피조물을 아담에게 이끌고 오셔서 이름을 짓도록 하신 것을 잊지 말아야 한다. 하나님과 함께 정복행위를 했기 때문이다. 이런 의미에서 해안사구를 우리 마음대로 짓밟고 개발하는 것은 하나님의 뜻이 아닐 수 있음을 알 수 있다.

Ⅶ. 1년에 3m씩 사라지는 해안
동해안 해안사구 침식 문제 논란

¹뱀은, 주 하나님이 만드신 모든 들짐승 가운데서 가장 간교하였다.
뱀이 여자에게 물었다. "하나님이 정말로 너희에게, 동산 안에 있는 모든
나무의 열매를 먹지 말라고 말씀하셨느냐?" ²여자가 뱀에게 대답하였다.
"우리는 동산 안에 있는 나무의 열매는 먹을 수 있다. 그러나 하나님은, 동산
한가운데 있는 나무의 열매는, 먹지도 말고 만지지도 말라고 하셨다. 어기면
우리가 죽는다고 하셨다." ⁴뱀이 여자에게 말하였다. "너희는 절대로 죽지
않는다. ⁵하나님은, 너희가 그 나무 열매를 먹으면, 너희의 눈이 밝아지고,
하나님처럼 되어서, 선과 악을 알게 된다는 것을 아시고, 그렇게 말씀하신
것이다." ⁶여자가 그 나무를 본즉 먹음직도 하고 보암직도 하고 지혜롭게 할
만큼 탐스럽기도 한 나무인지라 여자가 그 열매를 따먹고 자기와 함께 있는
남편에게도 주매 그도 먹은지라 ⁷이에 그들의 눈이 밝아져 자기들이 벗은
줄을 알고 무화과나무 잎을 엮어 치마로 삼았더라

창세기 3장 1~7절

동해안 해안사구의 아름다움
—동해안 해안사구, 형성연대와 가치에 대하여

국립환경과학원은 2006년에 전국해안사구 정밀조사를 실시했다. 그 결과,
강릉의 안인사구와 울진 평해사구가 해안사구열이 잘 보존돼 있었다. 두 곳
은 동해안의 경관이 잘 나타나 있는 공간이다. 특히, 강릉 안인사구는 사구
지대의 전체적인 형태가 잘 유지된 해안사구로써, 최소 2,400년 전부터 형성
된 것으로 추정하고 있다. 서해안의 대표적인 신두리 해안사구가 700~1,000
년 전에 형성된 것으로 보이니, 안인사구가 더 오래된 곳이다. 안인사구에는
수달과 매 등 멸종위기종 1급이 살뿐 아니라 삵, 물수리, 말똥가리, 새흘리
기, 가시고기 등 8종의 멸종위기종이 사는 지리적·환경적 가치를 지닌다.

하지만 동해안에서 잘 유지되고 있는 해안사구는 동해 망산해변과 울진
평해사구에 불과하다. 동해 망상해변은 해양식물 자생지 22,000㎡의 보호구

역을 설정해 보존하려고 노력하고 있다. 또, 해안사구 식물 관리 기관을 운영하여 식물을 보호 및 관리하고 외래식물을 제거하는 작업을 하고 있다. 이렇게 해안사구를 보존한 결과, 2011년 한국일보 기사에 갯방풍을 비롯한 해안 동식물 80여 종이 이곳에 서식하고 있음이 밝혀졌다. 이는 해안사구가 보존되면서 아름다움이 확장되고, 동식물들의 살 수 있는 여건이 조성된 것이라 할 수 있다. 울진 평해사구는 평해사구습지 생태공원을 만들었다. 평해사구의 경우, 훼손되지 않은 동해안의 유일한 해안사구라 할 수 있다. 하지만 이곳 역시 침식이 진행되고 있어 안타깝다.

동해안 해안사구의 침식
—동해안 해안사구, 해변(모래사장) 침식 재앙이 덮친다

2021년 4월 5일 서울신문 기사를 보면, "동해안 모래사장 침식 재앙 덮친다... 한 해, 축구장 18개 면적 사라져"라는 기사가 있다. 동해안 최북단 강원도 고성에서 경북 경주에 이르는 857km 해안선을 따라 고운 모래사장이 급격히 사라졌다. 이는 한 해 평균 약 18개 정도에 이르는 심각한 상황이다.

이를 강원도와 경상북도로 나누어 보면 다음과 같다. 강원도는 모래사장 57만 3,945㎢가 사라졌다. 상암월드컵 경기장(축구장)이 80개 있는 면적과 맞먹는다. 그 중에서도 양양이 절반 정도를 차지하고 있다. 그 원인은 무엇일까? 강원도 해변에는 수많은 서핑족이 들어서고 있다. 그들 덕에 관광 수요가 늘지만, 그만큼 무분별한 개발이 지속되고 있다. 물길의 방향이 달라지고 해안사구의 침식이 심화되고 있다. 물길이 바뀌어 모래사장의 모래를 바다가 삼킨 것이다. 물론 서핑족들의 문제만은 아니다. 이익을 앞세운 모습 때문에 해안 모래사장이 무너져 버린 것이다.

특히, 일출 명소로 불리는 정동진에 가보면 그 위험이 얼마나 심각한지 알 수 있다. 정동진역 바로 옆 모래사장의 모래가 많이 유실됐다. 또, 경상북도의 모래사장은 6만 9,380㎢가 사라졌고, 포항과 영덕의 전체 유실 면적은 71.9% 즉, 4만 9,883㎢나 된다. 고운 모래사장의 유실은 해안가의 생물다양성을 위협하고, 지역주민들의 삶에도 큰 영향을 끼친다.

안전의 우려도 심각한 상황이다. 동해안 전체의 심각한 해안침식으로 각종 안전사고의 위험이 높아지고 있다. A~D등급 중 A 양호, B 보통, C 우려, D 심각으로 나뉜다. 2020년 조사 결과에 따르면, 강원도는 102곳 중 A등급은 하나도 없었고, C등급은 52곳, D등급은 16곳이었다. 경상북도는 41곳 중 C등급 30곳, D등급 3곳 등으로, 대부분이 침식으로 인한 지역 붕괴의 위험(C

등급의 평가, 총 82곳)과 붕괴 사고의 가능성이 있는 곳(D등급의 평가, 총 19곳)이었다.

동해안 해안사구의 침식의 실제 사례
—동해안 해안사구, 침식(모래유실)의 문제와 그 원인

매년 여름이 되면 바닷가로 여행을 가는 수많은 여행객을 볼 수 있다. 특히 동해안의 해안사구는 여행객들에게 유명하다. 하지만 얼마 지나지 않아 동해안의 모래사장이 거의 사라져 해수욕장이 '옛 추억'으로 남겨질 가능성이 크다. 지자체에서는 모래를 공수해 침식된 동해안 해수욕장을 복원시키고 있다. 대표적으로 영덕 대탄해수욕장은 모래사장이 거의 사라져 몇 년째 해수욕장 운영을 포기했다. 삼척 맹방해변은 삼척화력발전소 건설로 모래밭이 완전히 사라질 위기이다. 삼척 원평해변은 궁촌항 방파제 확장 사업으로 물길이 바뀌어 침식이 진행되고 있다. 또, 울진 금음해변은 해빈 폭[3] 기준으로 침식 취약도가 가장 높은 지역이다. 해안침식의 위험도는 상당히 높다.

그렇다면, 동해안 해안사구의 침식 원인은 무엇일까? 동해안 해수욕장의 모래가 휩쓸려 내려가는 이유는 너울성 고파랑 때문이다. 자연적 현상과 인위적 요소가 원인이다. 자연적 현상은 동해의 강한 북동풍이지만, 기후가 수시로 바뀌기 때문에 침식문제의 근본 원인으로 꼽기는 어렵다.

반면에 인위적 요소는 댐이나 사방시설, 하천골재 채취 등의 개발로, 인간의 욕심에 의해 하나님이 창조하신 해양시스템과 땅의 균형이 파괴된 것으로 볼 수 있다. 즉, 하나님이 창조하신 바닷가의 형상이 무너지고 있다는 말이다. 대표적인 예로, 1년에 3m씩 해안이 사라지고 있는 강릉 하시동·안인 사구가 있다. 원인은 삼척블루파워라는 화력발전소의 건립과 관련되어 있다.

인근 삼척맹방해변은 더욱 커다란 문제를 겪었다. 너울성 고파랑으로 인한 해안침식이 심화된 것이다. 삼척화력 석탄운반용 대규모 접안시설을 설치했기 때문이다. 이에 따라, 삼척블루파워는 선제적 대응을 위한 해안침식 저감시설을 조성하고 있다. 2024년까지 5단계(이안제, 곡면방사제, 수중 방파제 등)에 걸쳐 마무리할 예정이다. 다만, 환경부가 사후환경영향조사를 통해 2020년 5월부터 침식이 빠르게 진행되고 있다 밝혀 논란이 가중되었다. 삼척블루파워는 공사의 단계를 확장할 때마다 평가를 진행해 해안침식을 방지하는 시설로 거듭나야 한다.

---

3) 해빈 폭이란? '간조 때의 해안선부터 지형이 뚜렷하게 변하는 곳이나 식물이 잘 자라는 곳까지의 거리'(네이버 국어사전 참고)

매년 동해안의 해안침식 문제로 수백억을 투입하고 해수욕장 개장을 위해 연안정비사업을 진행하지만, 해안침식으로 지자체와 지역주민들이 몸살을 앓고 있다. 수중 방파제 등의 근본적인 해결이 이뤄지지 않기 때문이다. 정동진이나 주문진, 경포대 등 수많은 동해안의 해수욕장을 비롯하여 말이다.

에덴동산에서 쫓겨난 사건을 통해 본, 동해안 해안사구 난개발로 인한 침식

최초의 인간인 아담은 하나님의 명령에 순종하지 않고, 선악을 알게 하는 나무의 열매를 먹었다. 그 결과 "죄"가 들어와 자신이 벌거벗었음을 알게 되고, 에덴동산에서 쫓겨나게 됐다. 하나님의 뜻과 계획을 따라 살아가는 우리는 사망에 이르는 '죄'를 지어서는 안 된다. 하나님의 것을 소중히 여기고, 그 소유를 잘 활용하며 아끼는 모습이 우리에게 있어야 한다.

마찬가지로 동해안의 해안사구를 소중히 다뤄야 한다. 최근 줍깅(플로깅)이 유행하면서 해수욕장을 줍깅하는 단체가 많아지고 있다. 해안사구를 보존하려는 모습이 참 보기에 좋다. 하지만, 해안사구의 침식 문제를 해결하는 데엔 한계가 있다. 앞에서 언급한 것과 같이 해안사구의 침식은 자연적 현상뿐 아니라, 댐이나 사방시설, 하천골재 채취 등의 인위적 요소로 인해 발생하기 때문이다.

하나님께서 창조하신 동해안의 해안사구들을 우리는 어떻게 해야 할까? 인간의 욕심에 의한 사구의 '난개발'에서 벗어나 침식이 진행되는 곳의 원인을 바르게 파악하고, 원상태로 되돌리려는 노력이 필요하다. 더불어 개발된 곳에서는 최소한으로 침식을 방지할 수 있는 시스템이나 설비를 갖추도록 노력해야 한다. 우리의 무분별한 죄악으로 동해안의 해안침식이란 재앙이 더 이상 발생하지 못하도록 회개하며 변화해야 한다. 하나님은 우리의 회개를 들으시고 용서하시며 회복하시는 분임을 기억하고, '변화된 모습'을 기꺼이 드러내 보이길 소망한다.

서해안 해안사구들을 통해 본 교훈

> ¹⁹혈육 있는 모든 생물을 너는 각기 암수 한 쌍씩 방주로
> 이끌어들여 **너와 함께 생명을 보존하게 하되**
> ²⁰새가 그 종류대로, 가축이 그 종류대로, 땅에 기는
> 모든 것이 그 종류대로 각기 둘씩 네게로 나아오리니
> <u>그 생명을 보존하게 하라</u>
>
> 창세기 6장 19~20절

> ¹⁷너는 귀를 기울여 <u>지혜 있는 자의 말씀을</u> 들으며
> 내 <u>지식</u>에 마음을 둘지어다 ¹⁸이것을 **네 속에 보존하며 네**
> **입술 위에 함께 있게 함이 아름다우니라**
>
> 잠언 22장 17~18절

국내 최대 해안사구 집결지

—서해안 해안사구: 태안 신두리 해안사구와 보령 소황사구

　서해안은 세계 5대 갯벌이기도 하면서, 우리나라의 해안사구의 최대 집결지이다. 특히, 충남 태안에 있는 '신두리 해안사구'는 세계 최대의 해안사구로, 1만 5천 년 전부터 서서히 형성되기 시작했다. 우리가 싫어하는 미세먼지와 황사로 만들어졌다는 사실을 아는 사람은 많지 않다. 원래 황사는 하나님께서 만드신 소중한 시스템이다. 황사는 중국 북부와 몽골에 있는 사막에서 강한 남서풍으로 불어와 우리나라까지 들어온다. 그리고 해안사구를 형성한다. 중국 동해안 지역에 공장지대가 형성되면서 모래에 오염원이나 중금속이 같이 들어왔고, 사막화로 인해 황사가 짙어져 문제가 커진 것이다. 다만, 최초 하나님이 만드신 황사는 농업을 하는 데 소중한 자원이다.

신두리 해안사구는 264만㎡에 이르는 방대한 규모를 띤다. 육지와 해양생태계의 완충지역으로, 사구에서 자랄 수 있는 식물과 맹꽁이, 금개구리, 구렁이 등 멸종위기 생물이 서식한다. 원래 신두리 해안사구는 90년대 초까지 군사보호지역이었다. 그래서 보존될 수 있는 환경이기도 했다. 하지만 1995년경 해수욕장과 더불어 펜션들이 건립되면서 보존지역 일부가 유실됐다. 이를 보존지역 내 빨간집이라 불렀으며, 전원주택단지로 분양되었다. 그 결과, 언론에서 신두사구가 훼손되고 있다는 보도가 나왔다. 환경부와 태안시는 긴급조사를 세 차례 진행했고, 문화재청에 의해 2001년 5월 25일 천연기념물로 지정했다. 또, 계속되는 개발 속에서 2003년 7월 25일 법원이 문화재 보호의 중요성에 대한 판결을 내려 신두리 해안사구는 보존하고 있다. 현재에 이르기까지 보존지역 시설을 설치하고 차량진입을 제한하는 등 신두리 해안사구를 세계적인 해안사구 명소로 만들고 있다. 외래식물을 제거하고 보존을 위해 노력하는 신두리사구센터도 존재한다. 보전가치가 있는 해안사구를 관광상품으로 만들지 않고 보존한 사례다.

보령의 '소황사구'도 있다. 이곳의 면적은 약 5.23㎢에 이르며, 해양경관보호구역('18.11.27에 지정)으로 지정되었다. 소황사구는 해양 생태환경이 건강하여 법정보호종 서식지에 대한 체계적인 보증이 필요하며 노방부리배로, 검은머리물떼새, 알락꼬리도요 등이 서식하고 있다. 서해안의 두 해안사구는 과거 군사보호구역으로 유지된 곳이며, 현재는 민관이 협력하여 보전하는 곳이다. 앞에서 언급한 제주도나 동해안과는 달리 해안사구들이 지속가능하게 보전되고 있다.

서해안 해안사구 보전의 노력을 통해 깨닫는 하나님의 뜻과 말씀!

하나님이 세상을 창조하시고 기뻐하셨던 모습이 창세기 1장에 나온다. 그 기록은 마치 부모가 아이를 낳을 때의 기뻐하는 모습과 같다. 하지만 우리는 여섯째 날에 사람을 창조하신 뒤 심히 기뻐하셨다는 말씀을 다른 피조물보다 사람을 더 소중히 여기시는 것으로 오해한다. 그래서 우리 마음대로 세상을 사용하는 것일지도 모른다. 하지만 하나님은 모든 피조물을 만드실 때마다 기뻐하셨고, 세상이 온전하게 균형을 이룬 것에 심히 기뻐하셨다. 그러므로 우리는 하나님의 형상으로 창조된 만큼 하나님의 뜻을 구하며 살아야 한다.

창세기 6장에서는 인간의 죄악을 대홍수로 심판하신다. '[19.]혈육 있는 모든 생물을 너는 각기 암수 한 쌍씩 방주로 이끌어들여 너와 함께 생명을 보존하게 하되 [20.]새가 그 종류대로, 가축이 그 종류대로, 땅에 기는 모든 것이 그 종류대로 각기 둘씩 네게로 나아오리니 그 생명을 보존하게 하라' 노아가 겸은 홍수는 모든 생명체를 죽일 수 있는 큰 심판이었다. 그럼에도 하나님은 그의 피조물을 사랑하셨다. 그래서 그들의 삶이 이어질 수 있도록 새, 가축, 땅에 기는 모든 것을 노아의 방주에서 살게 하셨다. 마찬가지로 해안사구는 우리가 사는 데 도움이 되며, 해안가에 사는 동·식물에게 큰 영향을 끼친다. 그렇기에 노아가 하나님의 뜻에 따라 다른 피조물을 지킨 것처럼, 우리도 해안사구를 보존해야 한다. 그 본보기가 서해안 해안사구 즉, 신두리 해안사구와 보령 소황사구다.

  그렇다면, 우리는 이 일을 어떻게 감당해야 할까? 잠언 22장 17~18절에서 다음과 같이 말하고 있다. '¹⁷·너는 귀를 기울여 지혜 있는 자의 말씀을 들으며 내 지식에 마음을 둘지어다 ¹⁸·이것을 네 속에 보존하며 네 입술 위에 함께 있게 함이 아름다우니라' 우리가 해안사구를 지켜나가기 위해서는 올바른 지혜와 지식이 필요하다. 지역주민들은 언론의 보도를 통해 신두리 해안사구가 보존되어야 함을 깨달았고, 그 부분들을 지자체에 확고하게 전달했다. 그 결과, 신두리 해안사구는 천연기념물일 뿐 아니라 우리나라에서 가장 잘 보존되고 있는 해안사구로 유명하다. 난개발로 해안사구가 무너지고 있는 현 시점에서 주님의 지혜로 더욱 확고해져야 한다.

Ⅸ. 해안사구의 난개발로 인한 침식문제
해안사구 침식문제를 향한 기도

　우리나라는 삼면이 바다로 둘러싸인 축복받은 나라다. 하지만 우리는 하나님의 은혜와 축복을 잊고 사는 경우가 많다. 해안사구가 침식되어 하나님이 주신 아름다운 모래사장과 바다가 아름다운 모습을 잃어버리고 있기 때문이다. 해안침식은 제주도와 동해안만의 문제는 아닐 것이다. 이 문제를 직접적으로 경험한 사람들과 피조물이 피해를 받지 않도록 기도하자.

*"해안사구(모래사장)"과 "바다의 시스템"이 무너지지 않아
《해안침식》 논란이 해결되기 위한 기도*

◆**기도제목-1.** 바다를 통해 아름다운 어류 및 수생생물과 살아갈 수 있음에 감사를 드립니다. 하나님의 은혜와 사랑 속에서 공존을 위한 지혜 없이 살아온 우리의 죄악을 돌아보오니 용서하여 주시고 바다와 해안사구를 보존해 나가는 자로 성장하게 하옵소서!

◆**기도제목-2.** 우리는 마음대로 과학기술을 발달시켜 세상을 개발하고 사용할 수 있다는 어리석은 생각이 있습니다. 눈 먼 우리에게 올바른 시각이 생기도록 인도해 주옵소서. 특히, 해안사구가 하나님의 축복으로 만들어진 공간임을 잊지 않게 해주시고 난개발 및 해양시스템이 변화하며 발생하는 침식작용의 문제가 벌어지지 않도록 서로 머리를 맞대어 보존대책을 강구하도록 하옵소서!

◆**기도제목-3.** 충남의 신두리사구나 보령 소황사구처럼 우리가 나서서 지키는 노력이 이어지게 하소서. 무엇보다 해안사구의 특징인 해수와 담수가 분리되는 기능과 해안선 경관 및 해수면 상승, 해류의 변화를 방지하는 창조섭리 시스템이 유지되도록 하소서.

◆**기도제목-4.** 해안침식으로 발생하는 다양한 위험성(지역 해안가 붕괴로 인한 안전 염려, 해양생물들의 거주지 부족 현상이 만연해져 해안 생태계 파괴가 극심)을 기억하고, 정부·전문가, 시민사회가 서로 머리를 맞대어 효과적으로 실행하게 하소서.

◆**기도제목-5.** 해안사구의 상황을 잘 기억하고 주변에 있는 모든 자연환경이 난개발과 오염으로부터 자유롭고 회복될 수 있도록 도우소서.

하나님께서 우리에게 주신 바다를 바라봅니다.
그 은혜가 얼마나 큰지 다시금 떠올립니다. 계절을 타지 않고 시원하게
누릴 수 있는 바다가 주는 위로는 참으로 큽니다.
하나님의 은혜와 사랑 속에서 누리는 바다와 모래사장을 잊지 않고
보호해야 하며, 꾸준히 누릴 수 있도록 지속 가능하게 이용해야 합니다.

우리의 무지함과 공존을 생각하지 않는 배려 없는 행동을 회개하오니
주여 용서하여 주옵소서. 그 죄를 깨달아 온전히 변화한 모습을 보이게 하소서.
오직 주님의 뜻과 계획 속에서 균형을 이루도록 바다를 보존하게 하소서.

이 땅을 다스리고 관리하며 정복하라는 명령을 오해해 세상의 섭리와 계획을
무시하며 살아갔습니다. 물질만능주의와 과학만능주의에 빠져
하나님의 계획과 뜻을 무시하고 문제가 일어날 때마다
스스로 해결할 수 있다는 어리석음으로 죄를 짓고 있습니다.

해안사구(모래사장)를 바라보면서
바다의 흐름이 회복될 수 있도록 복원 및 보호하는 노력이
뒷받침되게 하시고, 해안사구 주변에 공사하는 것을 제한하여
해안사구를 보존하는 역할을 감당하게 하소서.
특히, 난개발 및 해양시스템과 패턴이 변화됨으로 발생하는
침식작용의 문제들이 더 이상 벌어지지 않도록 하소서.

정부 및 지자체 구성원들과 전문가들 그리고 사업자들이 머리를 맞대어
해안사구를 보존하고 회복할 수 있는 대책을 강구하게 하소서.

해안사구의 특징인 해수와 담수가 섞이지 않도록 하는 효과와
해안선 경관 및 해수면 상승 그리고 해류의 변화를 방지하는 등
하나님의 창조 시스템과 패턴이 온전히 유지될 수 있도록 인도해 주소서.

하나님이 만드신 아름다운 세상에 있는 수많은 환경문제가 우리를 향하고
있음을 기억하고 난개발과 오염이 발생하지 않도록 최선을 다하게 하소서.
무엇보다 해안사구가 온전히 유지되어 하나님의 섭리와 뜻이
해안가에서 잘 이루어질 수 있기를 간절히 소망합니다.
모든 것을 이루실 주님을 찬양하며 기대합니다.
주님! 함께하여 주시고, 홀로 영광을 받아주소서.
사랑이 많으신 예수님의 이름으로 기도합니다. 아멘.

X. 제주도의 공항은 더 필요한 것인가?
신공항 건설 추진 논란(1): 제주 제2공항 건설 논란

> ^{1}온 땅의 언어가 하나요 말이 하나였더라 ^{2}이에 그들이 동방으로 옮겨다니다가 시날 평지를 만나 거기 거류하며 ^{3}서로 말하되 자, 벽돌을 만들어 견고히 굽자 하고 이에 벽돌로 돌을 대신하며 역청으로 진흙을 대신하고 ^{4}또 말하되 자, 성읍과 탑을 건설하여 **그 탑 꼭대기를 하늘에 닿게 하여 우리 이름을 내고 온 지면에 흩어짐을 면하자** 하였더니 ^{5}여호와께서 사람들이 건설하는 그 성읍과 탑을 보려고 내려오셨더라 ^{6}여호와께서 이르시되 이 무리가 한 족속이요 언어도 하나이므로 이같이 시작하였으니 이 후로는 그 하고자 하는 일을 막을 수 없으리로다 ^{7}자, 우리가 내려가서 거기서 그들의 언어를 혼잡하게 하여 그들이 서로 알아듣지 못하게 하자 하시고 ^{8}여호와께서 거기서 그들을 온 지면에 흩으셨으므로 그들이 그 도시를 건설하기를 그쳤더라 ^{9}그러므로 그 이름을 바벨이라 하니 이는 여호와께서 거기서 온 땅의 언어를 혼잡하게 하셨음이니라 여호와께서 거기서 **그들을 온 지면에 흩으셨더라**
>
> 창세기 11장 1~9절, 바벨탑 사건

제주도! 제주 제2공항 추진
—포화 상태가 된 제주공항의 수요 분담을 위한 계획

제주국제공항이 포화 상태가 되면서 국제선 취항이 어렵게 되자, 제주국제공항의 수요를 분담할 목적으로 서귀포시 성산읍 신산리와 온평리 일원에 신공항 건설이 발표됐다. 공항 입구는 신산리이지만, 활주로와 여객청사 등 주요 시설은 온평리에 건설될 예정이다. 온평리가 공항 예정지의 70%를 차지한다. 정부에서 제주 제2공항을 세우는 것을 목표로 세웠지만 제주도 내의 여론은 반대가 더 많다.

이 건설계획은 약 495만여㎡ 부지에 연 2,500만 명 수용을 목표로 계류장 및 터미널을 건설하고, 예산을 약 5조 1,000억으로 잡았다. 제주 제2공항은 전 원희룡 제주지사의 숙원 사업이기도 하며, 한국항공공사에서 2026년까지 개항을 목표로 하고 있기도 하다. 하지만 2021년 7월 20일, 환경부가 전략환경영향평가 '반려'를 내리면서 계획에 제동이 걸렸다. 그 이후 보완 가능성 검토용역을 진행하였고, 2022년 6월 29일 보완이 가능하다는 결론을 내렸다. 또한 2022년 7월 18일, 국토부는 용산 대통령실에서 새정부 업무계획 보고 중 2022년 핵심 추진 과제로 제주 제2공항을 포함시켰다. 사업 재개를 공식화한 것이다. 이로 인해 제주 지역사회의 찬반갈등이 더욱 심화됐다.

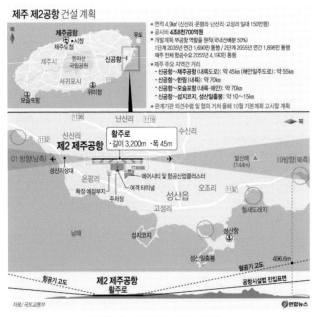

[연합뉴스, 24.09.05 기사 인용]

제주 제2공항의 추진 문제점
─전략환경영향평가서 반려의 내용과 성산 입지의 문제에 대하여

2021년에 환경부는 제주 제2공항 건설을 반려했다. 부동의를 포함한 중요 사항의 누락 및 평가서 거짓 작성이 드러났기 때문이다. 제주 제2공항은 연간 4,560만 명을 기준으로 설계된 사업으로, 제주의 환경 수용성을 제대로 검토하지 않은 계획이다.

제주 제2공항의 전략환경영향평가서는 무슨 근거로 반려 및 부동의를 했을까? 첫 번째로 비행 안전이 확보되는 조류 및 서식지 보호 방안 검토가 미흡했다. 활주로 주변인 하조리, 종달리, 오조리 등은 철새들이 드나드는 공간이며, 성산과 남원 해안의 4계절을 조사하여 조류들이 어떤 영향을 받는지 확인할 필요가 있다. 특히, 성산읍에 천연기념물 조류만 40여 종이 넘을 정도로 중요한 곳이다. 그렇기에 전략환경영향평가의 결과를 토대로 서식지 보호 및 철새들을 보호하는 대책을 마련했어야 했다.

두 번째로 항공기 소음 영향을 재평가할 때 최악의 조건을 고려하지 않았다. KEI(한국환경정책평가연구원)에 의하면, 제2공항 성산 입지는 입지적 타당성이 매우 낮아서 지역주민에게 악영향을 끼칠 것으로 예상한다.

세 번째로 멸종위기야생생물 2급 맹꽁이 서식이 확인되었지만, 전략환경영향평가에 따른 영향 예측 결과를 제시하지 않았다. 그리고 해당 지역에는 법정보호종인 벌매, 비바리뱀, 수염풍뎅이, 저어새, 남방큰돌고래 등이 있다.

마지막으로, 숨골에 대한 보전가치를 제시하지 않았다. 숨골은 제주의 생명수나 다름없는 지하수 통로이다. 하지만 전략환경영향평가에 제시한 숨골은 8곳에 불과하며, 얼마나 많은 숨골이 있는지도 작성하지 않았다.

전략환경영향평가서는 위와 같은 이유로 부동의 되었다. 그렇다면, 성산 입지의 문제는 없을까? 먼저 성산 입지는 동굴이 중요하다. 전략환경영향평가서에는 8곳이라 발표했지만 61곳(제주환경운동연합 발표)이 더 있다.

숨골은 용암대지 위 흙 쌓인 곳에 경작할 때 물을 빠지게 하기에 큰 영향을 끼친다. 또한 숨골을 통해 빗물을 막아서 지하수를 얻기도 한다. 이 지하수가 우리가 잘 아는 '삼다수'다. 그러나 성산 입지에 제주 제2공항이 건설된다면, 지하수가 사라질 수 있다. 물이 심각하게 오염될 수도 있다.

또한, 건설 예정지에 공항을 지으면 항공기와 조류가 충돌할 가능성이 크다. 하조리, 종달리, 오조리는 철새들이 드나드는 중요한 곳이며, 40여 종이 넘는 새들이 성산 입지 근방에 자리하고 있다.

성산 입지에는 수많은 법정보호종인 벌매, 비바림뱀, 수염풍뎅이, 맹꽁이, 저어새, 남방큰돌고래 등이 서식한다. 하지만 그중 맹꽁이의 서식만 확인했을 뿐 다른 영향을 예측하지 않았다.

마지막으로 소음 피해 예측 등 수차례의 문제제기가 발생하고 있는 상황이다. KEI(한국환경정책평가연구원)에 의하면, 제2공항 성산 입지는 입지적 타당성이 매우 낮은 계획이라고 말한다.

제주 제2공항을 반대하는 이유를 제주투데이(21.2.10)에서 소개했다. 첫째,

제주의 포화 상태가 심각하다. 제2공항을 건설하게 되면, 관광을 위해 찾아오는 사람들이 더욱 많아질 것이다. 하지만 이에 대한 대응책이 전혀 없다. 특히, 제주는 쓰레기 처리 문제가 심각하다. 제2공항을 설치해 관광객이 몰려든다면 쓰레기 발생량이 급증할 것이다. 그럼 환경오염의 문제가 가중된다.

둘째, 농민들의 권리를 침해한다. 쓰레기 처리장에서 발생하는 침출수가 농민들이 농사를 짓는 공간으로 넘쳐흐를 가능성이 크다. 개발 예정지에 큰 홍수가 발생할 가능성도 농후하다.

셋째, 성산 입지에는 삼다수가 충분히 마련돼 있는 지하수를 가지고 있다. 하지만 이곳에 제2공항을 설치하면 당연히 지하수가 오염될 수밖에 없다.

넷째, 집값의 상승으로 도민들이 쫓겨나게 된다. 지금도 제주도는 관광 개발사업으로 집값이 천정부지로 올라있는 상태다. 거기에 기름을 붓듯 제2공항이 설치되면 집값이 상승하게 되고, 그로 인해 도민들이 쫓겨날 수밖에 없다. 여행업계에서는 이를 투어리스티피케이션이라 부른다. 세계적인 관광 명소인 스페인 바로셀로나, 이탈리아 베니스 등이 있으며, 우리나라의 북촌 한옥마을, 이태원 경리단길, 홍대, 연남동 등이 있다. 제주도도 이러한 현상이 발생하고 있는데, 제2공항이 설치되면 더욱 가중될 것이다.

다섯째, 이 사업을 지속적으로 추진하면, 공동체가 붕괴될 우려가 크고 주민들의 분열이 생길 수 있다. 찬성과 반대 측이 극명하게 갈리고 있기 때문이다. 건설계획 초반에는 찬성 측이 더욱 많았으나, 최근에는 반대 측이 증가하고 있다.

마지막으로 코로나 이후의 제주 관광 모델을 정확히 인지해야 한다. 제주 관광의 모델은 청정, 안전, 치유와 같은 주제였다. 세계자연유산인 만큼 그에 맞는 관광을 운영하는 것이 필요하기에, 생태적 관점에서 제2공항을 건설하는 것은 좋지 않다.

제주 제2공항의 대안!
─제주도민들의 제2공항 건설 여론조사 결과와 제2공항의 대안은?

제주 제2공항 건설 사업은 제주도와 환경단체만의 논란으로만 치부하기에는 문제가 크다. 특히, 제주도민들 사이에서도 상당한 찬·반 의견이 엇갈리고 있는 상황이다. 반대하는 측에서는 수많은 관광객이 오가면서 제주도 고유의 문화가 훼손되고 관광객 상대의 유흥산업만이 늘어나고 환경파괴는 날로 심각해지는데 신공항까지 건설하면 이런 현상이 더욱 가속화될 것을 우려하고 있다. 반대로 찬성하는 측에서는 지역경제를 살릴 수 있다고 환영한다.

2021년 두 차례의 여론조사를 보면, 찬성과 반대가 팽팽하였다. 두 조사는 해당 지역주민과 기존 공항(제주공항) 인근 지역주민 간에 찬반 양상이 갈렸다. 첫 번째는 엠브레인퍼블릭에서 조사한 결과로 반대 51.1%, 찬성 43.8%였고, 두 번째는 한국갤럽의 조사로 반대 47%, 찬성 44.1%였다.

엠브레인퍼블릭의 여론조사를 지역별로 나누면, 제주시 반대 54.1%, 찬성 40.4%였으며 서귀포시 반대 43.2%, 찬성 52.5%로 갈렸다. 특히, 제2공항 주변 예정지(서귀포 동부 읍면 지역)의 경우는 반대 26.2%, 찬성 71.2%에 달했다. 이는 인구가 많은 제주시민과 서귀포 서부지역은 반대가 심하고, 제2공항 부지 인근 지역주민은 찬성한다는 것이다. 하지만, 그 안에서도 제2공항 부지에 해당하는 지역주민들의 반대는 더 심하다는 것을 잊지 말아야 한다. 한국갤럽의 여론조사 결과도 비슷하다. 성산읍주민만 따로 구분했을 때 반대 31.4%, 찬성 64.9%에 이른다.

그렇다면, 제주 제2공항의 대안은 없는 것일까? 첫 번째 대안은 서귀포시에 위치한 대한항공 소유의 정석비행장(서귀포시 표선면 가시리)을 이용하는 것이다. 이곳은 1998년 개장한 대한항공 소유의 조종사 양성 및 훈련용 비행장이다. 이미 충분히 공항의 기능을 하고 있어 사실상 제주공항의 포화 사태를 가장 빠르고 손쉽게, 가장 지역사회에 부담을 적게 주며 문제를 해결할 수 있는 곳이다. 그러나 대한항공이 이곳에서 교육생을 가르치며 공항 임대료와 교육비 등 짭짤한 수익을 벌고 있다. 더불어 대한항공에 지불할 비용 문제와 대한항공이 이용할 대체 공항 문제로 인한 잡음도 해결해야 한다.

두 번째 대안은 제주국제공항을 확장하는 것이다. ADPi 용역보고서에 의하면, 현재의 제주국제공항을 확장하는 것이 가능하다. 제주국제공항을 잘 정리하여 확장한다면 제2공항은 필요 없다. 그만큼 제2공항을 무조건 설치하는 것은 불필요하다.

성경을 통해 본, 제주 제2공항(성산 입지) 문제에 대한 통찰!

우리는 과연 어디까지 왔을까? 왜 우리는 더 많은 것을 해내고자 하는 것일까? 더 높은 마천루를 만들려 하고, 필요 이상으로 많은 자동차나 비행기, 그에 따른 도로와 비행장을 만들려 하는 것일까? 이에 대한 성경적 통찰이 필요하다. 과연 성경에서는 무엇을 말하고 있으며, 우리는 제주 제2공항을 어떻게 하는 것이 좋을지 생각해 보고자 한다.

"[1]온 땅의 언어가 하나요 말이 하나였더라 [2]이에 그들이 동방으로 옮기다가 시날 평지를 만나 거기 거류하며 [3]서로 말하되 자, 벽돌을 만들어 견고히 굽자 하고 이에 벽돌로 돌을 대신하며 역청으로 진흙을 대신하고 ^{4}또 말하되 자, **성읍과 탑을 건설하여 그 탑 꼭대기를 하늘에 닿게 하여 우리 이름을 내고 온 지면에 흩어짐을 면하자** 하였더니 ^{5}여호와께서 사람들이 건설하는 그 성읍과 탑을 보려고 내려오셨더라 ^{6}여호와께서 이르시되 이 <u>무리가 한 족속이요 언어도 하나이므로</u> 이같이 시작하였으니 이 후로는 그 하고자 **하는 일을 막을 수 없으리로다** ^{7}자, 우리가 내려가서 거기서 **그 들의 언어를 혼잡하게 하여 그들이 서로 알아듣지 못하게** 하자 하시고 ^{8} 여호와께서 거기서 **그들을 온 지면에 흩으셨으므로 그들이 그 도시를 건설하기를 그쳤더라** ^{9}그러므로 그 이름을 바벨이라 하니 이는 여호와께서 거기서 온 땅의 언어를 혼잡하게 하셨음이니라 여호와께서 거기서 그들을 온 지면에 흩으셨더라" (창세기 11장)

태초에 하나님께서 세상을 창조하신 뒤에 인간은 한 공간에 모여 살았고, 하나의 언어로 살 수 있었다. 하지만 그들은 죄악된 삶을 살아갔다. 이는 '바벨탑 사건'으로 이어졌다. '성읍과 탑을 건설하여 그 탑 꼭대기를 하늘에 닿게 하여 우리 이름을 내고 온 지면에 흩어짐을 면하자'. 인간은 하나님과 동등하길 원했고, 서로 흩어지지 않으려 했다. 하지만 하나님이 하실 일을 결코 막을 수 없었고, 결국 서로 소통하지 못했으며, 온 지면으로 흩어져 버렸다.

반드시 제2공항의 건설이 필요하다면 여러 상황을 잘 확인하여 건축해야 한다. 하지만 성산 입지를 확정하고 다른 대안을 살피지 않는 모습은 바벨탑을 지으려 했던 과거의 옛 선조들과 무엇이 다를까? 왜 우리는 편리함만 추구할 뿐 공항건설로 인해 발생하는 결과는 생각하지 않는 것일까? 왜 우리는 인간의 편안과 안정에 혈안이 되어 있는 것일까? 바벨탑 사건이 우리에게 깨달음을 주길 소망한다.

신공한 건설 추진 논란(2):
6차 공항개발종합계획에 포함되지 않은 공항 건설

> [9]내가 **어느 민족이나 국가를 건설하거나 심으려 할 때에** [10]만일 그들이 **나 보기에 악한 것을 행하여 내 목소리를 청종하지 아니하면 내가 그에게 유익하게 하리라고 한 복에 대하여 뜻을 돌이키리라** [11]그러므로 이제 너는 유다 사람들과 예루살렘 주민들에게 말하여 이르기를 여호와의 말씀에 보라 내가 너희에게 재앙을 내리며 계책을 세워 너희를 치려 하노니 너희는 각기 악한 길에서 돌이키며 너희의 길과 행위를 아름답게 하라 하셨다 하라
>
> 예레미야 18장 9~11절, 건설할 때 우리의 자세

공항개발종합계획에 포함되지 않은 공항들
─공항개발종합계획 포함된 신공항 예정지의 환경 논란

　2021년 9월 16일, 항공정책위원회의 심의를 거쳐 '6차 공항개발종합계획'이 최종확정되었다. 그러나 이 계획은 "2050 탄소중립"을 목표로 하는 상황에서 역행하는 것과 같다는 비판이 일고 있다. 제6차 공항개발종합계획(안)에 따른 공항 분포에 대한 부분을 아래와 같은 그림으로 확인해 볼 수 있다.

　위와 같은 계획은 중추 및 거점공항을 중심으로 공항을 건설하고, 더불어 일반 공항을 추가로 건설하는 것이다. 특히, 위의 그림에서 빨간 원은 새롭게 지으려는 공항이며, 파란 원은 검토대상에 포함된 곳이다. 거점공항인 김해공항을 대신하여 가덕도 신공항 건설을 추진하고 있으며, 제주국제공항의 경우 제2공항이 추진되고 있다. 울릉도 및 흑산도, 백령도와 같이 배 이외의 다른 교통수단이 없는 섬 지역도 공항건설을 추진하고 있다. 우리나라는 고속열차로 2~3시간이면 거의 모든 지역을 도착할 수 있다. 그만큼 규모가 작은 나라인데도 공항건설이 많아지고 있다.

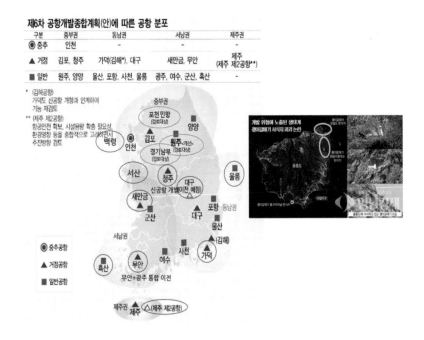

*첫 번째 추진 공항, 부산 가덕도 신공항

이 공항을 추진하기 위해 10조 원이 넘는 대형 국책사업으로 정했다. 이 사업은 예비타당성 조사를 면제할 정도로 각종 특혜를 받고 있다. 하지만 가덕도 신공항을 짓는 것에 의문이 많다. 첫 번째는 영남권 신공항으로 제안된 3개 예비지역(밀양, 김해, 가덕도) 중에서 가장 낮은 점수를 받은 곳이다. 심상정 의원은 가덕도 신공항 예비타당성 면제와 함께 패스트트랙으로 추진하는 것을 어느 국민이 이해할지 의문이라고 밝혔다. 그만큼 졸속 추진이라 할 수 있으며, 좋지 않은 위치와 우려되는 환경파괴의 문제에 대해 염려하는 것은 사실이다.

부산 가덕도 신공항은 어떠한 천혜의 자연경관과 환경을 가지고 있으며, 건설 추진으로 인해 발생하는 환경 문제는 무엇인지 알아보고자 한다.

첫째, 부산 가덕도는 산지와 해안에 걸쳐 생물다양성이 부산 지역에서 가장 높은 금정산에 버금가거나 앞선다.

둘째, 가덕도에는 멸종위기종에 등재된 수많은 동식물이 서식[4]하고 있다.

---

4) 그린뉴딜과 신공항으로 본 '대한민국 녹색시계' 6장 참조 및 인용

멸종위기야생동식물 1급에 해당하는 수달과 매가 있으며, 2급에 해당하는 삵과 솔개, 팔색조, 긴꼬리딱새 등을 비롯하여 천연기념물인 황조롱이, 소쩍새, 솔부엉이, 새매 등이 수시로 보이고 말똥가리, 뻐꾸기, 꾀꼬리, 파랑새 등이 즐겨 찾는 곳이다. 가덕도 북서쪽 해안(부산신항이 들어서는 곳)을 제외한 전 해역에서 상괭이(CITES에 등재된 보호종)를 연중 내내 볼 수도 있다. 하지만 가덕도 신공항이 들어서게 되면 멸종위기야생동물식물, 천연기념물, 상괭이(CITES에 등재) 등이 서식하기 어려워질 것이다.

셋째, 시민들의 의견 수렴이 부재하다. 부산의 미래를 걸고 하는 초대형 사업이라면 시민들의 의견을 듣고 소통하는 숙의적 접근이 필요하다. 하지만 예비 타당성 조사를 면제하며 공항건설을 당연시한다. 정부에서 사전타당성 조사와 전략환경영향평가를 내걸고 있지만, 평가의 수행 목적은 공항건설을 합리화하는데 있다. 애당초 공항건설 '부동의'라는 평가를 받는 것은 기대할 수 없었다. 일부에서는 무용론까지 거론된다. 그러므로 가덕도 현장의 생태·환경적 실태와 공항건설을 통해 발생하는 장단점 파악, 향후 리스크나 기회 요인을 연구해야 한다. 더불어 대안에 대해 시민들의 의견을 청취해야 한다.

*두 번째 추진 공항, 새만금 신공항

새만금은 전라북도에 있는 만경강과 동진강의 하구를 방조제로 막은 뒤 내부를 매립한 간척사업이다. 총 면적 409㎢에 이르며, 이 중 간척 토지는 291㎢, 담수호 면적은 118㎢이다. 이 지역은 쌀농사를 중심으로 하는 농업지대가 주를 이루었으나, 쌀 소비의 감소로 다른 경제적 활동을 계획하고 있다. 여러 기업이 큰 제약 없이 활동할 수 있도록 '새만금 특별법'이 제정되어 자유로운 투자가 가능해지고, 개발이 활발히 이루어질 것으로 예상된다. 이러한 과정 가운데 새만금 신공항이 제6차 공항개발종합계획에 포함되었다.

사실 새만금 자체만으로도 심각한 환경문제가 있다. 무방비 상태로 이뤄진 간척사업 때문이다. 지난 20여 년간 새만금 수질개선 비용으로 무려 4조 원 가량 투입되었다. 하지만 동진강과 만경강의 수질 문제는 여전히 제자리걸음이다[5]. 수질 문제만이 아니다. 생물들도 대량폐사하고 있다. 2000년 조사에 의하면, 미등록종, 신종 등 9종의 생물을 찾아낼 정도로 생물종이 풍부한 지역이었으나, 지금은 수심 2~3m에 살던 생물 대부분이 죽었고, 악취가 심한 지역이 되었다.

조류들에게도 악영향을 끼쳤다. 특히, 전 세계에 400여 마리밖에 남지 않은 도요물떼새의 절반가량인 200여 마리가 만경강 하구 갯벌에 찾아왔지만,

---

5) 그린뉴딜과 신공항으로 본 '대한민국 녹색시계' 7장 참조 및 인용 (이하 내용 포함)

심각한 환경 훼손으로 더 이상 찾아오지 않고 있다. 물고기에게도 새만금은 중요한 산란처다. 하지만 강 하구를 막는 건 새만금호나 새만금 외해의 여러 생물에게 고통을 안겨준다.

신공항 건설을 추진하는 것으로도 문제가 많이 발생한다. 2019년, 정부는 '국가균형프로젝트'의 일환으로 새만금 신공항 예정부지를 수라갯벌로 정했다. 그러나 경제성평가 점수가 0.5도 안 되는 곳인데 예비타당성 평가를 면제시키면서 건설을 강행하려고 한다. 새만금에 남아 있는 원형 갯벌마저 위험에 처했다. 특히, 수라갯벌에는 법정보호종인 저어새(멸종위기 1급)와 흰발농게(멸종위기 2급)가 서식한다. 과연 새만금 신공항이 지어져야 하는 걸까?

*세 번째 추진 공항, 백령공항

백령도는 인천연안여객터미널에서 출발하는 배편이 전부다. 특히, 배로 4~5시간 이상 걸리기 때문에 상당히 부담되는 거리다. 그만큼 백령도 지역에서는 공항이 숙원사업이다. 우리가 제주도를 갈 때 배편을 이용하는 경우가 많긴 하지만, 그보다 훨씬 더 많은 경우는 비행기를 타고 가는 것처럼 백령도 주민들과 여행객에게는 항공편이 필요하다.

2016년 5월 10일, 국토교통부는 제5차 공항개발 중장기 종합계획에서 국민의 도서지역 접근 교통 서비스 향상 등을 위해 백령도 소형공항 건설 타당성을 검토했다. 검토 결과, 비용 대비 편익비율이 4.86으로 경제적 타당성이 있었다(한국항공정책연구소). 2021년 11월 3일, 제6차 국가재정평가위원회에서 백령공항이 예비타당성조사 대상 사업에 선정되었고, 1,740억 원이 책정되었다. 2022년 4월 19일, '백령공항 주변지역 발전전략 및 기본계획 수입 용역'에 착수했다. 1년간의 용역을 통해 조금 더 구체화될 예정이다.

백령공항의 규모는 활주로 길이 1,200m, 폭 30m의 소형항공기가 취항할 수 있는 소형공항이 된다. 백령공항이 지어지면 이동 시간이 1시간 내외로 단축되고, 수도권 관광객 유치 및 응급환자 육지 수송이 수월해질 것이다. 특히, 솔개간척지에 50인승 소형항공기를 중심으로 운항하는 계획이다.

하지만 환경단체는 백령공항 건설에 따른 생태계 훼손을 최소화할 대안을 요구한다. 백령도에서는 우리나라에서 발견된 500여 종의 조류 중 370종(지표종) 이상이 관찰되었다. 특히, 공항 예정지인 솔개간척지는 황새, 검은머리물떼새, 저어새, 두루미, 말똥가리, 흰꼬리수리 등 수많은 멸종위기종이 찾는 곳이다. 하지만 2017년, 백령도 소형공항 사전타당성 검토연구 최종보고서에서는 백령도에 사는 새의 종류를 170종으로 추산한 것을 볼 때, 환경평가와 대응책이 심히 우려된다고 한다(인천in)[6]. 또, 철새서식지이자 통로에 공항을 만드는 것이기에 멸종위기 철새들의 버드스트라이크가 우려된다. 이는 새들만의 문제가 아니라, 백령도에 사는 주민의 안전까지 위협할 수 있다. 이 부분을 잘 대처한다면, 중요한 소형공항으로써의 가치를 지닐 수 있을 것이다.

*네 번째 추진 공항, 서산 민항

충청남도는 전국에서 유일하게 공항이 없는 지역이다. 충남도지사를 비롯한 충청권 인사들은 공항 건설을 추진하고자 한다. 서산 민항은 서산시 해미면 제20전투비행단의 부지 내에 개항한다. 현재 활주로는 2본이 건설되어 있으며, 공항으로 사용하기 위한 터미널만 건설하면 된다. (다만, 활주로 길이의 확장은 필요)

충청남도는 기차, 버스 등 대중교통으로 충분히 이동할 수 있는 거리이며, 다른 지역과 그리 멀지 않다. 하지만 충남도청이 대전광역시 중구에 있다가 홍성군 내포신도시로 이전하면서 민간공항을 유치하려는 시도가 꾸준히 있었다. 지역 주민들과 정치권은 울릉공항도 생기는 상황에 서산민항이 반드시 필요하다는 입장을 표하고 있다.

충청남도는 탄소 중립을 선언한 지자체이다. 그것도 전국 최초로 2050 탄소 중립 비전과 전략을 발표했고, 탈석탄을 전국 최초로 도입하는 등 탄소 중립을 선도하고 있다. 하지만 염원사업이라는 명목으로 탄소 중립에 역행하는 서산민항을 지속적으로 추진했다. 프랑스의 경우, 열차로 2시간 30분 내이동할 수 있는 거리는 국내선 운항을 중지하는 법안을 통과시켰다. 우리나라도 국내선 운항을 어떻게 다룰지 고민할 필요가 있다. 충청남도의 경우는 웬만하면 대중교통으로 2~3시간 안에 도착할 수 있는 거리이기 때문에, 국내선 노선의 경우 제주 및 부산행 노선으로 한정될 것이다. 그렇게 되면 공항을 건설해 발생하는 탄소배출의 문제와 항공기의 운항으로 생기는 소음 및 다른 환경피해가 있을 뿐, 커다란 효과를 얻기 어렵다. 이러한 이율배반적인 행보 대신 조금 더 빠르고 정확한 고속열차가 생기는 편이 더 좋아 보인다.

*다섯 번째 추진 공항, 청주공항

현재 청주공항은 충청권에서 유일한 공항이다. 그리고 국제공항으로의 역할도 한다. 국내선으로는 제주행이 유일하다. 그 이유는 그 외의 지역의 경우, 차량으로 4시간 이내에 모두 도착할 수 있기 때문이다. 코로나-19로 인해 조금 변동은 있지만, 국제선의 경우는 중국 베이징, 항저우, 연길, 다롄, 웨이하이, 장자제, 옌타이를 운행한다. 또 일본 오사카(간사이)와 베트남 다

---

6) 환경단체들, 백령공항 생태계 보전 대안 마련 요구(인천in, 2020.1.27. 기사) 인용

낭, 대만 타이베이, 태국 방콕, 미국령 괌 등을 운항한다. 그 외의 짧은 아시아권 노선이 확대될 예정이다. 그러다 보니, 청주공항에 대형항공기 이착륙을 위한 보수 및 보강과 수용능력 개선 개발 계획이 있다. 이러한 것은 공항개발계획으로써 중요한 부분이고, 다른 공항을 건설하는 것이 아니므로 충분한 의미가 있다. 환경적으로도 특별하게 언급할 부분은 없어 보인다.

*여섯 번째 추진 공항, 대구공항

대구공항은 현재 대구시 동구에 위치해 있다. 이 공항은 대구 공군기지와 국제공항으로 구성되어 있는데, 약 46km 떨어진 경북 군위군 소보면과 의성군 비안면 지역에 새롭게 건설될 예정이다. 이를 통칭하여 '대구·경북 통합신공항'이라 부른다. 2022년, 국민의 힘 몇몇 의원과 더불어민주당 이재명 당대표가 대구·경북 통합신공항 건설을 위한 특별법을 발의했다.

이 공항에 대한 환경적 문제는 크지 않으나, 공항 이전에는 2가지 걸림돌이 있다. 첫 번째 문제는 통합신공항 유치 조건인 군위군 대구편입 문제가 전면 중단되었다. 이로 인해 착공이 미뤄지면서 통합신공항 건설이 늦어지고 있다. 여러 정치적 상황에 맞물려 군위군의 대구편입이 이뤄지지 않으면서 공항건설은 쉽게 추진되기 어려운 상황이다. 두 번째 문제는 한미행정협정에 관한 문제이다. 대구공항은 대구 공군기지도 함께 이전하게 되어 있는데, 우리나라 공군뿐 아니라 주한미군도 함께 주둔하고 있다. 그런데 주한미군부대의 이전은 한국이 결정할 수 없고, 한미행정협정(SOFA)에 따라 미국이 결정한다. 만약 미국이 반대한다면 이전에 차질이 생긴다.

이러한 걸림돌이 해결되더라도 한계와 문제점이 존재한다. 첫째, 접근성이 떨어진다. 이전할 예정지는 군위군 소보면·의성군 비안면의 경계에 소재해 있는데, 대구시청으로부터 약 45km 이상 떨어져 있어 현재 도심에 붙어 있는 대구공항보다 확실히 접근성이 떨어진다. 철도가 계획 중이지만, 아직 페이퍼 플랜에 불과하므로 철도가 언제 건설될지도 모르는 상황이다. 원래 대구공항은 매년 적자공항이었지만, 대구 도심과의 접근성이 뛰어나 저가항공사가 취항하면서 중화권, 동남아, 일본 등의 단거리 노선이 증편되어 흑자로 전환되었다. 하지만 이전 증축이 되면 이 효과를 얻기에는 어려움이 따를 것이다.

둘째, 가장 큰 불안요소인 수요의 문제다. 영남지방의 공항들은 부산과 대구 여객수요 경쟁을 일으키고 있다. 부산은 김해공항에서 가덕도 신공항으로 옮기려 하고 있으며, 대구에서는 대구공항을 군위군으로 옮겨 여객 수요를 늘리려 한다. 그렇다면, 과연 수요는 어디에 더 집중될까? 아무래도 부산권의 경우 수요가 대구권보다는 많다. 특히, 장거리 노선이 추가되면, 대구보다는 부산으로 집중될 것이다. 수요가 더 많기 때문이다. 그러므로 돈 먹는 하마가 될 수 있는 국제공항으로 전락할 수도 있다.

셋째, 이전 인원들의 생활환경 문제가 대두된다. 대구공항의 직원들 대부분은 대구 도심에 산다. 그만큼 이전하게 되면, 공항에서 근무하는 직원들이 사는 지역을 옮겨야 하고, 더불어 공군기지 내 소속 군인과 군무원들 그리고 주한미군 직원들도 같이 옮겨야 하므로 나빠진 환경으로 불편을 겪을 수밖에 없다. 현재의 대구공항은 인프라 상황이 좋다. 특히, 도심 지역 내에 있어 교육 시설, 병원시설, 마트 등 상권이 모두 인근에 있다. 하지만 현재 예정된 곳으로 옮기게 되면 여건이 좋지 않은 상황에서 공항 이전 예정지 주변으로 옮기지 않고 현재 그대로 살아갈 가능성이 높다. 그만큼 환경적으로도 더 나쁜 상황이 발생하게 된다. 전략환경영향평가로 어느 정도 환경문제를 최소화할 수는 있겠지만, 꼭 이전해야 하는지, 이전을 통해 얻을 수 있는 경제적·환경적 효과가 얼마나 있는지 확인 절차가 필요하다.

결국 대구·경북 통합신공항을 추진하며 대구공항 이전을 준비하는 것에 대해 정부와 대구·경북은 심사숙고 해야 한다. 그만큼 공항이 만들어지면 환경문제뿐 아니라 앞에서 언급한 다양한 문제들이 전면에 부각된다. 그래서 대구공항 이전을 주의 깊이 관찰하고 어떠한 방향으로 나아가는 것이 좋을지 기도하며, 정부와 지자체에 요구하는 것이 필요하다.

*일곱 번째 추진 공항, 울릉공항

울릉도는 대표적인 관광지이면서도 한 번 가려 하면 상당한 시간과 노력이 필요한 지역이다. 그만큼 공항에 대한 수요가 많은 지역이기도 하다. 1970년 이전부터 민항기를 통한 왕래의 필요성이 꾸준히 제기됐다. 민간 헬기 노선 사업이 몇 차례 추진되었으나, ㈜우주항공의 헬기 사업 취항 3일 만에 13명이 숨지는 사건이 발생하면서 헬기 운항이 중단됐다. 그 이후에 몇차례 헬기 취항이 이뤄졌으나, 모두 철수됐다. 결항률 높은 선박과 공군이 운영하는 정기 공수편만 운영되고 있다.

울릉공항은 울릉읍 사동리에 건설 중인 소규모의 공항이다. 국내에서 교량으로 이어지지 않은 섬 지역 중에서는 제주국제공항을 이어 두 번째로 만들어진다. 활주로 길이 1,200m와 폭 36m 규모로 소형 항공기가 취항할 수 있다. 울릉도에 공항이 생기면, 서울에서 8~10시간 이상 소요되는 이동 시간이 1시간 내외로 단축되어 수도권 관광객 유치 및 응급환자 육지 수송이 수월하게 될 것이다.

2020년 11월 15일 환경영향평가 협의가 끝나 실착공에 들어갔다. 하지만 여러 문제점이 있다. 먼저 활주로 길이다. 활주로 길이는 1,200m로 최종 결정되었으나, 울릉공항에 투입할 ATR 42기의 경우, 일반적으로 1,050m가 적당하나 우천시는 1,295m나 확보해야 한다. 그래서 기상 상황이 좋다는 전제하에 운항이 가능하다는 결론을 내릴 수 있다. 하지만 기준이 변경되어 확장된다면 또 다른 문제가 발생할 수 있다. 바로 울릉도에서 서식하는 괭이갈매기가 큰 피해를 입을 수 있다. 괭이갈매기는 관음도와 동측해안(와달리휴게소)에 서식하고 있으며, 공항까지 서식지가 확대될 경우 큰 우려를 낳게 된다. 환경영향평가에서는 활주로에 대한 협의가 완료되었으나, 지속적인 관찰과 주의를 통해 이 문제를 잘 해결할 수 있어야 할 것이다.

다음으로 건설과정 속에서 발생하는 환경훼손의 우려가 있다. 공항건설 과정에서 가두봉(해발 194m)을 비롯한 1,050㎥에 달하는 산지 절취와 대규모 해양 매립에 따른 환경훼손도 우려된다. 이에 대한 정확한 환경파괴의 상황은 알려진 바 없으나, 예전 간척지 및 매립을 했던 경우를 살펴볼 때, 환경파괴는 당연할 수밖에 없다. 대표적으로 새만금 간척지의 경우, 지금까지 환경오염 현상이 뒤따라오고 있으며 평창올림픽 활강코스를 위해 일시적으로 만들어졌던 가리왕산은 현재까지도 제대로 된 복원이 이루어지지 못하고 있다. 그러므로 식생보존등급 재평가를 위해 '수목이식 계획'을 수립하고 실질적으로 그 계획이 실현될 수 있도록 해야 한다. 친환경 공항으로 세워질 수 있도록 업체와 지자체의 노력과 어떻게 건설되는지 확인 및 감시하는 모습이 계속해서 이어져야 할 것이다.

*여덟 번째 추진 공항, 흑산공항

2015년 12월 계획이 발표되었고, 여러 사정으로 아직까지 보류 중인 흑산공항은 활주로 길이 1,200m, 폭 35m의 소형항공기가 취항할 수 있는 소형공항이다. 이 공항이 건설되면, 서울에서 흑산도까지 약 8~10시간 이상 소요되는 이동 시간이 1시간 내외로 단축된다. 그만큼 관광객이나 경제적 이익을 위해 찬성하는 측이 많으나, 반대여론도 무시할 수 없다.

특히, 환경파괴 논란이 많다. 가장 큰 문제는 해안을 매립해서 건설하는 공항이기에 악천후에 취약하다는 것이다. 높은 산을 깎아 활주로를 만들 계획이기에 엄청난 측풍과 윈드시어로 인한 항공 사고도 우려된다. 흑산도 입항을 위한 건설은 필요하겠으나, 자연 훼손, 생태계 파괴, 항공 사고를 최소화하는 것이 중요하다.

다음 문제는 예비타당성 조사에서 재보완된 경제성 검사 결과가 1.9 밖에 나오지 않았다. 이는 환경문제로 발생한 비용까지 계산되었기 때문이며, 그 결과 어느 건설사도 지을 수 없다고 볼 수 있다[7]. 그리고 건설사가 선정될지라도 섬 자연경관의 상당 부분을 잘라버리게 된다. 흑산도가 관광적 가치를 지니고 있는 것은 잘 보존된 경관 때문인데, 자연경관이 훼손되면 관광객이 줄어들 수밖에 없다. 특히, 국립공원의 가치를 잘 보존하기 위해서 철새서식지의 보존과 국립공원 식생현황 등의 검토가 반드시 필요하다. 또한 국립공원 식생은 붉은배새매, 섬향나무, 수달 등 멸종위기동·식물이 어떠한 영향을 받는지 파악하고 대응한 뒤에 공항건설에 들어가야 함을 잘 보여 준다.

*그 외 공항, 무안과 광주의 통합신공항, 포천민항, 원주공항, 경기남부 공항

제6차 공항개발종합계획에 따르면, 앞의 네 공항은 검토대상으로 선정되었다. 전라도에 위치한 무안국제공항과 국내선을 운항하는 광주공항을 통합하여 이전할 계획이라 한다. 그리고 15육군비행장에 소규모 민간사업으로 공항을 개설하려는 포천민항이 있다. 강원도 원주는 공항이 있으나 개선해 이전하려는 원주공항이 있고, 경기 남부에는 공항이 없어 수원 군공항을 통해 화물운항을 하려는 경기남부공항이 있다.

그렇다면 이 검토대상의 공항들은 꼭 필요한 것일까? 국내선과 군 공항이 함께 있는 광주공항과 국제공항의 성격을 지니고 있는 무안공항이 통합하는 것은 두 공항의 상생을 위해 큰 효과를 거둘 가능성이 있다. 특히, 광주공항의 경우 광주 서부 쪽 평야를 발전시킬 수 있다. 다만, 군 공항 이전은 절대 불가라는 무안공항 측의 반대가 문제를 해결하는 중요한 요소이다. 무안국제공항의 경우 국내 및 국제선 모두를 합쳐도 많은 운항을 하지 않기 때문에 군 공항으로써의 역할을 충분히 할 수 있을 것이다. 다만, 활주로가 1개이기 때문에 통합이전을 한다면 조금 더 활주로를 확장하는 것이 좋다.

다음 검토대상인 공항은 포천민항이다. 경기북부 지역에는 공항이 없으며, 경기남부지역에 비해 지원 체계도 열악하다. 서울에서 포천까지 오기에는 2~4시간가량 소모되어 응급환자 대응 및 수도권 관광객의 유치를 위해 공항을 추진하고 있다. 현재 15육군비행장을 활용해 소규모(50인승) 민간사업을 포함한 공항을 설치하려고 한다. 원래 있는 비행장을 활용하는 것이기에 큰 환경 논란은 없겠으나, 인근에 있는 자연휴양림 등 관광자원에 소음 피해가 있을 것으로 예상된다. 그리고 운항자체가 환경피해가 크다.

세 번째 검토대상인 공항은 원주공항이다. 원주공항은 진에어 제주행 비행기만 운항하고 있다. 이 공항은 비행장이 아닌 터미널만 있는 것이 가장 큰

---

7) 2017년 1,400억 원 공사비로 입찰공고를 냈으나, 3번이나 유찰되었다. 이는 경세성이 없다는 결론에 이른다.

문제다. 터미널에서 수속을 밟고 비행장까지 약 1.7km를 버스로 이동해야 하는데, 비보안도로이다. 특히, 국방부의 규제로 원주지역 이전을 고려해야 하며, 이전할 때 환경성을 잘 평가해야 할 것으로 보인다.

네 번째 검토대상인 공항은 경기남부 공항이다. 경기남부 공항은 현재 군공항으로 운영되고 있는 수원공항을 확장 이전(현재 계획은 화성시 우정읍의 화옹지구)하고, 민간 국제공항까지 함께 유치하려 한다. 하지만 수원공항은 군공항으로 운용하고 있으며, 여객운항보다는 화물운항을 주로 하는 공항으로 남아있을 수밖에 없다. 인근에 인천 및 김포국제공항이 위치하고 있기 때문이다. 이 공항에 대한 공항 자체의 논쟁 몇 가지를 알아보고자 한다.

첫째, 여객공항 여부의 논쟁이다. 처음 기획될 때에는 김포나 인천공항의 여객수요가 포화상태에 이르렀기에 경기남부 통합 공항을 건설하면서 이를 수용하고, 화물운항도 할 수 있다고 어필했다. 하지만 인천과 김포공항의 확장으로 여객수요가 급격히 줄어들 것으로 보이고, 화물운항도 인천공항이나, 과거에 운항했던 청주국제공항을 이용한다면 오히려 경기남부 통합 공항으로 세우려는 화성시보다 고속도로와 인접하여 효과를 누릴 것이다. 여객공항으로써의 역할을 할 수 없다면, 화옹지구에 공항을 건설하여 환경을 파괴하는 것이 옳은 것인지 뒤돌아보아야 한다.

둘째, 활주로 관련 논쟁이다. 먼저 활주로가 항공기 소음을 최소화하기 위해 해안 쪽에 만들어질 가능성이 높은데 기상상황 등 제반 상황을 고려하여 내륙 쪽으로 옮겨질 수 있다. 활주로 길이도 문제다. 화물운항을 진행하기 위해서는 세계 최대 여객기인 A380도 착륙이 가능해야 한다. 그럴 경우 활주로의 길이는 비상상황을 고려하면 3,500m 정도가 되어야 한다. 다만, 예정지 부지가 매우 넓기 때문에 용량은 처리가 가능하겠지만, 예산 및 건설비용이 상당한 부담이 될 수 있다.

성경으로 본 6차 공항종합개발계획(신공항 계획) 문제에 대한 통찰!

하나님의 나라는 어떤 곳일까? 그분은 의로우실 뿐 아니라 모든 일에 공의와 정의를 실현하시는 분이다. 그렇기에, 악한 일을 기뻐하지 않으시며 어떻게 살아가야 하는지 지혜와 섭리를 알려주시는 분이다. 그렇다면, 신공항 건설을 어떻게 바라보아야 할까? 앞에서 언급했듯이 다양한 신공항 예정지들이 있다. 하지만 그 상황과 여건들은 모두 같지 않다. 그만큼 우리는 하나님 보시기에 악한 계획인지 존귀한 계획인지 확실히 판별해야 하며, 그 길을 잘 열 수 있도록 기도하고 변화를 꿈을 꾸어야 한다. 이사야 32장 7~8절은 다음과 같이 말씀하고 있다.

"7악한 자는 그 그릇이 악하여 악한 계획을 세워 거짓말로 가련한 자를 멸하며 가난한 자가 말을 바르게 할지라도 그러함이거니와 8존귀한 자는 존귀한 일을 계획하나니 그는 항상 존귀한 일에 서리라"** (이사야 23장)

우리의 상태가 어떠한지에 따라 세상을 향한 하나님의 계획과 섭리를 얼마나 따라갈 수 있는지 알게 된다. 앞에서 언급한 6차 공항종합개발계획을 보면, 지역별로 공항을 건설하려고만 한다. 작은 나라인 대한민국에서 이렇게 많은 신공항을 건설할 이유가 있을까? 돈과 경제의 논리에만 휩싸여 있는 정치 기득권자들의 모습이 심히 걱정된다. 그만큼 그들은 자신들의 이점을 위해 악한 계획만을 세우고 있는 것은 아닌지 싶다. 반대로 기독교인들은 존귀한 자와 하나님의 자녀로써 주님의 일을 계획하고 그 존귀한 일에 동참할 수 있어야 할 것이다.

XII. 신공항 건설에 빠져 있는 한국을 향한 외침
신공항 건설 논란을 위한 기도

우리나라는 건설 왕국인 것 같다. 아파트를 짓고, 빌딩이나 원룸을 짓는 일에 혈안이다. 높은 건물이나 긴 다리를 건설하는 것도 주저하지 않는다. 우리나라의 교회들도 조금 더 크고 넓게 건축하려는 듯하다.

신공항을 건설하면, 경제나 교통 측면에서 커다란 이익을 얻게 된다. 하지만 환경적·지리적 제약들은 더 많아진다. 어느 것이 중요한지 그리고 필요한지 심각하게 고민하고 기도해야 한다. 우리 기독교인이 신공항 건설 문제를 어떻게 대응하며 해결해야 하는지 고민해야 한다. 더 나아가 신공항 건설에 대해 잘 결정할 수 있도록 협력해야 한다.

＊무분별하고 지역 이기주의적인 《신공한 건설》 논란의 해결을 위한 기도＊

◆**기도제목-1.** 공항과 항공기의 사용을 단순히 이동수단(교통수단)으로만
　　　　　　바라보지 않도록 하소서. 공항의 건설과 항공기의 이용이
　　　　　　지구온난화와 기후변화(위기)에 커다란 영향을 끼치는 것을
　　　　　　깨닫게 하시고, 그 가운데 모든 존재(사람들과 다른 피조물)가
　　　　　　함께 공존할 수 있는 공공재로써 건설되고 세워지게 하소서.
　　　　　　[(전략)환경영향평가 자체를 면제하는 건설이 사라지게 하소서.]
◆**기도제목-2.** 신공항 건설계획에 대해 관심을 갖지 않았거나 몰랐던 모습을
　　　　　　회개합니다. 우리의 죄를 용서하여 주시고, 이 문제에 대해
　　　　　　크리스천이 관심을 갖고 정확한 정보를 파악(신공항이 건설
　　　　　　됨으로 발생하게 되는 장·단점과 환경적인 부분에 대한 정보)하여
　　　　　　어떠한 방향으로 나아가야 할지 깨닫게 하소서.
　　　　　　이를 통해 '신공항'에 대한 자세를 세우고,
　　　　　　그 내용을 온전히 전달하는 자가 되게 하소서.

【세부1-제주 제2공항】 제주 제2공항 건설을 바라보면, 관광객을 위한 대책으로만 보입니다. 이는 지역 주민을 위한 것도 아니요, 세계자연유산인 "제주"를 위한 것도 아닙니다. 주님~! 지하수, 땅, 숨골 그리고 집값의 상승 등으로 제주에 사는 주민들에게 필요한 자원을 온전히 유지할 수 있도록 도와주시고, 더불어 수많은 법정보호종(맹꽁이, 벌매, 비바리뱀, 수염풍뎅이, 저어새, 남방큰돌고래 등)들과

조류들(철새 등)이 함께 공존하며 살아갈 수 있는 지역으로 지정되게 하옵소서. 특히, 제2공항을 성산 입지에 건설하는 것보다 제주공항을 확장하여 건설하는 방안을 받아들이게 하시고, 이를 통해 제주의 천혜의 아름다운 자연이 온전히 유지되고 사람과 다른 피조물들이 함께 살아가게 하옵소서.

【세부2-가덕도 신공항】 대형 국책사업으로 추진되는 있는 이 공항은 영남권 신공항으로 제안된 3개의 공항(밀양, 김해, 가덕도) 중 가장 낮은 점수를 받았음에도 불구하고 각종 특혜를 주며 추진하고 있습니다. 가덕도는 부산 지역에서 가장 생물다양성이 높은 지역이며, 그 안에는 멸종위기종인 수달과 매, 삵과 솔개, 팔색조, 긴꼬리딱새 등 수많은 생물이 서식하는 곳입니다. 그럼에도 불구하고, 시민들의 의견을 수렴하지 않고 있으며, 애당초 정부에서 추진하려는 데에만 집중하는 것으로 보입니다. 주님~! 이 지역에 꼭 신공항이 필요한 것인지 뒤돌아보게 하시고, 가덕도가 아닌 다른 곳에서 할 수는 없는 것인지 면밀히 분석하고 추진하여 '특별법'으로 세워지지 않고 공정하고 면밀하게 확인되어 신공항이 건설될 수 있도록 인도하옵소서. 뿐만 아니라, 신공항이 세워지는 것이 큰 의미가 없다면, 취소할 수 있는 용기도 부어주시길 소망합니다.

【세부3-새만금 공항】 새만금은 무방비 상태로 만들어진 간척지로, 심각한 환경문제가 대두되고 있는 곳입니다. 그래서 주변을 흐르는 동진강과 만경강의 수질 문제가 심각하고, 생물종이 풍부했던 새만금은 다양성이 사라진 지 오래입니다. 또 하구를 막아 물고기들의 산란처를 없애며 고통을 주고 있습니다. 그런데 마지막 남은 원형 그대로의 갯벌인 수라 갯벌에 새만금 공항을 건설한다는 것은 옳지도 않은 일이요, 경제성에도 부합하지 않은 일입니다. 주님~! 이러한 공항의 건설 예정을 취소할 수 있게 하시고, 무엇보다 주변 공항인 군산공항을 이용하는 지혜를 정부와 지자체에게 허락하여 주소서.

【세부4-백령 공항】 배편만 이용할 수 있고, 그 시간도 인천여객터미널에서 5~7시간이나 걸리는 상황 때문에 공항 건설은 꼭 필요합니다. 하지만 그렇다고 무조건 건설을 해야 하는 것은 아닙니다. 백령공항을 건설한다면 생태계 훼손을 최소화하는 대안을 온전히 마련하게 하옵소서. 특히, 국내에서 발견되는 500여 종의 조류 중 370종 이상이 관찰되는 생태계의 보고이므로 잘 고려하게 하소서. 황새, 검은머리물떼새, 저어새, 두루미, 말똥가리, 흰꼬리수리 등 수많은 멸종위기종이 찾는 곳입니다. 또한 철새가 항공기의 운항으로 버드스트라이크가 발생할 수 있음을 인지하고, 이 부분에 대하여 해결안을 세울 수 있게 하소서. 생태계와 주민의 위협이 사라지는 공항을 건설할 수 있도록 도와주소서.

【세부5-서산 민항】 충청남도는 국내에서 유일하게 공항이 없는 지역입니다. 그럴 만한 이유는 서울 수도권과 인접해 있으며, 충북에 있는 청주공항과도 가깝기 때문일 것입니다. 그럼에도 불구하고, 충남도청이 홍성으로 이전하면서 '공항 유치'에 심혈을 기울이고 있습니다. 탄소 중립의 시대~! 항공기의 운항은 어떤 것과도 비교할 수 없을 정도로 많은 온실가스를 배출합니다. 그렇기에 웬만한 지역에서 대중교통으로 2~3시간 이내에 도착할 수 있는 충남지역에 공항을 건설하는 것이 맞는지 의문입니다. 마치 프랑스처럼 2시간 30분 이내에 열차로 이동하는

경우 국내선 운항을 중지한 것과 같이 공항을 건설하는데 기준을 세우게 하옵소서. 또한 충남 해안지역까지 고속열차 운행이 되도록 계획과 길들이 온전히 열려 공항을 건설하는데만 집중하지 않게 하옵소서.

【세부6-청주공항】청주공항은 국제공항으로 운영되며, 단거리 국제노선에 부합한 공항으로 인식되었습니다. 국제선이 늘면서 대형항공기 이착륙을 위한 보수 및 보강 작업의 필요성이 증가하고 있습니다. 공항 개보수를 통해 주요한 운항들이 잘 이루어질 수 있도록 도와주시고, 화물항공기들이 드나들 수 있는 공항으로 세워주셔서 경기 남부에 공항을 지으려는 계획들이 사라지도록 인도하옵소서.

【세부7-대구 공항】대구공항이 현재 위치한 대구 동구로부터 군위군으로 이전을 위한 작업을 진행하고 있습니다. 그러다 보니, 접근성이 뛰어나고 저가항공사들이 취항하면서 중화권, 동남아, 일본 등 단거리 노선이 흑자 전환되었지만, 그마저 사라질 가능성이 농후합니다. 공항을 건설하기 위해 땅이 소모될 뿐 아니라, 땅이 환경파괴에 이르게 되고 직원들이 생활할 지역을 만들기 위해 건물들을 지으면서 환경오염은 자연스럽게 발생하게 됩니다. 정부와 지자체는 자신들의 욕심만을 내세우는 것이 아니라, 영남권 신공항과 연계하여 대구공항 이전과 함께 확장하는 것이 좋은지 아니면 현재 상태로 유지하는 것이 바람직한지 깨달을 수 있도록 인도하여 주옵소서. 그래서 계획이 잘 수정되기를 바랍니다.

【세부8-울릉공항】울릉공항은 국내에서 교량으로 이어지지 않은 섬 지역 중에서 두 번째로 만들어지는 공항입니다. 하지만 환경파괴 문제가 존재합니다. 먼저는 울릉도에 서식하는 괭이갈매기를 보호하는 방안을 마련하게 하시고, 더불어 관음도와 동측해안까지 확장하여 서식하고 있는데 괭이갈매기들이 공항과 항공기에 영향이 없도록 조류학자들과 생태계 전문가들 그리고 공항이 협력하여 이 문제를 해결할 수 있도록 인도하옵소서. 또한 식생보존등급을 재평가해 공항에 있던 수목들을 '이식 계획'이 잘 수립될 수 있도록 이끌어주시고, 이를 토대로 계획을 실현하여 환경파괴가 최소한으로 이루어지고 공항이 세워질 수 있게 하옵소서.

【세부9-흑산 공항.】흑산도는 지리적 위치나 관광의 가치를 생각한다면 공항이 지어져야 합니다. 하지만 여러 문제가 보입니다. 먼저는 해안을 매립해 건설하다 보니 악천후와 기상상황에 약하며, 자연경관을 훼손할 수 있습니다. 얼마나 경제적인 효과를 얻을지도 미지수입니다. 자연의 아름다움과 가치를 토대로 한 흑산도만의 관광자원을 유지하며 공항을 건설하도록 인도하옵소서.

【세부10-검토대상에 들어가 있는 공항들】이 공항들의 계획은 무엇보다도 지자체와 주변 주민 혹은 생태적 가치를 지니는 곳을 잘 판단하여 지어져야 하는 검토대상이 되는 공항이라 하겠습니다. 무엇보다, 우리나라에 지금도 수많은 공항이 있고, 이를 확장 및 이전하려는 계획들이 꼭 필요하지 않은 이상 그대로 두거나 폐쇄하는 것이 더 옳지 않을까 생각합니다. 실적이나 국회의원 및 지역 정치인들의 업적을 위해서가 아니라 진정으로 지역 주민에게 필요하다면 정확한 설명과 함께 환경파괴를 최소화하며 지역의 생태적 가치를 훼손시키지 않고 공항이 건설될 수 있도록 주여 지금부터 검토하고 확인하게 하옵소서.

하나님, 이 나라에 공항이 건설되는 것, 항공기가 운항하는 것이
과연 무슨 의미일까요? 공항의 건설과 항공기의 지속된 운항은
기후위기에 처해있는 지구에게 강력한 어퍼컷을 날리는 영향을 끼칩니다.

고속철도로 3시간 이내면 대부분을 갈 수 있는 이 나라의 상황을 보며
우리나라에 더 많은 신공항을 건설하는 것이 옳은지 의문을 품게 하소서.
만약 신공항이 당연한 이치로 건설되어야 한다면,
우리와 함께 살아가는 다른 피조물들이 공존하며 살아가도록 건설되게 하소서.

무엇보다 공항 건설은 예비타당성조사나 환경영향평가를
면제하는 모습이 사라져야 합니다.
하지만 우리는 신공항을 건설하는 것에 관심이 없거나,
관심이 있어도 긍정적인 반응을 보입니다.

신공항 건설에 대해 정확한 방향과 환경적인 피해 등 다양한 부분에 대해
정보와 내용을 파악하게 하시고, 우리가 정부와 지자체에게 확실하게
신공항에 대한 반응을 나타낼 수 있기를 소망합니다.

제주 제2공항, 가덕도 신공항, 새만금 공항, 백령 공항, 서산 민항,
울릉공항, 흑산공항과 청주공항의 확장과 대구공항의 이전
그리고 검토대상에 들어간 공항에 대하여 지속적인 관심을 가지고
오직 하나님의 섭리 속에서 반드시 필요한 공항들만
세워질 수 있도록 도우소서. 아멘.

위와 같은 기도의 내용을 가지고 우리는 함께 기도해야 한다. 그리고 최근 공항 건설 등과 같이 이산화탄소 배출을 심각하게 배출하는 10가지 사업에 대해 특별한 법을 시행하게 됨을 고지를 했다('22.9.22). 그것은 2023년 9월 25일부터 '기후변화 환경영향평가제도'에서 공항 건설에 대해 시행하도록 법제화되었다. 이 법을 통해 신공항 건설에 대한 우려와 안타까움이 더 이상 확대되지 않기를 소망한다.

다섯번째 이슈
노후 석탄화력발전소 수명 연장 논란

XⅢ. 탈석탄 정책은 실현되고 있는가?
노후 석탄화력발전소 수명연장 논란,
탈석탄 정책의 방향성은?

> [18]전에 있던 계명은 연약하고 무익하므로 폐하고
> [19](율법은 아무 것도 온전하게 못할지라) 이에 더 좋은
> 소망이 생기니 이것으로 우리가 하나님께 가까이 가느니라
>
> 히브리서 7장 18~19절

> [10]여호와를 경외하는 것이 지혜의 근본이요 거룩하신 자를
> 아는 것이 명철이니라 [11]나 지혜로 말미암아 네 날이
> 많아질 것이요 네 생명의 해가 네게 더하리라
>
> 잠언 9장 10~11절

우리나라의 석탄화력발전소 현황과 수명
―2050 탄소 중립 시나리오를 실현하기 위한 석탄화력발전소 폐지 방향은?

우리나라의 석탄화력발전소는 어느 정도의 규모일까? 2022년 현재 위의 그림과 같이 총 57기가 가동 중이고, 4기가 추가로 건설 중이다. 탈석탄 및 탄소중립을 추구하는 나라로써 이게 가능한 일인지 의문이 들 정도이다. 문재인 정부 시절, 탈석탄 체제를 확고히 하기 위해 노후 석탄화력발전소를 폐쇄하기로 했으나, 노후화된 10기가 폐쇄되면서 그에 따라 화력발전소로 대체(신서천화력, 1,000MW급 완공, 21.6)되거나, LNG 및 바이오/우드펠릿 발전소로 대체하려 추진하였다. 하지만 이는 실질적인 탄소 중립을 위한 대체 발전소가 아니다. 특히, 영동1·2호기의 폐쇄로 새로 지어지고 있는 석탄화력발전소인 강릉안인1·2호기와 삼척포스1·2호기가 건설되고 있는데, 이는 오히려 탈석탄 체계의 후퇴이며 석탄화력발전소를 확대하는 것으로 보인다.

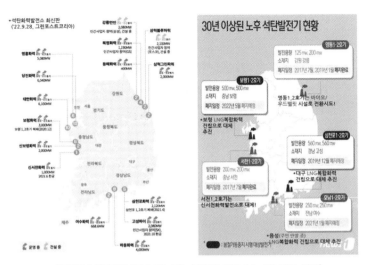

[그린포스트코리아(22.9.28, 좌), 동아일보(19.3.7, 우) 기사 인용]

그렇다면, 석탄화력발전소의 수명은 얼마나 될까? 국내의 통상적인 기준에 의하면, 30년 이상이다. 이를 25년으로 단축한다는 계획도 있었지만, 사실상 석탄화력발전소를 확장하는 데에만 열중하고 있다. 이러한 문제점의 원인은 폐기의 명확한 법적 근거가 없다는 것이다. 미세먼지 문제를 해결하고 탄소 중립을 위해 반드시 필요한 것은 탈석탄 정책이다. 그렇기에 노후화된 석탄화력발전소들은 더 많은 대기오염 가스를 배출할 수밖에 없고 에너지 효율성도 떨어진다. 그러므로 노후화된 발전소 주변 주민들의 피해는 날로 심각해지게 된다. 우리는 모든 화력발전소와 작별할 준비를 해야 한다.

우리는 불가피하게 자유민주주의를 구성하고 있는 현시대의 시장원리를 따라야만 한다. 석탄을 이용한 부대비용 전체를 신재생에너지원의 발전 비용과 비교했을 때, 신재생에너지원이 더 가치 있어야 사용할 수 있을 것이다. 그렇기 때문에 시장원리를 잘 세워나가는 것이 필요하다. 신안군과 같은 지역에서는 태양광 발전을 진행하고 있고, 이에 따라 얻은 에너지원의 비용을 지역 주민에게 되돌려 주고 있다. 우리에게 피해보다는 이득을 준다는 효과를 보여줄 수 있기 때문이다.

또한 환경 규제와 재생에너지 가격의 하락이 필요하다. 먼저 환경규제에 대해 생각해 보자. 석탄 또는 다른 화석연료를 사용하는 화력발전소를 점차 줄여나가는 정책을 세워나가려면, 제대로 된 환경규제가 필요하다. 지난

2022년 9월 30일, 환경운동연합을 시작으로 탈석탄법 제정을 위한 국민청원 (5만 명 이상의 서명 필요)이 달성되어 국회의 응답을 기다렸다. 정부와 국회가 기업 이익의 논리에 수수방관만 하는 상황을 성토하며, 지구온난화 1.5℃ 방지 달성 및 탄소 중립을 위해 환경규제가 필요하다.

재생에너지의 가격이 하락이 되면 석탄발전에 치중하지 않을 것이다. 2019년 에너지원별 발전비용 조사에 의하면, 가장 저렴한 화석연료의 발전 비용이 $0.05~0.177/kWh로 중국 내 석탄광입지 화력발전소 비용이 가장 낮았다. 그리고 신재생에너지원별 발전비용은 이와 비슷하거나 조금 높은 특징이 있다. 다만, 이러한 발전비용은 이후 환경오염에 대한 대응을 위한 투자나 건설비용 등은 산정된 것이 아니기 때문에 오히려 신재생에너지원별 가격이 더 경쟁력이 있다고 볼 수 있다. 신재생에너지 발전원별 가격은 아래와 같다(2019년 기준). 그리고 더욱 신재생에너지 연구가 이어지고 발전한다면, 그만큼 가격은 더 내려갈 수밖에 없다. 그렇기에 화력발전소나 핵발전소의 단가가 더 싸고 효율적이기에 사용해야 한다는 논리는 이치에 맞지 않다. 가격이 내려갈수록 화력발전소나 핵발전소가 사라지고, 더욱 신재생에너지를 추가해 탄소 중립의 시대로 갈 수 있다.

	세계 가중평균 LCOE (달러/kWh)	2010~2019년 변화율	전년 대비 변화율
태양광(대규모)	0.068	-82%	-13%
태양열	0.182	-47%	-1%
육상풍력	0.053	-39%	-9%
해상풍력	0.115	-29%	-9%
수력	0.047	27%	4%
바이오에너지	0.066	-13%	16%
지열	0.073	49%	1%

2019년 재생에너지 가중평균 LCOE (자료: IRENA(2020.6), Renewable Power Generation Costs 2019를 토대로 재구성)

2019년 재생에너지 가중평균 LCOE [자료=IRENA, 에너지경제연구원]

하지만 2022년 발 러시아-우크라이나 전쟁과 경제 대위기는 신재생에너지를 추구하는 것이 아닌, 화석연료 에너지원을 사용하는 경향으로 변질됐다. 글로벌 전력 대란이 벌어졌기 때문이다. 러시아에서 보내는 천연가스관을 제한하는 경우가 많이 생겼으며, 또한 물가 자체가 급등하면서 전기세 및 가스비가 천정부지로 올랐다. 하지만 화석연료라는 자원의 한계는 명확하다. 지금 어디에 얼마나 매장되어 있는지 확실하게 증거가 보이지는 않지만, 지금도 자원이 급격하게 소멸이 되고 있다. 그러나 전력 안정화를 추구해야 한다는 명분 아래 지속적으로 우리나라 정부는 탄소 중립을 외치면서도 신규 석탄화력발전소를 계속해서 짓는 중이다.

석탄화력발전소의 문제점
―석탄화력발전소: 환경문제는 무엇인가?

기후위기의 시대가 도래한 현재, 왜 석탄화력발전소를 없애려는 것일까? 그것은 바로 지구온난화 기후위기와 다양한 환경적 문제 때문이다. 이에 대해 간략하게 알아보고자 한다.

첫째, 미세먼지 및 스모그의 주범이다. 특히, 초미세먼지(PM2.5)의 경우 발전소에서 배출하는 1차 초미세먼지는 3.4% 밖에 없다. 2차 초미세먼지(공기 중에 배출된 대기오염물질[질산화물(NOx)이나 황산화물(SOx)]가 되는 이 화학반응을 일으켜 생성하는 물질)가 통계적으로 수치화하기 어렵기 때문에 확실하게 어느 정도 배출하는지 확인할 수 없다. 다만, 1차 초미세먼지보다 2차 초미세먼지의 양이 훨씬 더 많은 비중을 차지한다. 여기서 석탄화력발전소에서는 얼마나 대기오염물질을 많이 배출하고 있는지 알아야 한다. 우리나라에서는 이러한 대기오염물질의 배출총량제를 실시한다. 그러나 이러한 기준이 높게 설정되어 있어 실효성이 극히 떨어진다. 그러면 당연히 2차 초미세먼지가 많아질 수밖에 없고, 미세먼지와 스모그가 심각해진다. 석탄화력발전소를 줄이지 않는 한 미세먼지 대책은 해결될 수 없다.

둘째, 온실가스를 감축할 수 없다. 화석연료는 지구를 데우는 온실가스를 배출한다. 그중에서도 값싼 에너지원인 석탄은 고체 연료로 발전한다. 그래서 질산화물(NOx)뿐만 아니라 황산화물(SOx)도 많이 배출된다. 우리나라는 탄소 중립을 선언했고, 이를 실현하려 노력하고 있다. 하지만 그것은 허울뿐인 정책이 될까 우려된다. 노후화된 석탄화력발전소를 폐쇄하고 만드는 발전소들이 LNG와 같은 화석연료를 사용하는 발전소이기 때문이다. 또, 석탄화력발전소를 친환경적으로 발전시킨다는 문구는 당황스럽다. 제어공학이 발달하면서 온실가스를 감축할 수 있다 해도 완벽한 대응이 아니기 때문이다.

셋째, 연소과정 전·후에서 오염물질이 배출된다. 대기환경을 연구하는 사람들은 공장이나 발전소 혹은 자동차의 대기오염원을 어떻게 줄여나갈지 항상 고민하고 연구해야 한다. 하지만 제어공학이라는 것은 한계가 분명하다. 100% 다 제어할 수는 없는 노릇이다. 특히, 석탄화력발전소와 같이 수많은 대기오염물질을 연소과정 전·후 다량으로 배출한다면 오염물질은 분명히 발생하게 되고, 그로 인해 주변 지역의 주민들에게 악영향을 끼친다. 그 결과, 석탄화력발전소가 많은 충청남도 지방의 경우는 폐암이 증가하고 있고 미세먼지 문제가 심각하게 나타나고 있다. 이러한 오염원들은 호흡기에 문제를 일으키며, 땅에도 영향을 줘 농사에도 지장을 준다. 또, 바다에 오염원이 확장되어 생태계를 훼손하는 일까지 벌어진다.

그런데 노후 석탄화력발전소의 수명을 연장하려는 시도가 정부에 의해 발생하고 있다. 산업통상자원부에 의하면, 노후화된 석탄화력발전소를 예비전력으로 활용할 수 있도록 폐쇄시키는 것이 아니라 유지하도록 지원금을 주는 해프닝이 있었다. 전력난이 가중되었을 때 사용하기 위한 처사라고 밝혔으나, 이것은 산업통상자원부와 환경부가 함께 소통하고 해결할 문제이지 탈석탄을 오히려 친석탄 정책으로 바꾸는 행위와 무엇이 다른지 모르겠다. 전력수급의 리스크 우려로 노후 화력발전소를 폐쇄하지 않도록 최소한의 보전금을 지급한다니 황당할 뿐이다('21.4). 이 문제는 기업들과 서비스 업체 그리고 개인들이 각각 에너지 사용에 대한 부담을 져서 해결해야 한다.

다음으로 우려되는 것은 석탄화력발전의 비중이 정부의 에너지 정책 속에 변화되고 있다는 것이다. 문재인 정부 때 2030년 기준을 40.4%에서 29.9%로 줄인다고 밝혀 왔다. 하지만 이것이 과연 탈석탄 정책일까? 현재의 정부로 이어지면서 탄소 중립을 위한 석탄화력발전소를 줄이는 것을 천명하고 있지만, 얼마나 줄일지에 대한 세부사항은 밝혀지지 않았다. 탄소 중립을 이루기 위해서는 석탄화력발전소가 2030년까지 가동을 중단해야 한다. 이러한 골자로 국회 국민동의청원 홈페이지에 '탈석탄법 제정 청원'에 5만 명 이상 동의해 국회 산업통상자원위원회에 회부가 되었다('22.9.29). 이는 기후위기를 막는 것뿐 아니라, 미세먼지와 같은 대기오염에도 큰 영향을 끼치는 법이 될 것이다. 하지만 2022년 경제위기와 전쟁, 화석연료 가격의 급등으로 한국전력의 적자가 심각해져 한국전력의 재정 건전화를 위해 석탄화력발전을 확대하려는 움직임이 포착되고 있다. 전체 석탄화력발전의 가동을 중단하는 법적인 근거가 마련되어야 한다.

하나님이 주신 희망과 지혜 통해 본, 석탄화력발전소 문제에 대한 통찰!

하나님은 우리가 지은 죄를 깨닫게 하시기 위해 율법을 주셨다. 하지만 우리는 그 죄에서 벗어날 수 없고 벗어나려 하지도 않는 죄인들이다. 우리에게는 희망이 없고 사망만이 있었다. 하지만 하나님은 우리에게 희망을 주시는 분이시다. 무익하고 범죄를 지은 우리가 예수님께서 이 땅에 다시 오심으로 인해 율법의 폐기와 구원의 완성을 얻을 수 있는 희망을 가지게 됐다. 그 희망은 하나님의 지혜와 능력 안에 있다. 과거에는 산업혁명의 증표와 같았지만, 지금은 문제가 되어버린 석탄화력발전소에 대해 생각하고자 한다.

> [18]전에 있던 <u>율법의 규정은 무력하고 무익했기 때문에</u> 폐기되었습니다.
> [19]율법은 아무것도 완전하게 하지 못했습니다. 그래서 **하나님께서는 더**
> **좋은 희망을 주셨고 우리는 그 희망을 안고 하나님께 가까이 나아가는**
> **것**입니다. (히브리서 7장)

율법은 왜 폐기되었을까? 하나님께서 주신 법이었지만, 그만큼 가치가 떨어졌기 때문이다. 예수님에 의해 우리가 구원을 얻었기 때문이며, 율법은 사람에게 희망을 줄 수 없기 때문이다. 하지만 율법은 지금도 우리 안에 있다. 하나님을 믿으며 살아갈 때, 우리가 어떻게 살아가야 할지를 잘 알려주기 때문이다. 석탄화력발전도 마찬가지다. 이 기술과 이를 통해 얻는 에너지원은 우리에게 큰 의미가 있다. 하지만 지금은 지구온난화와 미세먼지 문제로 더 이상 사용할 수 없는, 폐기되어야 하는 발전이다. 그래서 하나님께서는 우리에게 새로운 발전들을 보여주셨다. 태양, 바람, 물, 해양, 지열이다.

우리는 오해한다. 우리가 똑똑해서 과학기술력을 높였고, 다양한 기술들을 경험하고 있다고 말이다. 하지만 하나님께서 우리에게 보여주시지 않았다면, 우리에게 깨닫게 하지 않으셨다면 과학은 없었을 것이다. 그렇기에 신재생에너지가 발견 및 연구되어 개발로 이어진 것을 단순히 경제성과 편리성을 토대로 생각해선 안 된다. 이것은 하나님께서 우리에게 주신 하나의 희망이다.

> [10]여호와를 경외하는 것이 지혜의 근본이요 거룩하신 자를 아는 것이 명철
> 이니라 [11]지혜가 시키는 대로 살아야 수명이 길어진다. (잠언 9장)

우리 인간에게는 지혜와 능력이 있다. 하지만 지혜와 능력만 믿고 앞을 내다보지 못하는 경우가 많다. 지금이 딱 그런 시대이다. 과학만능주의와 물질만능주의 빠져서 다른 것은 보지 못한다. 조금 더 빠르고 조금 더 손쉽게 살아가는 방법만을 추구한다. 이는 교만이며, 무지한 것이다. 하나님의 뜻과 계획, 섭리와 방향을 알지 못하는 것은 무지한 것이다. 지혜를 얻으면 자기에게 이익이 된다고 잠언 저자는 말한다. 지금처럼 경제적 위기에 처해있고, 적자를 보전한다는 말투로 석탄화력발전을 확산하려는 것은 우리나라뿐 아니라 지구에 해를 입히는 일이다. 하나님이 주신 지혜로 석탄화력발전을 폐기하고 신재생에너지로 변모하는 노력과 길을 열어야 할 것이다. 그것이 하나님의 지혜이고, 하나님의 뜻이라고 본다.

XVI. 석탄화력발전의 문제를 인식하다
석탄화력발전소 퇴출을 위한 기도

우리는 전기를 쓰면서 지구에 미안해하거나, 지구온난화를 걱정하지 않는다. 최근 전기차나 고속열차와 같은 기차가 친환경적인 교통수단이라고 많이 언급된다. 일정 부분 동의하나, 우리나라의 전력체계를 보면 꼭 그렇지만은 않다. 화력발전과 원자력발전이 중심이 되는 우리나라의 전력체계가 다른 나라의 신재생에너지를 확장하는 체계와 다르기 때문이다. 석탄화력발전소의 문제를 인식하고 하나님이 원하시는 뜻을 이루어 나가길 기도한다.

물질/과학만능주의에 빠지지 않고 《석탄화력발전소》를 퇴출을 기원하는 기도

◆**기도제목-1.** 시대가 발전하면서 교회와 우리 삶 속에서 에너지원을 많이 사용하는 경향이 짙어지고 있습니다. 국가는 쉽고 편리한 에너지원을 찾아 나섭니다. 하지만 석탄화력발전은 기후위기를 일으키고, 미세먼지를 배출합니다. 에너지의 사용을 최소한으로 줄여나가게 하시고, 사랑과 절제로 이 세대가 회복되게 하옵소서.

◆**기도제목-2.** 과학만능주의에 빠져 석탄화력을 발전해도 제어공학을 통해 해결할 수 있다는 어리석음에 빠지지 않게 하시고, 위험에 노출될 수 있는 기술력을 공공연하게 사용하지 않게 하옵소서. 노후화된 석탄화력발전소와 화석연료를 이용한 발전이 사라지게 하소서.

◆**기도제목-3.** 최근 탄소 중립과 기후위기의 시대를 살아오면서 지도자와 전문가들이 탈석탄 및 탈핵 정책을 내세웠습니다. 자신들의 이치와 경제적 논리에 따라 정책을 세우는 것이 안타깝습니다. 주님께서 이들에게 지혜와 능력을 주셔서 올바른 '에너지 수급 정책'을 세우게 하시고, 정보를 잘 공유하여 기후위기를 막는 나라가 되게 하옵소서.

◆**기도제목-4.** 최근 현 정부에서 원자력에너지를 녹색에너지로 분류하면서 논란이 가중되고 있습니다. 이처럼 정치적인 모습으로 에너지원조차 분류되는 현실 속에서 신재생에너지가 친환경에너지원이라는 생각에서 벗어나 조금 더 친환경적인 것이 무엇인지를 분별하고 깨닫게 하옵소서. 그 가운데 지역의 특성과 주민들의 여건과 의견을 고려하여 친환경 에너지 시스템이 지역별로 잘 구성되게 하소서. 태양광, 풍력, 지열, 파력, 과 조류, 수소 등 에너지원이 조화를 이루는 나라가 되게 하옵소서. 특히, 코스타리카와 같이 신재생에너지로 전력을 생산하게 하소서.

현시대는 지구온난화와 기후위기 속에서 큰 위협을 받고 있습니다.
전 세계적으로 홍수와 가뭄, 극심한 사막화 현상이 급증하고 있으며
산불, 지진, 초대형 태풍 및 허리케인 등이 우리를 괴롭힙니다.
뿐만 아니라, 만년설이 사라지고 북극과 남극의 빙하들이 해빙이 되고 있으며,
기후위기로 식량문제가 세계 곳곳에서 발생하고 있습니다.

개개인의 노력을 통해 할 수 있는 것은 많지 않습니다. 하지만 나라와
국민이 함께 힘을 합쳐 이 문제를 정책과 시스템으로 해결하게 하소서.

대표적으로 '석탄화력발전소'의 문제를 해결해야 합니다.
석탄화력발전소는 석탄 즉, 고체 화석연료를 이용한 발전소로써
석탄을 사용해 대기오염 물질과 미세먼지들을 배출하는 대표적인 발전입니다.

하지만 우리의 삶은 디지털화 되고, 에너지가 없으면 살아갈 수 없습니다.
더욱 많은 에너지를 사용하게 된 것뿐 아니라 화석연료의 값이 비싸지면서
그나마 값싼 석탄을 이용한 발전이 더욱 각광을 받고 있습니다.

하지만 이 발전의 위험성을 기억하게 하시고, 그리스도인들이 먼저
탈석탄에 대한 주장과 노력을 이어가 문제를 해결하는 시발점이 되게 하소서.
특히, 에너지 사용을 최소한으로 줄여나가고 서로 합력하여
하나님이 주신 '사랑과 절제'로 에너지 사용을 최소한으로 하고
석탄발전을 줄여나가는 계기가 되게 하옵소서.

하지만 사람들은 과학적으로 이 문제들을 해결할 수 있다고 믿습니다.
우리는 죄인이어서 하나님이 주신 지혜를 가지고 어떻게 사용하고 관리하며
유지할 수 있는지 깨닫지 못할 때가 많습니다.

제어공학을 통해 온실가스 등의 배출을 현저히 줄일 수 있지만,
그것으로 모든 것이 해결될 것이라는 오만과 교만을 벗어나게 하옵소서.
기술에만 의존하는 것이 아니라, 오직 하나님이 주신 지혜와 능력으로
이 문제들을 잘 감당할 수 있는 주의 자녀가 되도록 인도하옵소서.
그래서 더 좋은 새로운 발전 역량을 키워나가는 것은 물론 노후화된
석탄화력발전소를 시작으로 많은 화력발전 및 핵발전 등
기후위기와 환경오염을 일으키는 발전 사업들이 사라지게 하소서.

무궁무진하게 하나님께서 만들어주신 태양, 바람, 바다, 땅 등의
에너지원들을 사용하는 시기가 하루 속히 오도록 인도하옵소서.
최근 정부와 지자체 그리고 전문가들은 탄소 중립을 발표하고,
그에 따라 기후위기의 시대를 해결해 나가려는 모습을 보입니다.
하지만 그 이면은 참으로 다르다는 생각을 하게 됩니다.

탈석탄 정책과 탈핵 정책을 구분하여 비판하는 사람들이 많습니다. 그 안에는 경제적인 문제 특히, 전기요금이 올라간다는 명분이 있지만, 화석연료와 핵연료를 사용한 이후의 상황들은 생각지 못하는 사람들을 보면 안타깝습니다. 자신들의 논리와 이치에 맞추는 것이 아니라, 미래세대와 다른 피조물들을 생각하여 지속 가능한 세상을 만들 수 있도록 하나님의 지혜와 능력, 섭리를 이끌어주옵소서.

올바른 에너지 정책을 세우고, 국민에게 정확하게 잘 알리고 공유해서 기후위기를 막고 탄소 중립의 시대로 세워지는 나라가 되도록 도와주소서. 특히, 우리나라에는 노후화된 석탄화력발전소들이 많이 있고, 그로 인해 결함들이 많아져 대기오염 물질이 더욱 많이 배출되고 있습니다.

그리고 노후화되면 발전량 또한 줄어들어 큰 효과를 얻지도 못합니다. 우리는 지역과 상생하는 체계와 시스템이 정비된 발전소들이 세워질 수 있도록 노력하며, 그 일들을 잘 감당할 수 있도록 환경부와 산업통산자원부 그리고 에너지 관련 체계를 주의 깊게 확인하고 제안하는 등의 역할을 감당하게 하소서. 그래서 탈석탄과 탈핵을 온전히 이루는 나라가 되게 하옵소서.

다만, 신재생 에너지원이라 하여 무조건 친환경적인 에너지원이라는 오류를 범하지 않게 하옵소서. 특히, 우리나라 정부는 원전을 녹색 에너지원으로 지정하고, 고준위 방사성 폐기물 처리와 함께 안전을 위협하는 발전을 막기 위한 제도적인 장치가 없는 가운데 유럽을 따라 합니다.

먼저는 지역 주민의 이야기를 듣게 하시고 특히, 석탄화력발전소가 충청남도 지역 주민의 이야기를 들어 이들이 가지는 심정을 헤아리게 하시며 더불어 이 문제들을 어떻게 해결할 수 있을지에 대한 깨달음도 주소서.

지역마다 신재생에너지발전소가 세워지게 하셔서 전력을 운송하는 송전탑을 건설하는 데 혈안이 되지 않게 하옵소서. 기후위기로 인한 산불로 송전탑이 무너지고 전력공급이 차질이 생기기도 합니다. 지역별로 신재생에너지 활용이 활발해지게 하옵소서.

특히, 유럽의 독일이나 북아메리카에 위치한 코스타리카와 같이 지역에 맞추어 신재생에너지를 사용하고 적용하는 길이 빨리 열리도록 인도하옵소서. 이 모든 기도의 제목과 고백이 하나님께 상달이 될 줄을 믿습니다. 주님께서 함께하여 주옵소서. 사랑이 많으신 예수님의 이름으로 기도합니다. 아멘.

여섯번째 이슈
폐기물(쓰레기) 문제에 대하여

핵(방사성) 폐기물 문제, 고준위 방사성 폐기물 처리에 대한 고민

> [3]여우도 새끼에게 젖을 내어 빨리는데 내 백성의 수도는 사막의 타조처럼 인정도 없구나. [4]젖먹이들은 목말라 혀가 입천장에 붙고, 어린것들은 먹을 것을 찾는데 주는 이가 없다. [5]거친 음식은 입에 대지도 않던 자들이 길바닥에 쓰러져 가는구나. 비단옷이 아니면 몸에 걸치지도 않던 자들이 **쓰레기 더미에서 뒹구는 신세가 되었구나.** [6]소돔은 사람이 손도 대지 않았는데 삽시간에 망하더니 내 백성의 수도가 저지른 악은 소돔보다도 크구나. [7]젊은이들은 눈보다 정갈하고 우유보다 희더니, 살갖은 산호보다도 붉고 몸매는 청옥처럼 수려하더니, [8]얼굴은 검댕처럼 검게 되고 살가죽은 고목처럼 뼈에 달라붙어 이젠 아무도 알아보지 못하게 되었구나.
>
> 예레미야애가 4장 3~8절

핵(방사성) 폐기물은 안전한가?
―역사를 통해 본 '방사성 폐기물 오염 사례'

방사성 폐기물은 원자력발전 및 핵실험에 의해 발생한다. 이때 인간에게 위험한 우라늄과 같은 고준위 폐기물이 생겨나며 심각한 상황을 초래한다. 현재 수많은 원자력(핵)발전소는 고준위 및 중·저준위 방사성폐기물을 대량 배출하지만, 제대로 처리할 저장소가 없어 발전소 내 임시 보관하고 있다.

그렇다면 위험한 방사성 폐기물을 어떻게 처리해야 할까? 방사성 폐기물 오염 사례를 역사적으로 바라보고 위험성에 대해 생각하고자 한다.

*마야크 재처리공장 및 카라차이 호수 오염 사건(1949.4~1951.11, 러시아)

원자력(핵) 사고가 수십 차례나 일어난 곳이 과연 있을까? 놀랍게도 있다. 첫 사례로 소개할 '미야크 재처리공장'에서 방사능 사고가 수십 차례나 발생했다. 과히 체르노빌 폭발사고가 범접할 수 없는 수준이다. 특히, 공장 인근에 있는 카라차이 호수는 절대로 가지 말아야 할 장소가 되었다. 왜 이렇게까지 발생한 것일까? 이 사건은 1949년 4월에 시작되어 51년 11월까지 이어졌다. 그 원인은 안일한 생각과 부족한 기술력 때문이었다. 공장뿐 아니라 인근 호수였던 카라차이 호수에 방사성 폐기물이 버려져 주위에만 가도 6베크렐 남짓 나타나며, 1990년대 측정한 바에 의하면 호숫가에 1시간만 서 있더라도 6시버트에 피폭되었다. 이는 임계사고가 났을 때나 당할 수 있는 피폭 수준이며, 피폭으로 약 60%가 1달 안에 사망할 수 있는 수준이다.

*셀라필드 원자력 단지 내 B30, B38 건물 화재(1957.10, 영국)

이 사건은 1957년 10월, 영국 셀라필드 원자력 단지 내에서 발생한 사건이다. 사용 후 핵연료를 보관하는 장소인 B30과 B38 건물이 붕괴되면서 심각한 방사성 오염이 생겼다. 건물에 뚜껑이 없어 화재로 이어졌고, 그로 인해 발생한 방사성 오염은 스리마일 섬 원전사고와 같은 5등급 사고가 되었다. 이후 해체비용이 덩달아 증가했고, 1년에 15억 파운드(현재 한화로 2조 4,172억원)가 필요하였다. 셀라필드에서 흘려보낸 방사성 원소로 인해 약 200kg의 플루토늄이 영향을 끼치고 있다. 사람들의 무지로 건물을 오픈형으로 만든 것 자체가 문제였다. 뜨거운 방사성 핵연료로 건물 자체가 무너져 불이 날 수 있음을 알지 못했다. 핵발전소 내 고준위 방사성폐기물을 자체보관하는 것이 얼마나 위험한지 잘 보여준다.

*체르노빌 핵발전소 사고(1986.04.26 우크라이나)

세계에서 최악의 방사능 유출 사고로 가장 큰 피해를 본 사건이다. 이 사고는 1986년 4월 26일 새벽 1시 24분경 발생했다. 공산주의의 안일한 인식과 실수로 발생했다. 아무리 안전한 발전소라 해도 한순간에 문제가 생길 수 있다. 소방관과 지역주민들은 대피 방법과 피폭을 입지 않는 방법을 몰랐다. 때문에 8등급 사건인 후쿠시마 핵발전소 사고보다 10배가량 더 큰 피해를 입었다. 30년이 훨씬 넘었음에도, 핵발전소 주변은 아직도 심각한 방사성 물질에 노출되어 있다. 그럼에도 불구하고, 우크라이나는 다크투어의 개념으로 이 지역을 관광지화하고 있어 논란이다. 발전소는 그 자체로 폐기물이 되어 살 수 없는 땅이 되었고, 장애를 입어 변형된 동·식물들이 많다. 이 사건은 우리가 핵발전을 주장하지 말고, 탈핵을 주장하는 하나의 증거로 볼 수 있다.

*후쿠시마 핵발전소 사고[동일본 대지진으로 발생한 사건](2011.3.12, 일본)

2011년 동일본대지진이 도호쿠 지방에서 진도 9.1의 수준으로 발생하였다. 일본 국내 지진 관측 역사상 최고 규모를 기록했으며, 이후에도 한 달간 대규모 여진이 이어졌다. 또, 초대형 쓰나미를 불러와 후쿠시마 핵발전소를 덮쳤다. 이 쓰나미는 15m에 달하는 규모였다. 그 전에 지진을 감지한 원자로는 안전을 위해 자동으로 셧다운 되었지만, 엄청난 규모의 쓰나미는 핵발전소 앞을 가로막고 있던 5m 높이의 방파제를 넘었고, 1~4호기 원자로 지하가 침수되었다. 비상발전기 자체는 높은 위치에 있어 침수로부터 안전했으나, 변전설비가 지하에 있어 노심 냉각에 필수적인 전기가 끊겨 노심 온도가 급격히 올라가 방호벽이 뚫렸다. 이로 인해 원전 건물 4채가 피해를 입었고, 동시에 격납용기도 손상되면서 태평양을 포함한 일대가 방사능으로 오염되어 지금도 사고 수습을 진행하는 중이다. 일본은 냉각수(오염수)를 태평양 바다에 버릴 만큼 핵폐기물 문제를 안일하게 생각하고 있다.

핵발전소는 과연 있어야 할까? 지금도 전 세계적으로 수많은 핵발전소가 운영 중이다. 그중에서도 한국은 세계 최상위권에 속한다. 그리고 지금도 더 많은 핵발전소를 지으려 한다. 하지만, 세 번째와 네 번째 사례를 보면 이러한 발전이 얼마나 위험한지 알 수 있다. 지금도 핵발전소 주변에 사는 주민들이 암과 같은 질병에 노출되어 고통을 겪고 있다. 체르노빌이나 후쿠시마 핵발전소 사고처럼 우리나라도 사람의 실수나 자연재해로 인해 사고가 발생할 수 있으며, 방사성(핵)폐기물 처리의 문제뿐 아니라 전국이 위험에 노출될 수 있음을 기억하고 핵발전을 멈춰야 한다.

*미국 뉴멕시코 사용 후 핵폐기물 저장시설 사고(2014년 2월 14일)

핵발전을 하다 보면, 가장 위험하고 폐기하기 어려운 물질이 생긴다. 그것은 바로 핵연료봉이다. 이는 고준위 방사성 폐기물이며, 핵폐기물을 폐기하기 위해서는 고도화된 저장시설이 필요하다. 지하수의 오염도 없고, 지진이나 자연재해로 인한 방사성 오염물질 유출도 없는 지반과 설비가 잘 갖춰져야 한다. 하지만 이 조건에 맞게 세워진 폐기물 저장소는 아직 없다.

2014년 2월 14일, 미국의 뉴멕시코에서 사용 후 핵폐기물 저장시설 사고가 발생했다. 이 사고는 방사성 폐기물이 얼마나 위험한지 보여준다. 고준위 방사성 폐기물 저장시설인 지하 700m에서 커다란 규모의 폭발사고가 났다. 이 사고로 사후처리비용이 약 2조 원에 달할 정도의 엄청난 손실이었다.

하지만 이러한 피해는 여기서 그칠까? 미국뿐 아니라, 전 세계의 수많은 나라는 1만 년 이상 영구히 고준위 방사성 폐기물을 폐기할 수 있는 저장시설을 만들고자 하지만, 핀란드의 온칼로에만 지어지고 있다. 그 건설도 과연 정확히 건설될 수 있을지 미지수다. 이처럼 부정확한 사실만 가지고 있고, 위험성이 높은 핵발전이 얼마나 많은 폐기물을 야기하고, 위험성을 주는지 잘 보여준다. 이러한 폭발사고가 우리나라 핵발전소 임시저장시설에서 발생하지 않기를 바란다.

＊온칼로 고준위 방사성 폐기물 저장시설(2023년 완공)

이 지역은 아직 오염된 지역은 아니지만, 2023년에 가동되기 시작하면 아주 위험한 장소가 된다. 특히, 9,000톤 이상의 방사성 폐기물이 저장될 것이고, 1만 년을 목표로 매장할 것이기 때문에 언제 어떠한 일이 벌어져도 이상하지 않다. 그만큼 방사성 폐기물 자체가 오염사례이고, 또한 위험을 불러일으킬 수 있다.

핵(방사성) 폐기물은 왜 위험한가?
─방사성 폐기물의 반감기와 폐기물 처리방법에 대하여

핵발전을 할 때, 가장 논란이 되는 부분은 사람과 자연에게 악영향을 끼치는 방사성 물질이 많이 배출된다는 데 있다. 하지만 우리가 간과한 것이 하나 있다. 그것은 바로 오염원의 독성과 위험성을 반으로 감축하는 데 상당한 시간이 걸린다는 것이다. 앞에서 언급했던 체르노빌 핵발전소 사고나 후쿠시마 핵발전소 사고 등이 10~30년이 지난 지금까지도 방사능 수치가 회복되지 않았다. 방사성 물질이 우리에게 노출이 되면 인체에 쌓일 뿐 사라지지 않는다. 그래서 위험하다.

방사성 폐기물의 반감기(절반으로 감소) 기간을 알아보면 다음과 같다. 먼저 **제논 135**이다. 제논 135는 방사성 동위원소로 우라늄이 핵분열을 하여 아이오딘이 되고 다시 제논으로 붕괴하면서 생성된다. 모든 물질 중에서 강한 중성자 흡수력을 가지고 있다. 딱히 쓸모없고 핵발전소의 제어를 복잡하게 만든 골칫거리이기도 하다. 다만, 제논 135는 반감기가 9시간밖에 되지 않아 상대적으로 평형상태를 빨리 이르므로 큰 문제는 없다.

다음으로 **플루토늄 239**이다. 플루토늄은 핵분열 물질로, 한군데 모아두면 안 된다. 일정량 이상 많이 모아두면 제어할 수 없는 핵 연쇄반응을 일으키기 때문이다. 이를 피하기 위해서는 안전기준을 무조건 따라야 하고, 중성자 반사 가능성이 있는 물체를 근처에 두지 말아야 한다. 또한 반감기가 2만 4천 년에 이를 정도로 엄청난 피해를 입힌다.

1968년 12월 10일, 소련의 마야크 재처리공장에서 큰 사고가 발생했다. 빠른 처리를 위해 기존 용기보다 훨씬 큰 60L짜리 용기를 사용했고, 이런 큰 용기에 플루토늄 용액을 담는 큰 실수를 저질러 핵 연쇄반응으로 폭발사고가 일어났다. 이후, 수습하기 위해 사람들이 들어갔지만 플루토늄 239로 큰 고통을 받았다. 반감기가 2만 년이 넘기 때문이다. 지금도 핵발전소가 만들어지고 발전하고 있어 위험성은 계속 증가할 것이다.

세 번째로 **세슘 137**이 있다. 세슘에는 약 30종의 동위원소가 있는데, 이 중 세슘 133만이 안정한 형태이고 나머지는 다 자연붕괴한다. 그 외에 방사능이 약한 것과 강한 것이 있는데 약한 것이라도 생체 내에 흡수되면 위험하다. 특히, 세슘 137은 감마선을 내어 더 위험한 물질로 피부를 뚫고 들어갈 수 있다. 1987년, 이 물질에 멋모르고 손댔다가 4명이 죽고 200명 이상이 피폭을 당한 고이아니아 방사능 유출 사고가 있었다. 이 물질의 반감기는 약 30년으로 핵분열 부산물로써 생기는 물질이다. 300년은 지나야 열이 떨어지고, 그제야 땅에 묻을 수 있다. 다시 생각해 보면, 체르노빌 핵발전소 사고 이후 반감기 시간은 지났지만, 여전히 열이 떨어지지 않고 있다.

네 번째로 **스트론튬 90**이다. 스트론튬의 동위원소는 16개이다. 그 중 스트론튬 90이 가장 널리 알려져 있으며, 긴 반감기(29.1년)를 가지고 있어서 오랜 시간 동안 위험성이 나타날 수 있다. 이 물질은 핵폭발 또는 원자핵반응기에서 생성되는 인공 방사능 물질로, 반감기가 길고 인체에 흡수되면 잘 배출되지 않아 세슘과 함께 위험한 성분이다. 오랜 기간 토양에 영향을 줄 수 있어 300~900년이나 보관해야 하고, 최소 80년은 냉각해야 한다.

다섯 번째로 **아이오딘(요오드) 131**이다. 아이오딘은 46종의 동위원소를 가지고 있다. 그중 아이오딘 127만이 안정하다. 아이오딘 131은 아주 위험한 방사능물질이다. 반감기가 8일이어서 그나마 오래 지속되지 않는다. 방사능 유출사고가 나서 인체에 들어오면 갑상선에 모이고, 이후 붕괴하며 내보낸 방사선에 갑상선이 집중 피폭되면서 갑상선암을 일으킨다. 짧은 반감기이지만 단위 시간당 방사량이 매우 크다. 아이오딘의 피폭을 줄이기 위해 아이오딘 계열의 약을 처방받아 미리 갑상선에 채우면 들어갈 자리가 없어서 체내에 축적되지 않을 수도 있다. 물론 아이오딘이 함유된 보드카도 유용하다.

여섯 번째로 **폴로늄 210**이 있다. 폴로늄은 원소 중에서도 최상위권을 다툴 정도로 독성이 강하다. 우리가 흔히 독약으로 알고 있는 청산가리의 25만 배의 맹독을 가지고 있다. 하지만 폴로늄은 자연에서의 존재량이 적고 반감기도 138.4일로 짧다. 하지만 이 물질로 인해 인체에 방사능이 들어가 사망하면 시체에서도 방사능을 뿜기 때문에 시체 처리마저 곤란하게 된다. 핵발전소 사고가 나면 큰 문제로 노출될 수 있어, 콘크리트로 완전히 매워야 한다. 그래서 핵발전 사고 직후 폴로늄 210의 노출을 신경 써야 할 것이다.

그렇다면, 이러한 방사성 물질을 내뿜는 폐기물을 처리하는 방법은 어떻게 될까? 중·저준위 폐기물과 고준위 폐기물에 따라 다르다. 그리고 현재 시행되고 있거나 과거에 시행했던 처리방법들을 알아본다.

첫째, 중·저준위 폐기물 처리방법이다. 가장 먼저 핵발전소 안에 그대로 두는 것이다. 현재 흔히 쓰는 방법이지만, 한정된 공간과 함께 언젠가는 꺼내서 폐기물을 처리해야 한다는 단점이 있다. 만약 화재나 재난이 발생하면 더 큰 위협이 될 수 있으므로 바꿔야 한다.

두 번째는 천층 매몰(땅에 묻기)이다. 두꺼운 암반층이 있는지 확인해야 하고 방출 열 등을 고려해야 하지만, 관리가 그나마 쉽다. 이 문제도 지하수가 지나가는 곳인지, 지진에 취약한 곳인지 고려해야 한다. 경주에 있는 중·저준위 방사성 폐기물 처리장이 천층 매몰로 만들어진 처리장이다. 하지만 이곳도 지하수가 방사능에 노출되어 있다.

세 번째로 해양처분(해양투기)이다. 바다에 방사성 폐기물을 투기하는 것으로, 1993년부터 지금까지 금지하고 있다. 하지만 암암리에 버려지고 있다고 한다. 만약 이 말이 사실이라면, 우리가 먹고 있는 해산물에 방사능 수치가 올라갈 가능성이 크고, 후쿠시마 핵발전소 사고 이후 일본 수산물을 잘 먹지 않는 것과 같이 그 지역의 수산물을 섭취하지 않도록 하는 조치가 필요하다. 다음으로는 그냥 버리거나 외딴 곳에 두는 것이며, 마지막으로 깊숙한 동굴에 처분하기도 한다. 하지만 우리나라의 경우, 아무리 깊숙한 동굴이라도 도심 지역과 먼 곳은 많지 않으며, 그런 곳이 있어도 대부분 국유지이거나 국립공원이거나 민간인 통제구역일 가능성이 높다.

이제 고준위 폐기물 처리방법에 대해 알아본다. 현재까지 방법이 없어 중성자 흡수재인 붕소를 탄 물에 푹 담가서 보관한다. 기타 토륨원자로, 핵변환, 우주처분(우주로 발사) 등이 있으나 아직까지 연구가 부족하고 실현 가능성이 현저히 낮은 대안이다. 오직 핀란드의 온칼로만이 고준위 방사성 폐기물 처리가 가능한 처리장을 만들었다. 또, 이 처리장에 모든 핵폐기물을 처리할 수 있지도 않다. 이 문제를 어떻게 해결해야 할지 고민해야 한다.

그렇다면 방사성 폐기물의 종류에 대해 알아보자. 종류는 저준위 폐기물, 중준위 폐기물, 고준위 폐기물로 나뉜다. 먼저 저준위 방사성 폐기물이다. 이 폐기물은 핵발전소 및 핵병원에서 쓰는 장갑, 쓰레기, 걸레 등 부수적으로 쓰게 되는 물품들을 가리킨다. 상대적으로 방사성 오염물질이 낮은 폐기물들이다. 그렇기 때문에 폐기하기도 상대적으로 쉬운 편이다.

두 번째로 **중준위** 방사성 폐기물이다. 이 폐기물은 방사선 차폐복(방어복의 일종)이나 원자로 부품 등을 말한다. 부수적인 물품이기보다는 사람들에게 직접적인 방사성 영향을 최소화하기 위한 방패와 도구로 사용되는 것이 대부분이다. 또한 핵발전소 등의 부품들이 이에 해당하는데, 지속적으로 방사성 오염물질에 노출되는 곳이기에 위험요소가 큰 폐기물이라 하겠다.

마지막으로 **고준위 폐기물(HLW)**이 있다. 이에 해당하는 폐기물은 핵발전에 사용되는 핵연료봉이 있다. 핵연료봉이 방사선의 99% 이상을 뿜어내고 있기에 잘 처리해야 하는 물질이며, 위험한 물질이기도 하다. 하지만 사실상 처치 곤란한 폐기물이다. 현재는 붕소를 함유한 물에 식히고 있지만, 재처리 과정에서도 폐기물이 많이 발생하고 처리가 되어도 계속해서 방사선을 뿜어낸다. 더불어, 반감기가 우리의 인생보다도 훨씬 더 길어서 이 폐기물을 잘 처리해야 한다. 하지만 우리나라는 핵폐기물 수준이 세계에서 최상권(미국, 일본과 비슷)에 있으며, 현 정부가 핵발전을 더욱 확대해 나가려고 하고 있기에 위협은 더 가중될 수밖에 없다. 전 세계적으로 본다면, 현재 방사성 폐기물의 발생량은 중·저준위 200,000㎥, 고준위 10,000㎥에 이를 정도이다. 그러나 경제위기와 에너지 위기가 동시에 발생하고 있어서 더욱 많은 양이 발생할 것이다. 특히, 기후위기가 심화되면서 발생하는 극심한 폭우와 폭설, 산불과 대규모 지진해일 그리고 초대형 태풍/허리케인을 생각하면, 핵발전을 하는 것이 옳은지 고민해 볼 필요가 있다.

  *방사성 폐기물 문제에 대한 기도는 폐기물(쓰레기) 관련 이슈들을 모두 소개한 뒤 함께 할 것이다.

XVI. 편리성만 따진 플라스틱의 역습
플라스틱 쓰레기 문제, 일회용품 끝판왕의 역습

플라스틱 쓰레기 대란
—제품별 플라스틱 쓰레기는 얼마나 나올까?

값싸고 품질이 좋으며 종류가 다양한 플라스틱은 복합적인 소재로 만들어진 경우가 많아 재활용하기가 어렵다. 뿐만 아니라, 천연소재가 아닌 합성섬유로 만들어진 모든 것에 플라스틱이 있고, 종이컵에도 플라스틱이 포함되어 있다. 플라스틱은 세계 100대 업체가 90% 이상 사용하고, 폐기물을 발생시키고 있다. 상위 20개 업체에서 약 55%를 쓰고 있는데, 그 업체를 보면 엑손 모빌(5.9%), 다우 케미컬(5.6%), 시노펙(5.3%), 인도라마 벤처스(4.6%), 사우디 아람코(4.3%), 롯데 케미컬(2.1%, 12위) 등 다국적 기업이다.

그렇다면, 제품별 플라스틱 폐기물의 현황은 어떻게 될까? 플라스틱 하면 먼저 떠오르는 것은 <u>PET</u>이다. PET는 1년에 약 118억 개 이상을 생산하여 59억 개를 사용한다. 이는 매년 1인당 227.2개를 생산하고 113.8개 사용하는 것과 같다. 슈퍼나 편의점을 가면 거의 모든 음료가 PET에 담겨 있다. 식당에서 음료를 시켜도 병이나 알루미늄 캔이 아닌 PET 병으로 나오는 경우가 많다. 최근에는 비닐 폐기물을 줄이기 위해 무라벨 PET가 나오고 있다.

색소가 들어가지 않은 투명PET도 보인다. 이로 인해 재활용률이 높아질 것으로 기대된다.

다음으로 <u>비닐봉투</u>이다. 우리나라에서 제일 많이 사용하는 플라스틱류이다. 연간 235억 개를 사용하고 있으며, 매년 1인당 453.5개 정도이다. 전통시장에서만 약 60억 장을 사용한다고 한다. 2022년 11월부터 편의점에서 비닐봉투 사용이 전면금지 되었고, 2030년에는 전 업종 비닐 사용 금지가 이루어진다고 한다. 이러한 변화가 비닐봉투 사용금지국가로서의 시작점이 되기를 바란다. 왜냐하면 비닐봉투로 인해 물난리, 해양 동물들의 피해, 미세플라스틱의 역습 등 많은 위협이 예상되기 때문이다.

세 번째로 <u>화장품 용기</u>가 있다. 전 세계적으로 화장품은 연간 1,200억 개의 플라스틱을 사용한다. 최근에는 제로웨이스트와 레스웨이스트를 지향하는 제품들이 많아지고 있지만, 여전히 플라스틱이나 플라스틱이 함유된 용기가 다량으로 판매 및 사용된다. 특히, 재활용되지 않는 'OTHER'이 화장품 용기의 90%를 차지한다는 녹색연합의 발표도 주목해봐야 한다. 최근 들어 여성뿐 아니라 남성에게도 화장품이 필요하기에 화장품 용기가 더 많이 만들어지고 있다. 다 쓰고 난 뒤 재활용이 불가해 플라스틱 쓰레기로 배출되고 만다. 화장품 업체에서는 용기를 새롭게 변화시키고 사용자는 플라스틱 쓰레기를 줄여나가는 업체의 화장품을 이용하거나 리필 받아 사용하면 좋겠다.

네 번째로 <u>배달 용기</u>이다. 코로나-19 이후 배달은 급증했다. 특히, 매일 270만 건이 주문되고, 최소 830만 용기가 버려지고 있다. 물론 배달이 필요한 사람들이 있고, 배달하는 것이 소상공인들에게도 도움이 된다. 하지만 배달 선택권도 보장받아야 한다. 최근 배달업체와 지자체가 연계하여 다회용기 배달사업을 일부 지역에서 운영하고 있다. 그 결과가 어떤지 정확히 발표되진 않았으나 용기를 줄인다는 측면에서 당연히 보장받아야 한다. 다회용기를 원하는 주문자에게 다회용기를 제공하는 것은 당연한 일이 되어야 할 것이다. 또한 픽업 주문을 할 때 주문자들이 '용기'를 낼 수 있도록, 자신들의 다회용기를 사용할 수 있는 체크포인트가 있으면 한다. 그렇게 한다면, 다회용기를 사용하고자 하는 수많은 주문자가 마음 편하게 픽업주문을 할 수 있지 않을까? 이러한 변화의 시작이 배달 용기를 줄여나가는 데 도움이 되는 하나의 방법이자 수단이 될 것이다.

다섯 번째는 <u>합성섬유 옷</u>이다. 합성섬유 옷은 화석연료를 사용하여 만드는 폴리에스터(PET), 나일론, 아크릴, 폴리우레탄 등을 말한다. 이러한 합성섬유 옷들이 전 세계적으로 1천억 벌 생산된다. 패스트패션과 옷 재고 문제도 심각하다. 패션회사들은 팔다 남은 재고를 폐기하거나 소각하는 경우가 다반사다. 재고로 값싸게 팔거나 나누면 회사의 이미지가 나빠질 수 있다는 우려 때문이다. SS 시즌과 FW 시즌을 나누고, 매년 새롭게 디자인한 옷들이 계속해서 뿜어져 나온다. 패션회사뿐 아니라, SNS로 생긴 인플루언서들은 자신이 디자인하고 만든 옷을 판매한다. 2011년 기준으로 생산량의 약 62.8%가 합성섬유 옷이다. 합성섬유로만 만들어지지 않더라도 혼방으로 만들어진 의류들이 대부분이다. 이 옷들이 플라스틱 쓰레기 더미가 될 뿐 아니라, 해양으로 미세플라스틱을 배출(약 35% 차지)하는 큰 영향을 끼친다. 앞으로는 천연소재로 만든 옷을 구입하고, 패션 회사들이 친환경적으로 제품을 생산하는 노력과 재고 물품을 업사이클링할 수 있는 방안을 마련하는 것이 필요하다.

마지막으로 언급할 플라스틱 쓰레기는 물티슈 및 담배꽁초이다. 우리는 물티슈의 굴레에서 벗어나지 못하고 있는 것 같다. 식당에 가면 일회용 물티슈를 사용하고, 집에서도 걸레를 사용하는 것보다 물티슈를 사용하는 것이 더 빈번하다. 대부분의 물티슈는 폴리에스터가 함유된 일회용품이다. 그렇기에 이에 따른 법적 절차를 지켜야 한다. 하지만 지금은 그냥 쉽게 사용하고 버려지는 쓰레기일 뿐이다. 담배꽁초도 마찬가지이다. 담배꽁초의 필터는 셀룰로스 아세테이트를 90%가량 사용하고 있다. 이는 플라스틱의 하나로써, 길거리에 버려지는 담배꽁초가 매일 약 1,200만 개 정도이다. 엄청난 숫자이며, 바다에 담배 플라스틱이 0.7t이나 배출(45~230만 개)된다.

플라스틱 쓰레기 생각해 보기
—플라스틱 쓰레기 처리 방안

현 정부의 플라스틱 쓰레기에 대한 대처방안은 너무나 미흡하다. 플라스틱 컵이 가장 많이 나오는 커피숍의 일회용 컵 사용방안의 대책도 퇴화되었다. 물론 소상공인들의 어려움을 인지하고 더 나은 방안을 강구하는 것도 필요하지만, 지금은 그럴 여유가 없다. 우리나라는 매립을 할 수 있는 땅이 한정되어 있어, 지난 30여 년 동안 대기오염으로 인해 실시하지 않고 있던 소각을 명문화하고 곳곳에 만들어 쓰레기를 태운다. 물론 과거보다 대기오염 제어공학이 발달한 것은 사실이지만, 그러한 제어로 인해 공기가 깨끗해지더라도 이산화탄소는 급증할 수밖에 없다. 그래서 우리는 플라스틱 쓰레기를 어떻게 해결해야 하는지 깊게 고민해야 하고, 그 처리방안을 잘 생각해 볼 필요가 있다. 제로웨이스트 운동에서 제시하는 5R(Refuse[거절], Reduce, Reuse, Recycle, Rot[썩히기])이 가장 바람직하지만, 재활용의 측면에서 어떻게 하는 것이 좋은 방향인지 먼저 알아보자.

먼저 플라스틱 쓰레기 처리 방안에 대해 고민해 봐야 할 3가지의 문제가 있다. 첫째, 플라스틱 쓰레기를 다른 나라에 수출하면 해결될 것이라는 생각이다. 2018년, 중국이 플라스틱 쓰레기 수입을 금지하면서 대란이 일어났다. 그때, 대단지 아파트의 플라스틱 쓰레기를 폐기물 업체에서 받아주지 않았다. 플라스틱 쓰레기를 해외로의 수출을 해도 줄어들지 않는다.

둘째, 재활용하면 해결되는가에 대한 문제이다. 재활용하기 위해서는 플라스틱 쓰레기를 쌓아놓아야 하고, 이것들이 계속 쌓이게 되면 더 낮은 품질의 플라스틱이 될 뿐이어서 큰 효과를 거두지 못한다. 또한, 주변 환경이 더욱 위협적으로 변한다. 최근 수많은 업체가 플라스틱 쓰레기를 거두어 업사이클링 앞치마나 유니폼, 빗과 같은 것으로 변형시켜 판매하고 있다. 재활용과 업사이클링이 효과를 거두고 있는 것은 확실하지만, 또다시 플라스틱 쓰레기가 나오는 것은 막을 수는 없다.

셋째, 과연 플라스틱 쓰레기를 잘 분류 배출하고 있는가에 대한 문제이다. 우리나라는 다른 나라들에 비해 플라스틱 쓰레기 분류 배출이 잘 되고 있다고 알려져 있다. 하지만 최근 카페에서 마신 플라스틱 컵들이 길거리에 버려지고, 여행객들이 다녀간 관광지에서 플라스틱 쓰레기가 다량으로 배출되고 있는 등 제대로 된 분류 배출 비율이 약 43%밖에 안 된다. 거기에 음식물을 담은 플라스틱 용기의 경우는 재활용이 되지 않아 종량제봉투에 버려지는 경우도 반절 가까이에 이른다. 이러한 문제들을 어떻게 해결할 수 있을지 심각하게 고민해 볼 필요가 있다.

마지막으로 실제 재활용이 어려운 제품이나 포장재가 너무 많다. 우리가 제품을 사용하다 보면, OTHER나 ⊙ "도포·접합 표시(⌀)"로 되어 있는 경우가 많다. 이런 경우는 재활용이 사실상 불가능하다. 그래서 종량제봉투에 배출해야 한다. 특히, 도포·접합 표시가 되어 있는 재질인 경우는 종량제봉투에 버려야 한다. 그리고 생산자들에게 재활용이 어려운 물품인지 반드시 기재할 수 있게 제도화해야 한다. 그렇게 바뀐다면, 소비자의 선택권도 달라지며, 생산자들이 재활용이 편리한 물질을 생산할 수 있게 될 것이다.

결국, 플라스틱 쓰레기는 지금도 계속해서 발생하고 있다. 기업, 개인, 정부와 지자체들이 힘을 합하여 이 문제를 개선하려고 노력하고 있지만, 지금의 수준으로는 이 문제를 해결하기는 쉽지 않아 보인다. 기독교인들이 각자의 위치에서 이 문제를 어떻게 해결해야 할지 고민하고 협력하며 나아갈 수 있어야 한다. 특히, 교회들은 수련회, 캠프, 부흥회, 예배에서 발생하는 쓰레기를 최소한으로 줄이고, 플라스틱 쓰레기를 줄여나가길 바란다.

XVII. 계속된 과학발전과 업그레이드로 생성된 쓰레기

전자 폐기물과 의료 폐기물 문제,
우리의 권리는 무엇일까?

> [1]은을 캐내는 광산이 있고 금을 정련하는 제련소가 있다네. [2]철은 땅속에서 캐내고 동은 광석에서 제련해 내는 것인데 [3]사람은 어둠의 끝까지 가서 구석구석 찾아서 광석을 캐낸다네. [4]마을에서 멀리 떨어진 곳에, 인적이 드문 곳에 갱도를 파고 줄을 타고 매달려서 외롭게 일을 하는구나. [5]땅으로 말하면 그 위에서는 먹을거리가 자라지만 그 밑은 불로 들끓고 있고 [6]사파이어가 그 바위에서 나오고 그 흙먼지 속에는 사금도 있었다 /
> [12]그러나 지혜는 어디에서 찾을 수 있겠는가? 통찰력은 어디에 있는가? [13]사람은 그 가치를 알지 못하니 사람 사는 땅에서는 그것을 찾을 수 없다.
>
> 욥기 28장 1~6절, 12~13절

전자제품을 사용하는 우리가 가진 권리
―수리권(수리해 쓸 권리)과 사용기한에 대하여

최근에 폐기물을 생각하면 떠오르는 것은 플라스틱 쓰레기였다. 하지만 디지털 시대를 살아가는 우리에게 전자 폐기물이나 의료 폐기물 또한 큰 문제다. IT강국이라 불리는 대한민국은 1인당 전자기기를 상당수 가지고 있다. 특히, MZ세대의 경우는 더욱 그러하다. 스마트폰, 스마트워치, 태블릿, 노트북, PC(컴퓨터), 전동킥보드, 전기자전거 등 다양하다. 이러한 전자기기들은 우리에게 뗄 수 없는 존재들이 되었다. 뿐만 아니라, AI기기와 TV를 비롯해 로봇청소기, 세탁기, 건조기, 식기세척기 등이 많아졌다. 전자기기가 업그레이드될 때마다 이전 모델들이 상당수 폐기물로 버려진다.

의료 폐기물도 마찬가지다. 의료기술이 발전하면 할수록 의료폐기물이 많아진다. 시술과 치료, 병원 방문이 잦아지기 때문이다. 그리고 인구가 증가하거나 어른세대가 많아질수록 의료 폐기물이 증가한다. 그러므로 우리는 의료 폐기물에 대해 생각을 해야 한다. 폐기물을 우리가 어떻게 대응해야 할지, 그리고 우리가 이러한 기기와 물품들을 어떻게 사용해야 할지 상당한 고민과 고려가 필요하다.

그렇다면 우리가 전자기기를 사용할 때, 우리에게 주어지는 의무와 권리는 무엇일까? 먼저 우리의 의무에 대해 생각해 보자. 전자기기는 누구나 사용할 수 있다. 하지만 그 기기를 악용해선 안 된다. 범죄행위에 사용해서도 안 되고, 그냥 버리거나 환경을 오염시키는 행위로 이어져서도 안 된다. 그렇게 되면, 다양한 부분으로 토양이나 대기에 오염될 수 있다.

전자기기를 사용하는 모든 사람에게 권리가 있다. 쓰레기 문제에 대한 권리다. 그것은 "수리해서 쓸 권리" 즉, **수리권**이다. 1인당 전자기기를 연간 배출하는 양은 15.8Kg에 이른다. 연간 5,260만Ton('19년 기준)이 배출된다는 것이다. 스마트폰과 같은 휴대 전자기기를 자주 바꾸는 습관이 하나의 이유이며, 고장 및 성능 저하 등의 이유로 버려진다. 특히, 애플사가 만드는 기기의 경우, 공식 서비스센터에서만 수리가 가능 또는 수리 자체가 어렵도록 제작해 고쳐 쓸 권리를 사용할 수 없게 한다. 그 외의 다른 다양한 회사들에서도 제품을 수리해서 쓰는 것을 권장하지 않고, 수리비용이 예상보다 높아서 새로운 제품을 선택하도록 유도하고 있는 듯하다.

우리나라는 전자기기의 재활용 비율이 35.6%에 이른다. 이는 81만 8천Ton 중에서 29만 2천Ton을 재활용하는 것이다. 최근에는 스마트폰을 손쉽게 재활용할 수 있도록 하는 업체가 생겨났다. 수리해서 쓸 권리와 전자기기를 조금 더 오래 사용할 수 있도록 사용자와 판매자가 모두 노력하는 것이 필요하다. 판매자는 제품이 더욱 튼튼할 수 있게 제작하고, 사용자는 새로운 버전 혹은 업그레이드된 제품에 대한 욕심을 부리지 않고 필요한 만큼 사용할 수 있는 제품을 계속 보여야 한다.

전자기기를 얼마나 오래 사용하면 좋을까? 왜 금방 버려지면 안 되는 것일까? 전자기기 폐기물의 종류를 보면 이해하기 쉬울 것이다. 폐기물의 종류는 에폭시수지, 섬유 유리, PCB(폴리염화 바이페닐), 열경화성 플라스틱, 납, 주석, 구리, 규소, 베릴륨, 탄소, 철, 알루미늄, 카드뮴, 수은, 탈륨 등이다. 이 중에서 화석연료로 만들어지는 플라스틱은 에폭시수지(접착제, 강화플라스틱, 주형, 보호용 코팅제 등으로 사용)와 PCB(폴리염화 바이페닐; 염소와 비페닐을 반응시켜 만드는 매우 안정적인 유기화합물), 열경화성 플라스틱 등이 있다. 그리고 그 외의 중금속들이 사용된다. 중금속들은 각각의 특성에 따라 자연과 환경에 위협을 준다. 전자기기가 쓰레기로 버려지면 발생하는 중금속 오염과 그로 인한 피해가 크다.

이러한 중금속을 하나씩 알아보면서 전자폐기물을 줄여나가야 하는 이유에 대해 심도 있게 이해해보자. 첫째, 납이다. 인류가 가장 유용하게 사용하는 금속 중 하나이며, 중금속의 대표 격인 역할을 한다. 그만큼 위험하고, 많이 사용하기도 한다. 특히, 최근 전기차에 사용되는 이차전지로 이용된다. 또한 전자기기의 납땜에 쓰이지만, 최근에는 납을 포함하지 않는 무연납을 사용하는 경우가 더 많다. 그리고 그 외에는 TV나 PC의 모니터에 사용하는 브라운관의 화면용 유리, 세라믹스, 거울 등에도 사용된다.

유리에 납 성분을 첨가해서 만드는 납유리는 보통 무게의 18~40% 정도의 산화납 성분을 포함하고 있다. 그만큼 전자기기에 납은 뗄 수 없는 물질이다. 하지만 이러한 납은 두통, 현기증, 우울증, 정신 불안정과 복부 경련, 소화 불량, 변비, 복통을 동반해 식욕부진을 일으키며 뇌까지 이르면 뇌손상을 일으키고, 시각장애와 청각장애, 정신이상을 일으킬 수 있다. 2000년 이후, 독성원소로 알려져 납 화합물의 사용금지 및 제한이 세계적으로 확산되었다. 납축전지에 사용된 납도 엄격한 재활용이 이루어져 큰 문제가 없다고 하지만, 일부 개발도상국이나 돈을 더 많이 축적하려는 사업체들의 어리석은 행동으로 토양에 납이 축적되어 야생 생물에게 악영향을 끼치는 사례가 발생하고 있다.

둘째, 주석이다. 주석은 상당히 귀한 금속이자, 산출도 매우 한정적이다. 청동기 시대에 사용했던 금속 중 하나로, 현재는 주요 산업적 용도가 납땜에 있다. 그리고 전자기기 내부의 철이 녹슬지 않도록 주석 도금을 하는 데 많이 이용된다. 주석의 2개의 동소체 중 백색주석(β)은 13.2℃의 낮은 온도가 되면 회색주석(α)으로 변하며, 불순물이 섞인 주석은 더 낮은 온도에 회색주석으로 변한다. 혹한이나 겨울이 닥친 지역에 급격한 부피차로 구조가 바뀌어 부스러지는 상황이 연출되기도 한다. 이를 막기 위한 연구가 이어지고 있고, 전자제품에도 유연납 대신 주석-인듐-비스무트 무연납이 사용된다. 이 물질의 위험성을 살피며 확인해 보는 것이 필요하다.

셋째, 구리다. 전기가 사용되는 모든 물품에 빠져서는 안 되는 구리는 생물이나 인체에 유독한 원소이기도 하다. 대부분 사람에게 큰 영향을 끼치진 않지만, 과량 섭취 시 구토를 일으킨다. 기후위기가 닥쳐오면서 전자기기와 자동차에도 친환경 바람이 불어오고 있다. 자동차의 경우, 전기차(기존 내연기관차보다 4~6배 가량 더 많이 사용)로 전환되는 추세이며, 신재생에너지의 꽃이라 할 수 있는 태양광이나 풍력에서도 구리가 사용된다. 친환경 바람이 불어날수록 수요 대비 채굴의 한계가 발생할 수 있다. 특히, 지하로 내려가 채굴하기 때문에 토양오염에 노출되고 있다.

넷째, 규소다. 규소는 우주에서 8번째로 많은 원소이다. 다양한 방면에서 사용되고 있는데, 그중에서 유리나 반도체, 마모제(모래), 실리콘에 사용된다. 특히, 전자기기 발달에 필수적인 원소이다. 그래서 전자폐기물이 발생하며 규소 또한 버려지게 된다. 하지만 환경오염에 큰 영향을 주지는 않는다.

다섯째, 베릴륨이다. 공학적으로 최고의 재료인 베릴륨의 원석은 녹주석이다. 녹주석은 미국 유타주 중부지역에서만 채굴할 수 있어 가격대가 높다. 이 물질은 맹독성 발암물질이라, 버려지거나 분진이 생기면 큰 문제다. 대표적으로 고성능 스피커의 진동판에 이용되며, 포칼이라는 회사에서 만드는 이어폰, 트위터, 헤드폰의 진동판 소재나 코팅재로 쓰인다.

여섯째, 탄소다. 철강은 철이 중심으로 이루어져 있다고 생각하지만, 철만으로는 무르다 못해 손으로 주물러도 모양이 변한다. 그렇기에 여기에 탄소를 1% 이하 함유시켜 탄소강을 만든다. 즉, 철강이 되는 것이다. 이처럼 전자기기에서도 탄소는 중요한 역할을 한다.

일곱째, 철이다. 철은 산업에서 가장 많이 사용되는 물질로, 산업의 쌀이라는 별명도 있다. 또한 전 세계 금속 생산량 중 90%를 차지한다. 컴퓨터 본체 케이스 등 전자기기에서도 많이 사용되고, 재활용도 잘 된다.

여덟째, 알루미늄이다. 알루미늄은 오래 널리 사용된 물질이다. 최근 전자기기 중 모바일 기기에서 알루미늄 합금 제품들이 나오고 있다. 플라스틱이 점차 자취를 감추자, 이를 알루미늄 합금이 대체하고 있다. 알루미늄은 스마트폰(애플, 삼성전자, 화웨이 등)과 노트북(LG, 삼성, 에이수스, 소니 등)이 가지는 발열을 해결했다. 그렇기에 폐기물로 버려질 때, 알루미늄이 어떤 영향을 끼치는지 잘 알아야 한다. 알루미늄은 체내에 거의 흡수되지 않고 배출되며, 그나마 흡수된 양도 신장(콩팥)에서 대부분 걸러져 소변으로 배출된다. 그러므로 큰 영향은 없으나, 신장이 망가져 투석을 받는 등 알루미늄 공정에서 일하는 사람에게는 치명적이다. 또, 재활용을 제대로 못하면 토양에 중금속 오염이 가해질 수 있다.

아홉째, 카드뮴이다. 주 용도는 니켈-카드뮴 충전지이다. 상대적으로 고전류를 낼 수 있으며, 과방전에도 영향이 적고 충전을 많이 할 수 있다. 하지만 인체에 아주 유해하여 많이 사용하지는 않는다. 특히, 스마트폰이나 노트북, 디지털카메라는 대체로 다른 전지를 사용하며, 니켈-카드뮴 충전지의 경우는 고출력이 필요한 청소기에서 사용되고 있다. 다만, 1급 발암물질이기 때문에 전자기기를 폐기할 때 잘 분리해 처리해야 한다. 폐기물로 인한 환경 파괴와 인체에 가해지는 위험성이 크다.

열째, 수은이다. 수은은 실온에서 액체 상태를 유지하는 물질이자, 엄연한 중금속이다. 특히, 가스가 되면 심각한 위험을 줄 수 있다. 미나마타병에 걸려 신경세포에 막대한 피해를 줄 수 있고, 몸이 마비되어 언어장애, 우울증까지 초래할 수 있다. 이러한 수은은 전자기기에 많이 사용되며, 특히 노트북이나 스마트폰을 버려서 칩을 태우면 수은과 납, 다이옥신 등 발암물질들이 다량으로 배출되어 인체에 상당히 위험하다.

마지막 물질은 탈륨이다. 이 물질은 쥐약이나 개미약으로 이용되는 황산탈륨이나 아세트산탈륨으로 사용된다. 하지만 독성 때문에 지금은 사용하고 있지 않다. 앞으로 탈륨을 처리하기 위한 고도의 분리 정제와 처리 공정이 잘 거쳐야 한다. 전자 폐기물을 그냥 소각 및 매립을 한다면 독성이 가득한 탈륨의 영향이 클 수밖에 없다. 물론 직접 먹지 않으면 위협적이지 않으나, 땅이 오염될 수 있으므로 조심해야 한다. 오염된 토양에서 재배된 채소나 과일을 먹으면, 인체에 영향을 받을 수 있기 때문이다.

전자제품이 가진 문제점은?
―전자폐기물이 왜 많이 나올까? 그리고 생산에는 문제가 없을까?

앞에서 우리는 전자기기가 폐기될 때 얼마나 위험한지 알아봤다. 각 물질의 혼합체인 전자기기들은 금속과 화학물질이 결합된 형태이다. 그러다 보니, 위독성 물질이 많고, 특히, 매립 및 소각이 잘못된 방식으로 이뤄질 때 그 위험은 극명하게 나타난다. 그래서 전자제품이 가진 문제점은 무엇인지 뒤돌아보고, 전자제품을 어떻게 사용하는 것이 좋은지 알아보자.

먼저 전자기기들의 문제점은 어디에 있을까? 전자기기가 점점 더 빠르게 기술이 발전되고 업그레이드되면서 전자기기의 전환 과정이 점차 빨라지고 있다. 그로 인해 사용자들은 조금 더 좋은 제품을 구매하려는 마음에 지금 사용하고 있는 제품을 폐기하고 더 좋은 전자기기로 바꾼다. 또, 과거에 비해 전자기기의 성능이 좋아지면서 조금이라도 고장이 나면 수리하는 것보다 바꾸는 일이 흔하다. 스마트폰의 경우, 최대 2년 사용하면 많이 사용했다 여기는 풍조가 되었다.

전자 폐기물(쓰레기)의 과잉화가 빠르게 커지고 있다. 앞에서 언급한 것처럼, 기술은 날로 발전하고 전자기기는 더 편하고 쉽고 전문적으로 변하고 있다. 그래서 사용자 입장에서 조금 더 편리하고 좋은 제품에 손이 간다.

이는 우리나라만의 문제가 아니다. 세계적으로 매년 5천 만Ton의 전자폐기물이 발생한다. 과거처럼 전자기기가 빠르게 발전하지 않았다면 이렇게 많은 폐기물이 발생하지도 않았을 것이다. 미국은 한 해에 컴퓨터 3천만 대, 핸드폰 1억 개를 버린다. 그러나 재활용을 하는 비율은 15~20%에 불과하다. 그냥 버리거나 관심을 가지지 않고 쟁여두는 경우가 빈번하다는 뜻이다. 제대로 재활용되지 않고 버려져 매립 및 소각이 되는 상상을 하면 아찔하다.

첫째, 전자 폐기물은 독성화학물질을 배출한다. 낮은 온도에 소각하면, 폴리염화비닐(PVC)이나 폴리브롬화디페닐에테르(PBDEs) 등이 발생한다. 폴리염화비닐은 염소가 대량으로 들어가 소각 시 다이옥신이 배출된다. 또한 환경 호르몬이 발생해 직접적으로 식품이나 피부에 닿는 것을 조심해야 한다. 그리고 폴리브롬화디페닐에테르는 소각할 때 증발한 가스를 흡입하는데, 그러면 체내에 쉽게 흡수되며 뇌와 신경계통을 손상시켜 학습과 기억력 장애를 유발한다. 그러므로 올바른 폐기가 필요하다. 두 물질 외에도 잔류성 유기화학물질이 간, 갑상선, 신경계장애에 영향을 끼치는 경우가 많다.

둘째, 값싼 노동력과 느슨한 환경법이 있는 중국, 인도 등에 수출하는 문제다. 우리나라의 경우, 전자 폐기물을 처리하려면 비용이 많이 들고 환경법에 걸려 처리하기가 까다롭다. 그러다 보니 중국, 인도 등 아시아 등지에 전자 폐기물을 보내 매우 심각한 토양 및 대기오염이 수입한 나라 곳곳에서 발생한다. 이 문제를 해결하기 위해 국제적인 공조와 협력이 필요하다.

셋째, 자원 고갈의 문제가 심각하다. 전자기기 제조에 필수적인 희소 금속들이 상당히 많다. 컴퓨터의 하드디스크, 의료기기 MRI, 스마트폰, 하이브리드차에 사용되는 네오디뮴(Ni)이 있으며, 액정 디스플레이, 고효율 태양전지, 스마트폰에 쓰이는 인듐(In)이 있다. 고효율 태양전지에 쓰이는 칼륨(Ga)과 셀레늄(Se), 스마트폰과 전기자동차에 쓰이는 리튬(Li)도 있다. 그리고 화석연료를 이용해 움직이는 자동차에 쓰이는 백금(Pt), 로듐(Rh), 팔라듐(Pd)이 있으며, 항공기에 쓰이는 희귀금속인 티타늄(Ti)이 있다. 이들 중 고갈 위기에 처해 있는 몇몇 희귀금속에 대해 알아보고자 한다.

하나, 리튬(Li)이다. 리튬은 2000년대 중후반부터 전지의 수요가 급증하면서 가격이 비싸졌다. 그리고 전기 자동차의 보급이 확장되면서 리튬의 소비량은 크게 늘어날 것으로 보인다. 리튬은 칠레, 중국, 아르헨티나에서 주로 생산하고 있으며, 염해(Salt lake)에서 채취한다. 막대한 양으로 리튬이 고갈될 일은 없지만, 칠레 및 미국의 세 회사가 생산을 독점하고 있기 때문에 앞으로 어찌 될지 알 수 없다.

둘, 백금(Pt)이다. 백금은 남아프리카공화국에 거대한 백금 광산에서 세계 생산량의 75%를 채취한다. 그리고 러시아가 17%를 생산한다. 이 말은 백금 자체를 생산하는 곳이 한정적이라는 뜻이다. 또한 5g의 백금을 추출하기 위해서 1톤이나 되는 광석이 필요하다. 하지만 백금의 수요는 날로 늘어나고 있다. 가솔린 자동차의 배출 가스 정화 장치에 백금 1g 정도가 사용된다. 백금이 촉매제로 이용되어 광화학 스모그를 해결할 수 있기 때문이다. 이는 세계적으로 이용되는 장치이다. 또한 수소와 전기를 만드는 연료전지의 전극으로도 사용된다. 연료전지 자동차가 계속 보급된다면, 백금 수요는 더욱 늘어난다. 연료전지 자동차 1대당 약 40g이나 되는 백금을 쓰인다. 하지만 이러한 백금은 지각 1톤당 0.001g만 포함되어 있어 상당히 부족하다. 백금과 비슷한 화학적 성질을 가지고 있는 팔라듐(Pd), 로듐(Rh), 루테늄(Ru), 이리듐(Ir), 오스뮴(Os)이 있지만, 백금족 물질을 남아프리카공화국과 러시아가 거의 독점한다.

셋, 인듐이다. 이 물질은 부산물이어서 단독으로 증산되지는 않는다. 아연(Zn)이나 납(Pb) 광석에 극히 소량 포함되어 있어, 아연 또는 납을 꺼내고 난 나머지에서 인듐을 꺼낼 수 있다. 이 물질은 중국에 75% 매장되어 있다고 알려져 있고, 지각 1톤당 0.05g밖에 존재하지 않는 희귀금속이다. 이러한 인듐이 액정 디스플레이에 사용된다. 원래 투명하다는 것과 전기를 통한다는 것은 일반적으로 양립되지 않는다. 하지만 인듐과 주석의 산화물($In_2O_3+SnO_2$)을 만들어내면 투명하면서 전기를 흐르게 할 수 있다. 이를 통해 액정 디스플레이를 만든다. 산화인듐에 주석을 섞거나 산소를 솎아내면 만들 수 있다. 이를 대체하기 위한 연구도 이어지고 있는데, 그중 하나가 마그네슘 액정이다. 하지만 아직 통하게 하는 전기의 양이 적어 실용화되지 못하고 있다. 이렇듯 희귀금속들을 지속적으로 사용한다면, 그만큼 전자기기의 개발과 활용이 어려워지기 때문에, 폐기물을 줄여나가는 노력을 해야 한다.

그렇다면, 전자 폐기물을 줄이기 위해 우리가 해야 할 중요한 일은 무엇일까? 첫째, 생산단계부터 '자원 사용 최소화'가 필요하다. 덜 유해하고, 폐기물이 덜 발생할 물질을 찾아야 한다. 특히, 위험한 물질의 경우 대체제를 사용하는 것이 필요하다. 과거 스프레이에 함유된 CFCs로 인해서 오존층 파괴가 극심했다. 물론 지금도 완전히 해결되지는 않았지만, 몬트리올 의정서를 합의하여 CFCs 사용금지가 되면서 점차 회복되는 추세이다. 마찬가지로 전자기기를 이루는 여러 희귀금속 중에 앞에서 언급한 위험성이 있는 물질들을 덜 사용하고 대체할 수 있도록 연구해야 한다. 또한, 전자기기에서 폐기물이 덜 발생하도록 기술을 개발해야 한다.

둘째, 전자 폐기물의 재활용률을 높여야 한다. 철저한 분류 배출과 재사용 그리고 업사이클링을 비롯한 재활용 비율이 높아져야 한다. 하지만 우리 집을 둘러보자. 전자기기는 분류 배출이 생각보다 쉽지 않다. 그리고 작은 물품들은 무료수거를 잘 하지 않는다. 그러다 보니, 집 안 곳곳에 예전에 사용하던 휴대폰, CD 또는 MP3 플레이어, 이어폰, 태블릿PC 등 다양한 전자기기들이 우리도 모르는 사이에 쌓여있다는 걸 알 수 있다. 이 제품을 지금도 사용한다면 문제가 없지만, 사용하지 않고 방치하다 버린다면 심각한 오염의 원인이 될 수 있다. 정부와 지자체는 조금 더 쉽게 소형 전자기기를 분류 배출할 수 있는 제도와 시스템을 마련해야 한다. 그리고 개인적으로 집과 회사에서 방치되고 있는 전자기기를 찾아 올바르게 분류 배출하는 방안을 마련해야 한다. 새롭게 구매하는 것보다 가지고 있는 제품을 수리해서 쓰는 마음가짐과 여건이 있어야 하겠다.

셋째, 조금 더 크고 조금 더 편리하고, 조금 더 발전된 전자제품에 대한 사용 욕구를 줄이는 것이 필요하다. TV를 보면, 과거에는 HD나 UHD가 최고 사양이었지만, 지금은 그것을 뛰어넘어 OLED와 같은 커다랗고 화질 좋은 제품이 나오고 있다. 스마트폰도 마찬가지이다. 지금까지는 접는 방식의 폴더블폰이 없었지만, 지금은 그것이 상용화되어 더 사용하고 싶은 욕구를 일으킨다. 하지만 아무런 고민 없이 전자기기를 사려는 움직임을 최소화하는 것이 필요하다. 한 번 더 고민하고, 또 정말 필요한 것인지 확인한 뒤에 사도 늦지 않다. 전자기기는 사고 나면 바로 중고가 되고, 골동품이 될 수도 있다. 전자 폐기물을 최소화하기 위해서는 우리의 마음가짐이 중요하다.

의료 폐기물이 늘어난다
—전염 또는 방사능 혹은 독성이 있는 위험 폐기물의 처리방안

폐기물 중에 논의가 거의 없는 폐기물이 있다. 바로 의료 폐기물이다. 의료 폐기물은 우리가 잘 관리하지 못하거나, 전염성이 강한 폐기물이라는 오해를 받는다. 병원에서는 독성이나 전염성을 방지하기 위해 병원에서 나오는 거의 모든 폐기물을 위험 폐기물로 간주하기 때문이다. 이러한 보건의료 산업폐기물은 전 세계 탄소배출량의 4.4%를 차지할 정도로 엄청나다. 그렇기 때문에 이 부분에 대해 간과해서는 안 되며, 어떻게 폐기물을 처리하고 잘 해결할 수 있을지 많은 논의가 필요하다.

의료 폐기물은 보건 및 의료기관, 동물병원, 시험 및 검사기관에서 배출되는 폐기물 중 인체에 감염 등 위해를 줄 우려가 있는 폐기물을 지칭한다. 또한 인체 조직, 실험동물의 사체 등 보건환경 보호 상 특별한 관리가 필요하다고 인정되는 폐기물도 포함한다. 이러한 폐기물을 3가지 형태로 구분하여 폐기물 처리를 해야 하는데, 그 내용과 종류는 다음과 같다.

첫째, 격리의료폐기물이다. 이 폐기물은 감염병에 걸려 격리된 사람에 의해 발생한 일체의 폐기물을 뜻한다. 쉽게 이해하자면, 코로나-19 확진자를 치료할 때 사용한 폐기물이 모두 포함된다. 전염성이 강한 의료폐기물은 점차 많아질 수밖에 없다. 그 이유는 기후변화로 인해 지구가 가열화되면서 신종전염병들이 등장-재등장할 거라는 예측이 현실화되고 있기 때문이다.

둘째, 위해의료폐기물이다. 이 폐기물은 조직물류폐기물(인체 및 동물의 조직, 장기, 기관 및 혈액 등), 병리계폐기물(시험/검사 등에 사용된 배양액, 폐시험관, 폐장갑 등), 손상성폐기물(주사바늘, 봉합바늘, 수술용 칼날, 치과용 침 등), 생물/화학폐기물(폐백신, 폐항암제, 폐화학치료제), 혈액오염폐기물(폐혈액백, 혈액 투석 시 사용된 폐기물 등)이다.

마지막으로 일반의료폐기물이 있다. 이 폐기물들은 혈액, 체액, 분비물, 배설물이 함유된 탈지면, 붕대, 거즈, 일회용 기저귀, 생리대다. 이러한 폐기물들은 위험 정도가 다르지만, 모두 감염의 위험이 있으므로 특별한 관리를 거쳐 폐기해야 한다. 먼저는 배출시 전용 용기에 넣어 밀폐된 공간에 보관하고, 전용차량을 통해 수집/운반되어야 한다. 마지막으로 전용 소각시설에서 소각되거나 멸균시설에서 처분한다.

이러한 폐기물은 감염성이 있으므로 정확한 소각처리 및 멸균을 하여 처분되어야 한다. 그리고 시설들에 관리 감독을 철저히 해야 한다. 하지만 이러한 전염폐기물과 방사능 폐기물 그리고 독성이 있는 위험폐기물은 15% 내외 정도이다. 결국, 병원이나 의료시설에서 철저하게 분류 배출하는 것이 쓸데없이 소각되거나 멸균 처리되는 과정을 거치지 않고 재활용 및 재사용될 수 있는 방향으로 갈 것이다. 특히, 교회나 기독교 관련 의료시설에서 먼저 나서서 폐기물 구분 시스템을 세우길 바란다.

ⅩⅧ. 심각한 폐기물 문제를 해결하려면...
폐기물 문제를 해결하기 위한 기도

세계 인구가 80억 명을 돌파했다. 그만큼 지구에서 인간은 곳곳에 영향을 주고 있다. 하지만 나머지 동·식물은 가축과 반려동물을 제외하면 거의 모든 종류가 급격한 감소로 이어지고 있다. 뿐만 아니라, 인간이 배출하는 수많은 쓰레기를 처리하기 위해 매립, 소각, 저장, 해양투기, 재활용 및 업사이클링 등 다양한 방법으로 해결한다. 이로 인해 땅과 공기, 바다 등이 심각한 오염에 노출되었다. 그중에서도 지금 당장 우리에게 위협을 주고 있는 핵(방사능), 플라스틱, 전자 폐기물에 대해 알아보았고, 이 문제를 놓고 하나님께 간절히 기도하며 해결할 방안과 지혜를 얻어야 할 것이다.

1만 년 이상 가는 핵(방사능)폐기물은 도저히 해결할 방법이 거의 없다. 그리고 플라스틱 쓰레기는 인간에게만 영향을 끼치는 것이 아니라 새, 해양 생물, 땅 등 생태계 전반에 걸쳐 위협을 주고 있다. 더불어 전자 폐기물은 사람들에게 악영향을 끼치는 독성폐기물들이고, 또한 땅과 물, 바다가 극심한 오염에 빠질 가능성이 크다. 이 부분을 기억하고 지금부터 폐기물 문제를 해결하기 위해 함께 기도하자.

편리하고 쉽게 사용하고 쉽게 버려지는 《폐기물 문제》를 위한 기도

◆**기도제목-1.** 핵(방사능), 플라스틱, 전자 폐기물로 인해 발생한 다양한 역사적 사건을 되돌아보면 얼마나 위험하고 어려움을 겪었는지 알게 됩니다. 지금도 그 영향은 이어져 오고 있습니다. 이러한 상황을 올바르게 깨치게 하시고, 우리가 어떻게 살아가야 하는지 하나님의 지혜와 능력을 더하여 주셔서 잘 해결할 수 있게 하소서. 특히, 법적인 장치가 온전히 세워지고, 관리가 이행되도록 하나님께서 그 문들을 열어주길 소망합니다.

◆**기도제목-2.** 우리나라에서 많이 발생하는 수많은 쓰레기를 무심코 지나가곤 했습니다. 특히, 처리장이 어디에 있으며, 쓰레기가 어떻게 처리되는지 관심이 없습니다. 길거리에 떨어진 수많은 쓰레기를 쳐다보지도 않으며, 그냥 지나치기 일쑤입니다. 우리가 이러한 쓰레기(폐기물) 문제에 대해 무관심하지 않게 하옵소서. 하나님이 창조하신 세상과 생태계 속에서

극심한 오염으로 이어지지 않도록 우리가 버리는 것을 먼저 생각하고
사용하며 조절하는 능력과 지혜를 허락하옵소서. 또한 쓰레기 문제에 대해
기독교인들이 나아갈 방향을 깨우쳐 주시고,
올바른 행동으로 쓰레기 문제를 해결하는 리더가 되게 하소서.

◆**기도제목-3.** 폐기물 문제를 개인적인 문제로 치부한다면 해결이 어렵습니다.
정책과 사회시스템에 분명한 한계가 있기 때문입니다.
그러므로 에너지 시스템의 대전환과 화장품, 배달 용기의 변화
즉, 다회용기의 사용과 지원체계의 기반이 마련되지 않는다면 문제를
해결하는 데 한계가 극심하다고 하겠습니다. 그러므로 사회 전체 기반과
기업들의 상황을 기억하여 주시고, 자본주의와 소비문화로 발생한 '커다란
문제(욕망)'를 온전히 해결하는 시스템과 기업들의 변화가 주도되게 하소서.
최근 ESG 문화가 기업에 큰 영향을 끼치고 있습니다. 소비자들이 환경과
인권, 지휘체계에 관심을 갖기 때문입니다. 이러한 문화가 소비자들의
눈치만 보는 행위가 되지 않게 하시고, 폐기물 문제를 해결하며
세워나가는 문화로 정착하게 하옵소서.

◆**기도제목-4.** 지금의 쓰레기(폐기물) 문제는 현재의 문제이기도 하지만,
무엇보다 미래 세대에게 엄청난 영향을 줄 수 있는 문제입니다.
매립 및 소각으로 대체하고 있는 현재 상황을 보면서, 우리가 현세대와
미래세대를 아우를 수 있는 폐기물 처리방안을 지혜롭게 세울 수 있도록
인도하옵소서. 외국(중국이나 동남아시아 등)에 쓰레기를 수출하는 행위로만
해결하려는 어리석음에서 벗어나게 하시고 '근본적인 해결책'이 기독교인들
안에서 자발적으로 나오게 하셔서 온전히 정책을 잘 세울 수 있게 하소서.

◆**기도제목-5.** 그렇다면, 우리가 개인적으로 기도할 수 있는 부분은 없을까요?
성령님께서 인도하여 주셔서 성령님의 뜻에 따라 내 모습 속에 자원을
사용하고 욕망에 사로잡힌 생활에서 벗어나 '사랑과 절제'로 문제를 해결해
나가는 자 되게 하옵소서. 다른 사람들과 피조물을 사랑하는 마음으로
자원 사용을 줄여나가고, 폐기물이 줄일 방안을 잘 적용할 수 있도록
인도하소서. 그 안에는 업사이클링이나 재사용 및 재활용이 있을 것입니다.
다양한 방안으로 아나바다 운동을 시행하고, 중고마켓을 토대로
서로에게 필요한 것들을 나누며 살아갈 수 있게 하옵소서.

사랑이 많으신 하나님, 세상을 창조하시고
살아갈 수 있는 모든 여건을 마련해 주셔서 감사드립니다.
하지만 우리는 많은 것을 바라고, 많은 것을 소비하며 살아갑니다.
그러다 보니, 이 세상이 회복할 수 있는 생태용량을 넘어 사용하는 것은 물론
땅, 바다, 물, 공기를 오염시키며 살고 있습니다.

특히, 역사적으로 뒤돌아보면 다양한 쓰레기와 폐기물로 인해 얼마나
많은 어려움을 겪었는지 깨닫게 됩니다. 방사능 오염으로 체르노빌과
후쿠시마가 큰 영향을 받아 사람과 동·식물이 살아갈 수 없는 공간이 되었고,
우리나라의 원자력연구소에서도 오염원이 배출되어 큰 영향을 끼쳤습니다.

또한 코로나-19 이후 플라스틱 쓰레기가 전 세계적으로 급증하게 됐고,
이 쓰레기를 처리하는 데 한계를 겪으며 살아가고 있습니다.
또 버려진 쓰레기를 제대로 회수하지 못해 바다와 땅에 들어가게 되었고,
미세플라스틱으로 쪼개져 이 플라스틱이
새와 동물들 그리고 인간에게 영향을 끼치고 있습니다.

세계적으로 과학이 발달하고 전자기기가 많아지면서
폐기물이 급증했지만 처리하는 곳은 저개발국으로 옮겨갑니다.
제대로 된 환경법이 없기에 전자 폐기물에서 나오는 독성 금속들이
땅과 공기를 오염시킵니다.

이 상황을 우리가 어떻게 해결해야 하는지,
어떠한 방향으로 하나씩 세워나가야 하는지 하나님께서 지혜를 주시고,
우리나라뿐 아니라 전 세계적으로 법적 장치가 잘 세워져
이 문제들을 해결하는 시발점이 되게 하옵소서.

이것을 이루실 분은 하나님뿐임을 기억합니다.
하나님께서 리더들을 이끌어주셔서 문제를 올바르게 해결하게 하소서.

우리나라에서 발생하는 쓰레기의 양은 상상을 초월할 정도입니다.
길거리를 지나다닐 때 바닥을 보면 엄청난 양의 쓰레기가
이곳저곳 널려 있으며, 바람에 날려 위협을 주기도 합니다.

하지만 우리는 그냥 지나치기도 하고, 이해하려 하지도 않습니다.
더불어 쓰레기 처리장과 재활용 업체가 어디에 있는지,
어떠한 방향으로 문제를 해결하고 있는지 관심조차 없습니다.
우리 그리스도인들이 먼저 나서서 행동하게 하소서.
하나님을 사랑하는 자들이 본이 되어 변화될 수 있는 시발점이 되게 하소서.

이러한 쓰레기 문제를 개인적인 일로 치부해 버리는 상황이 많습니다. 정부의 정책은 오히려 퇴보하고 있는 듯합니다. 정책과 사회시스템이 세워지지 않으면 그 무엇도 해결할 수 없습니다. 카페와 식당, 마트에서 다회용기를 사용하는 것이 불편하다며 일회용품을 사용하기 때문입니다.

개인적으로는 '무분별한 일회용품 사용'을 절제하는 모습을 보이게 하고, 기업과 정부는 ESG 경영과 올바른 환경정책을 내세워 쓰레기(폐기물) 문제를 해결하는 방향으로 이어지게 하옵소서. 교회와 기독교 단체들이 먼저 나서서 진행하게 하시고, 교회 카페 및 식당에서 솔선수범하는 모습이 이어지게 하옵소서.

이러한 쓰레기 문제는 미래로 이어질 수 있습니다. 핵폐기물의 경우, 위험한 방사능 유출물들의 반감기가 약 1만 년에 이를 정도입니다. 이러한 용어와 위험표시를 미래세대가 과연 잘 이해할 수 있을지 의문이고, 그로 인해 폐기물을 저장한 곳들을 함부로 다니다가 큰 위협을 겪을까 걱정이 되는 것이 사실입니다.

쓰레기를 처리할 때 매립이 한계가 있어서 '소각'을 진행하고 있습니다. 이는 다이옥신과 같은 유독 물질을 함유할 수밖에 없고, 그로 인해 큰 위협을 겪을 가능성이 큽니다. 무엇보다 대기오염제어공학으로 문제를 해결할 수 있겠지만, 그것으로 다 된다는 안일함에서 벗어나게 하시고 우리가 쓰레기를 줄여나가는 노력으로 이어지게 하옵소서.

무엇보다 우리의 개인적인 모습이 변화되어야 함을 고백합니다. 과거 농촌에는 품앗이나 두레와 같은 협력의 모습이 있었습니다. 서로 돕고 서로 필요한 것을 나누어주던 모습입니다. 우리가 살아가는 데 이러한 모습이 쓰레기를 줄여나가는 하나의 모습으로 세워지게 하옵소서.

'당근'과 같이 자신에게 필요 없는 물품을 다른 사람에게 나누어줘서 사용할 수 있게 하는 모습들이 곳곳에서 드러나게 하옵소서. 우리가 가지고 있는 지혜와 달란트, 업사이클링 업체나 교육을 통해 새롭게 리디자인된 업사이클링 제품이 되살아나게 하시고, 이를 통해 쓰레기를 한층 더 줄여나가는 모습을 보이게 하옵소서.

다양한 방안으로 교회들이 함께 협력하여 최대한 지속 가능하며 리스웨이스트에 이르는 그리스도인들 되게 하소서. 온전히 주님께 높이 올려드립니다. 함께 하옵소서. 아멘.

일곱번째 이슈
생태 복원 및 보전에 대하여

XIX. 한 번 상한 생태계는 회복되기 어렵다
평창올림픽의 (환경 파괴된) 유산, 가리왕산 복원 문제

> [10]관리들과 백성은 모두 즐거운 마음으로 헌금을 가지고 와서 궤가 차도록 바쳤다. [11]레위인들이 그 궤를 왕궁 사무실에 가져다가 돈이 가득 차 있는 것을 보이면, 왕의 비서와 대사제의 대리가 와서 궤를 비우고 그 궤를 제자리에 도로 갖다 두었다. 이렇게 날마다 계속하여 많은 돈을 모았다. [12]왕과 여호야다는 그것을 야훼의 성전 공사 감독에게 넘겨 <u>석수와 목수를 고용하여 **야훼의 성전을 복원**</u>하고 쇠나 놋쇠를 다루는 대장장이도 고용하여 야훼의 성전을 보수하게 하였다. [13]감독들의 지시를 따라 **성전 복원 공사는 진전되어 도본대로 하나님의 성전이 튼튼히 서게 되었다.**
>
> 역대하 24장 10~13절, 공동번역

평창올림픽 활강코스는 왜 가리왕산이었나?
—평창올림픽 스키 종목의 폐해

조선 때의 보호구역이자, 오늘날 산림유전자원보호구역으로 지정된 가리왕산은 평창올림픽 정선알파인경기장 활강코스로 변하며 산림이 훼손됐다. 그 가운데에서도 가리왕산이 유산임을 강조한 주무관이 산림 훼손 면적을 25ha가량 줄인 것이 알려지면서 많은 관심을 가지게 되었다. 주무관은 산마늘, 노랑무늬붓꽃 등 희귀식물이 자생하는 높은 생태적 가치를 지닌 산림유전자원보호구역의 복원계획을 확실히 이루기 위해 노력했다.

하지만 활강코스로 접한 곳은 가리왕산 밖에 없었다. 남자 코스와 여자 코스를 분류해서 더 많은 지역의 나무를 벨 수밖에 없었다. 스키 규정 내 지형여건이 충족하지 못할 경우, 결과를 합산하는 2Run에 대한 규정이 있지만,

이를 고려하지 않고 가리왕산을 고집한 올림픽추진위원회의 문제가 크다.

올림픽이나 유니버시아드대회, 아시안 게임 등 세계대회를 유치할 때에 생태자원을 어떻게 보존하고 사용할지에 대한 논의와 고려가 우선되어야 한다. 생태계는 파괴되면 회복하기 어렵다. 과거 전례를 보면, 환경파괴 이후 회복된 사례를 거의 찾아볼 수 없다. 그러므로 이 문제에 대해 함께 협력하여 제대로 된 복원과 보존을 이룰 수 있어야 한다.

과거의 생태복원 논란
―과거의 사례를 통해 본 생태복원의 회복력

파괴되었던 생태계가 복원되기 얼마나 어려운지 먼저 과거의 사례를 통해 알아보자. 사례들을 통해 가리왕산을 어떻게 하면 잘 복원할 수 있을지 생각하고, 지혜롭게 그 일을 잘 감당하기를 소망한다.

가장 먼저 전북 무주에 위치한 덕유산 설천봉 복원 사례이다. 1997년, 무주에서 동계유니버시아드 대회가 열렸다. 앞에서 언급한 평창올림픽처럼 무주에서 활강코스를 건설하기 위해 설천봉 일대를 스키장과 리조트로 건설했다. 그때만 해도 제대로 된 복원계획을 세우지 않았고, 주변 식물들은 제대로 된 준비가 없어 고사했다. 이 사례는 25년이나 지났지만, 지금까지 환경부와 산림청, 전라북도와 무주군 모두 민간업체 땅이라며 복원 책임을 회피하고 있다. 그 결과, 덕유산 설천봉에서 자생하고 있던 희귀종이자 멸종위기 식물인 구상나무와 주목은 마구잡이로 벌목되었고, 모데미풀과 금강애기나리도 무참히 죽었다. 서로의 책임 회피와 민간업체의 안일한 생각으로 외래종 식물인 개망초, 달맞이꽃과 같은 작은 식물만 남고, 토양유실을 막기 위해 시트가 설치된 지역에는 나무들이 자생하지 못했다.

다음의 사례는 청계천 복원 및 재복원사업이다. 청계천 사업은 전 이명박 대통령이 서울시장 때 벌였던, 시민들의 지지를 받은 큰 사업이었다. 하지만 정말 청계천 복원사업이 잘 복원된 사업일까? 청계천을 거닐다 보면 문득 이런 생각이 든다. 왜 하천이 곧게 뻗어있지? 보통 하천이나 강을 보면, 굽이 굽이 꺾여 있다. 그것이 강의 특징이며 중요한 요소다. 하지만 청계천은 그렇지 않다. 곧게 뻗은 하천의 모습은 '인공하천'의 모습을 띠고 있음을 확실하다. 청계천 밑바닥은 흙이 아니라, 콘크리트로 타설됐다. 그래서 하천 자체에 정화능력이 없고, 녹조류가 대량으로 발생하게 된다. 오폐수를 회복시킬 수도 없고, 오폐수가 방류되면 심각한 문제에 빠질 수 있다.

그래서 최근에 다음과 같은 계획을 세웠다. 【청계천 2050 마스터플랜】

이 바로 그것이다. 이 계획은 재복원사업의 일환이다. 단기적으로는 보 철거, 물길 곡선화, 수림대 조성이 있으며, 2050년까지 생태문제를 해결할 예정이다. 서울의 중심지에서 자연과 더불어 살아갈 수 있는 공간인 청계천이 재자연화 및 재복원사업을 통해 하천 흐름과 수림이 조화를 이루고 중·하류 구간의 수질이 개선(인위적인 모습이 아닌)되면, 청계천에 자생하는 동·식물이 '공존'하며 살아갈 수 있을 것이다. 그러기 위해서는 서울시민들과 이곳을 찾아오는 관광객들의 관심, 올바른 방향을 가진 요청이 필요하다.

　세 번째 사례는 대전천 하상도로 대체 계획 속에서 나타난 대전천 복원사업이다. 대전천은 대전의 중심을 가로지르는 하천이다. 이 하천 주변에 대전천 하상도로가 있어, 자동차들이 많이 드나든다. 그러나 홍수로 인한 잦은 폐쇄와 대전천 환경 폐해가 날로 더 심해지고 있다. 공사과정에서 필요한 구간만 지하화하기로 했지만, 이를 번복해 4차선 제방도로를 건설한다는 계획이다. 더불어 대전천과 함께 3대 하천이라 불리는 갑천, 유등천에 생태하천 복원계획이 단기, 중기, 장기로 계획되어 있어 대전천 복원은 실제로 이루어질 수 있지 않을까 생각해 본다.

　네 번째 사례는 영천 자호천 생태공원 조성을 위한 '하천 복원사업 논란'이다. 2019년 8월, 대구환경운동연합이 발표한 학술자료에 따르면 꼬치동자개, 얼룩새코미꾸리, 다묵장어 등 멸종위기야생생물이 자호천에 서식하고 있었다. 보전이 절실한 자호천에 복원사업이 시작되면서 서식처 위협이 커지고 있다. 이 사례를 통해 알 수 있는 것은 우리가 복원한다는 미명하에 생태계를 파괴하고 있을 수 있다는 것이다. 물론 파괴되었던 곳을 회복하려는 노력도 필요하지만, 생태계가 얼마나 유지되고 있는지 정확히 파악하고 복원사업을 진행하는 것도 필요하다. 단순히 전국적으로 모두가 하천 정비사업을 한다고 따라서 진행하는 것은 무리라고 본다.

가리왕산에 대하여
─가리왕산이 가지고 있는 가치와 그렇지 않은 복원 계획

　가리왕산은 2018년에 산림유전자원 보호구역으로 지정되었다. 이는 국립공원과 마찬가지로 산림 자체를 보존한다는 중요한 의미를 지닌다. 가리왕산에는 노랑무늬붓꽃, 금강제비꽃, 도깨비부채 등이 자생한다. 이러한 가리왕산은 지난 500여 년간 보존되어온 울창한 숲이었다. 그러나 단 6일간의 알파인 스키를 위해 훼손됐다. 이 산에는 신갈나무 군락, 사스레나무, 거제수를 비롯해 보존가치가 있는 활엽수가 다수 존재했다. 그것도 100년 이상의 천연림이었다. 아직까지 제대로 복원된 것은 없다.

조선 때부터 관리해 온 가리왕산은 조선과 대한민국의 '**국가보호림**'이다. 가리왕산 중봉 일대 2,475ha는 산림유전자원보호구역으로 지정되어 있으며, 사계절 내내 일정 온도를 유지(풍혈)하고 종자은행이라 불릴 정도로 생태적 가치가 높은 곳이다. 특히, 한국 특산종인 왕사스레나무가 세계 최대로 서식하는 자생군락지이기도 하다. 또, 개벚지나무 사시나무도 있고, 수달, 담비, 하늘다람쥐, 삵, 참매, 황조롱이 등 멸종위기동물이 상생한다.

하지만 평창올림픽 이후 복원계획은 실로 부실하다. 우선 확인해야 했던 "환경영향평가"가 제대로 시행되지 않았다. 평가는 형식적이었고, 복구 및 복원계획이 부실했다. 시행사 및 올림픽준비위원회는 가리왕산 복원에 관심이 거의 없었다는 의미이다. 공사의 편의만을 생각했다. 예를 들어, 곤돌라타워 및 하부 훼손 없이 공사가 가능하지만 그냥 훼손하였고, 필요한 자재를 헬기로 수송할 수 있지만 작업보도 15m의 폭으로 만들어 주변 지역의 식생에 피해를 주었다. 그로 인해 가리왕산의 산림 생태계는 심각하게 무너졌다.

그리고 복원을 한다고 이식한 수목조차도 아주 작았다. 수만 그루를 베었지만, 고작 272그루만을 이식했으며, 주종은 전나무, 분비나무, 주목이었다. 거기에 복원에 사용할 토양에 슬로프를 그대로 묻혀 복원하기 어렵게 됐다. 이러한 문제는 사전에 환경영향평가를 정확하게 시행하고, 그 결과에 따른 공사를 했더라면 발생하지 않았을 거다. 앞으로 복원한다 해도 오염원을 모두 제거하는 것은 어렵다.

가리왕산의 복원계획은 아직도 정확히 언제 이루어질 수 있을지 의문투성이다. 마치 앞에서 언급한 무주 덕유산 설천봉과 같은 비슷한 상황이 되지 않을까 염려된다. 가리왕산 스키 활강경기장으로 지어진 곳은 구상나무와 주목이 마구잡이로 벌목되었고, 희귀식물 군락인 모데미풀과 금강애기나리도 무참히 잘려나갔다. 그나마 이식했던 구상나무 113그루와 주목 253그루도 모두 고사하고 말았다. 활강경기장이 위치해 있는 곳은 사유지라서 손대지도 못하는 상황이고, 복원 책임을 환경부와 지자체가 서로 떠넘기고 있다. 2017년 7월, 가리왕산 생태복원 추진단이 출범했고 가리왕산 스키장과 주변 82ha에 대한 숲 복원을 시작했지만 곤돌라는 3년 유예(2214년까지, 그 이후 정부가 판단하여 결정)를 지정했다.

과연 가리왕산에 위치한 평창올림픽 활강경기장은 제대로 복원될 수 있을까? 지금이라도 제대로 된 복원계획과 그에 상응하는 정부, 지자체, 국민의 관심과 복원하려는 열정이 있어야 할 것이다. 우리는 지속적인 관심과 기도로 이 문제를 해결할 수 있도록 노력해야 한다.

XX. 파괴되지 않도록 이전에 보호가 우선되어야 한다
지리산 국립공원을 지키라!
지리산 알프스 하동 프로젝트 논란

²³입과 혀를 지키는 자는 자기의 영혼을
환난에서 보전하느니라

잠언 21장 23절

¹¹나는 세상에 더 있지 아니하오나 그들은 세상에 있사옵고 나는
아버지께로 가옵나니 거룩하신 아버지여 내게 주신 **아버지의
이름으로 그들을 보전하사 우리와 같이 그들도 하나가 되게
하옵소서** ¹²내가 그들과 함께 있을 때에 내게 주신 아버지의
이름으로 그들을 보전하고 지키었나이다 그 중의 하나도 멸망하지
않고 다만 멸망의 자식뿐이오니 이는 성경을 응하게 함이니이다
¹³지금 내가 아버지께로 가오니 내가 세상에서 이 말을 하옵는 것은
그들로 내 기쁨을 그들 안에 충만히 가지게 하려 함이니이다 ¹⁴내가
아버지의 말씀을 그들에게 주었사오매 세상이 그들을
미워하였사오니 이는 내가 세상에 속하지 아니함 같이 그들도
세상에 속하지 아니함으로 인함이니이다 ¹⁵내가 비옵는 것은 그들을
세상에서 데려가시기를 위함이 아니요 다만 악에 빠지지 않게
보전하시기를 위함이니이다 ¹⁶내가 세상에 속하지 아니함 같이
그들도 세상에 속하지 아니하였사옵나이다
¹⁷그들을 **진리로 거룩하게 하옵소서** 아버지의 말씀은 진리니이다

요한복음 17장 11~17절

¹⁷새 포도주를 낡은 가죽 부대에 넣지 아니하나니 그렇게 하면
부대가 터져 포도주도 쏟아지고 부대도 버리게 됨이라 **새 포도주는
새 부대에 넣어야 둘이 다 보전되느니라**

마태복음 9장 17절

우리는 이런 생각을 한다. '우리가 가진 기술과 지혜와 지식으로 세상의 모든 것을 바꿀 수 있다.' 하지만 이것은 교만이고 허상일 뿐이다. 하나님이 창조하신 계획과 그 섭리에 따라 우리가 말씀에 순응하며, 하나님이 보여주신 과학적 지식을 얻을 때 이 모든 것들을 잘 유지하며 살아갈 수 있다. 세상에서 편리함과 풍요라는 두 가지의 모습은 우리가 가진 완악한 모습을 드러나게 할지도 모른다. 입과 혀는 악을 드러내기 충분하다. 하지만 그것을 지키는 자를 환난에서 보전하신다(잠21:23)는 말씀을 우리가 개발하려는 모든 순간에 되새겨 보아야 한다. 특히, 예수님께서는 세상이 하나님의 진리로 거룩하길 원하셨고, 더불어 우리가 그 모습을 본받아 하나 되기를 원하신다. 그렇기에 우리가 예수님으로 인해 새로워져서 새 포도주를 새 부대에 넣어 보존해야 하는 것(마9:17)이다. 그리고 하나님이 창조하신 세상이 온전히 보전되어야 한다. 이번 챕터의 지리산 알프스하동 프로젝트도 마찬가지다.

국립공원은 왜 무엇을 위해 쫀재하는가?
―지리산 국립공원의 지금까지의 모습과 현재의 추진 상황

지리산이라고 하면 가장 먼저 무엇이 생각나는가? '지리산'이라고 검색을 하면, 노고단, 천왕봉, 단풍, 둘레길이 함께 나온다. 하지만 이것이 전부가 아니다. 지리산과 그 주변에는 다양한 것들이 있다. 지리산은 국가가 지정한 국립공원이며, 반달가슴곰을 잘 복원하여 야생에서 서식할 수 있도록 해준 산이기도 하다. 생물다양성도 뛰어나고 정상 부근에는 구상나무가 서식한다.

무엇보다 반달가슴곰은 지리산의 명물이 되었다. 천연기념물 329호이며, 멸종위기야생생물 1급으로 우리나라에서 가장 많이 서식한다. 하지만 지리산이 개발된다면, 반달가슴곰은 다른 곳으로 밀려나게 될 것이다. 지리산 깊은 곳이나 근처 덕유산으로 이동하면 다행이겠지만, 반대로 배고픔을 못이겨 민가로 내려오면 아주 위험하다. 더불어 지리산 정상 부근에서 서식해도 포화 상태가 될 것이다. 현재까지 반달가슴곰을 잘 키워내고 추적관찰을 하여 60여 마리까지 늘어났다. 하지만 최근 지리산 개발 계획으로 이러한 생물이 잘 살 수 있을지 우려가 된다.

하동군은 2023년 6월 사업시행자를 선정한 후 '지리산 알프스하동 프로젝트'를 착공할 계획이었다. 이 프로젝트는 별도의 공모절차 없이 민자사업으로 추진하려 했으나, 사업상 저하의 이유로 프로젝트를 포기하면서 재추진하고 있다. 공공 150억, 민간 1,500억으로 총 1,650억 원의 사업비를 투입하여 화개, 악양, 청암면 일대에 산악(궤도)열차와 모노레인, 케이블카를 설치하는 사업이다. 이러한 사업은 과연 옳은 것일까? 이 계획이 지리산의 생물 다양성에 어떤 영향을 미칠까?

이 프로젝트는 지리산을 관광 자원화하여 고품격 숙박환경과 관광객의 편의를 증진시키고 지리산과 연계된 하동군의 경제 활성화를 이루려는 데 있다. 숙박환경의 경우, 민박을 고급화시키고 빈집을 리모델링하여 관광객의 편의를 위한 새로운 서비스를 개발 및 도입하려고 한다. 산악레포츠, 반달곰 보호, AR생태체험관 등의 생태체험 및 교육프로그램도 운영할 것이라 밝혔다. 하지만 이 생태관광이 과연 진정한 생태여행인지 생각해 볼 필요가 있다. 생태계를 파괴하면서까지 케이블카를 설치하는 것이 생태관광의 한 축일지 의문이다. 하동군은 친환경 신기술을 적용할 것을 강조하고 있다. 산악열차의 경우, 세계 최고의 급곡선 주행기술을 적용하고, 폭설 및 결빙으로 인한 주민들의 고립을 해결하겠다고 한다. 물론 필요한 내용이지만 그 결과로 생기는 생태계의 파괴는 얼마나 되는지 고려해야 한다.

과거 생태 보존과 개발 사이에서 논쟁이 되었던 사례들을 살펴보며 '지리산 하동 프로젝트'를 어떻게 보면 좋을지 생각해 보자. 먼저, 인천 옹진군에 위치한 '선갑도'가 있다. 이 섬은 3.65ha에 이르는 국내 섬 중에서 94번째로 큰 섬이다. 주상절리와 같은 화산활동으로 지질지형이 발달되어 있다. 다만, 이 섬 전체는 사유지이다. 그러다 보니 생태보존이 쉽지 않고 개발만 이어진다. 현재는 건설회사 소유의 섬이 되어 감시 없이 지속적으로 환경이 파괴되고 있다. 수차례 회사의 채석단지 개발과 산지 전용, 공유수면매립으로 훼손되고 있다고 보도되었다. 다만 이 섬은 해양과 도서지역의 자연생태계 보전 가치가 매우 큰 지역이고 멸종위기야생동물이 서식하는 곳이기에 원상복구가 시급하다. 그러기 위해서는 생태경관보전지역으로 지정되어야 하고, 바닷모래 채취가 중단되어야 한다.

다음으로 왕피천의 국립공원 지정 논란에 대한 부분이다. 왕피천은 생태경관보전지역이며, 인근에 있는 불영계곡은 군립공원으로 지정되어 있다. 왕피천은 영양 수비면에서 울진 금강송면을 거쳐 동해로 빠져나가는 67km에 달하는 강이며, 불영계곡은 천축산 불영사와 금강송 군락지를 품고 있다. 이곳은 산림유전자원 보호구역, 문화재 보호구역, 국가중요농업유산 등 다양한 자연환경 및 문화자산을 보유한 보존가치가 높은 지역이다. 하지만 울진군이 2005년 지정된 왕피천 생태경관보존지역 가운데 상류 영양지역 12.545㎢(전체 면적 102.841㎢의 12.2%)를 제외해 논란이 있다. 이는 왕피천이라는 지역을 둘로 나눔으로 생태계를 보존하는 것이 아닌, 환경을 오염시킬 수 있다는 우려를 낳는다. 진정 생태계를 보존하려면 왕피천 생태경관보존지역 전체를 포함해야 한다. 또한 영양 및 울진군민에게 국립공원 지정으로 인한 피해와 어려움 그리고 효과를 정확히 분석하여 다양한 지원책을 마련해야 한다.

마지막 사례는 <u>그린벨트 해제 논란</u>이다. 그린벨트는 고려와 조선 시대의 선조들이 시행했던 '금산'과 비슷하다. '금산'은 지정된 지역에 나무를 베는 것을 금지하는 것이다. 우리나라가 그린벨트를 시행한 최초의 이유는 서울의 인구과밀집중을 해소하기 위한 것이었다(1960년대 말). 다만, 다른 나라의 그린벨트와는 달리 우리나라는 사유지를 그린벨트로 묶어서 개발과 집을 짓는 행위 등 아무것도 할 수 없다. 그렇게 유지되고 있는 그린벨트가 우리나라 도심지역에서 유일하게 생태계를 유지시키고 있다.

그런데 최근 부동산 가격이 높아지면서 그린벨트 해제를 하려는 곳이 많이 늘어나고 있다. 태릉골프장은 그린벨트 지역인데, 공공주택 공급물량 확대를 위해 해제해야 한다고 밝혔다. 하지만 환경단체를 중심으로 보존된 지역을 해제하는 것은 바람직하지 않다고 강조되었다. 전 문재인대통령은 '개발제한구역(그린벨트)은 미래세대를 위해 계속 보존되어야 한다'고 주장(20.7.20)했으며, 국민 또한 그린벨트 해제를 60.4%(찬성은 26.5%) 반대함으로써 지켜야 한다고 밝혔다. 다만, 이러한 국민의 반응이 강남권 수호, 서울 외 수도권은 훼손해도 괜찮다는 반응으로 이어지고 있다. 그린벨트를 수호하고, 사유화로 인해 피해를 입은 국민에게 지금까지 개발 및 토지 사용을 하지 못한 것에 대한 보상을 해야 한다. 그렇게 도심지역에서 유지되고 있는 생태계보존을 지속하길 바란다.

하동군은 왜 프로젝트를 하려는가?
─지리산 알프스하동 프로젝트의 문제 바라보기

알프스하동 프로젝트는 스위스 알프스 지역의 사례에서 시작됐다. 스위스는 아이거, 묀히, 융프라우 3봉의 바위산에 터널을 뚫어 산악열차가 지나가도록 만들었고, 100년이 지난 지금까지도 세계인이 즐겨 찾는 곳이 되었다. 이처럼 하동도 100년 미래의 먹거리를 확보하기 위한 대장정으로 이 프로젝트를 계획했다. 과연 알프스하동 프로젝트가 스위스의 산악열차처럼 영향력이 있고, 환경파괴를 자행하지 않으며, 관광자원화를 할 수 있는 계획인지 생각해 보고자 한다.

먼저 스위스는 산악지형으로 열차가 없으면 다닐 수가 없다. 그렇기에 산악열차가 발달했고, 험준한 지역이 곧 관광자원이 되었다. 반면, 삼성궁에서 형제봉에 이르는 생태자연은 9.2%의 1등급을 차지하는 중요한 지역이다. 하지만 자연환경보전법 34조에 의해 보존되어야 하는 이 지역을 지리산국립공원에 편성되지 않았다는 이유만으로 쉽게 관광 지역을 만들려고 한다. 케이블카는 화개에서 형제봉으로, 모노레일은 형제봉에서 악양면에 이르도록 계획하고 있다. 지리산국립공원과 연결되는 주변 산을 개발하여 경제적 발전을 기대하는 것 같다.

[경남연합일보 24.10.24 기사 인용]

환경영향평가 통해 몇몇 고려사항을 잘 살펴보아야 한다. 첫째, 기존의 임도를 활용하는가 하는 문제다. 하동군은 열차와 모노레일을 만들 때 기존의 임도를 활용하겠다고 밝혔다. 또, 친환경 신기술과 세계 최고의 급곡선 주행 기술을 이용하겠다고 했다. 하지만 산악지형에서 급회전 구간은 반드시 산림 훼손이 수반될 수밖에 없으며 서식지 파편화 현상을 일으킨다. 양쪽의 삼림이 분리되어 개체수가 감소된다.

둘째, 산악열차와 모노레일, 케이블카 예정지의 환경 훼손에 대해 고려해야 한다. 기존에 있던 임도는 일부일 뿐이다. 삼림이 훼손될 수밖에 없고, 환경파괴는 이어질 것이다. 특히 케이블카의 경우, 지주대가 설치되는 곳마다 손상되기 쉽고, 기찻길이 만들어지는 곳마다 생태계 균열이 일어난다. 이를 환경영향평가를 통해 잘 확인하고, 대응책을 마련해야 한다.

마지막은 소음이 주변 생태계에 악영향을 끼치는지 고려해야 한다. 산악열차나 모노레일, 케이블카는 상당한 소음을 낸다. 이러한 소음은 반달가슴곰을 비롯하여 수많은 동·식물에게 악영향을 끼친다. 반달가슴곰을 기준으로, 원래

정온 지역이 30db이하로 유지되어야 하는데 산악열차를 도입하면 90db 정도의 소음이 발생하여 반달가슴곰의 에너지 소비가 증가하게 된다. 그 결과 어미들의 수유 시간이 감소한다. 뿐만 아니라, 모성 행동 지시가 증가하여 새끼의 발성을 증가시킨다.

지리산 알프스하동 프로젝트는 현재 사기업에서 투자 및 건설을 목표로 하였다. 현재는 사기업이 참여하지 않아 잠정적으로 중지된 상태이다. 하지만 언제든 사업시행자를 선정한 후 착공을 하겠다고 밝혔다. 아직 결정된 것은 없지만 의지만큼은 강한 상태이다. 이러한 프로젝트 진행이 과연 올바른 모습인지 고민해 봐야 한다.

사업추진의 불씨는 여전하다. 그리고 이 사업이 무조건 나쁘다고 결론을 내리는 것도 옳은 것은 아닐 것이다. 정확한 환경영향평가를 진행하고, 그에 따라 생태계를 보존해야 한다. 주민들의 산악교통권과 의견들을 충분히 고려해 진행하는 방향도 필요하다.

XXI. 생태계를 고려한 복원과 보존을 위하여...

생태계 보호를 위한 기도

지금까지 살아온 우리의 모습을 보면, 생태계에 대한 배려가 없던 것 같다. 하나님께서 '생육하고 번성할 사명'을 인간에게만 주신 것이 아니라, 다른 피조물에게도 주신 것을 기억해보면 더욱 그렇다. 지금 글을 읽는 이 순간에도 멸종위기에 처해 있는 동·식물이 많다. 우리는 생태계를 유지하고 회복(복원)시키기 위한 노력과 기도를 해야 한다.

세상은 경제와 이익만을 추구할 수밖에 없다. 그것이 전부라고 느끼기 때문이다. 하지만 이 세상을 살아갈 때 필요한 것은 많다. 하나님이 만드신 아름다운 세상이 온전히 지속가능하게 하고 회복 및 보존될 때 우리가 행복하고 문제없이 살아갈 수 있다. 이를 위해 다음과 같이 함께 기도하면 좋겠다.

*창조하신 그대로 유지하고 회복하기 위한 간절한 기도
: 《생태복원과 보존》을 기대하며 기도하기*

◆**기도제목-1.** 최근 '지속가능한 삶'에 대한 고민이 이어져 오고 있습니다.
　"원래 있던 그대로~~"라는 말이 새삼 새롭게 느껴집니다.
　하나님은 세상을 태초의 계획과 섭리 속에서 만드시고, 패턴을 정하셔서
　우리가 살아갈 방향성을 보여주셨습니다. 하지만 우리는 그것을 버리고,
　마음대로 사용하고 무너뜨렸습니다. 그로 인해 세상에 수많은 생태계가
　무너지고, 보존되지 못했음을 고백합니다.
　우리 선조들과 나의 모습을 되돌아보며 회개하오니 용서하여 주소서.
　이 깨달음 통해 생태계를 회복시켜나가고, 지금까지의 생태계를 유지할 수
　있는 힘과 지혜, 능력을 더하여 주옵소서.
　하나님의 자녀로서, 하나님의 청지기로서 이 일을 잘 감당하게 하소서.

◆**기도제목-2.** 하나님이 창조하신 섭리와 시스템을 바라보게 하옵소서.
　세상은 우리가 생각하는 것만큼 보입니다.
　하지만 그것이 우리만을 위한 것일 때 위험에 도사리게 됩니다.
　우리에게 하나님의 창조 섭리를 바라보게 하옵소서. 창세기 1장 31절에서
　보는 것과 같이 모든 것을 창조하신 뒤에 기뻐하셨던 모습이

우리의 모습이 되게 하소서. 지구와 그 안에 이루어져 있는 수많은 생태계 속에서 우리가 행해야 할 방향성을 바로잡게 하시고,
시스템과 패턴이 온전히 유지되는 길을 선택하고 세우게 하소서.
세상은 개발과 경제성장으로 다른 것은 생각하지 않을 때가 많습니다.
특히, 가리왕산, 지리산, 설악산 그리고 그 외의 모든 지역을 위해
우리에게 능력을 주시고 슬기롭게 보존을 이루게 하소서.

◆**기도제목-3.** 국립공원이나 대규모 개발을 할 때
꼭 해야 하는 환경영향평가를 봅니다. 이 평가가 단순히 개발을 목적으로 하는 수단이 되지 않게 하여 주시고,
생태계를 보존하고 올바른 복원을 하기 위한 중요한 길이 되게 하소서.
특히, 관광 자원화와 경제를 목적으로만 하는 지자체들의 어리석은 모습을 변화시켜 주시고, 이러한 평가와 올바른 관리 감독을 진행하여
보존과 복원이 온전히 잘 세워지게 하옵소서.
여기서 알아본 평창올림픽으로 폐허가 된 가리왕산의 복원과
설악산 및 지리산의 케이블카 설치 계획이 생태계가 파괴되지 않는 선에서 잘 이뤄질 수 있도록 인도하소서.

◆**기도제목-4.** 우리가 파괴된 생태계의 회복(즉, 복원)과
개발하려는 지역을 위해 간절히 기도하는 것은 모든 피조물이 함께 공생하는 것이 필요하기 때문입니다.
함께하지 않으면 우리는 이곳에서 살아갈 수 없게 될지도 모릅니다.
그래서 생태계와 주민, 동·식물들이 모두 함께 잘 살아갈 수 있게 하소서.
이러한 문제를 해결하기 위해 '평안'과 '안식'의 삶이 이어지게 하시고,
하나님이 만드신 아름다운 세상에 대한 말씀의 선포와 교육, 그리고
그에 따른 행동을 통해 함께 협력하여 이 문제를 해결하도록
우리에게 지혜와 권능, 기회를 제공하여 주옵소서.
하나님 아버지의 뜻에 따라 '사랑'으로 넘치는 세상 되게 하옵소서.

우리는 우리의 삶 속에서 행복하고 즐거울 때를 기억하면서 '지금 이대로'라고
고백하곤 합니다. 하지만 그것은 우리의 욕망이요, 욕심일 뿐입니다.
그로 인해 생태계는 무너지고, "좀 더 쉬자 좀 더 편하자"라는 생각입니다.

앞에서 바라본 가리왕산 스키장 복원사업이나 지리산 알프스 하동 프로젝트가
지역에는 경제적 효과를 주고 관광객들에게는 편한 방법으로 여행을
즐기는 기회를 제공할 수 있습니다.
다만, 과연 지속가능하게 생태계가 유지가 되고 사람과 피조물들이 함께
공생할 기회를 제공하는지 심히 의문입니다.

예를 들어, 설악산에 세워진 권금성 케이블카로 인해 권금성 정상에
심각한 환경파괴가 이어졌습니다. 또한 오색케이블카 설치 사업도 수십 년간
반대로 부딪히는 이유가 생태계의 심각한 훼손 때문임을 기억합니다.

앞의 사례들이 세상의 지속 가능함을 누리며
'원래 있던 그대로' 유지될 수 있는 방향성을 갖게 하옵소서.

무주동계유니버시아드 대회 이후 복원되지 않은 덕유산 설천봉의 사례를
돌아보게 하소서. 평창올림픽 활강코스로 가리왕산을 황폐하게 만든
우리의 죄악을 고백하오니 용서하옵소서. 더불어지리산 알프스하동 프로젝트도
추진하지 않고 지리산을 보존할 기회로 이어지게 하소서.

우리는 하나님의 자녀이자, 하나님이 이 땅에 세우신 "청지기"입니다.
지혜롭게 복원 및 보존할 수 있도록 힘을 더하여 주옵소서.

뿐만 아니라, 우리가 앞만 바라보지 않게 하소서.
하나님이 창조하신 이 세상의 시스템과 패턴이 있음에도 불구하고,
우리는 과학으로 모든 것이 해결되는 마냥 생각하고 행동합니다.
또는 '땅을 정복하라'고 말씀하셨던 주님의 명령을 오해하여
세상에 있는 모든 것들을 마음껏 사용하고 짓눌러도 괜찮다고 생각합니다.

하지만 이로 인해 발생하는 수많은 위협과 문제에 노출되고 있습니다.
그러므로 하나님이 창조하신 창조섭리를 기억하게 하옵소서.
창세기 1장 31절의 말씀에 의하면, 모든 것을 창조하신 뒤
이를 보고 심히 기뻐하셨음을 보게 됩니다.
이러한 모습이 우리의 참된 모습이 되게 하소서.

우리가 바라보고 행동하는 모든 것들이 하나님의 관점이 되게 하시고,
하나님이 창조하신 섭리와 시스템 그리고 패턴에 순응하며
함께 협력해 나아가는 자 되게 하옵소서.
세상은 개발의 확장과 경제성장을 주된 목적으로 하는 경우가 많습니다.
황폐된 지역을 회복(복원)시키기 위해 노력하며 나가게 하소서.
평창올림픽을 위해 깎을 수밖에 없었던
가리왕산의 회복이 잘 진행되게 하소서. 지리산도 오직 하나님의 섭리와 시스템
속에서 잘 유지 및 보존될 수 있게 이끌어 주소서.

환경영향평가가 단순히 개발을 목적으로 하거나,
지자체의 관광 자원화를 위해 한 과정에 불과하다면 너무 안타깝습니다.
올바른 평가와 관리가 잘 될 수 있도록 전문가들을 이끌어 주시고,
생물다양성과 생태계보존 및 복원에 심각한 타격을 주지 않도록 도우소서.
우리의 편리함과 복지의 혜택만큼이나
우리가 살아가는 이 세상의 모든 피조물이 생육하고 번성하며
함께 살아갈 수 있도록 하소서.
앞에서 언급한 가리왕산과 지리산 그리고 설악산 및 덕유산 등
보존과 복원이 되어야 할 모든 곳이
온전히 주님의 뜻대로 회복시켜 주옵소서.

우리가 앞에서 계속 고백하고 언급하는 것은
인간만이 이 세상을 살아갈 권리를 갖는 것이 아니라는 데 있습니다.
무엇보다도 파괴된 생태계는 다시 회복되기 어렵고,
그로 인해 황폐된 생태계를 회복시키는 것은 우리 인간의 몫입니다.
하나님께서 우리에게 청지기 직분을 허락하셨으며,
이 땅을 정복하고 관리하게 하셨기 때문입니다.

간절히 기도하오니, 이 땅을 고쳐 주옵소서.
모든 피조물과 함께 공존하고 공생하여 주님의 기쁨이 되는 자가 되게 하옵소서.
이 세상이 '하나님의 사랑'이 가득하게 넘쳐흐르게 하옵소서.
주님께서 파괴된 지역의 복원과 유지되어야 할 지역의 보존을 이루어주옵소서.
사랑이 많으신 예수님의 이름으로 기도합니다. 아멘.

어덟번째 이슈
IT관련 환경이슈에 대하여

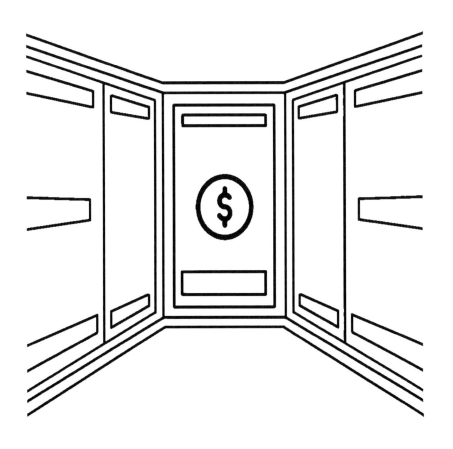

XⅫ. 컴퓨터로 하는 '채굴'이 불러온 환경오염
"비트코인"의 환경문제에 대하여

> [8]우리가 먹을 것과 입을 것이 있은즉 **족한 줄로 알 것**이니라
> [9]부하려 하는 자들은 시험과 올무와 여러 가지 어리석고
> 해로운 욕심에 떨어지나니 곧 사람으로 파멸과 멸망에
> 빠지게 하는 것이라. [10]돈을 사랑함이 일만 악의 뿌리가
> 되나니 이것을 탐내는 자들은 미혹을 받아 믿음에서 떠나
> 많은 근심으로써 자기를 찔렀도다
>
> 디모데전서 6장 8~10절

> [13]사람이 시험을 받을 때에 내가 하나님께 시험을 받는다 하지
> 말지니 하나님은 악에게 시험을 받지도 아니하시고 친히 아무도
> 시험하지 아니하시느니라 [14]오직 각 사람이 시험을 받는 것은
> 자기 욕심에 끌려 미혹됨이니 [15]**욕심이 잉태한즉 죄를 낳고 죄가
> 장성한즉 사망을 낳느니라**
>
> 야고보서 1장 13~15절

새로운 화폐가 등장하다
―갑자기 등장한 비트코인에 대해 고민하기: 무엇이 중요할까?

우리가 쓰고 있는 화폐는 정부와 중앙은행, 금융기관을 통해 발행되어 사용된다. 이러한 흐름 속에서 정부 및 금융기관의 개입 없이 사용되는 화폐가 있다. 이 화폐는 개인 간(P2P) 빠르고 안전한 거래를 위해 사용되는 블록체인 기반의 가상화폐로 '비트코인'이라 부른다. 이 가상화폐는 정부가 원하면 더 찍어낼 수 있는 기존 화폐와는 달리, 최대 발행량이 한정되어 있다. 지금까지도 수많은 비트코인이 만들어지고 있으며, 그로 인해 여러 문제가 발생하기도 한다.

특히, 갑자기 등장한 이 비트코인에 대해 얼마나 필요한 것인지 그리고 환경문제는 없는 것인지 고민해 보아야 한다. 비트코인의 최대 환경문제는 『채굴(mining)』에 있다. 채굴이란 컴퓨터의 연산능력을 이용하며, 비트코인의 '블록체인 네트워크'를 유지하고 그 보상으로 신규 비트코인을 누적하는 과정을 말한다. 2021년 기준으로 비트코인 채굴 전력량이 연간 147TWh를 기록했다. 이는 2020년 3,200만 명의 인구를 가진 말레이시아의 연간 전력 소비량과 맞먹는 수준이다. 또, 이전에 사용하지 않았던 에너지이기 때문에 더 큰 문제를 야기한다.

채굴하는 장소도 문제이다. 채굴로 사용되는 지역은 주로 개발도상국에 위치하며, 그 이유는 값싼 전기로 채굴할 수 있기 때문이다. 그중 약 70%가 중국에서 채굴된다. 중국은 화석연료를 의존하는 에너지를 사용하기에 더 많은 탄소를 배출한다. 전기사용량이 많은 것뿐 아니라 채굴장이 어디에 있는지도 상당히 중요한 문제. 최근 채굴장에서 친환경 에너지를 일부라도 사용하는 곳이 76%라는데, 과연 긍정적인 부분일까? 다른 곳에 유용하게 쓸 재생에너지를 여기에 쓰는 것은 아닐까?

채굴장에서 에너지원의 분포는 수력(62%), 석탄(38%), 천연가스(36%), 풍력(17%), 석유(15%), 태양광(15%), 원자력(12%), 지열(8%) 순이다. 재생에너지를 많이 사용하고 있지만, 재생에너지원으로써 효과를 얻을 수 있는 풍력이나 태양광, 지열과 같은 에너지원은 크게 사용하고 있지 않다. 그리고 비트코인과 비슷하게 에너지원을 많이 사용하는 온라인 네트워크도 신경을 써야 한다. 유튜브 시청만으로 1년에 600TWh를 사용한다. 이는 비트코인 채굴보다 훨씬 많은 양이다.

다만, 비트코인에는 원죄가 있다. 현재까지 지속되고 있는 에너지 이용 합리화를 위한 '냉난방 온도 제한'이다. 기업이나 사업장, 학교, 정부 및 지자체에서 여름은 조금 더 덥게, 겨울은 조금 더 춥게 온도를 유지한다. 이렇게 노력해서 절약한 전기가 비트코인 채굴장에 투입되니 용납할 수 있을까?

또 다른 문제도 있다. 현재 비트코인 채굴 전기료는 '산업용'으로 부과되고 있다. 산업용 전기는 최근 10년간 급속한 인상으로 원가회수율이 95~105%에 달했으나, 이는 원가회수율일 뿐 전반적으로 많이 사용할수록 싸다. 특히, 공급전압과 설비비용 때문에 저렴하다. 하지만 비트코인 채굴에는 이러한 부분이 적용되지 않으므로 『신재생에너지 전기료』(약 2배 이상 되는 요금제가 되어야 한다)로 부과되어야 할 것이다. 탄소배출권 비용 의무 부과에 대한 적용과 함께 강력한 세금과 누진제를 적용해야 하기 때문이다. 지금 누진제가 적용되는 것은 가정용에 불과하며, 곧 사회적 논란 및 혼란을 초래하고 있다. 특히, 비트코인 채굴은 전력수요 예측에 포함되지 않았으므로 신중하고, 강력하게 요금을 선정해야 한다.

이렇듯 새로운 가상화폐들이 많아지고 있다. 최근에는 친환경 암호화폐가 등장하였다. '치아(CHIA)'라는 암호화폐이며, 새 코인을 얻기 위해 컴퓨터 하드디스크 공간을 활용해 채굴하는 방식이다. 즉, 재배(Farming)한다. 다만, 이 암호화폐의 문제점은 512GB용량의 하드 드라이브로 재배(Farming)할 경우, 하드디스크의 수명이 10년에서 40일로 축소되어 폐기물이 더 많아진다는 것이다. 에너지 효율 측면에선 상당한 수준이라 친환경 암호화폐라 불릴 수 있지만, 폐기물 문제에 대해서는 다른 방안을 찾는 것이 필요하다.

비트코인이든, 가상화폐든, 암호화폐든 환경친화적인 방식으로 채굴될 방안을 찾아야 한다. 특히, 디모데전서 6장 8~10절에서 보면, 우리는 만족할 줄 모르는 헛된 죄를 가지고 있다. 그만큼 욕심이 많다는 의미이고, 죄가 더욱 만연한 시대에 살고 있다는 말이다. 우리가 이렇게까지 과학이 발달하고, 편리한 세상에서 살 것을 누가 짐작했을까? 하지만 우리는 여기에 만족하지 않는다. 더 나은 삶과 더 발전된 삶을 살고 싶어 한다. 하지만 디모데전서에서는 이런 자들을 다음과 같이 경고한다. '시험과 올무와 여러 가지 어리석고 해로운 욕심에 떨어지나니'. 비트코인이나 암호화폐도 그런 면에서 등장한 것은 아닐까? 돈이나 부유한 삶보다 우리가 만족할 줄 알면서 살아가는 삶이 더 좋지 않을까? 비트코인을 통해 일확천금을 얻기 위한 사람의 욕망이 이러한 채굴로 이어지고 있어 안타까울 따름이다.

또한 야고보서 1장 13~15절에 의하면, 하나님은 우리를 시험하지 않으신다. 그리고 우리가 어려움을 당하거나 시험을 받는 것은 우리의 욕심 때문임을 분명하게 밝히고 있다. 그렇게 욕심이 잉태되어 죄를 낳고 죄가 장성해 사망을 낳는다(15절). 우리는 과학이라는 엄청난 기술을 발견했다. 하지만 이것은 우리의 능력보다는 하나님께서 우리에게 발견케 하신 축복이다. 이것이 우리의 욕망과 결합되어 기후위기로 이어졌고, 지금도 과학만능주의에 빠져 어려움이 커지고 있다. 가상화폐도 마찬가지다. 우리에게 새로운 화폐를 추구하고 안전성과 경제적 이득만을 높이려 한다. 그리고 무분별한 채굴은 기후위기에 빠뜨리고 있다. 과한 욕망을 버리고, 하나님이 주신 축복인 과학기술과 IT산업을 재구성하는 일이 이어져야 한다.

XXⅢ. 인터넷 네트워크 환경 확장과 그로 인한 환경문제
"데이터센터"와 환경의 관계
그리고 우리가 할 수 있는 일

> [25]욕심이 많은 자는 다툼을 일으키나 **여호와를 의지하는 자는**
> **풍족하게 되느니라** [26]자기의 마음을 믿는 자는 미련한 자요
> 지혜롭게 행하는 자는 구원을 얻을 자니라
>
> 잠언 28장 25~26절

데이터센터는 무엇인가?
—데이터센터의 현황과 성장하는 데이터센터가 나아갈 (환경적) 방향

　미국의 시장정보분석기관인 아리즈톤 어드바이저리 앤 인텔리전스(Arizton Advisory and Inteligence)가 2011년 10월 14일 한국 데이터센터 시장에 대한 분석보고서를 발표하였다. 이 보고서에 의하면, 데이터센터 시장이 2026년까지 연간 7.72% 이상의 연평균 성장률을 기록하며 52억5,000만$(약 6조 2,400억원) 규모로 성장할 것이라고 예측했다. 이렇게까지 데이터센터 시장을 확장하는 이유가 궁금하지 않은가? 우리가 사용하는 인터넷 네트워크 서비스와 OTT, 클라우드, 영상회의, 온라인 쇼핑에 이용되기 때문이다.

　이에 따른 위험이 있다. 지난 2022년 10월 15일, 에스케이씨앤씨(SK C&C) 데이터센터 지하 전기실에서 화재가 발생하면서 카카오와 네이버에 서버를 두고 있는 업체들이 줄줄이 먹통되는 사태가 발생했다. 한 곳에 집중된 데이터센터에 화재가 발생하면 변수와 피해의 규모가 커질 수밖에 없다. 전 세계적으로 인터넷 환경과 디지털 서비스가 확대된 상황에서 우리는 어떻게 이 문제를 해결해야 할까?

　먼저 데이터센터가 무엇인지 간략히 알아보자. 쉽게 말하면, 데이터센터는

인터넷과 연결된 데이터를 모아두는 시설이다. 즉, 우리가 책이나 물건을 사고 난 뒤 집에 보관하는 것처럼 사용한 모든 데이터와 자료를 보관하는 장소다. 이 데이터센터는 통신기기인 라우터와 수많은 서버, 그리고 안정적인 전원 공급을 위한 UPS로 구성되어 있다(나무위키 참조). 서버호텔이라는 표현도 사용된다. 무엇보다 최근에 데이터센터가 급증하게 된 이유는 서버를 안정적으로 운영하는 것, 인터넷과의 연결을 고속화하는 것, 지리적으로 중앙 집중화하는 것이 필요하기 때문이다.

이러한 데이터센터의 규모는 어느 정도일까? 2021년 기준으로 3조 원을 돌파했고 158여 개의 데이터센터가 있다. Amazon Web Servies(아마존닷컴)과 Microsoft Azure(마이크로소프트)에서 건설했으며, 특히 마이크로스프트의 경우 '나틱 프로젝트'를 추진하면서 해저에 데이터센터를 건설하고 있다. 마찬가지로 부산 MS데이터센터도 바다에 인접하여 낮은 기온은 유지하며 운영한다. 국내기업들도 앞다투어 데이터센터를 건설하고 있다. 네이버 클라우드를 운영하기 위한 데이터센터 각(GAK)이 춘천에 건설되었고, 세종시에도 추가로 건설될 예정이다. 카카오도 안산에 데이터센터를 건설하려고 한다.

더불어 이동통신사들은 현재 수많은 데이터센터를 운영한다. SK브로드밴드는 서초, 일산, 분당에 위치(가산, 일산 건립 중)해 있고, KT는 용산IDC, 목동1.2, 강남, 분당, 부산, 대구 등 13개의 데이터센터와 천안, LA 등에 클라우드데이터센터를 운영 중이다. 더불어 LG유플러스는 논현, 서초1.2, 가산, 상암센터와 아시아 최대 규모인 평촌메가센터를 운영 중이다. 이렇게 점차 데이터센터가 성장하는 가장 큰 이유는 코로나-19의 여파로 영상회의, 온라인 쇼핑, OTT의 사용량이 확대되었기 때문이다.

그렇다면, 데이터센터와 환경은 무슨 관계가 있을까? 데이터센터는 엄청난 에너지원을 사용해 많은 소비전력을 이용한다. 산업용 전기 전체의 7~8%를 차지한다. 여기서 끝이 아니다. 발열의 문제가 심각하다. 데이터센터 기기의 발열 문제를 해결하기 위해 사용하는 전기사용량이 소비전력보다 더 많다.

작은 회사나 대학교가 있다고 하자. 이곳에는 통신망을 관리하고 웹과 홈페이지를 관리하는 전산실이 있다. 이곳에서 수많은 전자기기가 계속 돌아가면서 나오는 발열로 여름뿐만 아니라, 추운 날씨에도 에어컨이 돌아간다.

데이터센터가 환경문제를 어떻게 다뤄야 하는지 생각해 보자. 첫째, 데이터센터에 입주하는 서버들의 소비전력은 1,000W 내외이다. 이러한 서버들은 고스란히 발열로 이어진다. 이는 마치 전자레인지, 온풍기 등 고열제품과 같다. 둘째, 외부의 공기를 이용하여 25~30℃를 유지하는 것이다. 입지 자체를 추운 지역을 선정하기도 한다. 마이크로소프트가 해저에 데이터센터를 짓고, 페이스북이 북극과 가까운 스웨덴 룰레오 지역에 짓고, 미국의 서버업체인 페어네트웍스가 라스베이거스 사막에 데이터센터를 지어 풍부한 일조량을 활용해 냉각하고 있는 것이 그 예다. 우리나라에서도 네이버가 전국에서 가장 평균 기온이 낮은 강원도 춘천에 데이터센터를 설치하였고, 서버실 내부를 산에서 내려온 찬바람으로 식힌다. 세 번째로, 전력 사용량이 많은 '네트워크 장비의 전력 효율화' 추진이 필요하다. 이런 방안이 잘 활용된다면, 데이터센터의 환경문제를 해결할 방안을 마련할 수 있을 것으로 본다.

데이터 사용 자체는 '탄소'를 배출한다. 우리가 사용하는 메일 전송에 1g의 탄소가 발생하고, 인터넷 검색 하나만으로도 0.2g의 탄소가 발생한다. OTT와 같은 비디오 스트리밍을 한다면 시간당 자동차 1km가 이동하는 것과 비슷한 탄소가 배출된다. 그만큼 우리가 사용하는 스마트폰, 노트북, 스마트TV 등 다양한 디지털 제품에서 탄소량이 급증하고 있다. 그러다 보니, 이러한 데이터를 잘 유지하기 위한 데이터센터가 많이 필요하며, 그 결과 데이터센터가 에너지와 기후변화 문제에 직결되었다.

최근 데이터센터의 특징
―데이터센터를 활용하는 플랫폼의 확장 & 데이터센터가 나아갈 방향

최근 데이터센터가 확장하게 된 이유는 코로나 19의 영향이 컸던 것으로 보인다. 많은 사람이 여행을 다니거나 외출하지 않으면서 실내에서의 디지털 환경이 익숙해졌다. 그래서 데이터센터가 엄청난 양의 탄소를 배출할 수밖에 없는 원인이 되었다. 코로나-19 이후, 대면으로 진행되었던 수많은 회의나 모임들은 영상회의로 전환되었고, 영화관에서 영화를 보던 사람들은 넷플릭스, 디즈니+, 티빙, 웨이브 등 OTT를 통해 영화, 드라마, 예능을 보게 되었다. 그리고 외장하드에 보관되었던 사진 및 영상파일은 클라우드에 옮겨지고, 백화점과 할인마트에서 쇼핑을 하던 사람들은 쿠팡, SSG닷컴, G마켓, 네이버 쇼핑 등 온라인 쇼핑을 활용한다. 이러한 변화는 데이터를 많이 소모할 뿐 아니라, 더 많은 데이터센터가 확장되는 원인이었다. 특히, 택시, 배달, 예약 및 결제에서 큰 변화가 일어났다.

데이터센터는 1년 365일 24시간 내내 운영된다. 그래서 전력 소모가 극심하다. 알다시피 인터넷 서핑, 클라우드 활용, 영상회의와 OTT 실시간 스트리밍, 온라인 쇼핑을 지속적으로 사용하기 때문이다. 더불어 SNS와 메신저를 이용하여 사람들과 사진, 영상, 이야기를 나누기도 한다. 그것이 하루종일 이어진다. 특히, 30분짜리 영상을 스트리밍하면, 이산화탄소 1.6kg이 발생한다. 이는 차량 6.3km를 이동한 것과 비슷한 수치이며, 우리가 사용하는 데이터의 약 80%를 차지한다. 그만큼 엄청난 전력을 소비하고 데이터센터가 필요한 가장 큰 이유가 되었다. 또 Zoom과 같은 영상회의에서도 카메라를 사용할 때 더 많은 데이터를 소모하게 된다. 카메라를 사용하지 않으면 데이터 사용량을 95%까지 줄일 수 있다.

더불어 기업이나 기관 및 단체 그리고 교회에서 사용하지 않는 '다크데이터'가 있다면 그 데이터를 줄이는 노력이 필요하다. 개인적으로는 e-메일함에 보관된 메일을 지속적으로 삭제한다. 또한 클라우드에 보관된 데이터 중 불필요한 것을 꾸준히 정리한다. 하지만 무엇보다 기업이나 비영리단체들의 다크데이터를 확실히 줄여나가는 것이 필요하다. 2020년에만 기업에서 만든 다크데이터가 환경에 미치는 영향은 약 580만 톤의 이산화탄소를 배출한 것으로 80개국의 연간 배출량과 비슷한 수치이다. 그러므로 기업과 기관 및 단체, 교회들의 노력이 중요하다.

그렇다면 우리가 사용하고 있는 수많은 App 중에서 어떠한 App이 탄소발자국을 많이 배출할까? 이 내용을 바탕으로 데이터 사용량을 줄일 방안을 생각할 수 있을 것이다. 2021년 BBC에 의하면, 인터넷 활동 분석 결과 유튜브나 넷플릭스와 같은 OTT(비디오 스트리밍 플랫폼)가 탄소발자국이 가장 높은 것으로 예측됐다. 이는 Zoom과 같은 영상회의보다 훨씬 많이 배출한 것이다. 그래프는 아래와 같다.

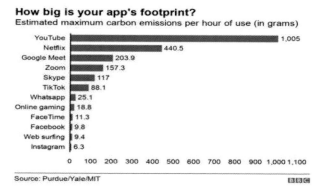

[BBC뉴스코리아 21.1.25 기사 인용]

표를 보면, 최근의 OTT 스트리밍이 얼마나 큰 영향을 끼치고 있는지 알게 된다. 영화관 산업이 축소되고 있고, 코로나-19를 틈타 가정에서 직접 스트리밍으로 영상을 볼 수 있는 플랫폼이 확장되었다. 그러다 보니, 데이터 사용량이 급격히 많아지고 있으며, 이동할 때도 영상을 보며 더 많은 탄소발자국을 배출한다. 데이터센터에서 사용되는 전력 전체를 1이라고 가정할 때, ICT 장비에서 소모되는 전력이 0.35인 반면에 냉방에 0.50을 사용하고 있다(그 외 손실에서 0.15를 차지). 그러므로 데이터센터에 대한 설치 방안과 법적·제도적 장치가 환경적 가치를 토대로 세워져야 한다.

우리는 앞에서 잠언 28장 25~26절에 대한 말씀을 보았다. 이 말씀을 보면 눈에 띄는 구절이 있다. '욕심이 많은 자는 다툼을 일으키나'라는 말이다. 이 말씀은 욕심이 죄를 낳는다는 뜻이다. 욕심으로 인해 여러 가지 문제가 발생한다. 우리가 원하는 것을 무조건 누리며 살아가는 모습을 당연히 여기지 말아야 한다. 하나님을 의지하고, 하나님 안에서 풍족함을 누려야 한다.

과연 우리가 데이터센터를 과도하게 많이 만든다면 어떨까? 그에 따른 결과를 우리는 충분히 대응할 수 있을까? 우리의 마음은 조금 더 쉽고 조금 더 빠르고 조금 더 편하게 데이터를 사용하기를 원할 것이다. 하지만 그러한 마음이 어쩌면 미련한 것일 수도 있지 않을까? 데이터센터를 줄이는 것을 바라는 것이 아니라, 지혜롭게 데이터센터를 건설하고 활용할 수 있는 모습으로 이어지길 소망한다.

XXIV. 새로운 기술로 형성된 IT를 위해
새로운 IT 시스템에 대한 환경기도

우리가 살면서 활용하는 스마트폰이나 인터넷 그리고 OTT와 영상회의 등은 우리에게 다양한 것을 경험하게 한다. 또한 가상화폐와 같은 새로운 시스템이 만들어져 이를 활용한 경제적 가치를 높이기도 한다. 그만큼 지금 우리에게 많은 것을 제공하는 장치이자 이익을 얻을 수 있게 도움을 주는 장치이다. 하지만 이러한 새로운 기술이 발전하고 지속적으로 만들어지면서 예상치 못한 다양한 문제에 노출되었다. 그중에서도 환경문제는 원래 있던 환경오염과 합쳐져 더 큰 문제를 발생시키므로 이 이슈들에 대하여 잘 인식하고 기도하자. 또한, 비트코인과 데이터센터뿐 아니라 새롭게 발전 및 개발된 과학기술이 등장할 때마다 이 기도문을 토대로 적절하게 바꾸어 함께 기도해보자.

***하나님의 지혜로 얻게 된 과학기술로 만들어진 새로운 IT기술로 발생한
환경문제 회복을 위한 기도: 《비트코인과 데이터센터》에 대한 환경이슈 기도하기***

◆**기도제목-1.** 하나님, 과학자들과 기술자들에게 교만을 거두어주옵소서.
　　　하나님이 주신 지혜와 권능으로 과학은 발전하였고, 기술개발은 계속
　　　이어지고 있습니다. 그 가운데 우리 인간의 욕심으로 커다란 위협이
　　　곳곳에서 발견됩니다. 우리가 발견한 과학과 기술이 하나님의 섭리 아래에
　　　지혜롭게 세워지도록 인도하소서. 더불어 우리가 과학과 기술로 무너뜨린
　　　하나님이 만드신 세상의 모든 시스템과 섭리를 올바르게 세우고
　　　하나님의 뜻이 넘쳐흐르게 하소서. 특히, IT 기술을 평가할 때,
　　　새로운 환경과 속도 그리고 방대한 데이터들을 활용할 수 있는 위치에만
　　　몰두하지 않게 하시고, 다양한 관점 속에서 창조세계가 온전히 무너지지
　　　않고 균형을 맞출 수 있도록 우리에게 하나님의 지혜를 이끌어 주시길
　　　소망합니다. 특히, 전력 소모나 폐기물 발생 등 다양한 새로운 IT기술에
　　　대한 문제를 지혜롭게 해결하며 발전하도록 인도하옵소서.

◆**기도제목-2.** 최근에 발전을 거듭하고 있는 비트코인과 데이터센터 등
　　　IT관련 기술은 우리의 미래를 밝히 보여주는 것 같습니다. 그만큼 새로운
　　　시도가 이어지고 있고, 기술의 발전으로 우리가 조금 더 편안하고 손쉽게

사용할 수 있습니다. 다만, 이러한 장점만 바라보는 것이 아니라 신기술로 인해 하나님이 만드신 세상을 파괴하고 무너뜨릴 수 있음을 파악하고 이 문제가 **공론화되어 해결할 방향**이 세워지게 하옵소서.

◆**기도제목-3.** 기술이 발전하지만 원래 있었던 법규와 규정이 세워지지 않는 경우가 많습니다. 비트코인과 데이터센터를 잘 운영할 수 있도록 규정을 올바르게 세우게 인도하소서. 전력소모가 심하고 그로 인해 발생하는 지구온난화와 기후위기에 잘 대응할 수 있도록 친환경적인 정책이 되게 하소서. 특히 그리스도인의 생각이 변화되어 올바른 요구와 건의가 이어지고, 그로 인해 비트코인과 데이터센터가 기후위기의 커다란 원인이 아니라, 효과적인 방안이 될 수 있게 하소서. 그렇지 않다면, 에너지 대란과 기후위기가 더욱 극심해질 것이며, 더불어 탈석탄·탈핵 정책이 없어지고 있으니 주님, 이 일을 주관하여 주옵소서.

◆**기도제목-4.** 우리는 교회와 가정, 일터와 일상생활에서 수많은 데이터를 사용하고, 경제적 이득을 얻기 위해 가상화폐나 주식을 하기도 합니다. 이러한 상황 속에서 그리스도인으로써 교회와 함께 협력해 비트코인과 데이터센터로 인해 발생하는 환경오염 문제를 해결할 수 있는 지혜와 능력을 더하여 주옵소서. 무엇보다 수입을 늘리는 데에만 혈안이 되지 않게 하시고, 조금 더 쉽고 편리한 삶보다 조금은 불편한 삶으로 전력 소모의 문제와 폐기물 발생량을 줄이게 하옵소서. 무엇보다 정부와 기업들이 이 문제를 잘 해결할 수 있도록 이끌어 주시고, 그 안에 그리스도의 마음이 내재되게 하옵소서. 그렇게 하나님께서 도와주시기를 간절히 바라고 또 바랍니다.

먼저 비약적인 과학의 발전을 이룰 수 있도록 인도하심으로 감사드립니다. 하지만 발전이 무조건 좋은 것만은 아님을 많이 느낍니다. 우리가 조금 더 쉽게, 조금 더 편하기 위해 교만해집니다.

과학자들과 기술자들을 기억하여 주옵소서. 끝도 모르게 하나님의 섭리와 계획들을 무너뜨리려는 모습이 보입니다. 자연과 환경을 파괴하면서도 과학만능주의에 사로잡힌 어리석음이 드러납니다.

발전이 욕심이 되어 자연에 위협을 줄 수 있음을 기억하게 하소서. 무엇보다 하나님이 주신 과학과 기술을 지혜롭게 관리하고 다스릴 수 있는 능력을 허락하여 주셔서 하나님이 만드신 세상의 시스템과 패턴을 잘 유지하며 균형을 이룰 수 있도록 이끄소서.

특히 IT기술을 평가할 때, 새로운 환경과 속도, 방대한 데이터들을 활용할 수 있는
능력에만 몰두하지 않게 하시고, 다양한 관점에서 창조세계가 무너지지 않고
균형을 이루게 하소서. 무엇보다 전력 소모나 폐기물 발생 등
새로운 IT기술로 나타나는 환경문제를 지혜롭게 생각해 해결하도록 하옵소서.

최근 과학기술이 계속 발전하고 있습니다.
이로 인해 나타나는 불협화음과 환경의 위협을 잊지 말아 주옵소서.
무엇보다 이 기술들을 통해 나타나는 다양한 문제들을 공론화시켜 주시고,
함께 어떻게 해결할 수 있을지 고민하고 기도하며 길을 나서게 하여 주옵소서.

과학기술이 진보할 때마다 법규나 규정이 미비되어 있습니다.
비트코인이나 데이터센터도 그러한 경우가 아니라고 장담할 수 없습니다.
이 기술이 온전히 사회에서 잘 정착할 수 있게 인도하여 주시고,
무엇보다 설비가 환경 파괴적인 모습을 지니지 않도록
친환경 정책으로 세워지게 인도하옵소서.

비트코인을 채굴할 때, 데이터센터를 유지할 때 엄청난 전력소모가 있습니다.
이전에 없었던 기술과 설비 때문에 전력난이 심해지고
전력을 만들면서 발생하는 온실가스가 급증하고 있습니다.
이 문제를 어떻게 대응하고 해결할 수 있을지
우리에게 하나님의 지혜와 권능을 더하여 주시고,
우리의 생각이 변화되어 문제를 해결하는 것에 관심을 갖게 하소서.

비트코인을 채굴하는 것과 데이터센터가 건설되고 유지되는 것이
기후위기의 위협적인 모습이 아니라, 효과적인 방안이 되도록 인도하옵소서.
교회와 가정, 일터와 일상생활 속에서 수많은 데이터를 사용하며
손쉽게 여러 정보를 얻고, 자료를 주고받습니다.
경제적 이득과 효율적인 사용을 위해 가상화폐도 사용합니다.
비트코인 채굴과 데이터센터가 생기면서 발생하는
전력 소모를 해결할 수 있도록 그리스도인들이 함께 협력하게 하시고,
그 가운데 하나님의 지혜와 권능을 더하여 주셔서 해결되게 하옵소서.

무엇보다 경제발전에만 혈안이 되지 않게 하시고,
편리함과 이득만을 추구하는 삶이 아니라
모두가 지속가능하게 살아가는 여건이 될 수 있도록 이끌어주옵소서.

정부와 기업 그리고 교회 및 기독교 단체가 합력하여
이 문제들을 해결할 수 있게 하시고 그리스도의 마음을 내재하여 주옵소서.
그렇게 하나님께서 도와주시고 이끌어 주시기를 간절히 바라고 원합니다.
주님께서 홀로 영광 받아주옵소서. 아멘.

아홉번째 이슈
환경난민

XXV. 자연과 환경파괴로 인해 살아갈 수 없는 이들을 위한 고민

환경난민(생태학적 난민/기후난민)에 대한 고민과 해결 방안

> [10]**이웃을 사랑하는 사람**은 이웃에게 <u>해로운 일을 하지</u>
> <u>않습니다.</u> 그러므로 **사랑한다는 것은 율법을 완성하는**
> **일입니다.** [11]이렇게 살아야 하는 여러분은 지금이 어느
> 때인지를 알아야 합니다. 여러분이 잠에서 깨어나야 할 때가
> 왔습니다. 지금은 우리가 처음 믿던 때보다 우리의 구원이 더
> 가까이 다가왔습니다. [12]밤이 거의 새어 낮이 가까웠습니다.
> 그러니 **어둠의 행실을 벗어버리고 빛의 갑옷을 입읍시다.**
>
> 로마서 13장 10~13절

> [27]도움을 청하는 손을 뿌리치지 말고 도와줄 힘만 있으면
> 망설이지 마라. [28]있으면서도 "내일 줄테니 다시 오게." 하며
> 이웃을 돌려보내지 마라
> [29]너를 믿고 사는 이웃은 해칠 생각을 아예 마라.
>
> 잠언 3장 27~29절

새로운 등장: 환경난민
—환경 불평등으로 발생한 "환경난민" 현상 문제 고찰하기

2021년 기준으로, 난민들은 전 세계적으로 8,930만 명 정도다(유엔난민기구, 2022). 이는 난민신청자 뿐 아니라, 강제 실향민을 포함한 숫자다. 하지만 여기에는 환경난민이 포함되어 있지 않다. 기후위기나 다양한 환경파괴로 인해 생존의 위협을 받아 본래 살던 지역에서 이주한 사람들이 포함되지 않은 것이다. 갑작스럽게 혹은 장기적으로 나타난 환경난민은 최근 환경파괴로 인해 고통받는 상황이다. 가뭄, 사막화, 해수면 상승, 계절별 날씨 패턴이 무

너져 발생하는 모든 현상에 의해 생겨난다. 몇몇 곳에 집중된 것이 아니라, 세계 어느 지역에서도 발생할 수 있다. 예를 들어, 해수면 상승이 심각해지면서 투발루나 몰디브와 같은 섬나라뿐 아니라, 방글라데시, 인도 그리고 선진국의 해안가 주변 도시들이 심각한 위험에 노출되어 있다. 우리나라의 부산, 인천, 군산 등 해안 도시 또한 위험하다.

로마서 13장 10~13절의 말씀을 보면, 이웃을 사랑하는 사람은 해로운 일을 하지 않고 율법 즉, 하나님의 말씀을 완성하는 일을 감당해야 한다. 우리는 '빛의 갑옷'(13)을 입고 하나님의 뜻에 따라 환경피해로 고통받는 환경난민과 실향민에게 도움의 손길을 주어야 한다. 특히, 우리만 잘 먹고 사는 삶이 아니라, 오직 하나님의 뜻에 맞추어 사랑을 베풀고 살아가야 한다. 우리나라에 환경난민이 올 기회와 여건을 마련하도록 앞장서야 한다.

또한, 잠언 3장 27~29절에는 다음과 같이 말한다. '도와줄 힘만 있으면 망설이지 말아라'. 이는 대한민국에 사는 거의 모든 사람에게 속하는 말이라 해도 과언이 아니다. 우리는 음식을 먹을 수 있으며, 누구의 도움 없이도 살아갈 수 있다. 적어도 하루에 2$ 이하로 한 가족이 살지는 않는다. 우리는 조그마한 것이라도 도와줄 수 있는 존재다. 그렇기 때문에 주변 사람들과 난민을 향한 사랑의 마음을 펼쳐야 한다. 그리고 그들이 환경파괴로 인해 피해를 받지 않도록 해야 한다. 그것이 바로 '해칠 생각을 않는 것'이다. 환경난민을 해치는 자가 아니라, 오직 조그마한 힘이라도 돕는 자가 되어야 한다. 그럴 때, 우리가 하나님의 자녀로서 옳은 길을 걷게 될 것이다.

환경난민의 현 상황을 되짚어본다. 환경난민은 누구일까? 어느 지역에서 발생하고 있을까? 기사를 보면, 중앙아시아나 북아프리카에서 극심한 가뭄으로 환경난민이 생기거나, 작은 섬나라에서 해수면 상승으로 국토가 사라질 위기에 처해 환경난민이 많아졌다는 기사가 넘쳐난다. 개발도상국은 가장 극적인 기후변화를 몸소 체험하고 있다. 그 이유는 기반시설을 제대로 갖추지 못한 것에 있다.

글로벌 싱크탱크 경제평화연구소(IEP)가 UN의 기초자료를 참고해 발표한 국가별 생태학적 위협 현황 기준이 있다. 자원적 위협으로 물, 식량부족, 인구증가율이 있으며, 자연재해적 위협으로 홍수와 태풍 및 가뭄, 이상기온, 해수면 상승 등이 있다. 이러한 기준에 따라 전 세계 30개국 12억 6천만 명의 인구가 빈번한 자연재해에 노출되고 있다.(IEP, 2021) 크게 식량 위기, 기후변화, 강제이주가 있으며, 이 문제들은 지속적으로 급증하는 상황이다. 2020년, 전 세계 인구의 30.4%인 24억 명가량 식량부족에 시달린 것으로 밝혀졌다. 2050년에는 약 34억 명이 식량 위기에 처할 것으로 예상된다. 특히, 영양실조 인구는 2020년 기준으로 7억 6,800만 명이었다. 그 대표적인 나라가 소말리아, 중앙아프리카공화국, 아이티, 예멘, 마다가스카르였다.

기후변화는 생태학적 위협을 가속화시킨다. 1990년부터 2020년까지 30년간 전 세계적으로 1만 320건의 자연재해가 발생했다. 그중 홍수는 전체 재해의 42%를 차지했으며, 2020년을 기준으로 177개국의 기온이 역사적인 평균기온보다 더 높았다. 이러한 현상이 직접 드러나지 않아도 생태학적 위협이 증폭하고 있는 건 사실이다.

강제로 실향민이 된 인구의 수치도 급증했다. 2021년 기준으로 8,930만 명이 강제실향민이 되었다. 이중 약 68%는 치명적인 생태 위협에 처한 국가 출신이다. 시리아, 콩고민주공화국, 아프가니스탄, 모잠비크, 잠비아, 이란, 파키스탄 등이 이에 해당된다.

기후난민은 지구온난화로 인한 기후상승으로 인해 발생한 다양한 환경적 재난 때문에 터전을 잃을 위기에 처한 난민이다. 특히, 기온 상승 1.5℃를 막아내지 못한다면(현재 약 1.2℃ 정도 상승), 환경난민이 약 10억 명이 될 것이라는 위기감이 감돌고 있다. 현재 2008년 이후 매년 약 2,150만 명의 사람이 기후변화 현상으로 피난길에 오르고 있다.

대표적인 사례 몇 가지 보고자 한다. 가장 먼저 오세아니아와 근방에 있는 나라들이 수몰 위기에 처해 있다. 여기에는 투발루와 솔로몬제도, 키리바시, 몰디브 등이 있다. 그중에서 투발루는 해발고도가 3m에 불과하며, 매년 5mm씩 바다에 잠기고 있어 40년 내 모든 국토가 없어질 위기에 처해 있다. 호주와 뉴질랜드에 이민 신청을 하여 떠나려는 사람들이 많다. 농사를 지으려 해도 해수면 상승으로 밀물 때 바닷물이 국토로 들어와 염분화가 되어버렸다. 호주와 뉴질랜드에 이민 신청을 하지만 호주는 2001년부터 거부하고 있고, 뉴질랜드는 2002년부터 매년 75명만 이민을 허용하고 있다. 그 기준은 40세 이상으로 뉴질랜드에서 확실한 직장이 있을 경우이다. 결국 큰 위기에 처한 투발루 국민은 갈 곳이 없다. 불법으로 나라를 떠날 수밖에 없다. 키리바시도 환경난민이 인정되지 않아서 이민 자체가 허용되지 않고 있다. 이는 오세아니아의 수몰 위기에 처한 수많은 나라가 심각하게 고민하고 있다.

두 번째로 사헬지대 지역 주민이다. 1967년부터 이어져 온 가뭄이 사헬지대에 포함된 나라에 엄청난 고통을 주고 있다. 특히, 영양실조와 같은 현상이 극심하게 나타나고 있고, 이로 인해 국가재난사태가 선포되었다. 환경난민은 매년 70만 명이 발생하고 있다. 이 지역은 서쪽으로 세네갈 북부에서부터 동쪽으로 수단 남부에 이르는 약 6,400km 폭의 사막지대이며, 사막화가 진행 중이다. 나이지리아, 니제르, 세네갈, 수단 공화국, 에리트레아, 모리타니, 말리, 부르키나파소, 차드, 에티오피아, 카메룬 일부 지역이 해당되며, 남수단의 경우 국토 대부분이 사헬지대에 포함되어 있다. 해결책으로는 "자이"라는 독특한 농법이 있다. 구멍을 파서 드문드문 오는 비를 작물 뿌리에 집중시키는 농법으로, 작물수확량을 크게 늘릴 수 있다. 이렇듯 새로운 농법의 개발들을 통해 영양실조와 같은 위기를 해결해 나가야 할 것이며, 더불어 극심한 가뭄의 원인을 근본적으로 해결하기 위해 선진국이 앞장서야 한다.

세 번째로 시리아 난민들이다. 시리아는 2011년 내전 이후 상당수의 난민이 발생했다. 극심한 가뭄으로 불모지가 되자 내전이 발생했고, 환경난민 중에서 가장 큰 규모를 차지하게 됐다. 기후변화가 시리아 사람들을 궁지로 몰고 있다.

네 번째로 방글라데시 및 파키스탄 사람들이다. 해수면 상승으로 방글라데시 뱅골만 연안 쿠툽디아 섬 면적이 85%가 줄었다. 이 지역은 다카 인구의 35%가 사는 빈민가로, 그 피해는 더욱 크다. 또한 파키스탄도 극심한 폭우와 홍수로 국토의 1/3이 잠겼다. 살아가는 것조차 위험천만한 상황이다.

다섯 번째로 몽골 고비사막에 사는 유목민들이다. 앞에서 언급한 사헬지대와 마찬가지로 몽골 지역의 고비사막 또한 급격한 사막화로 난민이 늘어났다. 유목민들은 도시로 이동해도, 그들이 가지고 있는 능력으로는 살기 쉽지 않다. 고비사막은 1990년대 전 국토의 40%가량을 차지했지만, 2020년 사막화 비율이 76.9%에 이르렀다. 이를 해결하기 위해 푸른아시아 등 여러 단체가 나무 심기 사업을 진행하고 있지만, 실질적으로 나무가 숲을 이루고 생태계를 유지하는 것은 쉽지 않다.

그리고 또 하나의 문제가 있다. 바로 쓰레기 문제다. 과거 유목민들은 쓰레기를 배출하지 않는 ZoreWaste를 유지했다. 자연스럽게 매립되어 빠르게 썩는 것 외에는 쓰레기가 없었다. 하지만 지금은 플라스틱이 함유된 일회용품을 주로 사용한다. 그 결과, 몽골 사막에 엄청난 쓰레기 문제가 발생했다. 매립지도 제대로 되어 있지 않고, 썩지 않는 플라스틱 쓰레기들이 사막을 덮고 있다. 이러한 문제가 유목민의 삶을 더욱 어렵게 만들고 있다.

마지막 사례로 환경난민을 양산하고 있는 아이티가 있다. 아이티는 복잡한 정치 사정과 극심한 경제위기로 난민들이 급증했다. 특히, 이기적이고 부패한 정치권으로 산림이 심각하게 훼손되었고, 기후위기가 겹쳐 가뭄이 극심해졌다. 특히, 2010년과 21년 강진이 발생하면서 난민이 더욱 급증하였다.

사례는 이에 그치지 않는다. 위의 몇몇 사례만으로도 현재 전 세계의 위험과 어려움을 단정할 수 없다. 지금 당장 이곳에서도 기후위기와 환경파괴 문제가 드러날 수 있다. 기후변화로 자연재해(가뭄, 홍수, 산불, 해수면 상승, 사막화, 지진, 태풍/허리케인 등)가 발생하고, 대수층 및 지하수가 고갈됨으로 싱크홀이 발생하며, 핵 및 석탄화력발전소 등의 화재 및 폭발로 유독성 폐기물이 유출하고 있다. 그리스도인으로써 우리가 어떻게 대처해야 할지 고민해야 한다.

환경난민의 구분과 유형
─환경난민에 유형을 소개하고 우리가 적용해야 할 말씀 알아보기

최근에 환경난민에 대해 구분할 때 '기후난민'으로 고착된 경우가 많은 것 같다. 하지만 기후난민은 환경난민의 하나의 사례일 뿐이다. 이제 환경난민의 유형을 소개해 본다. 심진(1995)은 3가지 부류로 나누었다. 토지약탈과 거주 거부 난민과 인재적 천재로 인한 난민, 유독성 폐기물로 인해 발생한 난민이다. 하지만 이 경우는 기후난민과 같은 장기적인 환경변화로 인한 난민이 포함되지 않았다.

Cooper(1998)가 나눈 환경난민의 분류는 다르다. 첫 번째 유형은 장기간의 환경변화로 인해 발생한 난민이다. 대표적인 사례로는 사하라 사막이 있다. 극심한 사막화 때문에 죽지 않기 위해 생존 가능한 땅으로 고향을 떠나는 사람들이 급증하고 있다. 더불어 최근에 이슈화되고 있는 '기후난민'도 이에 해당한다. 기후난민의 경우 가해자가 불명확이거나 불특정 다수이어서 개발도상국에 큰 피해를 야기한다. 두 번째 유형은 갑작스런 재해를 당한 난민이다. 지진, 홍수, 허리케인, 몬순, 해일, 산불로 살던 집을 갑작스럽게 떠날 수밖에 없는 경우를 말한다. 대표적으로 2004년 12월 동남아시아에서 발생했던 대지진과 쓰나미가 있으며, 2011년 동일본 대지진도 있다. 2022년 봄에 발생했던 울진, 강릉 등지에서 발생한 산불도 이에 해당한다. 이렇듯 집을 잃게 된 이들 중에 떠날 수밖에 없는 이들을 난민으로 칭할 수 있고, 더불어 강제실향민이 되는 경우도 허다하다. 세 번째 유형은 산업적·화학적 재난에 의해 발생한 난민이다. 체르노빌 원전사고(1986)는 우크라이나 체르노빌에서 핵폭발로 발생했다. 이로 인해, 주민들과 소방관 등 수많은 사람이 피해를 입었고 사람이 살 수 없는 땅이 되었다. 의도치 않게 커다란 재난을 만나 난민들이다. 이러한 산업적·화학적 재난은 원전사고에서 주로 나타난다. 특히, 2011년 동일본 대지진으로 인해 발생한 후쿠시마 원전사고도 비슷한 형태로 난민이 발생했다. 산업적·화학적 재난은 과학기술의 발달을 맹신하고 그것만을 위해 살아갈 때 위험하다. 그러므로 환경난민이 발생하지 않도록 사전예방을 하는 것이 필요하다.

그러면 Cooper(1998)가 제시한 환경난민의 3가지 유형을 토대로 난민을 어떻게 도울 수 있을지 생각해 보자. 첫째, 지구온난화, 해수면 상승, 삼림파괴, 토양침식, 사막화 등 장기간에 걸친 환경변화로 인해 발생한 난민들을 위한 내용이다. 누가복음 3장 14절에 나오는 '받은 것으로 족할 줄 알라'는 하나님의 말씀에 귀를 기울일 필요가 있다. 우리는 더 많은 것을 찾고 원한다. 하지만 그 작은 것조차도 사용할 수 없는 환경난민이 많다. 우리에게는 조금이라도 덜 사용하고, 욕망을 절제하는 모습이 필요하다. 이는 성령의 열매 중 절제(갈5)를 통해 이룰 수 있다.

둘째, 갑작스런 재해로 피해를 본 난민들을 위한 내용이다. 지진, 홍수, 몬순, 해일, 화산폭발, 태풍/허리케인 등을 먼저 주의 깊게 바라보아야 한다. 주변 나라나 우리와 가까이 있지 않은 지역의 갑작스런 재해를 남몰라 하는 경우가 많다. 하지만 우리는 이러한 혜안을 넓혀야 하며, 그들을 위한 중보기도에 적극적으로 동참해야 한다. 그럴 때, 하나님께서 우리에게 마음 문을 열어주시고, 그들을 어떻게 도울 수 있을지 지혜를 주실 것이다. 누가복음 3장 11절 '옷 두 벌 있는 자는 옷 없는 자에게 나눠 줄 것이요 먹을 것이 있는 자도 그렇게 할 것이니라'(눅3:11) 말씀을 실현해야 한다. 단순히 옷이 아니라, 그들이 살아갈 공간과 음식, 옷 등 다양한 방식으로 도울 수 있다.

셋째, 산업적·화학적 재난에 의해 발생한 난민들을 위한 내용이다. 이는 상당히 이례적이고, 문제가 심각할 수밖에 없다. 그렇기 때문에 우리는 성령의 9가지 열매를 가지고 협력해야 한다. 무엇보다 그들을 사랑해야 하며, 이 문제를 온전히 해결하고 회복될 수 있도록 충성이 필요하다. 극심할 경우, 오래도록 난민으로 생활할 가능성이 농후하기 때문에 오래도록 도움의 손길을 주는 것이 필요하다. 또, 이 문제를 반복하지 않도록 지혜를 모으고 사전에 예방하는 것이 중요하다.

하나님의 온전하신 뜻과 계획대로 회복 및 적용할 수 있는 말씀들을 보고자 한다. 가장 먼저 예수님의 행적을 쫓아보면, 가장 강조하신 부분이 "사랑"임을 알 수 있다. 가장 중요한 계명을 설명하실 때에도 하나님 사랑과 이웃 사랑을 강조하셨다. 내 주변에 있는 모든 존재를 사랑하는 그 사랑의 마음을 잊지 말아야 한다. 특히, 지금과 같이 환경파괴와 위협이 높은 시기에는 환경난민이 되어 힘들어하는 이들을 위한 사랑의 마음이 절실하다. 이들을 돕기 위한 준비과정도 있어야 하며, 그 준비를 통해 하나님의 뜻이 더욱 풍성히 이루어질 수 있도록 힘껏 노력해야 한다.

율법을 통해 우리에게 주신 말씀도 기억해야 한다. 곡식과 포도 열매를 거둘 때에 가난한 자와 거류민을 위해 남겨두라(레19:9~11)고 하신 말씀을 새겨들어야 한다. 우리 선조들에게는 감나무에서 나오는 감 중 일부를 남겨두어 새와 다른 이들이 먹을 수 있도록 했다. 마찬가지로 우리가 환경난민을 바라보면서 그들을 위해 도움의 손길을 내어주는 것이 필요하다. 우리가 돕겠다는 행위를 하는 것이 아니라, 그들에게 하나님이 주시는 손길을 느낄 수 있게 하는 것이 중요하다.

지금까지 (환경)난민을 향한 기독교의 모습
─우리는 환경난민을 위해 무엇을 하고 있는가?

교회들은 해외선교에 집중하고 있다. 복음을 전하는 것이 목적이며, 선교사들을 통해 복음사역이 전해지고 있다. 하지만 아쉬움이 남는 것은, 최근 사역의 활용도가 예전과 다르지 않다는 데 있다. 지금의 선교는 어떠한가? 환경파괴가 급속도로 나빠지고, 환경으로 인한 난민들과 강제실향민들이 얼마나 많은가? 이들을 위해 우리 교회와 선교사들은 얼마나 준비되어 있는가? 이 질문에 우리가 과연 얼마나 대답할 수 있을까?

국내의 주요교단은 대한예수교장로회(통합, 합동, 고신), 한국기독교장로회, 기독교대한감리회, 기독교한국침례회, 기독교대한성결교회, 예수교대한성결교회, 기독교대한하나님의성회[순복음], 한국독립교회 선교단체연합회 등 많은 교파가 있다. 하지만 총회에서 환경선교 및 교육을 하는 위원회를 조직하고 있는 교단은 단 4곳이다. 그곳은 대한예수교장로회 통합과 한국기독교장로회, 기독교대한감리회, 기독교대한하나님의성회이다. 하지만 그보다 더 나아간 "난민"문제를 해결하기 위한 조직은 아직 없다.

그렇다면 해외의 교단들은 환경난민 문제를 해결하기 위해 대책을 세웠을까? 미국의 United Chruch of Christ(UCC)라는 교단은 연합그리스도의 교회라고 불린다. 이 교단은 'Refugee Emergency Fund'를 조성해서 환경난민으로 불리는 시리아 난민과 이주 난민을 돕는 노력을 기울이고 있다. 특히, 2007년부터 2010년까지 발생한 최악의 가뭄으로 삶의 터전을 떠난 환경난민인 시리아 난민을 적극적으로 돕는다. 아직 환경난민에 대한 관심은 확대되지 않았지만, 앞으로 환경난민 관련 활동이 늘어날 거라 예상된다.

그렇다면 환경난민의 문제를 해결하기 위해 세워진 (기독교 관련) 전문적인 단체가 있을까? 한국에서는 아직 찾아볼 수 없다. 환경단체들이 작게나마 진행하나 기독교단체의 경우는 없으며, 미국에서는 2015년 세워진 월드 릴리프(World Relief)라는 단체가 선한 사마리아인의 비유를 모티브 삼아 난민을 돕고 있다. 이들은 사우스캐롤라이나 주에 도착한 시리아 난민들이 정착하는데 도움을 주는 활동을 한다. 절차를 보면, 난민을 확인하고 비자 및 교육을 중심으로 이주를 위한 준비를 진행한다. 이주가 잘 이어지면 정착과 문화교육을 통해 사우스캐롤라이나 주에서 살아갈 수 있는 여건과 적응을 돕는다. 우리는 이러한 모습을 보면서, 우리나라에 환경난민이 들어와 함께 사는 기회의 장이 열리도록 기도해야 할 것이다. 그들을 돕는 손길이 교회와 교단 그리고 기독교단체를 통해 펼쳐져야 한다.

위 사례가 주는 시사점은 다음과 같다. 첫째, 우리나라의 청년단체인 대자연(DAEJAYON)은 해당 지역 정부, 지자체, NGO와 연계한 지원체계 구축의 중요성을 강조한다. 환경난민에 대한 관심이 높은 이 단체는 한 축으로 이 문제를 해결할 수 없음을 분명히 한다. 그것은 옳다. 그래서 환경난민을 받아주는 나라들이 있어야 하며, 이들을 지원하는 체계가 지방과 기독교단체로부터 뿌리내려야 한다.

둘째, United Church Christ(UCC, 연합그리스도의교회)처럼 난민을 위한 기금을 조성하고 100% 지원하는 형태가 필요하다. 수많은 NGO가 있지만, 인건비로 다방면에서 액수가 빠져나가 실질적으로 지원이 되는 것은 부족하다. 기금 조성에 국한하지 않고, 100% 지원할 수 있는 여력을 교회와 교단 그리고 기독교 단체가 세워가야 할 것이다.

셋째, 이주부터 정착과 적응을 돕는 월드 릴리프(World Relief)와 같은 단체처럼 '선한 사마리아인'의 정신으로 협력할 수 있는 지혜와 준비가 필요하다. 한국에서는 기독교단체가 많지만, 아직 난민에 대해 제대로 진행하는 경우가 드물다. 그러므로 준비가 필요한 때이다.

환경난민에 대한 문제는 전 세계적인 문제이기에, 고려할 사항과 나아갈 방향을 구체적으로 세워야 한다. 그렇다면 우리는 환경난민을 위해 어떤 부분을 고려해야 하며, 어느 방향으로 나아가야 하는가.

첫째, 그리스도인뿐만 아니라, 모든 사람이 환경난민을 줄이기 위해 노력해야 한다. 환경난민이 발생하는 원인 중 가장 큰 것이 우리의 잘못된 생각과 행동으로 인해 발생하는 환경파괴이다. 그러므로 지구온난화를 비롯한 다양한 환경문제를 해결하기 위한 협력이 필요하다. 또한 그리스도인으로서 하나님의 지혜와 능력 그리고 이끌어 주실 일을 기대하며 기도해야 한다. 하나님은 모두를 창조하셨고, 함께 협력하여 살아가기를 원하신다. 그러므로 환경난민을 줄이기 위한 노력이 당장 이루어져야 한다.

둘째, '사랑'이라는 핵심을 기억해야 한다. 예수님께서 가장 큰 계명이 무엇인지 질문을 받으셨을 때, 하나님을 사랑하고 이웃을 내 몸과 같이 사랑하라는 것이 가중 중요함을 말씀하셨다. 나와 같이 사랑한다면, 이웃들의 일거수일투족을 사랑할 수밖에 없다. 그 사랑으로 환경난민이 된 이들을 대접하고 도울 수 있다면 얼마나 좋을까? 사랑한다면, 그들의 어려움과 처지를 이해하려고 할 것이다.

셋째, 기독교계의 수많은 교단과 선교단체 그리고 기독교환경단체가 협력하여 환경난민을 도울 수 있는 위원회와 조직을 세워야 한다. 이를 위해서는 기도와 준비가 필요하다. 흑사병이나 코로나-19의 위험한 상황 속에서 앞장서서 문제를 해결하려 했던 수많은 그리스도인처럼 지금 이 시대는 환경난민이 우후죽순 늘어나는 시대이기에 앞장서서 이 일들을 감당해야 하겠다.

또, 선교사역과 연계하여 환경난민과 강제실향민이 된 사람들을 직접 알아보고, 이주와 정착을 도와주며 '하나님이 주신 사랑'을 채워주어야 한다. 선교사도 환경파괴로 인해 피해를 받고 힘들어 하는 사람들을 파악해야 하며, 더불어 교회와 교계는 이들을 도울 수 있는 재정과 지원 그리고 협력사역에 대한 시스템을 잘 준비해야 할 것이다.

마지막으로 각 교단 및 기독교 단체가 "환경난민을 위한 기금 조성"을 하거나 "환경피해 지역과 연결된 지원체계 구축"을 직접 진행해야 한다. 기금 조성은 미국의 'UCC'(연합그리스도의교회)에서 하고 있으며, 지원체계 구축은 우리나라의 청년환경단체인 '대자연'에서 하고 있다. 이를 잘 모방하고 새롭게 구축하여 환경난민을 직접 도울 수 있는 기반을 세워야 할 것이다.

이처럼 환경난민을 돕고 함께 살아가게 하는 것은 개인의 힘으로는 사실상 어렵다고 봐도 무방하다. 그렇기 때문에 함께함의 정신이 필요하다. 예수님께서 12제자를 세우신 것과 같이, 그리고 교회를 세우고 복음을 전파했던 사도행전 교회와 같이 말이다.

XXVI. 누구나 강제로 환경난민이 될 수 있는 현실
모든 부류의 환경난민을 위한 기도

이웃이란 무엇일까? 우리는 이웃을 나와 연관된 주변 사람이라 생각한다. 틀린 말은 아니다. 그래서 이웃이 멀리 사는 친가족보다 낫다는 말을 한다. 하지만 예수님께서 말씀하신 '이웃'은 그런 협소한 의미가 아니다. 내 주변에 속한 모두를 포함한다. 그리고 모든 곳에 사는 자들이 이웃이다. 그런데 최근 환경난민이 급증하고 있다. 단순히 어느 특정한 곳에서 발생하는 것이 아니라서 어느 누구도 기후위기의 위협에서 자유로울 수 없다. 그러므로 우리는 어떻게 해야 환경난민을 줄여나갈 수 있는지 고민해야 한다.

***다양한 환경오염과 기후위기의 현상으로 발생하는 불특정 다수에게
영향을 끼치는 문제 회복을 위한 기도: 《환경난민과 기후난민》를 위한 기도***

◈**기도제목-1.** 이웃의 관점을 확대하게 하소서. 모든 공간에 있는 사람들,
　　지구촌 사람들과 다른 피조물들까지도 내 이웃임을 기억하게 하소서.
　　환경오염과 파괴가 극심해져서 발생하는 불특정 다수의 존재를 기억하시고,
　　그들을 향한 사랑을 갖게 하소서. 또한 도움의 손길을 우리 안에 채우소서.

◈**기도제목-2.** 현시대는 자유의지를 매우 중요하게 여깁니다. 하지만 세상에서
　　우리가 마음껏 사용할 수 있는 생태계 자원은 없습니다. 하나님께서 주신
　　문화명령에 있기 때문입니다. 이 명령은 다른 모든 피조물을 관리하고
　　하나님과 협력적 위치에서 정복의 행위와 사랑으로 균형을 이룹니다.
　　하지만 지금 우리는 이 명령을 오해하고 마음껏 정복하며, 기후위기를 겪고
　　있습니다. 환경난민이 된 사람을 위해 거룩한 사역의 길을 열어주소서.

◈**기도제목-3.** 환경재난은 어느 장소에서든, 누구에게나 발생할 수 있음을
　　알게 하소서. 모든 존재가 환경파괴로 인해 피해를 볼 수 있고, 그로 인해
　　환경난민이 될 수 있음을 알고 변화되어 하나님의 뜻대로 살게 하소서.
　　더불어 환경난민을 향한 지원체계와 시스템이 정립되도록 온전히 길을
　　열어주시고, 환경난민을 위한 국가적·사회적 정책들이 세워지게 하소서.

◈**기도제목-4.** 이제는 우리가 그리스도인으로서 환경난민을 위해 무엇을 할
　　수 있는지 알게 하소서. 모든 생태계가 균형을 이루게 하소서.

하나님, 매일 힘들고 어려운 삶을 살아가다 보면,
주변 사람들을 생각하지 못할 때가 많습니다.
우리에게 '네 이웃을 네 몸같이 사랑하라'고 하신 말씀에 대해
집중하게 하소서. 내 이웃이 누구인지 분명히 깨닫게 하소서.

환경파괴로 인해 난민이 된 이들을 기억하여 주옵소서.
피해는 그들뿐 아니라 누구나 경험할 수 있고, 당할 수 있습니다.
도움의 손길이 곳곳에서 일어나게 하시고,
교회와 그리스도인이 힘을 합쳐 그들을 돕게 하소서.

마음껏 사용했던 수많은 피조물을 바라보게 하옵소서.
그들 또한 하나님께서 창조하셨습니다. 그리고 하나님과 협력하여
다스리고 정복하며 관리해야 함을 깨닫게 하셨습니다.
하나님이 주신 사랑이 중심이 되어 온전히 행하도록 하옵소서.

기후위기와 환경문제가 급증하고 있는 시대를 살아갑니다.
수많은 환경난민과 기후난민을 기억하여 주시고,
진정으로 그들을 사랑하며 위로하고 그들이 좋은 곳에서 잘 적응하며
살아갈 수 있도록 우리가 앞장서게 하옵소서.

전쟁과 기근, 가뭄과 극심한 혼란이 비일비재하게 벌어지고 있습니다.
각 나라에서 내전이 일어나 서로를 죽이는 상황이 발생하고 있습니다.
시리아는 극심한 가뭄이 도화선이 되어 내전이 발생했고,
난민들이 유럽과 아시아로 떠나버렸습니다.

기후위기의 현상은 전 세계적으로 어느 곳에서나 커다란 영향을 받습니다.
파키스탄에 엄청난 폭우가 쏟아졌고, 국토의 1/3이 소실되었습니다.
우리나라에서도 슈퍼 태풍이 불어 닥쳤고, 거대한 산불도 경험했습니다.
유럽대륙과 북미대륙도 마찬가지였으며, 오세아니아의 작은 섬나라들은
해수면 상승으로 농사를 짓는 데 어려움을 겪고 있습니다.

우리가 무절제하게 사용했던 에너지원과 자원, 그리고 조금 더 편하고
쉽게 살아가려는 욕망을 벗어 회개하고 변화되게 하옵소서.
환경 난민에 대한 지원체계와 시스템이 정립되어서
그들이 어느 곳에서 살아가든지 적응하며 살아갈 수 있도록 인도하옵소서.

모든 피조물의 안식과 회복이 이어지도록 문을 열어주옵소서.
정부 및 국제기구와 같은 단체들과 협력하여
환경난민을 향한 올바른 회복과 적응을 돕기를 소망합니다.
사랑이 많으신 예수님의 이름으로 기도합니다. 아멘.

XXVII. 생명체들의 소중함 - 동물과 식물 그리고 인간의 권리
환경의 관점에서 본 생물권, 그리고 인간의 권리

> ¹⁴**피는 곧 모든 생물의 생명**이다.
> 내가 이스라엘 백성에게 일러둔다.
> 어떤 생물의 피도 너희는 먹지 말라.
> 피는 곧 모든 생물의 생명이다.
> 그것을 먹는 사람은 내가 겨레 가운데서 추방하리라.
>
> 레위기 17장 14절

> ³³야훼께서는 **가난한 자들의 소청을 들으시고 갇혀 있는**
> 당신의 백성을 잊지 아니하신다. ³⁴하늘아, 땅아, 그를
> 찬양하여라. **바다와 그 속의 모든 생물들아, 그를**
> **찬양하여라.**
>
> 시편 69편 33~34절

권리의 재정립, 동물과 식물의 권리에 대하여

과거에는 동물과 식물에 대한 관심이 극히 적었다. 동·식물은 우리에게 영양가 있는 음식을 제공하거나 불필요한 존재일 뿐이라고 생각했다. 하지만 동물과 식물도 하나님께서 창조하셨고, 그들을 사랑하신다. 그러므로 동·식물에 대한 관심은 과거에도 지금도 미래에도 중요하다. 최근에는 동물을 사랑하는 사람들이 많아졌고, 비건주의자도 생겨났다. 또, 동물보호와 동물 권리에 대한 논의도 이어지고 있다.

이제 동물의 권리에 대해 생각해 보자. 가장 먼저 떠오르는 것은 동물보호다. 동물이 살 수 있는 환경을 만들어주고, 그들이 불편하지 않도록 배려를

하는 일과 연결된다. 가축의 경우, 무분별한 음식 공급으로 살을 찌우고, 움직이지 못하게 하는 학대가 없어야 한다. 특히, 동물의 권리가 확대되면서 채식을 장려하는 문화도 생기고 있다.

우리는 치료제나 화장품을 동물에게 주입시켜 <u>실험</u>한다. 동물실험은 동물에게 끔찍한 고문이다. 뚜렷한 목적이 없는 실험은 반드시 중단되어야 한다. 최근에는 꼭 필요하지 않다면 동물실험을 하지 않는 추세로 변하고 있다. 화장품과 화학약품을 구매할 때 동물실험을 하지 않는 제품을 구매하면 동물의 권리를 세우는 데 도움이 될 것이다.

다음으로 <u>가축도살 문제</u>가 있다. 가축을 키우는 이유는 두 가지다. 하나는 고기를 먹기 위해서고, 다른 하나는 가축이 생산한 우유나 달걀을 먹기 위함이다. 가축을 키울 때 몸집을 빨리 키우려고 고통을 주거나 도살의 행위가 도를 넘는 경우가 많다. 동물옹호론자들은 도살 때문에 육식을 금해야 한다고 말한다. 육식을 최소한으로 줄여나가야 하고, 학대가 심한 불법적인 도축행위는 법으로 제한되어야 한다.

다음으로 <u>동물학대</u>에 대한 문제가 심각하다. 공장식 축산으로 인해 가축뿐만 아니라 반려동물에게도 일어난다. 동물원이나 수족관에 갇혀 살아가는 동물도 있다. 반려동물에게 먹을 것을 주지 않거나 언어를 통해 상처를 주거나, 몸에 폭력을 가한다. 더 심할 때는 반려동물을 키우기 힘들다는 이유로 유기해 버리기까지 한다.

또, 세계적으로 공장식 축산이 고기와 우유, 달걀을 얻는 데 효과적인 방법이라 알려져 있다. 그러다 보니 소, 돼지, 닭, 양이 자유롭지 못하고 스트레스를 받으며 '우리' 안에서 자란다. 특히, 스톨에서 생활하는 돼지들, 케이지에서 생활하는 닭들의 스트레스는 상상이다. 이를 인식하고 있는 사람이 적고, 인식하고 있어도 변화 없이 그저 소비하기 때문에 큰 문제이다.

이때 유용한 것이 '동물복지' 인증표시다. 인증을 받은 고기, 달걀, 우유를 이용하는 것이 필요하다. 국내의 돼지 농가 0.2%, 젖소 농장 0.1%만이 동물복지 인증(2018년 기준)을 받았다. 그 정도로 심각하다. 이 제품의 수요가 높아진다면 공장식 축산을 벗어나 인증을 받으려는 농가가 많이 늘어날 것이다. 더불어 빠른 작업을 위해 가축들의 공포감을 조성하는 도축장도 바뀌어야 한다. 가축을 돕는 방법이 곧 '소비를 어떻게 하느냐'에 따라 달라진다.

다음으로 동물원과 수족관에 갇힌 동물 학대 문제가 있다. 코끼리, 원숭이, 호랑이, 사자, 돌고래 등 수많은 동물이 갇혀 지내며 '전시동물'로 살아간다. 등 위에 타기도 하고 묘기를 가르치기 위해 매질을 하며 학대하기도 한다.

춤추는 원숭이 쇼를 보여주기 위해 가혹하고 폭력적인 훈련을 시킨다. 호랑이와 셀카를 찍거나 사자와 산책하는 프로그램을 위해 새끼 때부터 학대해 야생성을 잃게 한다. 돌고래도 마찬가지다. 드넓은 바다를 약 10㎞ 정도 헤엄치며 살아가는데, 작은 수족관에서 살아 스트레스를 받는다. 이러한 논란 속에서 우리나라의 제돌이는 동물의 권리를 인정하여 바다에 풀어준 첫 사례다. 방치와 학대에서 벗어나 영국처럼 '동물원 면허법'을 시행해야 한다. 즉, 동물원이나 수족관에서 생활하는 동물을 살아 있는 동물로 인정하라는 것이다. 행동풍부화 프로그램을 실시하여 자연 같은 곳에서 행동하고 살아갈 수 있도록 해야 한다.

 지금부터는 야생동물을 생각해 보고자 한다. 먼저 길고양이나 유기견의 중성화 수술에 대해 논의해야 한다. 반대하는 사람들은 동물의 권리를 방해한다고 말한다. 하지만 이러한 일들을 감행하는 데에는 분명한 이유가 있다. 길고양이들이 너무 많아지는 것도 문제이다. 우리는 이러한 길고양이에 대해 어떠한 선택을 하는 것이 옳은지 많은 고민과 대화로 결정해야 할 것이다. 무조건적인 중성화 수술도 안 되며, 무조건적인 수술의 반대도 옳지 않다.
 다음으로는 약재가 되기 위해 고문을 받으며 괴롭힘을 당하는 동물들이다. 대표적으로 반달가슴곰이 있다. 우리나라에는 약용으로 쓰려고 키우는 반달가슴곰 사육장이 있다. 이들은 천연기념물이자 멸종위기 야생생물 1급으로, 세계자연보존연맹 적색자료집(IUCN Red List)에서 취약종으로 분류됐다. 오랜 세월 밀렵의 대상이 되었던 반달가슴곰은 그들이 가지고 있는 쓸개즙이 몸에 좋다는 이유로 밀렵을 당했다. 그리고 1970년대 야생동물의 웅담 채취용 곰 수입이 급격히 많아졌다. 이에 대한민국 정부는 1980년대부터 반달가슴곰 사육을 장려했으며, 지금까지 사육장을 이어지고 있다. 물론, 1985년부터 사육 곰 수입이 금지되었고, 1993년 멸종위기야생동물의 국제간 거래에 관한 협약(CITES)에 가입하면서 수출도 불가능해졌다. 2005년부터 웅담 채취용 곰을 도살하는 기준을 10년으로 낮추기도 했다.
 하지만 국제 판로가 막히고 동물들에 대한 권리 증진이 높아지면서 웅담을 찾는 사람이 줄어들자, 사육 곰은 열악한 환경에서 살고, 수익이 나지 않아 골칫덩어리가 되고 말았다. 이로 인해 최근 사육 곰이 도망친 사례가 빈번하게 발생하고 있다. 정부가 나서서 사육장을 폐쇄(주인들에게 값을 지불)하고, 살 수 있는 공간을 마련해 주는 것이 필요하다.
 다음으로 야생에 사는 코뿔소가 있다. 코뿔소는 현재 멸종위기에 처해 있다. 수마트라코뿔소는 전 세계에 80마리도 채 되지 않고, 검은코뿔소는 한때 개체수가 많았지만 밀렵과 서식지 훼손으로 격감해 국제자연보존연맹(IUCN)의 멸종위기 등급 중 가장 높은 '위급종'으로 지정되었다. 코뿔소의 코가 아시아에서 고가의 약재로 팔리기 때문이다. 또한 북부흰코뿔소도 수컷은 없고, 암컷 1마리만 냉동된 정자로 이식을 추진하고 있다. 코뿔소의 뿔이 해열과 항암작용에 효과가 있다는 이야기로 인해 밀렵이 꾸준히 발생했고, 그로 인하여 코뿔소들이 멸종하고 있다. 하지만 코뿔소의 코의 효능이 낭설일 가능성이 높으며, 인간의 욕심과 탐욕이 얼마나 야생동물들을 위협하고 있는지 생각해야 한다.

마지막으로 <u>상어와 거위, 사향고양이</u> 이야기이다. 상어는 바다의 포식자이지만, 사람들의 음식물로 간주된다. 특히, 중국인이 샥스핀을 좋아해서 샥스핀을 얻기 위해 지느러미만 자르고 바다에 버려진다. 이는 상어와 해양생태계를 생각하지 않는 극악무도한 행위다. 또한 푸아그라를 얻기 위해 거위를 학대하며 무조건 음식을 먹이는 것과 사향 커피를 얻기 위해 좁은 우리에 사향고양이를 감금시키는 것은 동물학대의 대표적인 사례이다. 이러한 학대는 사람들의 고부가가치의 음식에 대한 수요 때문에 발생한다. 그러므로 우리가 변화하면 이들을 향한 학대도 멈추어질 것이다.

그렇다면, 극단적으로 '모든 동물은 살해하면 안 되는 것일까?' 동물에는 육식동물과 초식동물이 있다. 살해하지 말아야 한다면, 육식동물들은 존재하지 말아야 한다. 하지만 육식동물은 자신들이 필요한 만큼 죽이기도 하고, 그 이상 죽이기도 한다. 그것이 그들이 존재하는 삶이고, 모습이기 때문이다. 마찬가지로 우리가 가축을 키워 먹는 행위는 부정할 수 없다. 다만, 동물의 권리를 무시하며 도축하는 일은 없어야 한다. 그것이 동물들에 대한 최소한의 권리를 인정하는 것이라 본다.

앞의 내용을 생각해 보면서 동물의 권리를 어디까지 인정해야 하는지 궁금하다. 동물은 하나님의 창조된 섭리에 따라 만들어졌다(창1). 동물의 권리를 인간과 동등하게 나타내거나 너무 많은 요구를 하는 것은 옳지 않을 수 있지만, 하나님이 창조하신 소중한 생명이기에 보살피고 다스리고 관리해야 함은 분명하다. 인간과 동물을 동일시하는 진화론적 관점은 불가하다.

레위기 17장 14절에 의하면, '피는 곧 모든 생물의 생명'이라고 말씀하신다. 우리의 몸에도 피가 흐른다. 마찬가지로 모든 동물에도 피가 흐른다. 그러한 생명체들을 소중히 여기지 않으면 안 된다. 그래서 그 피를 먹는 사람은 겨레 가운데서 추방하라고 덧붙인 것이다. 모든 생물이 '하나님 안에서' 소중한 권리가 있음을 '피'로 보여주신 것이다. 다만, '식물은 피가 흐르지 않는다.' 말한다. 그러나 식물을 소중히 여기지 않고, 욕심껏 이용한다면 식물은 사라지고 우리도 사라질 수밖에 없다.

시편 69편 33~34절의 말씀에도 권리를 설명하고 있다. '야훼께서는 가난한 자들의 소청을 들으시고 갇혀 있는 당신의 백성을 잊지 아니하신다'. 이 말씀은 하나님께서 그의 모든 존재를 잊지 않고 계심을 보여준다. 다음 구절인 34절에서 하늘과 땅 그리고 바다와 그 속에 있는 생물들이 하나님을 찬양할 것을 강조하셨다. 이는 모든 존재가 하나님을 찬양함으로 그 권리를 인정받고 살아가기를 원하신다는 말씀이다. 그런즉 우리는 모든 생명체의 권리가 사라지지 않도록 배려하고 협력해야 한다. 나만 잘 먹고 사는 것은 불가능하다. 모든 이웃과 공존하여 살아가야 한다.

다음은 식물에 대한 권리를 생각해 보자. 수많은 동물론자들은 동물에 대한 권리만 주장한다. 식물은 그러지 않아도 되는지 의문이다. 식물은 동물과 마찬가지로 지능을 가지고 있다. 동물처럼 울부짖지 않는다고 아프지 않은 것이 아니다. 우리는 흔히 아름다운 꽃을 꺾어 선물하는 것이 당연한 듯 한다. 하지만 그 꽃이 어떤 감정을 느낄지 생각하진 않는다. 나는 식물이 감정을 느낀다고 생각한다. 그러한 감정을 통해 하나님을 찬양하며, 영광을 돌린다. 그 모습이 꽃을 피우고 단풍을 만들고, 새싹이 나는 모습으로 이어진다.

그러한 인식 속에서 우리는 식물의 권리는 어디까지 인정되어야 하는지에 대한 문제에 직면하게 된다. 식물의 권리를 마치 비건주의자처럼 육식의 태도로 바라보아서는 안 된다. 오히려 식물의 생명권이나 종족보존권이 보장된다는 의미로 봐야 한다. 즉, 우리와 함께 세상을 사는 한 존재로 생각해야 한다. 각각의 식물이 자신의 종족을 유지하고, 함께 살아갈 수 있는 토대를 마련해 주는 것이 중요하다.

특히, 지구온난화를 유발하여 야생식물들이 자랄 수 없게 만드는 것은 식물이 살 수 있는 권리를 짓밟는 행위일 것이다. 또한, 개발로 인해 식물들에 대한 무분별한 파괴가 있어도 안 된다. 이러한 행위는 식물이 살아갈 수 있는 공간을 없애며 근처의 다른 곳으로 이식하더라도 제대로 성장할 수 없기에 식물의 권리를 빼앗는다. 또, 열대우림에서 팜유 농장을 가동하기 위해 삼림을 파괴한 것도 좋지 못하다.

하지만 우리는 식물들을 철저히 '타자'로 폄하는 경향이 크다. 동물의 경우는 우리와 직접적인 연관이 있다고 생각하는 것과 다르다. 즉, 식물에 대해서 우리가 이용하는 수단이자, 필요충분조건이다. 하지만 식물들도 우리와 마찬가지로 '생명 활동'을 하는 존재이다. 이유 없이 죽이거나, 나뭇가지를 꺾거나, 햇빛을 차단하여 광합성을 받지 못하게 하는 행위는 학대라 하겠다.

환경관련 재난이 발생할 때, 동물에 비해 식물에 관심을 덜 갖는다. 대체적으로 환경오염이 극심해지면서 나타난 수많은 현상을 이야기할 때 동물에 대해서는 많이 말하지만, 식물에 대해서는 언급조차 하지 않는다. 하지만 식물에 대해 관심을 가져야 한다. 적어도 동물들만큼 관심을 가져야 한다. 함께하는 존재로써 그들이 가져야 하는 권리를 찾아줄 수 있어야 한다. 그 권리가 인간중심적인 사고 속에서는 존재할 수 없는 부분이기에 더욱 중요하다. 함께하는 동물과 식물의 권리는 동물권, 식물권이라 말할 수 있다. 그리고 이 두 권리 모두 유지되어야 하므로 생물권이라 칭하면 좋겠다.

성경에서의 동물과 식물
―성경은 피조물에 대해 무엇을 말하는가?

그렇다면 성경에서는 동물과 식물에 대해서 어떻게 말하는가? 비유와 지역적 묘사를 통해, 성경 인물과 연결된 내용을 동물과 식물이 언급되지만 우리는 크게 관심을 두지 않는다. 그 이유는 우리에게 동물과 식물에 대한 관심이 없고, 그들의 권리도 인정하지 않기 때문이다. 반면 하나님은 다르시다. 피조물에 대해 하나님께서 어떠한 관심을 기울이시는지 알아야 한다.

*동물에 대하여

성경에는 말, 나귀, 노새, 낙타, 개, 소, 돼지, 여우, 늑대, 사슴, 노루, 자칼, 하이에나, 타조, 올빼미, 양, 염소, 사자, 독수리, 메추라기, 참새, 비둘기, 까마귀, 닭, 뱀, 벌, 메뚜기, 개미, 나방, 이, 파리, 곰, 물고기 등 다양한 동물이 등장한다(류모세, 2010). 이들 중에 몇몇 동물에 대해 언급하면서 동물에 대한 성경의 관점과 그들의 권리에 대해 생각해 본다.

먼저 낙타다. 낙타는 성경의 배경이 되는 이스라엘과 그 주변 지역에서 사람과 함께 거하는 가축이며, 야생동물이기도 하다. 낙타는 자신의 모든 것을 바쳐서 주인을 이롭게 한다. 우유와 고기, 낙타털을 제공하며, 낙타의 똥은 나무를 구하기 힘든 지역에서 주된 연료로 사용된다. 낙타의 거의 모든 것이 사람을 이롭게 한다. 또, 야생에서 생활하는 낙타에게 하나님께서 커다란 능력을 주셨다. 그것은 바로 충분한 양의 물을 체내에 저장해 사막을 통과할 수 있는 능력이다. 낙타는 한 번에 28갤런(약 106ℓ)의 물을 마실 수 있으며, 이 물을 3실로 된 위 중 제1위에 저장한다. 이렇게 저장한 물을 통해 사막 길을 8~10일 동안 걸을 수 있다. 게다가 500kg의 짐을 싣고 하루

95~120㎞를 여행할 수 있다. '사막의 배'라고 불리는 이유이다. 음식을 가리지 않으며 가시덤불이 많은 사막의 식물들도 거뜬히 먹고 소화시킨다. 성경에서는 정결법상 부정한 동물로 규정되어 있지만, 예수님께서 두 번이나 비유로 말씀하셨을 정도로 중요한 동물이다.

다음으로 <u>돼지</u>다. 성경에서 돼지는 지저분하고 혐오스러운 동물로 묘사된다. 탕자의 비유에서 나오는 둘째 아들이 망했을 때 먹은 것이 돼지가 먹던 쥐엄 열매다. 밑바닥 인생을 더욱 극명히 나타내는 대목이다. 돼지는 땀구멍이 없어서 그늘진 환경과 습지를 선호하나, 이스라엘 백성들은 이를 부정하게 여겼으며 악한 영이 머무는 적당한 곳이라 보았다. 하지만 예수님께서는 어떠한 말로도 돼지가 부정하거나 악한 영이 휩싸여 있다고 말하지 않으셨다. 또, 이스라엘을 제외한 고대 근동 지방에서는 돼지고기를 일반 음식으로 먹는다. 돼지는 오히려 깨끗한 곳을 좋아하고 아주 똑똑하며 민감한 동물로, 조금이라도 환경이 좋지 않으면 괴로워한다. 성경에서 돼지는 제사를 지낼 때 부정하게 여겨지지만, 존재만큼은 소중한 동물임을 우리는 알아야 한다.

세 번째로 <u>늑대</u>이다. 늑대는 성경에서 가장 잔인하고 난폭한 동물로 묘사되고 있다. 창세기 49장 27절에서 야곱은 자신의 열두 아들을 축복하면서 베냐민에 대하여 늑대와 결부시켜 축복했다. '베냐민은 물어뜯는 이리라'라고 말한다. 이는 베냐민 지파의 미래를 예언한 것인데, '물어뜯는 이리'라 하여 잔인하고 난폭한 늑대의 성질을 베냐민 지파가 가지고 있음을 묘사했다. 사사시대에 한 레위인이 자신의 첩과 함께 베냐민 지파의 중심 도시인 기브아에서 유숙할 때 깡패들(베냐민 지파)이 첩을 강제로 겁탈해 죽게 만들었다. 이 가증하고 패역한 일이 알려지자 베냐민 지파와 나머지 지파들은 전쟁을 벌었다. 늑대는 그만큼 잔인하고 난폭한 동물로 묘사된다. 그런데 양의 최고 천적인 늑대가 이사야 11장 6절에서 어린 양과 뒹군다고 묘사한다. 이는 천적 관계인 이 두 동물이 처음 창조하셨던 때에는 평온한 모습이었음을 상상할 수 있다. 늑대도 잔인하고 난폭한 존재로만 볼 것이 아니라, 하나님이 기쁘게 창조한 피조물임을 아는 것이 중요하다.

네 번째로 <u>사슴과 노루</u>이다. 사슴은 히브리어로 '아얄'이라 하며 그 뜻은 '도움, 힘'이다. 노루는 히브리어로 쯔비라 하고, '아름다움, 영광'을 뜻한다. 특히 노루는 누비아 아이벡스로, 산양과 가젤 따위의 영양류다. 이 동물은 민첩하고 빠른 발을 가지고 있으며 정한 짐승이어서 식용이 가능했다. 솔로몬 왕의 식탁에도 올랐다(왕상4:22,23). 이 동물은 아름답고 좋은 소식을 전하는 동물로 이해되고 있으며, 그만큼 소중한 동물이다. '사슴이 시냇물을 찾기에 갈급함같이(시42:1)'라는 찬양의 고백처럼 하나님의 도움과 은혜가 없으면 살 수 없는 존재이기도 하다. 사슴과 노루같은 동물들과 모든 사람이 그러함을 깨닫게 하는 중요한 말씀이다.

다섯 번째로 참새다. 성경은 새가 영혼을 연결시키는 능력이 있고, 새에게도 영혼이 있다고 강하게 믿고 있는 듯하다. 특히, 참새는 이스라엘 민족에게 가장 가까운 새였다. 나병 환자가 낫게 되면 제사장에게 확인을 받고 정결례를 치르게 되는데, 이때 '새 두 마리'를 바쳐야 한다. 이 두 마리가 참새 두 앗사리온에 팔린 내용(눅12:6~7)이 있다. 또, 가톨릭 성인인 아시시의 프란치스코가 참새에게 하나님의 말씀을 선포한 예화가 있듯 참새는 소중히 여겨졌다. 히브리어로 참새를 '드로르'라고 하는데, 이는 '자유'를 뜻하고, 하늘을 자유롭게 날아다니는 참새의 모습을 잘 표현한 말이다. 하지만 생태계가 파괴되고 기후위기가 도래하면서 오늘날에는 참새가 잘 보이지 않는다. 참새가 다시 우리에게 돌아오도록 기도하며 보호해야 한다.

여섯 번째로 까마귀이다. 까마귀는 시체를 먹는 습성이 있어 성경은 까마귀를 부정하다고 한다. 하지만 하나님께서는 왜 엘리야 선지자가 두려움에 떨며 굶고 있을 때, 까마귀를 보내셔서 먹게 하셨을까? 그것은 까마귀의 습성이 생태계의 조화를 이루게 하기 때문이다. 까마귀를 기르는 존재는 사탄이나 아니라 오직 하나님이시다(눅12:24). 이를 볼 때, 이스라엘 백성이 부정하게 여긴 까마귀조차도 하나님이 먹이시고 소중히 여기심을 알 수 있다.

마지막으로 벌이다. 벌은 히브리어로 '드보라'이며, '말하다'라는 뜻을 지닌 '메다베르'라는 단어에서 찾을 수 있다. 끊임없이 쉬지 않고 소리를 내는 벌의 특성에 따라 지어진 것으로 보인다. 벌은 성경에서 부정한 것으로 나오지만, 소산물인 '꿀'은 먹을 수 있다. 또, 벌은 세계에서 충분히 중요한 역할을 수행한다. 식물의 수정을 맺어주며 식물들이 생장하는 데 도움을 준다. 이스라엘 백성이 하나님의 축복으로 출애굽하여 '가나안' 땅으로 갈 때, 그곳을 "젖과 꿀이 흐르는 땅"이라고 말씀하신 것처럼 젖과 꿀이 흐르는 땅은 숲과 잡초를 비롯한 풀들이 널려 있는 대자연을 의미한다. 벌들이 식물의 생장을 잘 이루고 있는 땅이다. 즉, 각종 야생동물의 소굴이다. 그래서 이스라엘이 정탐하러 갔을 때 다음과 같이 말했다. "그 정탐한 땅을 악평하여 이르되 우리가 두루 다니며 정탐한 땅은 그 거주민을 삼키는 땅이요(민13:32)". 하지만 하나님은 이 땅을 축복의 땅이라 하셨다. 벌들이 자신의 역할을 할 수 있는 땅. 젖과 꿀이 흐르는 땅은 하나님의 축복이 넘치는 땅이다.

*식물에 대하여

성경에서는 식물을 어떻게 바라보고 있을까? 무화과나무, 올리브나무, 뽕

나무, 포도나무, 살구나무, 로뎀나무, 에셀나무, 상수리나무, 가시나무, 백향목, 종려나무, 버드나무와 더불어 아몬드꽃, 잡초(겨자풀), 사과, 쥐엄열매, 밀과 보리, 호두, 합환채, 화석류, 우슬초, 푸른 칡, 샤론의 꽃 등 다양하게 등장한다. 이러한 식물을 성경에서는 어떻게 받아들이고 있을까? 그리고 식물의 권리에 대해 생각해 보고자 한다(류모세, 2008).

먼저 <u>무화과나무</u>이다. 우리는 이 나무를 보면 당황을 먼저 한다. 그 이유는 예수님께서 저주하신 사건이 있기 때문이다. 자칫 잘못하면 예수님의 성품에 심각한 오점을 남길 수 있는 내용이다. 특히, 식물의 권리를 인정하지 않으시고 무섭게 진노하시는 분으로 오해할 수 있다. 하지만 이는 우리나라 언어로는 풀기 어려운 뜻이 숨어 있다. 무화과 열매는 이스라엘에서 두 단어로 사용된다. 하나는 히브리어 '파게'로, 첫 무화과 열매(유월절이 다가오면서 조그만 잎사귀와 함께 맺힘)를 뜻한다. 다른 하나는 히브리어 '테에나'로 긴 여름 동안 다섯 차례의 열매를 맺는 무화과 열매를 뜻한다. 예수님께서 무화과나무를 저주하신 사건은 성전을 깨끗이 한 사건이 있었던 이튿날이었고, 그 시기는 '파게'가 맺혀야 하는 시기였다. 예수님께서 바라보신 무화과나무가 열매를 맺지 못하면 그 이후로도 열매를 맺을 수 없는 때였다. 그래서 예수님께서는 나무의 상황을 아셨고, 이스라엘의 영적 상태의 모습과 같아 경고하신 것이다.

하나님께서는 무화과나무를 쓰임이 많은 나무로 만드셨다. 무화과 수액을 통해 히스기야 왕을 죽음에서 건지셨다. 실제로 무화과나무 수액이 피부암에 효과가 있다고 현대 과학기술이 밝혔냈다. 하나님의 계획에 이 나무도 소중하고 균형을 이루는 데 이바지했다. 또한 무화과 열매는 각종 미네랄이 풍부하고 많은 철분을 함유해 임산부에게 적극 권장하는 과일이다. 오랜 굶주림에 지쳤던 다윗 왕에게 찾아온 아말렉의 종(3일간 굶주림)이 무화과 뭉치를 먹어 정신을 차린 사건에서도 알 수 있다.

다음으로 <u>아몬드 꽃</u>이다. 아론의 지팡이에서 난 꽃은 살구꽃(민17:8)이다. 히브리어로는 '샤케드'이며 '아몬드'를 의미한다. 이 꽃은 추운 겨울인 1월 말과 2월 초 사이에 따뜻한 갈릴리 지역을 시작으로 핀다. 아몬드는 흔들어 깨우는 이미지를 갖고 있다. 그래서 제사장 아론의 지팡이에 아몬드 꽃을 피우게 하셔서 아론 제사장의 든든한 지위를 세우셨고, 영적으로 흔들렸던 이스라엘 백성을 흔들어 깨운다는 의미를 갖고 있다. 이처럼 추운 겨울부터 든든히 자신의 몸을 지켜 꽃을 피우는 아몬드를 통해 하나님은 우리의 상태가 언제나 깨어나길 원하신다.

세 번째로 <u>겨자풀</u>이다. 성경에는 '겨자씨 한 알만한 믿음이 있었더라면(눅

17:6)'이라는 말씀이 나온다. 이스라엘에는 겨자풀이 곳곳에서 자란다. 겨자씨가 갈릴리 호수 주변을 덮고 있다. 그래서 많은 이들은 이 흔히 겨자풀을 소중하게 여기지 않는다. 하지만 하나님께서는 겨자풀마저도 소중히 가꾸시고 키우신다. 그리고 예수님도 그만한 믿음만 있어도 된다고 말씀하셨다. 이는 겨자풀도 하나님 보시기에 상당히 소중한 존재라는 의미를 갖는다.

네 번째로 쥐엄열매다. 쥐엄열매는 "돌아온 탕자" 이야기에서 언급된다. 작은아들이 멀쩡히 살아있는 아버지의 유산을 받아 먼 나라로 떠났다. 얼마 지나지 않아 모든 재산을 날리자, 유대인이 가장 혐오하는 돼지를 키우며 돈을 번다. 하지만 극심한 가뭄으로 인해 먹을 것을 얻기 어려워지고, 너무 배고픈 나머지 돼지의 사료인 쥐엄열매에 손을 대려 했다. 이 쥐엄열매는 값싸지만 영양분이 풍부한 식물이다. 콩과식물의 하나인 쥐엄열매는 콩과식물의 생태적 특성인 질소를 고정하는 능력이 탁월하여 척박한 땅을 미생물과 함께 비옥하게 하는 특징이 있다. 그럼에도 불구하고 사람들은 먹을 것이 없던 시대에만 쥐엄열매를 먹었다. 그리고 북이스라엘 왕 여호람 때 아람왕 벤하닷이 쳐들어오자 식량이 바닥나면서 하찮은 음식조차 고가에 사야 했다. 그때의 '합분태'(왕하6:25, 개역한글판)가 쥐엄열매이다. 식량으로 취급받지 못했던 이 열매가 소중하게 여겨진 것이다. 씨드볼트를 통해 수많은 열매를 보존하는 것처럼 이 쥐엄열매도 보호받아야 한다.

다섯 번째로 호두나무다. 아가서 6장 11절은 사랑하는 술람미 여인을 만나러 저자가 호도동산으로 내려가는 내용이다. 이 호도는 호두의 원형 이름이며, 지금으로는 호두동산으로 볼 수 있다. 이러한 호두는 히브리어로 '에고즈(견과류라는 뜻) 멜렉(왕)'이라 하여 왕에게 바치는 진상품이었다. 그만큼 중요하며, 중풍 때문에 생기는 전신마비나 반신마비를 치료하는 데 사용했다. 이스라엘 백성들은 호두껍질이 단단해 결혼생활의 화합으로 여기기도 했다. 또, 조류나 청설모, 다람쥐가 주식으로 삼고 있는 열매이기도 하다.

여섯 번째로 우슬초다. 우슬초는 성경에서 정결례를 할 때 사용되었다. 다윗이 밧세바를 범하고 우리야를 죽게 만든 뒤 하나님의 징계를 들었을 때, "우슬초로 나를 정결케 하소서(시51:7)"라고 회개한다. 이 우슬초가 정결케 하는 예식에 반드시 필요했다. 또 솔로몬은 식물학의 대가인 것으로 보인다. 열왕기상 4장 33절에 의하면, 백향목으로부터 우슬초까지 논하였다고 하는데, 이는 하늘과 같은 백향목과 땅에 해당하는 우슬초까지 모든 걸 안다는 의미다. 즉, 우슬초는 제일 아래에 있는, 겸손을 상징하는 식물이다. 이 우슬초를 이끼라고 생각하기도 하지만, 뿌리와 줄기가 있어야 하기에 그렇진 않다. 이끼이든 우슬초이든 우리가 보기에 하찮은 식물일지라도 소중한 존재임을 알아야 한다.

일곱 번째로 <u>광야의 물을 정화시켜 주던 이름 모를 식물</u>이다. 이스라엘은 홍해를 건너 수르광야로 들어가 사흘 길을 걸었다. 마라에서 샘을 발견했으나 물이 써서 마시지 못했다. 그때 모세가 샘 곁에 있던 나무를 샘물에 던지자 쓴 물이 달게 되었다(출15:22~26). 많은 성서학자는 성경에 등장하는 이름 모를 나무의 정체를 '유두화'라고 주장한다. 이 나무는 꽃은 예쁘지만 독성을 갖고 있다. 이러한 독성을 이용해 하나님께서 쓴 물을 정화시켰다. 우리가 해독제로 사용하는 수많은 약이 독에 의해 만들어진다는 사실을 안다면, 이 기적은 하나님께서 이 식물을 통해 이루신 역사임을 깨달을 수 있다.

우리는 '이러한 독을 가지고 있는 동·식물을 어떻게 대해야 하는가? 또는 있어서는 안 되는 것 아닌가?'라고 생각하지만, 이를 통해 이루실 하나님의 목적을 보면 쉽게 이해할 수 있다. 그리고 유두화 자체도 독성을 지녀야만 자신의 생명을 유지할 수 있다.

그 외에도 다양한 식물이 등장한다. 우리나라의 동지와 하지를 기점으로 이스라엘에는 여러 꽃이 핀다. 동지를 '투베아브'라 하는데, 이 시기가 지나면 이스라엘에 만발하는 꽃인 이슬꽃이나 샤론평야에서 샤론의 꽃이 핀다. 더불어 백합화도 피는 시기이며, 여러 향품으로 쓰이는 식물도 나온다. 침향, 몰약, 유향, 박하, 회향, 근채, 운향, 창포(대제사장 기름 붓는 관유 만들 때 사용), 쓸개(쑥), 번홍화, 나드, 고벨화(옷감 염색하는 염료) 등이 있다.

최근 노르웨이의 스발바르와 우리나라의 봉화군에서 시드볼트를 운영하고 있다. 스발바르는 식량종자를 위주로 보관하며, 우리나라는 전 세계의 야생식물들을 보관하는 데 목적을 둔다. 이들이 존재하는 이유는 기후위기나 자연재해로 씨앗이 사라져버릴 경우를 대비하기 위해서다. 하나님은 식물을 존귀히 여기시고 소중히 대하시며 우리가 사용할 수 있게 허락하셨다. 이 식물을 보호하고 아끼는 것은 우리의 몫이다. 그 몫을 잘 감당하길 소망한다.

인간이 가진 권리
—우리가 가진 환경에 대한 권리는 어디까지일까?

우리는 앞에서 동물과 식물의 권리에 대해서 생각해 보았다. 그리고 성경에서는 어떻게 바라보는지도 알아보았다. 그렇다면, 하나님이 만드신 아름다운 세상에 인간의 권리는 없을까? 그 권리가 어느 정도로 수치화 혹은 정량화될 수 있을까? 이러한 질문 속에서 환경권을 논해 보고자 한다.

인간이 가지고 있는 환경권은 헌법에 제정되어 있다. 제35조 1항에 의하면, "모든 국민은 건강하고 쾌적한 환경에서 생활할 권리를 가지며, 국가와 국민은 환경보전을 위하여 노력해야 한다."라고 되어 있다. 이는 모든 국민에게 환경에 대한 권리가 있음을 보여준다. 쾌적한 환경에서 살 권리와 그 권리를 누리기 위해서 환경보전을 해야 한다. 하지만 인간이 가지고 있는 환경권을 어디까지 적용해야 하는지 의견이 엇갈린다. 그 이유는 동·식물을 하나의 인격체로 보지 않을뿐더러, 다른 피조물에 대하여 어떠한 부분까지 보존해야 하는지 명확하지 않기 때문이다. 단순히 인간의 권리만을 추구한다면, 소음 및 진동과 같은 문제, 기후위기나 코로나-19와 같은 전염병의 확산 등의 문제가 아니라면 사람과 동물, 그리고 식물의 권리를 다 무시할 수도 있기 때문이다. 그러므로 우리는 논의해야 한다. 우리가 가지고 있는 환경에 대한 권리를 어디까지 적용해야 할까?

인간의 환경권에만 치중한다면, 다른 동물과 식물에 대한 권리를 침해할 가능성이 크다. 그런 이유에서 지금까지 발전을 거듭해온 인간사회가 다른 피조물에게 피해를 주고, 지속가능하게 살아갈 수 있는 여건을 마련하지 못했다. 동·식물은 가축과 반려동물을 제외하면 모두 급격히 줄어들었다. 그것은 누구도 부인할 수 없는 분명한 사실이다. 우리가 만들어낸 수많은 화석연료와 플라스틱 제품은 우리가 발전하며 살아가는 데 큰 역할을 해왔다. 하지만 지금은 우리에게 큰 위협을 돌아오고 있다.

이러한 환경권에 대하여 오늘날 많이 언급되고 변화하고 있지만, 사실 그 이전부터 동·식물에게는 큰 위협이었다. 화석연료로 인한 지구온난화와 기후위기는 동·식물이 살아가고 있는 환경에 큰 변화를 주며 생사를 위협하고 있다. 특히, 식물의 경우 이동이 쉽지 않기 때문에 더욱 그렇다. 그리고 건물이 지어지고 곳곳이 개발되면서 살아갈 서식지조차 잃어버린 경우가 많다. 이러한 동물과 식물의 권리는 어디로 갔을까? 이 문제를 깊이 생각해 보아야 한다. 또한 플라스틱이 가볍고 사용하기 쉽다는 이유로 곳곳에서 많이 사용되고 있다. 비닐봉지의 가볍고 질긴 특성으로 지금까지도 많이 애용한다. 지금은 미세플라스틱 문제나 쓰레기 처리 문제를 해결하려 하지만, 환경오염에 대응하는 친환경 방안을 찾아야 한다.

지금은 환경권을 제대로 유지하기도 어렵다. 특히, 이웃을 사랑하라는 하나님의 말씀에 따라 살아가는 우리에게는 인간의 환경권과 동·식물의 생물권을 모두 유지하도록 노력해야 한다. 사랑하는 이웃들(주변에 있는 모든 사람과 피조물들)을 위해서 말이다. 인간의 환경권을 중심으로 다른 동·식물에 대한 권리를 정확히 정의 내려야 할 것이다. 그럴 때, 하나님이 기뻐하시는 세상을 온전히 세우고 동·식물과 함께 지속가능하게 살아갈 수 있을 것이다.

아직까지 몇몇 나라만이 자연권을 인정한다. 이를 '자연권리운동'이라 말하며, 강, 호수, 산과 같은 생태계가 인간과 동일하거나 적어도 유사한 방식으로 법적 권리를 갖도록 옹호하는 행위다. 물론 이를 다 허용하는 것은 쉽지 않겠지만, 그럼에도 이러한 운동은 의미가 있다.

2008년 세계 최초로 자연의 권리를 공식적으로 인정하고 구현한 에콰도르는 '생명이 재생산되고 발생하는 자연은 생명주기, 구조, 기능 및 진화 과정의 유지 및 재생에 대해 완전히 존중받을 권리가 있다. 모든 사람, 공동체, 민족 및 국가는 자연의 권리를 집행하기 위해 공공기관에 요청할 수 있다'라고 말하며, 헌법 조항을 추가해 주목을 받았다(뉴스펭귄, 2021).

이외에도 뉴질랜드가 2017년 4개의 강에 법적 권리를 부여했고, 펜실베니아 주 피츠버그 시의회는 2010년 자연의 권리를 인정하는 조례를 만장일치로 통과시켰다(뉴스펭귄, 2021). 이러한 자연의 권리는 앞에서 언급한 동물권과 식물권의 확장된 모습이다. 특히, 강, 호수, 산, 바다(해양), 열대우림 등 다양한 생명체가 공생하는 공간(생태계)이 권리를 갖는 것은 모두가 함께 생육하고 번성할 사명을 이루는 데 큰 역할을 할 것이다. 그렇기 때문에 우리는 동물권과 식물권, 인간이 가져야 할 환경권까지 모두 포함하여 자연의 권리를 이뤄나가야 한다. 다만, 다른 피조물을 사람과 동등하게 여기거나, 사람보다 더 우선시 되는 우를 범하지 않도록 조심해야 한다. 권리를 인정하되 하나님의 형상으로 만들어진 인간보다 더 우선시하면 큰 위협을 경험할 수 있을 것이다.

XXVIII. 모든 생명체는 중요하다
동물과 식물 그리고 인간의 환경 권리에 대한 기도

우리는 하나님의 뜻대로 문화명령을 지키며 살고 있는가? 생육하고 번성
하며, 모든 피조물을 다스리고, 땅을 정복하며 땅을 채우고 있는지 뒤돌아보
아야 한다. 우리는 부족함이 있더라도 동물과 식물 그리고 그 외의 피조물이
온전히 주님의 계획과 섭리 속에서 살아갈 수 있도록 기도해야 한다. 그리고
함께 공존하며 모두가 생육하고 번성하며 살아갈 수 있도록 협력해야 한다.

동물과 식물의 환경권리를 회복하고 모든 자연의 권리로 확장되기 위한 기도

◆**기도제목-1.** 하나님은 창조하신 이 세상을 보시고 '심히 기뻐하셨다'고
　　말씀하셨습니다. 이 세상을 아름답게 균형을 이루셨기 때문일 것입니다.
　　현재 이 세상에서 우리는 과연 공존하며 살아가고 있는지 아니면
　　우리 마음대로 그들을 위협하며 살아가고 있는지 되돌아보게 하소서.
　　이러한 고민에 대한 답을 주시고 우리가 공존하며 살아가지 못함을
　　하나님께 회개하며 나아가오니 용서하여 주시고 우리가 하나님의 방향대로
　　함께 공존하도록, 생각의 전환과 행동의 변화가 일어나도록 도우소서.

◆**기도제목-2.** 우리가 기도하는 동물과 식물은 모두 하나님의 창조물입니다.
　　부족한 모습으로 동물과 식물을 학대했던 우리의 모습을 용서하여 주시고,
　　동물과 식물 모두가 하나님을 온전히 찬양하며 지낼 수 있도록 하소서.

◆**기도제목-3.** 동물의 권리에 대해 기도합니다.
　　*먼저 가축에는 사육과 도살의 문제가 있습니다. 특히, 몸집만 찌우기
　　위해 무분별한 음식 공급과 좁은 우리 안에서의 사육 환경 등
　　스트레스를 받는 경우가 많습니다. 이러한 사육은 동물의 삶 자체를
　　부정하는 것과 같습니다. 이러한 부분이 변화되게 하시고, 동물복지를
　　하는 농가처럼 변하게 하옵소서. 또한 도살할 때 잔인한 방법을 택하지
　　않게 하시고, 어떠한 방법의 도살이 좋은 방향인지 고민하며 나아가게
　　하소서. 의학적인 실험과 화장품 등 피부 실험을 위해 사용되는 동물을
　　기억하여 주시고, 필요한 경우가 아니라면 이 행위가 사라져야 합니다.
　　*다음으로 반려동물입니다. 대부분은 강아지와 고양이에 해당되며
　　그 외에도 다양한 종류의 동물들을 키웁니다. 무엇보다 이 동물들을

키우는 가정은 사랑으로 이들을 대하시고, 학대하지 않게 하옵소서.
키우기 힘들다는 이유로 버리는 행동은 사라지게 하소서.
반려동물은 아니나 동물원에서 지내는 수많은 동물을 기억하여 주시고,
이들의 삶이 야생 때와는 전혀 다르므로 스트레스를 받지 않고 잘 살 수
있게 하소서. 돌고래/원숭이쇼, 코끼리 타기 등 수많은 체험이 이들을
괴롭힙니다. 그러므로 이 행동을 하지 않게 하소서.
*마지막으로 야생동물을 위해 기도합니다. 이들이 살아갈 수 있는 환경이
조성되게 하소서. 생태계가 파괴되고, 인간만 살아가는 도시, 도로,
건물, 농장을 조성함으로 야생동물이 살아갈 환경이 사라지고 있습니다.
이들이 살아갈 환경을 만들 수 있도록 도우소서.

◆**기도제목-4.** 식물에 대하여 기도합니다. 우리는 흔히 식물을 식량과
구성품과 같은 것으로만 생각하는 경우가 많습니다.
식물도 하나님께서 창조하시고 기뻐하신 존재임을
잊지 않게 하옵소서. 모든 개체를 소중히 여기는 것도 중요하지만,
그보다는 종족보존권을 유지하며 함께 지내는 존재로 생각하게 하소서.
*특히, 우리는 급격한 환경변화를 만들지 않아야 합니다.
씨앗을 뿌리고 전파하며 이동하는 식물은 환경이 급변하면 종까지
위험하므로 지구온난화와 기후위기가 큰 위기입니다.
더불어 생태계의 무분별한 파괴를 막아주옵소서.
이러한 파괴가 이뤄지면 가장 먼저 피해를 보는 것이 식물입니다.
개발, 도로 및 교량, 건물의 건설, 농장의 확대가 늘어나면
생태계는 무너집니다. 우리가 잘 인식하고 해결하도록 인도하소서.

◆**기도제목-5.** 동물·식물의 권리뿐 아니라, 사람의 환경 권리도 세워주옵소서.
모든 존재는 하나님이 만드신 아름다운 세상을 누릴 권리가 있습니다.
하지만 환경파괴가 극심해지면서 가난한 나라와 난민들
그리고 무더위나 혹한, 기상재해에 위협을 받는 수많은 사람에게
환경의 권리가 지켜지고 있는지 되돌아봅니다.
주님께서 이 모든 것을 기억해 주시고, 한 명 한 명
온전히 하나님이 만드신 세상을 누리며 살아갈 수 있도록
우리 그리스도인이 변화되게 하옵소서.

◆**기도제목-6.** 우리는 지금껏 동물과 식물의 권리, 인간이 가진 환경권에 대해
기도했습니다. 하지만 아직도 이 지구의 '주인'이라도 된 듯 정복하려는
마음이 있습니다. 동·식물을 하찮게 여기는 마음과 어려운 이웃을 무시하며
생각지 않는 마음입니다. 이를 회개하오니 용서하소서.
이 생각을 변화시켜 오직 생명체의 소중함을 갖고 이해하고 소통하며
함께 공생할 수 있는 길이 열리게 하소서. 마음과 길을 주관하소서.

◆**기도제목-7.** 마지막으로 모든 만물을 다스리고 돌보는 역할을 잘 감당하게
　　하옵소서. 하나님이 주신 문화명령은 땅을 정복하고 채우는 것,
　　다른 피조물을 잘 다스리는 것입니다. 모든 것을 이루기 위해 생태계가
　　안정되어야 하고, 모두가 공존하며 살 수 있는 여건이 마련되어야 합니다.
　　그것이 바로 그들의 권리이고 아름다운 모습임을 고백합니다.
　　생물 다양성이 굳건히 세워지는 세상이 되도록 인도하옵소서.
　　그 일들이 우리를 통해 이루어지게 하시고, 나라와 국제사회 등에
　　잘 입법되어 잘 관리하고 유지될 수 있도록 이끌어주소서.

주님, 동물과 식물이 하나님께서 주시는 권리를 인정받지 못하고,
학대를 받으며 어려움을 겪고 있음에도 깨닫지 못함을 회개합니다.
하나님께서 이 기도를 통해 모든 동물과 식물이 공존하며 살도록 인도하소서.

우리가 다른 피조물을 향해 어떤 태도를 보여야 하는지 깨닫게 하소서.
하나님께서 창조하신 동·식물은 하나님의 것임을 잊지 않게 하소서.

하나님께서 만물을 창조하신 이유는 찬양을 받기 위함입니다.
하지만 우리의 죄악으로 세상이 혼돈되었고,
회복하기 어려울 정도의 수준에 이르렀습니다.
세상 사람들은 모든 생명체가 하나의 존재에서 진화했다고 믿습니다.
더불어 생태계 파괴를 과학기술로 해결할 수 있다고 생각합니다.

하지만 이는 하나님의 섭리를 무너뜨리는 것일 수 있음을 고백합니다.
동물과 식물을 학대하고 소중히 여기지 않은 우리의 모습을 용서하여 주시고,
함께 하나님을 찬양하며 지낼 수 있도록 인도하여 주옵소서.

환경의 권리에 대해 기도하고자 합니다.
동물은 가축과 반려동물 그리고 야생동물로 구분할 수 있습니다.
가축에게는 자유를 누리지 못하는 사육과 무분별한 도축의 문제가 큽니다.
또한 반려동물을 도구로 생각하며 학대하거나 먹이를 주지 않는 등
사랑으로 키우지 않는 것이 큰 문제입니다.
동물원에서 동물들은 쇼나 동물 타기로 힘들어하는 경우가 많습니다.
야생동물은 환경오염, 무분별한 개발로 살기 어렵습니다.

이러한 동물들의 모든 문제를 기억하여 주시고,
동물들과 아름답고 평안하게 살 수 있도록 길을 준비하는 자들 되게 하소서.
무엇보다 동물이 살아갈 권리와 안정, 공생하는 길이 열리게 하소서.

다음으로 식물을 위해 기도합니다.

우리는 식물을 우리에게 식량이나 물품, 필요를 채우기 위한
하나의 수단 정도로 생각하는 경우가 많습니다.

식물 또한 하나님이 창조하신 아주 소중한 존재임을 잊지 않게 하소서.
한 종 한 종의 보존을 위한 준비와 실천이 필요합니다.
함께 지내는 소중한 존재로 대우하게 하옵소서.

급격한 환경변화에 가장 취약한 피조물이 바로 식물입니다.
그들은 바람이나 곤충을 통해 씨앗과 결실을 맺고 움직입니다.
그 움직임은 극도로 짧고 한계가 분명합니다.
그러므로 지구온난화 같은 위협과 재앙은 식물에게 아주 커다란 위기입니다.
식물의 살아갈 권리와 종족을 보존할 권리를 생각하고
급격한 환경변화를 해결케 하옵소서.

또한 생태계의 파괴를 막아주시길 소망합니다.
개발, 도로 및 교량, 건물의 건설, 농장의 확대는 환경 위기로 직결됩니다.
열대우림 지대의 식물이 팜유 농장 개발과 확대로 멸종위기에 처해 있습니다.

또한 사람의 환경에 대한 권리도 필요합니다.
모든 사람은 하나님이 만드신 아름다운 세상을 누릴 권리가 있습니다.
하지만 욕망에 사로잡혀 하나님이 만드신 세상을 다른 사람들이
누리지 못하게 하는 죄를 범하기도 합니다.

환경파괴가 극심해지면서 가난한 나라가 많이 발생했으며
난민들이 급증하고 무더위와 혹한, 기상재해가 곳곳에서 발생하고 있습니다.
더불어 기후 이상으로 발생하는 산불과 해수면 상승, 태풍과 허리케인
그리고 지진의 강도가 세지는 현상까지 발생하고 있습니다.

이러한 위협 속에 가장 먼저 피해를 받는 이들을
주님께서 기억하여 주시고 모두가 하나님이 만드신 아름다운 세상을
누리며 경험할 수 있도록 도와주옵소서.

행정적으로나 국가적으로나 교회 안에서도 잘 준비하여서
동물과 식물의 살 권리를 이루어주고, 피해를 받는 이들의
환경에 대한 권리도 회복할 수 있는 사회와 교회가 되게 하옵소서.

주님께서 주신 문화명령을 기억하며, 생육하고 번성하는 삶
그리고 모든 생명체를 잘 다스리고 관리하는 모습을 지니게 하옵소서.
그리스도인으로서 서로 격려하고 의논하며 방향을 세워나가게 인도하소서.

사랑이 많으신 예수님의 이름으로 기도합니다. 아멘.

기후위기, 지구온난화와 기후변화 문제 바라보기

> [5]요나가 성읍에서 나가서 그 성읍 동쪽에 앉아 거기서 자기를 위하여 초막을 짓고 그 성읍에 무슨 일이 일어나는가를 보려고 그 그늘 아래에 앉았더라 [6]하나님 여호와께서 박넝쿨을 예비하사 요나를 가리게 하셨으니 이는 그의 머리를 위하여 그늘이 지게 하며 그의 괴로움을 면하게 하려 하심이었더라 요나가 박넝쿨로 말미암아 크게 기뻐하였더니 [7]하나님이 벌레를 예비하사 이튿날 새벽에 그 박넝쿨을 갉아먹게 하시매 시드니라 [8]해가 뜰 때에 하나님이 뜨거운 동풍을 예비하셨고 해는 요나의 머리에 쪼이매 요나가 혼미하여 스스로 죽기를 구하여 이르되 사는 것보다 죽는 것이 내게 나으니이다 하니라
>
> 요나 4장 5~6절

> 외식하는 자여 너희가 천지의 기상은 분간할 줄 알면서 어찌 이 시대는 분간하지 못하느냐
>
> 누가복음 12장 56절

하나님의 창조하신 시스템, 기후(기상)
—창조 섭리 생각하기, 기후위기의 현상을 파악하다

기후는 하나님이 창조하신 섭리 아래서 변화를 일으키며 존재한다. 지구의 균형을 맞추기 위해 세계적으로 기후가 변하고 있다. 그러다 보니, 기후변화를 언급할 때 자연적 순환, 천체의 요인이라 말하기도 한다. 하지만 기후변화는 기후위기로 이어지고 있으며, 기후혼돈(Climate confusion)을 넘어 기후재앙이라 언급해야 한다는 설득력도 높아지고 있다. 화석연료에서 배출하는 온실가스로 인해 지구가 따뜻해져 산업혁명 이후 약 1.1℃ 정도가 상승했다.

대부분 과학자는 기후위기를 인정하고 있으며, 각국의 정부 및 세계 정상들은 이를 위한 변화의 노력을 보여줘야 한다.

하나님이 창조하신 기후 시스템은 인간이 온실가스를 많이 배출하지 않으면 하나님의 섭리에 따라 균형 있게 유지될 수 있는 시스템이다. 어떤 이들은 이렇게 말한다. '기후위기? 그럴지도 모르지. 하지만 내 살아생전에만 오지 않으면 괜찮아!'(조효제, 2020). 이런 식의 현대판 종말론은 잠시 유예된 것처럼 보이는 위기 앞에서 일종의 허무주의가 빚어낸 특수한 형태의 '문제 떠넘기기' 현상이다[8]. 사람들은 기후위기에 큰 관심을 보이지 않는다. 감수하고 싶지 않기 때문이다. 하지만 하나님이 만드신 아름다운 세상을 관리하고 다스려야 하는 사명을 가진 우리는 다르다. 오직 하나님이 원하시고 기뻐하시는, 함께 살아가야 하는 세상을 만들기 위해 기후위기를 심각하게 바라보고 올바른 행동과 문제해결로 동행해야 한다. 이 문제를 간과하거나 무시하거나 못 본체하지 말아야 한다.

그렇다면, 기후위기를 넘어 '혼돈'의 시대로 이어지고 있는 원인은 무엇일까? 첫째는 무분별한 에너지를 사용한 '화석연료'에 있다. 화석연료는 사용의 한도가 분명하지만, 우리는 이를 잊고 사용한다. 동물의 사체가 썩고 짓눌려져서 오랜 시간 동안 만들어진 화석연료는 한정적이고 오랜 시간이 지나야만 사용할 수 있다. 산업혁명 이후 과학의 발전으로 생산된 자동차, 비행기, 열차 등의 이동수단과 집안을 밝히는 전기는 화석연료로 얻은 부산물인 경우가 많다. 지금 전 세계 어디를 가더라도 화석연료를 사용하지 않는 곳을 찾기는 어렵다. 그러나 화석연료의 무분별한 사용은 지구온난화를 심화했으며, 지금 당장 에너지 사용을 'Zero'로 만든다고 바로 온난화가 멈추지 않는다. 하나님이 창조하신 시스템의 균형이 심각하게 무너졌음을 기억해야 한다.

두 번째로 에너지 사용뿐 아니라 산업에 집중되는 화석연료의 사용이다. 그중에서도 철강 산업은 산업 부분에서 7~9%를 차지한다. 대표적인 회사가 '포스코'이다. 이 회사도 탄소 중립을 위해 최선의 노력을 다한다. 하지만 열대우림이나 해양, 강 등 자연환경을 파괴하는 산업도 곳곳에 있다. 특히, 열대우림의 팜유농장이나 공장들로 인해 탄소가 많이 발생하고, 이산화탄소 흡수원인 나무들이 무참히 짓밟히고 있다. 또, 해안가에도 맹그로브 나무와 같이 중요한 자원이 파괴됨으로 기후위기를 초래하고 있다. 이러한 문제가 세계 곳곳에서 발생하고 있다.

---

8) 조효제(2020). 탄소 사회의 종말: 인권의 눈으로 기후위기와 팬더믹을 읽다. 21세기 북스.

셋째, 공장식 축산의 문제다. 고기의 양이 증가하고 있다. 세계적으로 연간 600억 마리 이상의 동물이 도살되고, 지난 50년간 전 세계 육류 소비는 5배, 대기 중 메탄 농도는 약 2배 증가했다. 메탄의 경우, 가축의 트림이나 방귀, 대변에서 나오는데 이산화탄소의 25배 정도 높아 더 위협적인 온실가스이다[9]. 설상가상으로 온실가스의 주요 흡수원인 숲이 가축에게 먹일 사료를 재배하기 위해 곡물 경작지로 바뀌어 더 큰 문제를 일으킨다[10]. '고기를 먹는 것이 기후위기와 무슨 상관이 있는가?'라는 생각은 하지 말아야 한다.

넷째, 사회 불평등이 기후위기를 악화시키고 있다. OECD 국가들을 생각해 보자. 이 나라 중 불평등이 심한 나라일수록 1인당 쓰레기 배출량, 물 사용량, 육류 소비량이 높다(조효제, 2020). 특히, 고소득 국가군에서 불평등이 심할수록 탄소를 더 많이 배출한다. 부유층의 경우, 환경이 악화되더라도 경제가 성장할수록 더 큰 이득을 볼 수 있으므로 대량소비를 선호하는 경향이 짙다. 또, 사회 지위에 기반한 과시형 소비가 증가하면서 온실가스 배출이 늘어나고 있다[11]. 더욱이 사회가 불평등할수록 감염병이 더 많이 발생한다. 우리나라는 OECD 국가 중 불평등이 심각한 나라는 아니다. 하지만 노동소득 불평등이 높고 생산성의 차이가 크다. 또, 노인과 청년이 힘든 나라라는 특징이 있다. 특히, 노인의 빈곤이 심각하고, 더불어 청년들의 고용률이 극히 낮은 나라이기도 하다.

기후위기로 인해 발생한 역사 터파기

기후위기가 얼마나 우리에게 큰 영향을 끼치는지 알기 위해서는 역사의 기록을 봐야 한다. 기후변화는 우리에게 위협적이고 이 세상을 살아가는 데 큰 영향을 준다. 우리가 흔히 아는 4대 문명 중 3대 문명인 이집트 문명, 메소포타미아 문명, 인더스 문명은 습윤하고 강이 흘러넘치는 강가에서 태동했다. 물이라는 자원을 중심으로 문명이 생성된 것이다. 하지만 극심한 가뭄이 닥치면서 이 문명은 멸망하기에 이른다. 이러한 역사를 보면 얼마나 기후변화가 우리에게 큰 위협을 주는지 알 수 있다.

이중 인더스 문명의 "하라파"[12]는 우리가 지금 어떻게 해야 하는지 알게 해주는 세계 최초의 기후변화와 환경파괴로 인한 재앙의 상징으로 보고 있다(반기성, 2016). 인더스 문명에는 수수께끼의 도시 모헨조다로와 하라파가 태

---

9) 강수돌(2021). 그린뉴딜과 신공항으로 본 대한민국 녹색시계. 산현재.
10) 상동.
11) 조효제(2020). 탄소 사회의 종말: 인권의 눈으로 기후위기와 팬더믹을 읽다. 21세기 북스.
12) 반기성(2016). 기후와 환경 토크 토크. 프리스마.

평성대를 이루지만, 대가뭄이 닥치면서 모헨조다로 지역이 건조지대가 되어 멸망했다고 본다. 염분이 노출되어 농작물의 생산이 감소했고, 이는 BC 1500년경 완전히 멸망한 것이다.

다음은 페트라라는 도시다. 페트라는 요르단 수도 암만 남쪽 190km 떨어진 곳에서 태동했다. 협곡으로 BC 3세기경까지 잘 정비된 도시였다. 하지만 기후는 매우 혹독했다. 이 지역은 연간 130~150mm의 비가 대체로 겨울에만 내렸다. 이들은 거의 무한정으로 자금을 들여 뛰어난 기술자를 통해 물 문제를 극복했다. 또, 값비싼 수공학 구조물을 만들어 자연의 한계를 극복하고 부흥했다. 하지만 363년 5월 19일에 지진으로 폐허가 되면서 물 관리 체계가 무너져버렸다. 이러한 페트라의 사례는 지금 우리가 기후위기를 과학으로 해결할 수 있다는 생각이 얼마나 어리석은지 알려준다.

세 번째로 우바르(오만)다. 이곳은 BC 5500년경 물기가 많은 대초원지대였다. 하지만 BC 2000년경이 되면서 날씨가 급격히 변화했고, 풀이 관목으로, 삼림이 황야로 바뀌었다. 또, AD 1세기에는 몬순대 영향을 받아 비가 많이 내려 석회암이 부식돼 거대한 석회암 동굴이 무너졌다. 이러한 변화는 급격하게 이루어졌고, 기후변화로 인해 발생한 이상 현상은 사람들이 살아가기 어렵게 했다.

마지막으로 에티오피아 지역의 악숨 문명이다. 악숨은 평균 해발 2,000m의 가파른 절벽으로 주변 환경과 고립된 장소이나, 유향 수출(매년 수 천 톤에 이름)로 막대한 부를 가져왔다. 또, 적도 부근이어서 기후가 비교적 온화했고 비도 적당히 내리는 곳(1~8세기경)이었다. 하지만 악숨 문명은 대가뭄에 의해 멸망했다. 몬순기후로 변화하면서 강수량이 높아졌고, 농업이 확대되었다. 그 결과, 숲이 사라져 버렸다. 토양의 영양물이 씻겨 내려가고, 750년경 다시 1년에 3개월 정도 비가 내리는 기후로 바뀌면서 멸망한 것이다. 이러한 상황은 기후변화가 우리의 식량의 위협을 준다는 사실을 잘 보여준다. 현시대의 기후위기도 전 세계의 농업에 위협을 주고 있다. 하지만 오히려 추운 지방의 나라들은 온화해지면서 농업이 더욱 잘 되고 있다. 모두가 기후위기를 해결해야 함에도 쉽사리 성사되지 않는 이유이다.

기후위기의 모습
—우리가 우려한 미래가 현실이 되다, 재앙이 오다

하나님이 창조하신 지구의 현재 모습을 한마디로 표현하면 어떻게 될까? "녹아내리고 있다"라고 표현할 수 있을 것이다. 폭염 및 가뭄, 극심한 사막화, 해수면 상승, 해빙과 융해, 공식을 깨버린 슈퍼태풍과 허리케인의 급증, 강도 높은 지진, 산불, 멸종위기 생물의 급증, 식량위기가 전 세계적으로 퍼지고 있다. 더불어 코로나-19와 같은 극심한 전염병이 전 세계에 퍼질 확률이 높아졌다. 더 자주, 더 강력한 재해가 일어나면서 기후난민이 세계 곳곳에서 급증하고 있다. 그리고 심해의 온도가 상승 중이다. 육지보다 바다는 온도가 천천히 상승하는 편인데, 현재 심해가 들끓기 시작했고 에너지 순환과 생태계에 큰 영향을 주고 있다.

하지만 많은 사람은 이 같은 문제가 화석연료의 사용과 이산화탄소(CO_2)로 인한 것이라 주장한다. 그래서 이산화탄소만 줄이면 모든 것이 해결될 것이라 오해한다. 하지만 그렇지만은 않다. 이산화탄소보다 대기에 있는 양은 현저히 적지만, 더 심각한 문제를 일으키는 기체가 있다.

대표적으로, 열 흡수력이 이산화탄소의 460~1,500배 이르는 블랙카본이 있다. 이 기체는 토지 생산력을 25~30%나 감소시킨다. 이것은 화석연료의 불완전 연소로 인한 그을음이다. 농부들은 해충을 없애기 위해 농작물을 태우는데, 이러한 행위도 블랙카본을 배출한다. 불법 소각을 제한하는 규정과 철저한 조사가 필요하다.

다음으로 메탄가스(CH_4)가 있다. 이산화탄소 대비 23배나 되는 열을 흡수한다. 이 가스는 축산에 37%나 배출하고 있는 것으로 가축을 과도하게 많이 생산하는 공장식 축산을 지속적으로 진행한다면 메탄의 문제는 기후위기를 넘어 기후혼돈으로 확장될 것이다. 그렇다면, 현재의 기후위기는 어떠한지 2022년의 상황을 예로 들어보고자 한다. 2022년 뉴스펭귄 선정 "10대 기후 뉴스[13]"에서 7가지의 기후재난 현상을 보고했다.

첫 번째로 국토 1/3이 침수된 파키스탄의 피해다. 파키스탄에서 2022년 5월 49℃를 웃도는 기록적인 폭염으로 빙하가 빠르게 녹아 하사바드 다리와 발전소 2개가 휩쓸려 가고 식수와 농업용수 공급 시스템이 파괴됐으며 주택 12채 이상이 유실됐다. 이것은 시작에 불과했다. 가장 비가 많이 내리는 우기(6~9월)에 들어서면서 일부 지역에서 평년보다 5~8배 많은 비가 쏟아졌고, 이상고온으로 늘어난 수증기와 빙하수로 인해 국토의 1/3이 침수된 대홍수가 발생했다. 1,700명 이상이 사망하고 약 3,300만 명 이상의 이재민이 발생했다. 특히, 파키스탄은 빈부 격차가 심하고 어려운 지역 주민들이 많아 이재민으로 살아가기 더욱 어렵다. 더불어 기후위기로 극심한 피해 입을 수 있는 나라 중 하나로 우려를 낳았다.

두 번째 사건은 40년 만에 최악의 가뭄을 겪은 '아프리카 뿔' 지역이다.

___

13) 뉴스펭귄(2022). 2022 뉴스펭귄 선정 10대 기후뉴스. 2023년 3월 2일 검색.

"아프리카 뿔" 지역은 코뿔소처럼 튀어나와 있는 아프리카 북동부 지형을 뜻하는 명칭이다. 이 지역에 속하는 나라는 에티오피아, 소말리아, 케냐, 지부티, 에리트레아 등이 포함된다.

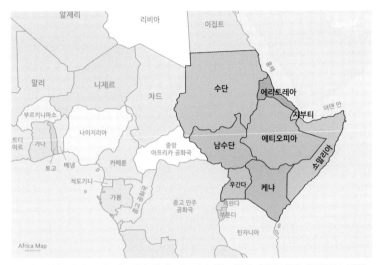

[컨설월드와이드 '생존을 위한 투쟁: 아프리카 뿔 지역의 인도주의적 상황'에서 인용]

그런데 이 지역에 지난 4년간 우기인 3~5월에 평년보다 훨씬 적은 비가 내리면서 40년 만에 가장 긴 가뭄이 이어지고 있다. 유엔식량농업기구(FAO)는 이번 가뭄으로 작물이 시들고 가축 150만 마리가 폐사해 주민 1,200~1,400만 명이 기아 및 영양실조에 처했다고 경고했다. 그로 인해 야생동물까지 먹을 것이 부족해 굶어 죽거나 식량을 찾아 민가까지 오가며 사람들과의 갈등이 심해지고 있다. 에티오피아의 경우, 최악의 가뭄으로 자원과 먹을 것을 제공할 여유가 없는 부모들이 딸의 결혼을 종용하면서 조혼율이 1년 전보다 약 4배가량 급증했다. 이렇듯 기후위기가 "아프리카 뿔" 지역의 주민들과 야생동물을 위협하고 있다.

세 번째로는 기후위기로 인한 재난이 많지 않았던 <u>유럽이 폭염과 산불로 아수라장이 되었다</u>. 2022년 유럽은 500년 만에 찾아온 가뭄과 45℃를 웃도는 폭염으로 인명피해와 산불 피해가 많이 발생했다. 여름에 발생한 화재로 프랑스(약 6만ha, 서울 면적과 비슷), 스페인(24만 5,000ha), 포르투갈(7만 6,000ha)의 숲이 소실되었다. 그 외에도 이탈리아와 튀르키예는 극심한 가뭄으로 강물이 마르면서 2차 세계대전 당시 침몰한 선박과 고대도시가 발견됐을 정도이다. 이러한 위협은 선진국이라고 벗어날 수 없음을 잘 알려준다.

네 번째로 <u>스리라차 소스가 기후위기로 생산이 중단</u>된 사례이다. 식량 위기는 기후문제에서 가장 극적으로 나타나는 현상이다. 특히, 2022년 멕시코에서는 극심한 가뭄 때문에 스리라차 소스의 원재료인 칠리페퍼의 품귀현상이 발생했다. 그로 인해 약 5개월간 생산 중단이 결정됐다. 이러한 현상은 곳곳에서 발생한다. 특히, 우리나라의 경우 극심한 폭우와 한파로 배추가 잘 성장하지 않아 배춧값이 급등하고, 김장철에 큰 위협을 받기도 했다. 또, 기후위기로 커피 생산량이 급격히 감소하면서 원두값이 급등했다.

다섯 번째로 뉴질랜드 바다서 <u>표백된 해면이 대량으로 발견</u>됐다. 표백되었다는 말은 백화현상과 비슷한 의미이다. 2022년 4월 뉴질랜드 해안은 평년보다 약 2.6℃ 높았다. 이 때문에 유네스코 세계유산으로 지정된 피오르랜드 국립공원에서 표백된 해면이 수백만 마리 이상 발견됐다. 해면이 다양한 해양생물에게 먹이와 피난처를 제공하나, 대량 폐사할 가능성이 높아져 해양생태계에 악영향을 끼칠 것으로 우려된다. 이는 산호초가 백화현상으로 고사하는 상황과 비슷한 위기라 할 수 있다.

여섯 번째로 2022년에 전 세계적으로 확산된 '엠폭스', 일명 원숭이두창의 발병 원인 중 하나가 기후위기라고 말한다. 2022년 8월 뎅기열, 에볼라, 임질 등 인간에게 영향을 미치는 질병 375가지 중 218가지(약 58%)가 기후위기의 직·간접적인 영향을 통해 악화될 수 있다는 연구결과가 나왔다. 곤충에 의한 바이러스는 기온 상승이 숙주 생존 영역에 영향을 미치기 때문에 기후위기와 연관이 있다. 또, 기후위기로 인해 먹이사슬 최상위 포식자들이 사라지면서 설치류 개체 수가 급증해 질병의 전파 가능성이 높다. 삼림벌채와 기후위기로 서식지를 잃은 생물들이 인간과 접촉해 질병을 전파할 수도 있다. 이러한 한 사례가 코로나-19라고 하겠다.

일곱 번째로 <u>야생동물이 기후위기로 인해 위협</u>을 받고 있다. 야생동물의 식성이 바뀌고 있다. 북극곰은 북극 해빙 위에서 바다표범, 물개를 사냥해 먹는다. 하지만 수온 상승으로 사냥할 수 있는 기간이 짧아지면서 배고픔을 채우기 위해 쓰레기를 뒤진다. 플라스틱 폐기물과 매립지의 독성가스에 노출될 우려가 크다. 하지만 이는 북극곰만의 문제는 아니다. 인간사회와 야생동물들 간의 간격이 분명해야 하나, 기후위기로 인한 식량수급에 어려움을 겪는 야생동물이 인간사회로 넘어와 인간을 위협하며, 반대로 야생동물이 지역사회를 보호하기 위해 죽음을 맞게 된다. 이 부분을 안타깝게 여겨야 한다.

이러한 문제만이 아니다. 전 세계적으로 바라보면 더욱 심각한 위협을 느낄 수밖에 없다. IPCC 보고서에 따르면, 최근 기후변화는 광범위하고 빠르고 더 심해지고 있다고 설명한다. 전 지구 평균온도는 약 1.1℃가 올랐는데, 이로 인해 지구온난화로 해수면은 최소 지난 3,000년 기간 중 가장 빨리 상승할 정도로 진행되었다. 또한 북극의 빙하 면적은 지난 1,000년 기간 중 가장 적게 형성되었다. 더불어 전 지구의 빙하 감소는 최소 2,000년 기간 중 전례 없는 속도로 빠르게 진행되고 있다. 그리고 지구온난화로 인해 극한 고온의 빈도와 강도가 증가했으며, 1970년 이래 해양산성화, 1990년대 이후 전 지구 빙하 감소, 1979년 이래 북극 해빙 40% 감소 등의 주요 원인이 인간일 가능성이 매우 높다.

이러한 지구온난화와 기후변화로 인해 지구는 신음하고 있다. 지구는 하나님이 만드신 아름다운 세상이지만 우리가 회복시키려 노력하지 않았다. 인간이 이 세상을 파괴하고 있음을 부정할 수 없다. 먼저 신음하고 있는 현상을 알아보고자 한다.

먼저 물 부족 문제가 있다. 기후위기는 일부 다습한 지역에서는 강우량이 약 40%가량 증가할 것으로 보이며, 남유럽과 미국 남서부, 아프리카 사헬 지역 등 건조한 열대지역의 강우량이 약 30% 이상 감소할 것으로 예상[14]된다(반기성, 2016). 이는 전 지구 면적의 19%인 3,000만㎢가 사막화된다는 의미이다. 이로 인해 1억 5,000만 명이 생존의 위협을 받을 것으로 보인다. 미국 캘리포니아 지역과 남부 유럽 그리고 아프리카 사헬지대는 극심한 가뭄과 건조화된 상황으로 산불이 발생하고 사막화가 확대되고 있다. 이제는 물이 국제간 분쟁의 한 원인 될 것이라는 세계물정책연구소장의 언급이 뇌리에 스친다. 특히, 물은 바다(97.2%), 빙하나 눈(2.15%), 호수나 강, 지하수(1% 미만)에 있는데, 그중에서도 우리가 마실 수 있고 식물을 성장시킬 수 있는 물 즉, 담수가 급격히 줄어들고 있다. 대수층도 세계적인 사막화와 가뭄 때문에 물 사용량이 증가하면서 빠르게 고갈하고 있다.

미 항공우주의 제트추진연구와 UC어바인 대책 연구(2003~13)에 의하면, 세계 37개의 대수층을 분석한 결과 21개가 티핑포인트를 넘어 고갈이 심각하게 진행 중이다. 그 중에서 13개 지역은 심각하고, 8개 지역에는 물을 자연적으로 보충하는 것 자체가 불가능한 상황이다. 사우디아라비아, 인도 북서부, 파키스탄, 북아프리카 지역이 특히 심각하다. 그리고 미국의 캘리포니아, 멕시코만 연안 지역(플로리다, 루이지애나, 텍사스 등)과 유럽의 프랑스, 러시아, 발트해 연안, 아프리카의 이집트, 리비아, 나이지리아, 니제르 등도 있으며, 호주 북서부의 케닝 분지와 아시아의 중국 해안 도시(베이징, 상하이)

---

14) 반기성(2016). 기후와 환경 토크 토크. 프리스마.

도 심각하다.

그리고 북극 빙하가 녹으면 우리 삶에 엄청난 변화가 찾아올 것[15]이다. 가장 먼저 느끼는 것이 바로 "혹한"이다. 날씨 뉴스를 겨울에 듣다 보면 시베리아 찬바람이 우리나라로 불어와 혹한이 찾아왔다는 언급이 많다. 이러한 혹한의 날씨가 점점 더 많아지고 있다. 2009~2012년 겨울에 우리나라는 혹독한 겨울을 맞았다. 북극 빙하가 녹아 추위가 닥쳤기 때문이다. 그리고 2013년 새해 벽두 세계 기상이 심상치 않았다. 북미는 최악의 한파, 남반구의 아르헨티나는 기록적인 폭염으로 인명피해가 속출했다. 예년보다 북극해 상공에 구름이 많아 햇빛이 잘 들지 않고 폭풍이 많이 발생해 얼음이 녹는 속도가 주춤했기 때문이다.

반면에 만년설인 수많은 빙하가 녹으면서 '빙하 쓰나미'가 곳곳에서 발생하고 있다. 특히, 네팔은 기록적인 무더위로 빙하가 녹으면서 호수를 둘러싼 댐이 무너져 사망자가 발생하는 형국이다. 네팔뿐 아니라 남미의 파타고니아, 페루의 윤가이 만년설 빙하가 녹으면서 쓰나미로 바뀌고 있다. 네팔에는 2,300여 개의 빙하 호수가 있는데, 그 가운데 최소 20개의 댐이 터질 위험을 안고 있다. 이처럼 지구온난화는 빙하의 눈물을 직접 볼 수 있으며, 모든 생태계에 커다란 위협을 주고 있다.

역사상 심각했던 가뭄을 보면, 브라질의 북동부가 있다. 이곳은 1950년대부터 90년대 말까지 무려 40년간 가뭄이 지속되어 파탄 지경에 이르렀다. 약 1,000만 명의 주민이 식량난과 물 부족으로 선인장과 곤충을 잡아먹으며 겨우 연명했다. 그리고 1800년대 말 3차례의 엘리뇨 현상으로 인해 인도, 중국, 아프리카, 남미 등지에서 약 7,000만 이상이 굶어 죽었던 사건이 있었다. 마찬가지로 우리나라의 가뭄 기록을 보면, 고려시대 36회, 조선시대 490년 동안 총 100회의 가뭄이 기록되어 있다. 또한 대한민국 정부가 들어서면서 더 자주 가뭄이 극심해지고 있다. 전 지구적 대가뭄의 전조가 보이고 있으며, 한반도에도 대가뭄이 닥칠 것이라는 예측이 있다. 기후위기는 현재진행형이고, 미래세대에게만 중요한 것이 아니라 지금 우리에게도 중요함을 잊지 말아야 한다.

또한 인류는 "폭염"으로 신음하고 있다. 극심한 폭염은 화석연료의 과도한 사용으로 발생한다. 지구온난화는 우리가 벗어날 수 없는 기이한 현상이다. 지구온난화로 인해 엘리뇨는 더욱 강해져 '슈퍼 엘리뇨'로 이어진다. 슈퍼 엘리뇨가 발생하면 남미나 중미 지역에 폭우가 쏟아진다. 호주, 인도, 동남아시아에는 극심한 가뭄이 찾아온다. 이러한 슈퍼 엘리뇨는 전 세계 곳곳에서 극

---

15) 반기성(2016). 기후와 환경 토크 토크. 프리스마.

심한 폭염을 일으키며, 그 결과 세계 곡물 생산의 극심한 감소로 이어진다. 또한 엄청 많은 사람이 폭염으로 사망하고, 재산의 피해도 감히 헤아릴 수 없을 정도로 크게 발생한다. 대표적으로 미국 켈리포니아 주에 최악의 가뭄이 강타했었고, 지난 2022년 유럽에 극심한 폭염이 발생했다.

이러한 폭염 뿐만 아니라 기후변화로 인해 다른 재앙들이 나타난다. 먼저 '메뚜기 공습'이다. 성경을 보면 애굽에서 생활하던 이스라엘 백성들이 노예로 고생했을 때, '메뚜기 재앙'이 닥친다. 이 공습이 최근 기후변화와 폭염으로 비슷하게 발생하고 있다. 2013년 2월, 모리타니에 수십억 마리가 공습했고, 8월에는 니제르에 곡식 50% 이상, 마다가스카르에 60% 이상을 먹어치우는 재앙이 발생했다. 또한 2011년 호주에서는 메뚜기 공습으로 인해 최악의 재해를 경험하게 되었다. 이러한 메뚜기들을 살충제로 죽일 수는 있지만, 일부 살아남은 면역이 생긴 메뚜기들이 무서운 속도로 번식하면서 더 큰 집단을 만들어 세력을 넓히고 있다.

다음으로 지진의 강도가 위협적일 정도로 높아지고 있다. 2023년 최악의 지진사태로 알려진 튀르키예·시리아 대지진('23.2.6, 진도7.8)과 같은 더 큰 지진이 많이 발생한다. 이전에는 중국 쓰촨성 대지진('08.5.12, 진도8.0)으로 8만 6,000여 명이 사망했고, 동일본 대지진('11.3.11, 진도8.4)으로 3만 5,000여 명이 사망했을 뿐 아니라, 핵발전소가 파괴되어 지금까지도 위협을 주고 있다. 이러한 대지진이 기후변화로 더 많아지고 있는 중이다.

마지막으로 여러 색의 비가 내린다. 황사가 지나가면서 흙비가 내린다. 흙비뿐 아니라, 검은 비, 붉은 핏빛 비, 우유빛 비 등이 내린다. 심각한 오염물질과 함께 내리는 검은 비는 2015년 네이멍구 고아얼산 시와 전남 여수 오염 사건('13.6.11, 율촌산업단지 공장 오염물질 노출)으로 발생했다. 검은 비는 생각만 해도 무섭다. 더 위협적인 것은 '붉은 핏빛 비'이다. 유럽과 인도에서 발생하는데 사하라 사막의 붉은 모래가 날려 섞이면서 발생한다. 특히, 2001년과 2012년에 인도에서 내린 비는 중금속 오염원이 함유되어 더욱 위험하다. 우윳빛 비는 미국 북서부 일부 지역에서 발생했다. 하나님이 창조하신 섭리대로 유지되지 않는 현상은 위험하다. 특히, 폭염과 기후변화로 찾아온 수많은 문제로 신음하는 지구 전체를 위해 우리가 무엇을 해야 하는지 고민해야 한다.

다만 우리는 다른 방향으로도 생각해 보아야 한다. 기후위기로 인권이 침해된 집단(조효제, 2020)을 생각해 보고 그들을 위해 도움의 손길을 건네야 한다. 이들은 기후위기 때문에 다른 인구 집단보다 악영향을 더 쉽게 받기 때문이다. 대표적인 집단이 토착민, 어린이와 청소년(혹은 미래세대), 이주자 및 연안 지방과 작은 섬나라 주민들 그리고 장애인과 여성, 노동자가 있다. 이렇게 열거하면 이렇게 말하기 한다. 이들을 제외하면 다른 집단은 얼마나 될까? 하지만 예상외로 악영향을 받는 사람들이 많다. 그러나 그렇지 않은 경우가 더 많다. 그래서 간략히 이들이 왜 더 악영향을 받는지 생각해 보자.

첫째, <u>토착민</u>들이다. 원주민이라고 말하기도 하는데, 이들은 자신이 뿌리내리고 살아가는 산림, 하천, 평원, 고산지대 등 자연환경이 중요하다. 그래서 이들은 흔히 토지와 자원을 함께 공유하며 활용한다. 그리고 하나님이 만드신 공간과 동·식물을 돌봄의 대상으로 본다. 하지만 생활 터전에서 기후위기가 이어져 그들의 생명권, 생존권, 생계권이 박탈될 위기에 처했다. 특히, 지금도 토착민이 기후위기와 자신의 환경권을 유지하기 위해 노력하지만 수천 명 이상의 환경운동가들이 살해되고 있다.

둘째, <u>어린이와 청소년</u>들(미래세대)이다. 특히, 폭염으로 가장 직접적인 영향을 받는다. 폭염에 노출된 어린이는 일사병, 열사병, 탈진, 근육강직, 열경련, 홍색 땀띠, 피부 화상과 물집, 탈수, 염분 부족, 식중독을 겪을 확률이 상당히 높다. 또한 급격한 기후변화가 오면 인권을 유린당하기 쉽다. 생계를 위해 노동 현장에 내보내지는 경우가 많아지고, 여아의 노동은 인신매매로 이어지기 쉬워 위험하다. 생활이 어려워지면서 딸을 조혼시키는 경우가 늘어나기도 한다. 현재의 기후위기가 지속 불가능할 정도로 심해진다면 미래세대의 권리 특히, 환경권과 생존권이 보호받지 못할 것이다. 이러한 것은 '세대 간의 형평성'에 불합리한 부분이다.

셋째, <u>이주자, 연안 지방과 작은 섬나라 주민</u>들이다. 기후위기로 수많은 이재민이 발생한다. 특히, 연안 지방과 작은 섬나라 주민들이 해수면 상승으로 더 큰 위협을 받으며 난민이 되어 간다. 이들이 어떠한 상황에서도 최소한의 존엄을 지킬 수 있도록 도와야 한다. 예를 들어, 투발루는 매년 해수면 상승의 위협으로 이민을 원하는 사람들이 많지만, 호주는 받아주지 않고 있으며 뉴질랜드는 매년 75명만을 받고 있다. 거기에도 엄청난 기준이 있다. 그러므로 요구를 하는 것이 아니라, 위험을 안고 있는 기후난민들을 받아주는 모습이 이어져야 하지 않을까 싶다.

넷째, <u>장애인</u>이다. 기후위기는 비장애인에게도 큰 위협이 된다. 하지만 장애인의 생명, 안전, 건강을 심각하게 위협한다. 예를 들어, 음식과 영양, 식용수, 위생시설 접근성, 의료와 의약품, 치료와 재활, 교육과 훈련, 거주 등의 문제에 치명타를 준다. 기후위기가 심각해지면 건강상 영향을 많이 받을 수밖에 없게 되고, 더불어 기존의 건강 불평등 및 의료 불평등이 악화될 가능성이 농후하다. 또한 그들의 일자리도 위협을 준다. 비장애인들보다 더 큰 피해를 받을 수밖에 없는 것이다.

다섯째, <u>여성</u>이다. 여성에 대한 인권침해와 불평등 사례는 상당히 많다. 이러한 현상이 '기후위기'로 더 심화될 수 있다. 동일한 기근 상황일 때, 남성 대비 여성들이 영양부족을 더 심하게 겪는다는 보고서가 있다. 기상재해와 식량부족이 현실이 되면 여성을 상대로 한 '젠더 기반 폭력'이 더욱 많아질 우려를 낳게 된다. 그만큼 우리는 여성들을 생각해야 한다.

여섯째, <u>노동자</u>다. 기후위기의 현상으로 폭염이 극심해지면 제일 직접적인 영향을 받는 직업군이 옥외 작업자, 건설노동자, 산업노동자, 이주노동자이다. 기후위기가 심해질수록 현장 노동자들의 인권침해는 기하급수적으로 늘게 된다. 그래서 이들을 위한 대응책이 필요하고, 더 나아가 기후위기를 빠르게 해결해야 한다.

기후위기와 생태계
―기후위기로 인해 닥친 인간과 그 안에 함께하는 피조물들의 현실

전 세계적으로 난민은 2,710만 명(2021년)으로 나타났으며, 강제실향민을 포함하면 8,930만 명이다. 하지만 환경난민은 국제법으로 인해 난민으로 인정받지 못하고 있다. 환경난민 중에서도 기후위기로 인해 극심한 환경의 변화로 영향을 받아 난민이 된 수많은 기후난민이 존재한다. 기후위기의 상황으로 생존의 위협을 받아 집을 떠난 사람들이 급격하게 많아지고 있다.

많은 전문가는 다음과 같이 말한다. "기온 상승 1.5℃를 막지 못하면, 환경난민이 10억 명이 될 것이다." 2008년 이후, 매년 약 2,150만 명의 사람들이 기후변화 현상으로 피난길을 오른다. 그리고 2019년 생태 위협요소들로 전 세계적으로 약 3,000만 명이 난민이 됐다. 물, 식량부족, 인구증가율, 홍수와 태풍, 가뭄, 이상기온, 해수면 상승 등의 영향 때문이었다. 한마디로 정리하면, 기후위기는 현실이고 그 현실은 누구에게나 아주 위협적일 수 있다.

대표적으로 기후난민이 많이 발생하는 곳을 보면 다음과 같다. 해수면 상승으로 영향을 받는 나라들인 투발루(40년 내 국토 사라질 위기), 키리바시, 솔로몬제도(현재 7개의 섬 중 2개 섬 수몰), 몰디브, 피지, 방글라데시(뱅골만 연안 쿠툽디아 섬 면적의 85%가 줄었고 수도 다카 인구의 35%가 사는 빈민가가 해수면 상승으로 위협), 극심한 가뭄과 사막화로 영양실조와 국가 재난상태가 이어지고 있는 사헬 지대(매년 70만 명 이상 난민 발생)의 나라들, 비옥한 초승달 지대라 불릴 정도로 풍요로웠던 땅에서 기후위기로 불모지가 된 땅으로 변화되어 2011년 내전이 발생한 시리아, 고비사막의 극심한 사막화로 유목민들의 생활이 변화되어 난민이 된 몽골 유목민들, 부패한 정치 권력이 정권을 잡고 산림 훼손, 가뭄, 인구과잉이 겹친 아이티까지. 전 세계적으로 기후난민은 계속 급증하고 있다. 언급한 나라들뿐 아니라, 기후난민은 언제 어디서나 발생할 수 있을 만큼 상황이 좋지 않다.

그렇다면 기후위기가 인권을 침해하는 범주는 어떻게 될까? 단순히 먹고 사는 문제에만 연계된 것일까? 이에 대해 생각해 보자. 첫 번째로 인간의 생명권을 침해한다. 기후위기는 강력한 기상재앙을 동반한다. 그러므로 많은 사람이 죽어갈 수밖에 없는데, 특히 저개발국가 국민의 몫으로 돌아가고 있다. 그렇기 때문에 생명권을 침해한다는 것에 부인할 수 없다.

두 번째로 건강권을 침해한다. 기후변화는 각종 전염병을 창궐시킨다. 우리가 오랫동안 힘들어했던 코로나-19로 시작하여 메르스, 에볼라 바이러스는 기후변화로 인한 결과물이다. 그리고 전 세계적으로 전염병이 자주 전파될 것으로 보인다. 그렇기에 기후위기 현상을 해결하는 것이 건강권을 회복하는 데 도움을 줄 것이다.

마지막으로 생계권을 침해한다. 기후변화로 가뭄이 들거나 폭우가 쏟아지거나 다양한 기상재앙이 나타나 대기근 사태가 발생하고, 땅이 사막화되며, 바닷물이 침수되어 식량을 생산하는 데 어려움을 겪는다. 이처럼 3가지 인권의 범주는 우리에게 기후위기를 반드시 해결해야 하는 하나의 목적이다.

그렇다면 그리스도인으로서 우리는 어떻게 기후위기로 인해 발생한 수많은 난민을 도울 수 있을까? 성경은 다음과 같이 말한다. "이웃을 사랑하는 사람은 이웃에게 해로운 일을 하지 않습니다. 그러므로 사랑한다는 것은 율법을 완성하는 일입니다."(롬13:10, 공동번역) 하나님의 뜻을 온전히 이루기 위해서는 먼저 기후위기를 극복하고, 기후난민을 돕는 역할을 해야 한다. 우리의 주변 이웃인 다른 피조물에게도 똑같은 일을 감당해야 한다. 이는 생물다양성을 유지하고, 생태계를 파괴하는 않는 것이라고 말할 수 있다.

"도움을 청하는 손을 뿌리치지 말고 도와줄 힘만 있으면 망설이지 마라. (잠3:27, 공동번역)" 선교라는 명목하에 우리는 전 세계로 하나님의 말씀을 선포하고, 복음을 전하고 있다. 난민을 돕는 사역도 한다. 하지만 안타까운 것은 피해를 입은 자들을 위한 선교에만 몰두한다는 것이다. 우리는 사전 예방하는 역할도 해야 한다. 하나님이 만드신 아름다운 세상이 파괴되지 않도록 하는 것과 기후위기를 극복할 정책을 세우고 실천해야 한다.

그렇다면, 성경의 말씀을 토대로 기후난민을 돕는 손길은 무엇이 있는지 생각하고자 한다. 현재까지 환경 난민을 돕는 우리나라의 기독교 단체나 교단은 존재하지 않는 것으로 보인다. 물론 세부적으로 일부분 돕고 있을 수는 있겠지만 전체적으로 보이지 않는 것은 사실이다. 그리고 전 세계적으로 보아도 환경문제를 지원하는 단체와 교단도 많지 않다.

다만, 기후난민 문제를 해결하기 위해 대책을 세운 교단은 미국의 United Church of Christ(UCC, 연합그리스도의 교회)가 있다. 이들은 시리아 난민과 이주 난민을 돕는 'Refugee Emergency Fund'를 조성하여 극심한 가뭄으로 최악의 상황에 닥친 이들을 돕고 있다. 2015년에 세워진 월드릴리프(World Relief)는 선한 사마리아인의 비유를 모티브로 하여 시리아 난민이 정착할 수 있도록 하고 있다. 하지만 앞에서 언급한 것처럼 기후난민은 언제 어느 곳에서나 발생할 수 있기에, 재난을 경험한 이들만 돕는 것이 아쉽다.

이제 우리가 고려해야 할 사항과 나아갈 방향을 제안한다. 첫째, 기후난민을 줄이기 위해 교회와 기독교 단체 그리고 교단이 협력해야 한다. 사전 예방하는 것만큼 중요한 것은 없다. 특히, 기후위기는 누구에게나 닥칠 수 있다. 더불어 국제사회와 정부가 역할을 잘 감당할 수 있도록 요구하고 감시하며 우리의 힘을 보여줘야 한다. 나 자신과 내 가족, 그리고 내 이웃과 모든 피조물의 안녕을 위해 기후난민을 줄여나갈 최선의 노력이 필요하다.

둘째, 기독교의 중심이 되는 내용인 "사랑"을 토대로 기후난민에 대한 이해와 관심을 증대시키는 것이 필요하다. 내 이웃을 내 몸과 같이 사랑하는 것이 우리의 사명이기에 관심을 더욱 높여야 한다. 그럴 때, 하나님께서 기후위기에 처한 수많은 사람을 향해 나아갈 방향으로 인도하실 것이다.

셋째, 각 교파(교단)와 기독교 단체는 기후난민을 위해 함께 협력할 수 있는 위원회 또는 기구를 조직해야 한다. 현재 존재하는 조직으로는 기후난민을 돕기에 부족하다. 자신들의 업무가 분명히 있기 때문이다. 기후위기로 인해 발생하는 난민을 위한 전문 조직을 만들면 좋다. 이는 환경선교의 일환이다. 마치 환경 난민을 위해 기금조성을 하는 United Church of Christ(연합그리스도의 교회)나 환경피해 지역과 연결된 지원체계를 구축하고 있는 대자연과 같은 역할을 해야 한다. 이러한 모습을 통해 기후난민을 도울 수 있다.

생물다양성의 위협, 생태계의 파괴

기후위기의 문제는 인간에게만 영향이 있는 것이 아니다. 생물들에게도 큰 영향을 끼친다. 하지만 어떤 사람들은 생태계가 기후변화로 영향을 받기는 하지만, 그렇게 큰 문제가 아니라고 말하기도 한다. 하지만 기후위기는 생태계를 파괴하고, 적응하지 못한 생물은 위협을 받아 생물 다양성이 훼손될 가능성이 크다. 우리는 기후위기로 발생한 난민뿐만 아니라 생태계를 보호하고 생물 다양성을 보존하기 위해 노력해야 한다.

기후위기로 인한 생물 다양성 위협의 결과는 다음과 같다. 첫째, <u>바다가 죽어간다.</u> 바다는 지구온난화를 막는 데 큰 역할을 하고 수많은 해양생물의 서식처다. 바다의 특성상 쉽게 뜨거워지지 않고, 빨리 식지도 않는다. 하지만 이런 바다가 뜨거워지고 있다. 데이비드 누스바움 세계자연보호기금 영국 대표는 "해양은 기후조절과 탄소감소, 글로벌 경제성장 지원 등 수십억 지구의 삶에 중요한 역할을 해왔다. 그러나 최근 지구 해수 온도가 상승하고 있다." 라고 경고[16]했다. 바다의 자산 가치는 약 24조$에 이른다. 바다의 경제적 가치가 해수 온도 상승으로 줄어들고 있다. 어류자원의 급속한 감소와 연안 어패류의 폐사, 해조류의 생산이 줄고, 열대의 독성생물이 창궐하는 등의 문제가 발생하고 있다. 또한 콜레라와 같은 전염병도 창궐했다.

바다의 다른 문제는 산성화, 플랑크톤 문제, 그리고 해파리의 출현이다. 먼저 바다의 산성화는 이산화탄소 증가가 원인이다. 바다가 이산화탄소의 1/3을 흡수하는데, 수용 가능한 용량 이상을 흡수하는 중이다. 그로 인해 이산화탄소가 석회석 성분 중 탄산이온을 소모해 바다가 산성화되었다. 이러한 산성화가 급증하면서 다양한 해양생태계에 문제가 생겼는데, 그중 대표적으로 후각이 민감한 상어가 산성화된 바닷물 때문에 오징어 냄새를 전혀 맡지 못하게 됐다. 바다의 환경이 변하면서 해양생물들이 위험에 처해 있다.

다음으로 플랑크톤 문제다. 출애굽기 7장을 보면 모세가 애굽에서 나일강의 물을 온통 핏빛으로 바꾼 사건이 기록되어 있다. 이는 아마도 식물성플랑크톤으로 인한 적조 현상이라 예상된다. 플랑크톤은 바다에서 조건만 맞으면 급속하게 증가한다. 이산화탄소로부터 유기물을 만드는 것의 90%를 담당하며, 빛이 필요해 200m 이내에만 사는 플랑크톤이 기후변화로 인해 적응하지 못해 멸종할 위기에 처해 있다. 하지만 이러한 식물성플랑크톤은 기후변화를 막는 방어막의 역할을 한다. 그러므로 바다를 위해 식물성플랑크톤을 잘 유지할 수 있도록 해야 한다.

마지막으로 바다에서 중요한 기후변화의 메시지라 할 수 있는 '해파리의 급증'이라 하겠다. 지난 2007년부터 매년 여름 해수욕객이 독침을 맞아 피해를 보는 사례가 늘어나고 있다. 민감 체질이면 쇼크 상태에 빠져 사망에 이를 수도 있다. 해파리의 급증은 기후변화로 인해 발생하는 해수 온도의 상승과 연관이 있다. 해수 온도의 상승은 플랑크톤을 증가시키고, 동물성 플랑크톤을 좋아하는 해파리가 급증해 해양생태계를 파괴하여 지구온난화에 의한 재앙으로 이어질 수 있다. 즉, 기후위기의 문제가 단순히 사람과 땅에서만

---

16) 반기성(2016). 기후와 환경 토크 토크. 프리스마.

발생하는 것이 아니라, 지구 전체에 위협을 주고 있음을 잊지 말아야 한다.

바다만의 문제가 아니다. 연안 생태계[17]도 기후위기로 신음한다. 바다가 주는 천연 보고는 '해안사구'이다. 우리나라에도 수많은 해안사구가 있지만, 제대로 보존된 곳은 거의 없다. 앞에서 본 것과 같이 동해안이나 제주도의 해안사구는 거의 황폐되거나 사라졌다. 그나마 서해안의 신두리해안사구와 같은 곳은 잘 보존되고 있다. 해안사구는 하나님이 바다와 연안 생태계를 유지하고 살아갈 방안을 마련해주신 아주 중요한 지대임을 잊지 말아야 한다.

그렇다면, 신음하고 있는 연안 생태계에서 '해안사구'가 빠르게 사라지고 있는 것이 왜 중요할까? 그 이유는 다음과 같다. 첫째, 천연제방의 구실을 하기 때문이다. 강력한 파도 에너지를 분산시키며, 땅으로 넘어오는 바닷물을 막아준다. 특히, 서해안의 신두리해안사구는 중국 및 몽골에서 황사가 넘어와 해안사구를 형성했다. 하지만 중국 동부지역에 많은 공장이 세워지면서 화석 연료에서 나오는 수많은 오염원이 함께 들어와 황사가 나쁜 이미지로 바뀌었다. 이는 자연제방이다.

둘째, 담수 지하수의 저장고다. 해수와 담수는 분리되어야만 사람들과 담수로 자라는 생물에게 도움이 된다. 바다에 사는 해양 동물이나 식물을 제외한다면 분명 담수 지하수가 가장 중요하다. 그러므로 바닷가에 해안사구가 존재하지 않는다면 담수도 존재하기 어렵다. 바닷물이 내륙으로 침투하지 못하게 하는 역할을 한다. 그리고 모래가 필터가 되어 물의 정화능력도 탁월해 좋은 담수를 제공한다.

셋째, 독특한 생태계의 보고지역이다. 특히, 염생식물과 같은 희귀식물의 서식지로 알려져 있다. 서식환경이 매우 열악(강한 햇빛, 강한 바람, 염분, 물 부족 등)한 갯잔디, 갯방풍, 갯메꽃 등 매우 희귀한 식물만이 자라는 곳이다.

마지막으로 **기후위기와 관련**이 있다. 지구온난화가 지속 되면 해수면 상승은 불 보듯 뻔하다. 그러한 해수면 상승의 문제를 해결할 수 있는 것이 해안사구다. 해안사구가 사라지면 폭풍해일 발생빈도가 높아지고, 해수면 상승으로 해안 서식지와 시식종의 변화를 막지 못할 것이다. 사람에게도, 해안에 사는 생물에게도 큰 도움이 된다.

다음으로 해안사구와 같이 중요한 것이 "갯벌"이다. 하지만 갯벌도 무수히 많은 개발로 사라지고 있다. 우리나라의 서해안 갯벌은 세계 3대 갯벌이었지만, 현재는 세계 5대 갯벌로 하향 조정됐다. 갯벌은 지구에 존재하는 생물의 약 20%가량이 사는 생물 다양성의 보고다. 이러한 갯벌에서 전체 어획량의

---

17) 반기성(2016). 기후와 환경 토크 토크. 프리스마.

약 60%, 육지의 생산성보다 9배 높은 가치를 가진다. 또한 오염을 정화하는 기능을 갖고 있으며, 자연재해를 예방하고 기후조절의 기능을 갖는다. 즉, 해일의 세력을 약화시키고 해안침식을 막아주며, 이산화탄소의 양을 조절해 주는 완벽한 가치를 지닌다. 하지만 이러한 갯벌이 사라지면서, 연안 생태계도 기후위기의 영향을 크게 받고 있다. 새만금 간척지처럼 갯벌을 없애고 땅을 개간하는 것은 금해야 하고, 조력발전소를 지으려 한 어리석은 행동도 막아야 한다. 갯벌을 보존하는 것 자체가 기후위기를 막을 수 있는 하나의 좋은 방안이다. 갯벌에 서식하는 수많은 생명체를 위하고, 기후위기의 재난을 막아주는 중요한 역할을 한다는 것을 잊지 말자.

세 번째로 백화현상으로 인해 "산호"가 사라지고 있다. 산호초는 지구의 기온 변화를 알려주는 매우 중요한 기후지표다. 하지만 2008년 국제자연보호연맹은 전 세계의 산호초의 1/5이 이미 사라졌다고 밝혔으며, 앞으로 20~40년 안에 대부분의 산호초가 사라질 것이라 보고했다. 세계 최대 산호초지대인 '그레이트 베리어 리프'도 예외가 아니다. 수온 상승으로 산호초가 취약한 상황이며 바닷물이 황폐되고 있다. 기후위기가 발생하면서 급격히 많아진 이산화탄소가 바닷물을 산성화시켜 기후변화에 문제가 되고 있다. 더불어 해수면이 상승하면서 산호초가 살아남기 위해 해수면을 따라 빨리 쌓아 올려야 하는 압력을 받는다. 이처럼 산호초는 아주 중요한 기후위기의 지표이자, 해양생물이 살아갈 수 있는 아주 중요한 숲과 같은 존재이므로 연안 생태계가 위협받고 있음을 잘 알려준다.

마지막으로 연안 생태계를 보호해주는 '맹그로브'가 사라지고 있다. 맹그로브 나무는 아열대 남쪽 해안선 부근에 살아가는 나무들로, "천연방파제"라 불린다. 파도를 완화 및 분산시키며 해안침식을 방지하는 역할을 하고, 다양한 수산물의 어획 장소이며 목재와 숯의 원료로 활용된다. 또한 해양생태계를 보호하고, 퇴적물과 영양 염류를 여과하며, 물속 오염물질을 흡수시킨다. 그리고 1ha 당 690~1,000톤의 이산화탄소를 줄여준다. 이런 맹그로브나무가 양식장, 주택단지의 건설, 호텔, 항만시설, 골프장 건설로 없어지고 있다. 맹그로브나무가 사라지면서 '연안 생태계'도 사라질 위기에 처해 있다. 기후위기를 막아주는 생태계를 회복시키고, 근원적으로 기후변화를 양산시키는 화석연료의 사용을 최대한 자제하는 모습이 필요하다.

우리는 지금까지 기후위기로 인해 바다와 연안 생태계가 신음하고 있음을 여러 사례로 알아봤다. 하지만 이것만이 끝이 아니다. 기후위기로 인해 동식물의 멸종 및 생물 다양성의 파괴가 이어지고 있다. 즉, 우리는 지구의 멸망의 문턱 바로 아래 서 있다.

지구온난화는 수많은 빙하와 만년설이 해빙되고 있다. 그로 인해 북극 빙하가 녹으면서 북극곰이, 남극 빙하가 녹으면서 황제펭귄이 위협을 받고 있다. 또한 히말라야 산맥이나 안데스산맥, 카프카스 산맥 등이 녹으면서 야크, 순록, 라마 등이 사라지고 있다. 이러한 위협은 지금도 계속된다. 또한 우리나라 고유종인 구상나무는 한라산과 지리산의 정상에 서식하는데, 온도가 계속 높아지면서 그곳에서조차 살 수 없는 위험한 상황이다. 수많은 구상나무가 고사했다. 이렇듯 지구온난화가 계속되면서 이전의 환경에서 살 수 없는 동·식물이 무수히 많다. 동·식물의 멸종은 하나님의 뜻을 거스르는 것이다.

다음으로 지구온난화를 막기 위한 최후의 보루와 같은 열대우림이 파괴되고 있다. 그로 인해 멸망의 문턱으로 더욱 가파르게 향한다. 2018년 나이지리아 열대우림이 소멸했으며, 세계 3대 열대우림이라 불리는 아마존, 인도네시아, 콩고강 열대우림은 심각할 정도로 급격히 줄어들고 있다. 농경지, 팜유와 같은 생산품을 만드는 공장이 계속 열대우림을 파괴한다. 그 결과, 수많은 생물이 멸종하고 있다. 대표적으로 중앙아프리카의 고릴라, 보르네오 열대우림에 있는 오랑우탄, 아프리카코끼리, 코뿔소 등이다. 기후위기는 수많은 피조물을 멸종위기의 위협 속으로 내몬다. 호랑이, 침팬지, 고릴라, 오랑우탄, 반달가슴곰, 긴팔원숭이, 산양, 황새, 도요새, 수달, 맹꽁이, 금개구리, 장수하늘소, 벌, 흰수지맨드라미, 광릉요강꽃 등이다. 그 외에도 헤아릴 수 없을 만큼 많은 동·식물이 사라지고 있다. 이러한 한 종 한 종의 생명체들이 사라지다 보면, 지구의 멸망까지도 위협받을 수밖에 없다.

나비, 벌, 식물 등 종의 감소가 계속 급증하면서 대멸종 사태를 우려할만한 상황이 왔다. 이러한 상황이 왜 발생하는 것일까? 우리는 변화시켜야 하는 중대한 기로에 서 있다. 발생의 이유는 인간의 활동이 만들어낸 지구온난화 때문이며, 이로 인해 인류가 생물 다양성을 파괴하고, 피조물의 멸종을 자초하고 있다. 지금 우리가 사는 세상을 보자. 우리 주변에 있는 동·식물이 얼마나 있는가? 우리가 키우는 반려동물과 식물이나 가축을 제외하면 거의 모든 생물이 보이지 않는다. 그만큼 멸종의 우려는 심각하다. 이러한 문제는 식량문제로 이어지고, 생태계를 온전히 유지해주는 벌과 같은 존재를 사라지게 만든다. 이것이 우리가 사는 현실이다. 하지만 하나님께서는 우리를 창조하시고 "생육하고 번성하라"(사람[창1:28; 9:1], 다른 피조물[창1:22; 8:17])고 명령하셨다. 이 명령은 인간에게만 해당되는 것이 아니다. 모든 피조물에게도 해당된다. 그러므로 이를 잘 수행해야 하는 것이 우리의 몫이다. 하지만 기후위기는 이미 시작되었고, 우리의 죄악을 잘 보여준다. 그러므로 우리 그리스도인이 어떻게 대응하느냐에 따라 하나님이 창조하신 세상이 어떻게 변할지를 잘 보일 것이다. 그러므로 우리가 주님의 문화명령에 따라 교회와 교단, 그리고 기독교 전체가 대응하는 것이 반드시 필요하다.

그리스도인으로서 교회와 개인적 대응하기
—더는 미룰 수 없는 '기후위기' 상황에 대한 자세

『외식하는 자여 너희가 천지의 기상은 분간할 줄 알면서 어찌 이 시대는 분간하지 못하느냐』 (눅12:56). 예수님의 말씀이 우리의 마음을 후빈다. 우리는 천지의 기상은 분간할 줄 안다. 하지만 그 내면은 정확히 알지 못하는 것 같다. 아니, 알려고 하지 않는 것 같다. 그렇기에 그리스도인으로서 기후위기가 당장 눈앞에 닥쳤을 뿐 아니라 큰 위협이 곳곳에서 진행되고 있어도 관심을 기울이지 않는다. 어떻게 생각하는가? 이 시대에 꼭 필요한 것은 어디에 있다고 보는가? 세계 각국은 탄소 중립을 강조하면서도, 자신들 나라의 경제를 우선순위에 두고 환경은 뒷순위로 밀어놓고 있다. 물론, 그것이 잘못된 것은 아니다. 하지만 이 문제를 단순히 세계가 동참하는 차원이 아니라, 함께 해결하고 회복해 나가야 하는 아주 중요한 문제임을 잊지 말아야 한다. 그래서 그리스도인으로써 교회와 개인적인 대응 그리고 함께 협력하는 것이 무엇보다 필요하며, 올바른 자세로 환경을 회복시켜야 한다.

요나서에 보면, 요나가 하나님께 원망하는 모습이 나온다(욘4장). 그는 해가 내리쬐어 기절할 지경이었다. '차라리 죽는 것이 낫다'는 말까지 한다. 그 모습을 현재 기후위기로 원망하는 우리의 모습과 관련지어 생각하면 좋겠다. 요나는 니느웨라는 큰 성에 하나님의 심판이 임할 것을 선포한 뒤, 시내를 빠져나가 동쪽에 가 앉아서 니느웨 성이 어떻게 되는지 본다. 그때, 하나님께서는 요나의 머리 위에 아주까리를 자라게 해 그늘을 만들고 더위를 면하게 하셨다. 하지만 이튿날 새벽에 벌레가 아주까리를 먹었고, 해가 뜨자 열풍이 불어 기절할 지경이 된다. 반면에 니느웨 백성들은 하나님의 경고를 듣고 온전히 회개한다. 이들의 모습은 분명 대비된다. 마치 기독교인인 우리가 구원을 얻었다는 생각에 빠져 기후위기에는 관심을 가지지 않는 것과 같다.

요나는 4장에서 더워 죽을 지경이라고 원망하며 불평을 터뜨린다. 우리도 기후위기로 발생하는 수많은 환경재앙—폭우 및 홍수, 가뭄 및 사막화, 산불, 규모가 큰 태풍 또는 허리케인, 강진, 해수면 상승, 생물 다양성 파괴, 극심한 무더위—에 대해 투덜거리고 원망만 하는 것은 아닌가? 니느웨 백성처럼 회개하고 온전히 하나님이 만드신 세상을 회복시켜 나갔는가? 우리에게는 결정과 실행이 이어져야 한다. 그러한 깨달음이 우선되어야 하고, 더는 미루지 않고 행동으로 이어져야 할 것이다.

더는 미룰 수 없다, 하나님이 만드신 세상을 향한 우리의 노력 필요

이산화탄소의 배출량은 산업혁명 이전에는 278ppm에 불과했지만, 지금은 420.23ppm으로 급증했다. 산업혁명 이전보다 약 1.1℃가량 상승했다. 원인은 지구온난화에 있다. 탄소배출량이 늘어나는 것은 상당히 위험한 신호다. 하지만 전 세계의 수많은 나라가 탄소 배출량을 줄이기 위해 적극적으로 실행하고 있지 않다. 파리협정에서 탄소 중립을 발표했지만, 많은 나라가 퇴보했다. 퇴보하지 않았더라도 탄소 중립으로 가기까지 시간이 필요한 나라가 많다. 우리나라도 마찬가지다. 지금의 정부는 과거로 회귀하는 모습을 보인다. 녹색에너지원이라며 핵발전을 확대하고 신재생에너지는 오히려 줄였다. 도대체 무슨 생각인지 전혀 알 수가 없다.

우리는 안다. 기후위기로 전 세계가 큰 위험 아래 살고 있는지 말이다. 코로나-19 같은 전염병의 원인 중 하나가 기후위기라는 사실도 틀림없다.

이뿐 아니라, 엘리뇨 현상은 더 자주 더 강하게 발생한다. 엘리뇨는 동태평양 한류 해역의 해수면 온도가 평년보다 0.5℃ 이상 높은 상태로 5개월 이상 지속되는 현상이다. 이 현상이 계속되면 연중 수온이 낮아 좋은 어장을 형성하는 지역이 황폐되어 어획량이 줄고, 중남미 지역은 폭우 및 홍수로, 반대쪽인 서태평양 주변인 인도네시아 일대는 가뭄으로 어려움을 겪는다.

또한 지진과 화산 발생이 빈번해진다. 2023년에 2월 6일 튀르키예와 시리아에 규모 7.8의 강진이 발생했으며, 3월 19일에 에콰도르에 규모 6.2의 강진이 발생했다. 이러한 강진이 세계 곳곳에서 자주 발생하고 있다. 이는 기후위기의 특징 중 하나이다.

우리나라의 2022년 여름과 가을에 발생한 태풍은 초강력 태풍이었다. 또한 같은 해 방글라데시에서는 이를 뛰어넘는 엄청난 폭우가 쏟아져 국토의 1/3이 침수되는 어려움을 겪었다. 반면에 양극화된 현상이 두드러지게 발생했다. 극심한 가뭄과 사막화 현상이 확대된 것이다. 두 현상은 극심한 기후난민이 증가하는 데 큰 역할을 했다. 특히, 사막화 현상은 중국 북부지역과 몽골, 그리고 아프리카 사헬지대에서 많이 발생하고 있다. 가뭄이 지속되면서 산불로 이어지는 경우도 허다하다. 우리나라도 2022년 한 해에만 강원도 고성, 경북 울진 등 산불의 피해가 컸으며, 미국 캘리포니아와 호주 등지에서도 산불이 계속 급증하고 있다.

마지막으로 심각할 정도의 테러가 증가하고 국가 간 분쟁이 빈번하게 발생하고 있다. 시리아는 내전으로 상당한 내홍을 겪고 있는데, 그 시발점은 극심한 가뭄에 기인한 것이었다. 그리고 2022년 시작된 러시아-우크라이나의 전쟁은 러시아가 천연가스와 같은 에너지원을 상당량 보유하고 있어서 다른 나라에 위협을 줘 전쟁에 반대할 수 없게 만드는 역할을 하기도 했다. 기후위기는 여러 다툼과 논란, 그리고 국가 간의 빈번한 분쟁을 야기한다. 그리고 선진국과 개발도상국 간에서도 상당한 내홍을 겪게 한다. 지금까지 산업혁명 이후 기후위기의 근본적인 원인이 된 선진국은 자신들이 모든 것을 책임지려 하지 않고, 모두가 함께 해결해야 한다는 논리를 내세우고 있다. 반대로 개발도상국은 선진국이 나서서 이 문제를 해결하라고 요구한다. 이러한 대립은 계속 이어지고 있으며 유엔기후변화협약 당사국총회도 최종 합의문을 발표하기가 어렵다. 하지만 대승적 차원에서 서로가 양보하고, 함께 문제를 해결해 나가야 한다. 기후위기는 당장 영향을 끼치고 있기 때문이다.

그렇다면, 그리스도인으로서 우리가 할 수 있는 일은 무엇이 있을까? 가장 중요한 것은 화석연료에서 뿜어져 나오는 이산화탄소(CO_2), 메탄(CH_4), 아산화질소(N_2O), 육불화황(SF_6), 수소불화탄소(HFCs) 및 과불화탄소(PFCs) 등을 줄이는 것이다. 이러한 온실가스는 지금껏 우리가 손쉽게 사용한 것들이다. 그 결과, 기후위기라는 엄청난 위협이 찾아왔다. 이러한 온실가스를 줄이고, 지구온난화를 해결하는 것이 무엇보다 시급하다. 물론 경제적인 부분과 각 나라의 상황에 따라 적응해야 하겠지만, 최우선 순위는 감축에 있다.

이 문제를 해결하기 위해 그리스도인들은 노력해야 한다. 첫째, 국가가 정책을 바꾸도록 요구하고 올바르게 투표하는 등 정책에 참여해야 한다. 최근 우리나라 정부는 기후위기를 감축을 통해 해결하기보다 과학적으로 해결하려는 움직임으로 선회하는 것 같다. 핵발전이나 친기업정책으로 이어지고 있다. 하지만 친기업정책도 친환경적인 측면을 다루지 않는다면 환경에 관심이 없는 나라에 수출될 확률이 높기에 어리석은 정책이라 봐도 무방하다.

둘째, 기업에 다니는 연구자들은 친환경 기술을 개발해 이산화탄소 등 온실가스를 줄여나가는 데 기여해야 한다. 에너지 기업의 경우, 대체에너지를 개발하고 이산화탄소를 많이 배출하는 곳들은 CCS(이산화탄소 포집 및 저장 기술개발)를 통해 이산화탄소 흡수 및 저장하는 일을 감당할 수 있다. 물론, 이러한 기술에는 탄소를 저장하면서 더 많은 에너지원을 사용할 수도 있지만 움직임은 필요하다. 건설회사는 주거환경의 패러다임을 패시브하우스 등 에너지원을 최소한으로 사용하는 것으로 바꿔야 한다. 제품을 만드는 회사의 경우, 이전 대비 적은 온실가스를 배출하는 것에 힘을 기울여야 하고, 제품을 만들 때 쓰는 자원을 최소한으로 하는 등 여러 연구와 적용이 필요하다.

예를 들어 00종이는 지속 가능한 종이사업을 하기 위해 여러 연구를 추진했다. 그 결과, 친환경용지를 많이 만들어냈고, 현재 FSC인증 종이를 판매하고 있다. 이러한 모습은 나무의 소비를 최소한으로 줄이는 것뿐 아니라, 그리스도의 정신을 토대로 하나님이 만드신 세상을 사랑으로 세워나가는 모습이다. 이처럼 기업의 대표, 임원, 직원들은 각자의 위치에서 하나님이 만드신 아름다운 세상을 회복해 나가고, 기후위기의 상황 속에서 조금 더 문제를 근원적으로 해결할 수 있는 지속 가능한 발전 및 생활을 영위하도록 열심히 협력해야 한다. 또한, 국가에서 지정한 환경 관련 법적 장치를 무시하거나 거스르지 않고, 잘 지키는 것도 중요하다. 환경 인증을 받고, 그에 잘 맞는 제품을 생산 및 판매하는 것도 마찬가지로 계속해서 이뤄져야 한다.

셋째, 교회가 할 일이 많다. 교회는 화려한 장식과 불빛이 있는 건축물을 많이 짓는다. 그만큼 산업의 많은 부분을 이용하고 있다. 그럴 때마다 드는 생각은 다음과 같다. '꼭 그렇게까지 건축을 새로 해야 할까?' 예배당에 교인들이 꽉 차 있지 않다면, 건축을 추진하는 것은 옳지 않다. 교회가 많은 땅과 건물을 소유하고 있는 것은 교만이다. 교회는 청렴하며, 환경에 대해 하나님의 관점으로 세워나가야 한다. 교회 안에서는 많은 물품을 사용하고, 식사가 활성화되어 있다. 하지만 식사를 하는 공간에서 일회용 쓰레기를 쉽게 볼 수 있다. 음질이 좋은 스피커와 무선마이크를 사용한다. 교인들은 교회에 올 때도 가까운 거리이든 먼 거리이든 거리낌 없이 차를 탄다. 이 모든 것이 이산화탄소 배출의 큰 원인이 된다. 그러므로 교회는 변화해야 한다.

하나님께서는 우리가 사랑의 마음을 가지고 세상을 관리하기를 원하시고, 절제를 통해 세상을 이끌길 원하신다. 교회가 나서서 에너지 사용을 줄이고, 다회용 물품을 사용하며, 꼭 필요하지 않으면 건축과 인테리어를 하지 않는 등 온전히 하나님의 관점으로 세상을 살아야 한다. 기후위기는 교회가 앞장서서 일으킨 '죄'일 수 있다. 지금까지 우리가 무분별하게 사용하고, 에너지원을 마구잡이로 쓴 결과이기 때문이다. 그래서 교회는 모든 부분에서 절제하고 문제를 해결하는 데 앞장서야 한다. 또한 교회 안에서 행하는 모든 사역과 계획이 하나님이 만드신 세상을 해하지 않는 범위 내에서 진행되어야 하고, 재사용과 재활용이 생활화되어야 한다. 마지막으로 국가와 지자체, 시민사회단체(환경단체)와 협력하여 문제를 해결해야 한다. 이것이 기후위기 시대를 살아가는 교회와 각 가정, 그리고 개인적으로 할 수 있는 일이다.

개인적 실천의 시작점은 '하나님 중심의 생각과 고민, 그 가운데 함께 행동하는 것'이다. 하나님이 만드신 아름다운 세상에 대한 관점을 일반적인 용어로 표현해 '친환경적인 생각과 고민'이라 할 수 있다. 옛 선조들의 지혜와 이스라엘 백성들의 지혜를 본받아 하나님의 뜻을 이뤄 나아가야 한다. 하지만 우리는 지역의 특성을 살려 친환경적으로 살았던 조상들의 모습을 잊어버렸다. 아니, 우리가 더 잘 산다고 자부하며 교만하게 산다. 예전처럼 살면, 엄청난 에너지 사용이 많지 않았을 것이다.

우리나라의 한옥이 대표적이다. 한옥이 여름에 시원한 이유는 마당이 있기 때문이다. 선조들은 마당을 만드는 지혜를 통해 더위를 피했다. 그러나 지금의 건축물 중 대다수는 그렇지 않다. 여름이 되면 계속 냉방기를 켤 수밖에 없다. 조상들의 지혜와 자연을 사랑하는 마음을 본받아야 한다.

그 외에도 우리는 다른 피조물의 생활에서도 깨달음을 얻을 수 있다. 예를 들어 흰개미의 생활을 보고 배울 수 있다. 흰개미는 수직 바람길을 통해 집을 짓는다. 그 집을 모방한 것이 짐바브웨에 위치한 '이스트게이크 쇼핑센터'다. 흰개미들은 무더위 속에서도 에어컨 없이 24℃를 유지한다. 마찬가지로 '이스트게이트 쇼핑센터'도 건물 규모의 10%의 에너지만 사용한다.

우리는 하나님이 만드신 세상 자체를 회복해야 한다. 보통 지구온난화로 발생하는 해수면 상승에 대해 각국은 제방공사로 이 문제를 해결하려고 한다. 하지만 한계가 분명하다. 자연을 이용해야 한다. 네덜란드는 간척해서 만들어진 나라여서 해수면이 상당히 낮다. 그래서 제방공사로 이 문제를 해결해야 하지만, '물에 뜨는 집'을 지어 해결하고 있다. 자연은 자연으로 대응할 수 있기 때문이다.

티벳 고원에 있는 초롤파 호수는 면적이 1990년까지 40년간 약 7배 증가했다. 1억㎥에 달하는 거대 호수가 수력발전소와 댐 하류의 많은 마을을 위협했다. 그런데 물을 방출하기로 하면서 수문을 내는 50억$과 4년이 소요시간이 걸렸다. 왜 그랬을까? 지구온난화가 심해지면서 만년설 및 빙하가 녹았기 때문이다. 그로 인해 위협을 당하고 있는 곳들이 많다. 자연을 인위적으로 만든 우리 잘못의 결과다. 세상이 하나님의 시스템과 섭리 안에서 세워지도록 하는 지혜가 필요하다. 우리가 가진 과학과 기술력은 한계가 있다.

또 다른 사례를 보면, 열대 및 아열대의 큰 강변, 하구, 바닷가 진흙 바닥에서 서식하는 맹그로브나무는 마다가스카르를 포함한 아프리카 해변과 동남아시아 그리고 미국, 인도, 태평양의 섬들에 있다. 맹그로브 숲은 천연방파제 역할을 하고, 나무는 탄소 저장능력이 뛰어나다. 헥타르 당 1천 톤에 달하는 막대한 탄소를 흡수한다. 하지만 지금은 새우양식장, 매립지로 사용되고 있으며, 호텔 및 항구를 짓느라 숲이 손상되어 기후위기를 위협한다. 맹그로브 숲이 사라지면, 생물 다양성을 유지하는 산림과 해양생태계의 중요한 서식처가 없어진다. 맹그로브를 보존하기 위해 그리스도인으로서 선교사와 협력해 지역에 알리고, 맹그로브 숲을 유지하고 복원하도록 힘을 써야 한다.

우리나라에도 이러한 영향을 받는 곳이 있다. 바로 "해안사구"이다. 동해안과 제주도에 있는 해안사구는 개발과 방파제로 해류의 흐름이 바뀌면서 깎여 나가거나 사라져 버렸다. 해안사구는 바닷물이 담수에 들어오지 못하게 하는 방파제 역할을 하고, 파도가 들어오지 못하게 하는 역할도 한다. 또한 염생식물이 자랄 수 있는 공간이기도 하다. 염생식물은 해안사구를 제외하면 자라기 어렵다. 이러한 해안사구가 사라지면 해수면 상승, 지진해일, 초강력 태풍 등 기후위기가 더 심해질 것이다.

더불어 이런 생각도 해야 한다. 환경파괴가 없는 경제성장은 가능할까? 이를 지속 가능한 발전이라 한다. 하지만 사업자의 관점에서 지속 가능한 개발을 한다는 것은 사실상 불가능에 가깝다. 사업에 지장을 초래할 가능성이 높기 때문이다. 또, 지속 가능한 개발을 하려면 자원 생산성을 4배로 성장시켜야 한다. 그래서 생활방식과 사회 인식을 변화시킬 새로운 정책이 시급하다.

정부든, 기업이든, 개인이든 그리고 교회든 앞장서야 한다. 특히, 그리스도인들은 하나님의 청지기이자 자녀이기에, 세상에서 하나님의 뜻을 펼치고 세워야 한다. 하나님은 우리에게 최초의 명령(문화명령, 창1:28)을 통해 땅을 정복하고, 채우며, 생육하고 번성하며, 모든 생물을 다스릴 것을 명령하셨다. 이러한 명령은 우리 마음대로 세상을 파괴하고 살아가도 괜찮다는 의미가 아니다. 모든 생명체가 함께 공존·공생하고, 모두가 생육하고 번성하면서 세상을 꽉 채우길 원하신다. 그러므로 이러한 뜻에 따라, 세상을 다스리고 관리해야 한다. 회개하고 변화하여 앞장서서 기후위기에 대응하도록 노력하자.

기업이 RE100이라는 재생에너지를 100% 사용하는 전환 목표를 세우는 것처럼, 우리도 교단 및 교회가 협력하여 이 문제를 해결해 나가길 바란다. 먼저는 재생에너지로만 교회 시설을 사용할 수 있도록 전환을 추구하고, 교회마다 기후위기에 대해 교육하며, 우리가 할 수 있는 행동과 협력의 길을 제시해야 할 것이다. 또한 이동수단과 물품을 구입할 때 탄소세를 지정하는 것처럼, 교회 안에서도 녹색기후기금을 통해 펀드를 조성하면 좋겠다. 이를 통해, 기후위기로 피해를 입는 사람과 다른 피조물을 지원할 수 있겠다.

다음으로 그리스도인으로서 일상생활과 업무(사업 또는 자영업 그리고 직원) 그리고 신앙생활 속에서 최대한 하나님이 만드신 아름다운 세상을 파괴하지 않고 살아가는 방향을 세워야 한다. 하나님이 만드신 세상은 온전히 유지될 때에 큰 유익을 얻는다. UN 밀레니엄 생태계 보고서(Millennium Ecosystem Assessment)에 의하면, 현재 우리가 먹는 생선은 2048년부터 먹지 못하게 될 것으로 예측됐으며, 대표적으로 무차별한 남획으로 뉴펀들랜드 대구어장이 황폐해질 것이라 밝혔다. 매년 수십만 톤씩 잡히던 대구 어획량이 거의 제로에 가까울 정도로 급감한다는 것이다. 그로 인한 경제적 환경적 피해가 엄청나다. 특히, 어장에서 일하는 직원들이 일자리를 잃을 수밖에 없어 더 큰 문제다. 반면에 하나님이 만드신 세상이 온전히 유지되면서 얻을 수 있는 경제적·문화적·환경적 가치는 상당하다. 그러므로 우리가 앞에서 생각해 본 설악산 케이블카 설치나 제주 제2공항 설치의 문제 등에 대해서도 많은 고민과 지혜를 통해 해결해 나가야 한다. 생태계 보존을 통해 얻을 수 있는 수많은 가치는 우리가 생각한 것 이상으로 높다.

다음으로 광적으로 소비에 열중하는 우리의 모습을 회개하고 소비를 줄여야 한다. 사람들은 소비를 세상의 덕목으로, 그리고 잘 사는 사람들의 특권으로 생각한다. 하지만 모두가 함께 살아가는 것이 중요함으로 이러한 생각은 사라져야 한다. 우리에게 광적인 소비는 "죄"다. 소비를 줄인다면 모든 이들이 충분히 함께 살아갈 수 있다. 또한 소비가 줄어들어서 다른 피조물이 살아갈 기회와 여건을 마련해 줄 수 있음을 잊지 말아야 한다.

그리고 기후 시스템이 '정의로운 전환'을 이루어야 한다. 기후위기에 새로운 쟁점은 석탄화력발전소의 폐쇄와 화석연료 사용을 자제하는 문제로 경제적인 문제와 회사들의 문제가 공존한다. 하지만 탄소 중립의 시대가 도래했고, 전 세계가 국제적으로 탄소 중립을 선언하며 기후위기의 상황을 대처하기 위한 노력을 하고 있다. 다만 대대적인 온실가스 감축이라는 전환의 과정에서 다양한 문제에 노출될 수밖에 없다. 석탄화력발전소에서 일하던 노동자들이 직업을 잃게 될 것이고, 그 외에도 농민, 중·소상공인, 취약계층의 피해가 나타날 것이다. 이를 해결하기 위해 더 근원적인 접근이 필요하고, 온실가스를 다량으로 배출하고 있는 기업에 책임을 부여해 이해당사자들 모두가 적극적으로 정의로운 전환을 이루도록 해야 한다. 즉, 탄소 중립과 화석연료에 집중된 산업으로 피해를 받는 이들이 살아갈 여건을 마련해 주고, 더불어 하나님이 만드신 아름다운 세상을 온전히 회복시켜 나가야 한다.

마지막으로 기후위기에 대하여 '과학적'이고 '현상적'인 부분만 보지 말고, '인권'의 눈으로도 바라보아야 한다. 우리는 그리스도인으로서 하나님이 만드신 모든 피조물에게 관심을 가져야 한다. 그렇기에 인권의 눈으로 바라보는 것은 무엇보다 중요하다. 물론 인권은 사람만을 칭하는 것이지만, 여기서는 사람과 더불어 모든 만물 즉, 동물과 식물도 생각해야 함을 강조한다. 기후위기는 천재(天災)가 아닌 인재(人災)다. 즉, 인간의 잘못으로 발생한 문제이다. 마스크, 사회적 거리두기, 백신, 개인의 인권을 존중하는 방역 등을 실시했던 코로나-19 때의 모습처럼 대중요법도 필요하지만, 문제의 원인을 치료하기 위해서는 온실가스 감축과 생태계 보존도 똑같이 중요하다[18](조효제, 2020). 그 이유는 인권의 측면에서 보면 기후위기의 현상은 시급한 인권침해의 해결과 인권을 달성할 수 있는 장기적, 거시적 조건 형성, 이 두 가지가 인권의 과제임을 말해주고 있기 때문이다[19]. 재난의 측면에서 보면 기후위기는 보편적으로 발생하는 것처럼 보이지만, 실상은 '차별적'이다. 그래서 그리스도인들도 기후위기를 심각하게 봐야 하고, 차별의 문제를 해결하고 회복하기 위한 사역에 동참해야 한다. 특히, 기후위기는 복합적이고 연계적으로 발생한다. 그만큼 어느누구에게나 어떠한 장소에서든 발생할 수 있다. 그러므로 우리의 대응 역시 복합적이고 연계적으로 이루어져야 한다. 환경파괴와 생물다양성 감소, 육식과 식량 생산을 포함한 먹거리 문제, 정치사회 시스템의 리스크 등 다양한 관점과 상황을 조망하고 대응해야 한다. 그러므로 교회에서도 정치와 사회의 문제에 무관심하지 말아야 하고, 하나님이 만드신 아름다운 세상을 온전히 회복하기 위한 대응에 적극적으로 동참해야 한다. 즉, 각자의 지혜와 달란트(능력), 직무 및 기술을 통해 이 일을 감당해야 한다.

수많은 그리스도인이 있기에 함께 협력한다면 이 문제는 해결될 수 있다. 특히, 하나님께서 우리와 함께 하시므로 걱정하지 말자. 하나님과 우리(인간) 그리고 동·식물과 자연환경은 모두 주님 안에서 하나가 된다. 우리 단체의 목표인 "1+1=1"[20]이라는 지속 가능한 삶에 대한 비전을 선언한 것처럼 말이다. 또한 우리는 각자의 재능을 가지고 기후위기에 대해 많은 이들이 깨닫고 변화될 수 있도록 '가슴과 마음'을 움직일 수 있는 다양한 미디어, 영화, 연극, 문학, 게임, 미술, 무용, 설치예술, 시민교육, 평생교육에 과감하게 나설 필요가 있다. 우리 단체에도 다양한 분야에서 노력하려는 이들이 많다. 특히, 시와 문학에 관심이 많이 한 자매는 시를 통해 하나님이 만드신 아름다운 세상을 높이고자 노력하고 있으며, 이를 통해 사람들이 변화되고 가슴과 마음

---

18) 조효제(2020). 탄소 사회의 종말: 인권의 눈으로 기후위기와 팬더믹을 읽다. 21세기 북스.
19) 상동.
20) 【1+1=1】은 우리(그리스도인)가 '하나님과 합해져 하나'가 되고, '하나님이 창조하신 세상의 시스템과 패턴을 통해 합해져 하나[창조섭리와 시스템에 적응하며 살아감]'가 되며, '다른 피조물(동·식물)과 합해져 하나[함께 공존/공생하는 관계]'가 되는 세상을 꿈꾸며 나가는 『하나님이 만드신 아름다운 세상 연구소』의 비전이다.

이 움직여 하나님이 만드신 아름다운 세상을 회복시켜 나갈 수 있는 꿈을 꾸고 있다. 이러한 모습이 지금 모든 그리스도인에게 필요하다.

그리스도인으로 기후위기에 적극적인 대응을 하기 위해서 다음과 같은 모습을 제안한다. 조효제 교수(2020)가 대안적 민주주의의 아이디어를 제시한 것을 참고했다. 먼저 기후대응을 위한 직접적인 행동에 나서야 한다. 우리가 살아가는 세상 속에서 돈과 권력 그리고 나라의 국익과 탄소 경제 체제의 이해관계와 싸워야만 기후대응에 한 발짝 다가갈 수 있다. 워라밸이나 호캉스에 빠진 삶이나 명품을 사랑하는 이들에게 기후위기 대응은 한낱 말뿐이다. 정부는 나라의 국익을 위해 경제가 활성화되어야 한다고 생각한다. 물론 틀린 말은 아니지만, 그로 인해 환경파괴가 심해지고 탄소 중립이 무관심해지거나 퇴보된다면 국민의 건강과 안전은 무시하는 처사이다. 지금 윤석열 대통령 체계도 그러하다. 그러므로 우리는 이러한 상황에 무관심하거나 안주하지 않고, 정부와 지자체에 이 문제의 심각성을 알리고 직접 대응해야 한다. 마치 크레타 툰베리가 '기후를 위한 학교 파업'과 '멸종 저항 운동'을 하는 것처럼 말이다.

두 번째로 미래세대에게 제도적 차원에서 의사결정에 참여할 방안을 제공해야 한다. 이들은 대부분 미성년자여서 제도적 차원에서 소리를 높이기 어려운 상황이다. 그러나 기후위기는 미래세대에게 더욱 큰 영향을 끼친다. 그래서 더 피해를 받을 당사자들의 의견을 무시하면 안 된다. 제도적 차원에서 소리를 높일 수 있어야 하며, 미래를 살아야 할 세대의 소리가 환경을 담당하는 공무원과 정치인 그리고 정부가 귀를 기울여야 한다.

이제는 정부가 마음대로 하는 시대는 갔다. 국민의 의견을 듣고, 구체적으로 미래에 살아가는 이들의 목소리에 귀 기울여 기후위기의 문제를 해결해 나가도록 우리가 먼저 나서야 한다. 마치 조효제 교수(2020)가 제시한 '미래세대를 위한 제2국회'의 설립을 고려하고, '심의-자문-권고형 기구의 지위'를 가져 미래세대의 의견을 잘 참고하는 것, 기후위기 대응 및 적응, 기후위기로 나타나는 불평등을 대처하는 것이 대표적이다.

세 번째로 기후위기에 대응하기 위한 과학적·정책적 측면과 연결된 시민운동에 동참해야 한다. 동참보다 더 중요한 것은 그리스도인으로 앞에서 기후위기에 과학적인 대응을 하기 위한 기반을 마련하고, 정책적으로 친환경적인 상황이 제시될 수 있도록 제안을 하고 함께 운동해야 한다. 특히, 탄소 중립 계획이 퇴보되고 있는 현 상황에서 시민운동에 앞장서는 것은 참으로 중요하다. 예를 들면, 친환경을 기준으로 탄소배출를 과도하게 하는 기업의 제품을 불매하고, 환경 친화 기업의 제품을 구매하는(바이콧) 것이나, 정치적 소비자 운동에 동참할 수 있다. 또 개인 차원으로 탄소배출 거래제(그린카드 등)를 이용하거나 탄소 중립 실천포인트를 받을 수 있는 제품을 사는 것도 중요한 방법이다. 더불어 기후위기에 대한 대응과 적응 그리고 이로 인해 피해를 받는 난민들이나 다양한 부류의 사람과 피조물에게 도움을 줄 수 있는 네트워크를 만들고 실천해야 있다. 이러한 기독교의 참여는 많은 사람에게 새로운 관점을 보여준다. 또한 하나님의 뜻을 온전히 세우는 데 반드시 필요하다.

마지막으로 거대한 대화(Great Conversation)에 기반한 민주주의가 필요하다. 즉, 기후·환경의 대화와 토론이 필요하다. 우리는 기후위기에 대해서 과학적 사실만 듣고 그에 따른 대응책에 대해서도 "답정너" 방식으로 듣기만 했다. 그러다 보니 호응이 부족하다. 기독교 연합 단체 및 체제 안에서 기후 사태가 함축하는 다양한 문제점 즉, 기후위기로 인해 발생하는 재난의 상황과 인권적 위협 그리고 생물 다양성의 위협 등에 대해 함께 논의하고 생각해야 한다. 이러한 대화와 의논은 가장 깊은 차원에서 지혜와 통찰력을 갖게 하고, 조금 더 나은 방향으로 이끌 것이다. 이것이 우리가 바라보아야 하는 사명이요 비전이다. "두세 사람이 내 이름으로 모인 곳에는 나도 그들 중에 있느니라"(마18:20)라는 말씀은 우리에게 힘을 준다. 기후위기의 위협 속에서 살아가는 모든 존재를 위해 하나님과 함께 하는 그리스도인의 협력이 필요하다. 그러므로 하나님과 함께 모두 모여 "거대한 대화"를 통해 주님의 뜻을 이루어 나가면 좋겠다.

XXX. 기후위기를 바라보는 그리스도인
모든 존재가 기쁨으로 누리는
기후환경이 되기 위한 기도

　　지구온난화와 기후변화로 인한 위기는 어느 한 사람이나 한 국가에 국한
된 것이 아니다. 전 세계에 있는 모든 사람과 국가 그리고 모든 피조물이 영
향을 받는다. 특히, 저개발국에 사는 이들과 빈곤층, 야생생물이 더 큰 위험
을 겪는다. 기후위기의 문제를 온전히 해결하고 세워나가는 것이 중요하다.
그럴 때, 모든 존재(사람들과 다른 피조물 모두를 포함)가 기쁨으로 누리는
'하나님이 만드신 아름다운 세상'이 될 수 있다. 하나님 안에서 우리가 반드
시 해결하고 세워야 하는 문제임을 자각하고 기도하며 행동하기를 바란다.
다음의 기도를 반드시 함께 읽고 간절히 간구하며 기도하자.

＊모든 존재가 기쁨으로 누리는 기후환경이 되기 위한 기도
：《기후위기 문제》에 대한 기도＊

◆**기도제목-1. ＊기후위기에서 "혼돈"으로 넘어가는 문제에 대한 기도**
【기후변화 문제가 위기를 넘어서 '혼돈'의 상태로 이어지고 있다는 주장이
　있습니다. 그것은 결코 틀린 말이 아닙니다. 기후변화는 하나님이 창조하신
　세상에서 자연스러운 일이지만, 변화를 넘어 위기로, 위기를 넘어 "혼돈"으로
　이어지고 있기 때문입니다. 에너지와 산업 가운데 화석연료의 사용이
　집중돼 있고, 육식을 과도하게 섭취해 '공장식 축산'(연간 600억 마리 이상
　도축)의 문제가 나타났습니다. 더불어 사회 불평등이 기후위기를 악화시키고
　있습니다. 불평등이 심한 나라일수록 1인당 쓰레기 배출량과 물 사용량,
　육류 소비량이 높습니다. 또한 노인의 빈곤과 청년들의 고용률이 극히 낮고
　욜로족과 파이어족이 등장하면서, 누구든지 기후혼돈의 시대를 살아가지만
　어떤 사람들은 자신들의 이익과 편리함만 추구해 기후위기를 어렵게 합니다.
　이 문제를 기억하여 주셔서 우리가 어떻게 해야 할지 깨닫게 하소서.】
◆**기도제목-2. ＊고대 역사를 통해 기후위기의 위험성을 깨닫고,**
　　　　　　　　　　　　　　　회개하며 나아가는 기도
【과거의 거대 문명이 멸망을 보면 대부분 기후변화가 심해져 멸망합니다.

인더스 문명의 하라파와 악숨은 대가뭄으로 생산량이 급감해 멸망했습니다.
페트라는 물 관리 체계가 무너지면서 과학만능주의에 빠져 멸망했습니다.
더불어 우바르(오만)는 BC2000년 경 날씨가 급격히 변화했고,
식물이 풀 대신 관목으로 변화되고, 삼림 대신 불어대는 황야로 바뀌어
살아갈 수 없게 되었습니다. 지금도 세계 곳곳 어디서든 환경이 급변합니다.
우리는 기후위기 문제에 노출되어 있습니다.
우리의 죄악을 주께 맡기오니 용서하여 주시고, 기후위기의 급변함을
주님께서 붙잡아 주옵소서. 또한 과학만능주의 빠져 기후위기를 과학으로만
해결하려는 움직임에서 벗어나게 하시고, 무엇보다 사랑으로 함께
하나님이 만드신 세상의 시스템을 잘 균형 맞추게 하소서.】

◆기도제목-3. *온실가스를 줄이기 위한 우리의 노력을 위한 기도

【현재 지구의 모습을 바라보면, '녹아내리고 있다.'고 말할 수 있습니다.
그만큼 엄청난 무더위와 이상기후가 나타나기 때문입니다.
우리가 줄여야 하는 온실가스는 이산화탄소(CO_2)만 있지 않습니다.
이산화탄소는 산업혁명 전 278ppm에 불과했지만,
지금은 많이 증가해 약 420.33ppm이나 됩니다. 이를 잊지 말고
화석연료의 사용을 줄여나가게 인도하옵소서.
그리고 이산화탄소의 460~1,500배인 블랙카본의 배출을 줄이겠습니다.
블랙카본은 토지생산성을 25~30%를 감소시키기 때문에 더욱 중요합니다.
화석연료의 사용을 줄이는 것뿐 아니라 불완전 연소도 최소화되게 하소서.
또한 그리고 메탄가스(CH_4)도 중요합니다. 이산화탄소 대비 23배나 열을
흡수하는 능력이 높습니다. 이 가스는 축산에서 37%를 배출하고 있으므로
공장식 축산을 줄여나가게 하옵소서. 이 외에도 다양한 온실가스가 있음을
고백하오니, 우리가 사용하는 에너지, 산업, 건축, 예술 등 다양한 분야에서
온실가스의 배출이 얼마나 되는지 확인하게 하시고,
그 가운데 현격히 줄여나갈 방안과 길들을 깨닫게 하소서.】

◆기도제목-4. *신음하는 지구를 위한 기도

【기후위기의 문제는 단순히 지구가 더워지는 데에만 있지 않습니다.
다음의 세세한 부분들로 인해 이 세상은 신음합니다.
먼저 물 부족의 문제가 심각해지고 있습니다. 남유럽과 미국 남서부,
아프리카 사헬 지역 등 열대지역의 강우량이 30% 이상 감소할 것입니다.
이는 전 지구 면적의 19%되는 약 3,000만㎢가 사막화되는 것입니다.
이러한 물 부족의 현상은 사람뿐 아니라, 수많은 다른 피조물이 살아갈 때
어려움을 겪게 되오니, 주님! 우리를 불쌍히 여기시고 이 문제를 해결하게
하여 주옵소서. 특히, 우리가 마실 수 있고 식물을 성장시킬 수 있는
담수가 급격히 줄어들고 있습니다. 대표적인 지하대수층은 전 세계적으로

크게 37군데가 있는데 21군데가 티핑포인트를 넘어 고갈이 심각하게
진행 중이오니 잊지 않게 하소서.
다음으로 혹한이 심해지고, 반대로 빙하 쓰나미도 많이 나타나고 있습니다.
전 세계가 극단적인 기상을 겪고 있습니다.
세 번째로 한반도는 대가뭄이 닥칠 우려가 있습니다. 기후위기로 인해
더 자주 가뭄이 극심해지는 현상이 두드러지오니, 깨달음을 더하여 주소서.
네 번째로 스스로 만든 위협으로 인해 "폭염"이 심해지고 있습니다.
화석연료에 의해 발생한 것임을 잊지 않게 하시고, 엘리뇨 현상이 가중되어
더 많은 무더위와 가뭄으로 이어지게 됨을 기억하게 하소서.
마지막으로 지진의 강도가 위협적인 정도로 높아지고 있습니다.
2023년에 일어나 튀르키예와 시리아의 대지진과 2011년 동일본 대지진
등 대지진이 발생한 이유가 기후위기에 있습니다.
이 문제를 주님의 뜻 가운데 잘 해결할 수 있게 인도하옵소서.】

◆**기도제목-5. *기후위기로 인권과 생물권이 침해당하는 집단을 위한 기도**
【기후위기는 인권과 생물들의 권리까지 침해하고 위협을 줍니다.
첫 번째로 토착민(원주민)들을 기억하여 주소서. 이들에겐 자신들이 뿌리
내리고 살아가는 산림, 하천, 평원, 고산지대 등 환경이 중요합니다.
이들의 삶의 터전을 우리가 황폐케 했고, 기후위기로 인해 생명권, 생존권,
생계권이 박탈될 위기에 처했음을 기억하고 돕게 하옵소서.
두 번째로 어린이와 청소년 즉, 미래세대를 기억하게 하소서.
폭염으로 인해 가장 직접 영향을 받는 이들입니다.
그리고 생계를 위해 노동 현장에 내보내지는 경우도 많습니다.
특히, 여아의 경우는 인신매매로 이어지기까지 하오니 불쌍히 여기시고,
기후위기를 회복함으로 이 문제가 해결되게 하옵소서.
세 번째로 이주자(이민자)나 작은 섬나라의 주민들을 기억하여 주소서.
이들은 해수면 상승으로 난민이 되어가는 중이며,
이주하기 어려워 기후난민으로 빠져버리는 경우가 많습니다.
이들을 기억하고 돕는 손길을 교회가 앞장서게 하여 주소서.
네 번째로 장애인들이 기후위기로 위협을 받고 있습니다.
생명, 안전, 건강을 심각하게 위협합니다. 모든 삶 속에서 기후위기로 인한
위협을 대처하기 어려우니 실질적인 장애인 처우가 개선되게 하소서.
다섯 번째로 여성들을 기억하소서. 이들은 기후위기를 통해 더욱 심화된
위협들을 받게 됩니다. 이들을 향한 사랑의 마음을 품게 하시고,
지혜를 주셔서 도울 수 있는 길들을 예비하여 주옵소서.
여섯 번째로 (옥외)노동자들을 기억하여 주소서.
극심한 폭염이 발생하면 옥외작업자, 건설노동자, 산업노동자, 이주노동자가

건강상의 큰 위협을 받습니다. 또한 기후위기가 극심해 지면서 화력발전 등
(과거에 사용하던) 에너지 관련 노동자들이 직장을 잃게 될 위기가 이어지고
있으니 이들을 도울 수 있는 정의로운 전환을 이루게 하소서.
마지막으로 주변에 사는 반려동물, 가축 그리고 야생생물을 기억해 주소서.
기후위기로 인해 이들이 살아갈 곳이 어려워지고 있는 것이 사실입니다.
특히, 기후위기가 극심해지면서 집안이 어려워져서 반려동물이 버려지는
경우가 많습니다. 가축은 기후위기가 심해지면 살아가기가 더 어렵습니다.
이러한 상황이 발생하지 않게 하소서. 기후위기를 가속하는 열대우림이나
맹그로브 숲의 파괴, 해양생태계를 위협하는 것처럼 멸종위기로 이어지는
경우가 없도록 잘 관리하게 하소서. 모든 기도가 사람과 다른 피조물에게도
생명의 권리와 함께할 권리가 온전히 세워지게 하소서.】

◆기도제목-6. *기후위기로 인해 닥친 인간과 피조물의 현실의 고백
【기후위기는 *수많은 난민을 낳는다는 보고가 있습니다. "기온상승 1.5℃를
막지 못하면, 환경 난민이 10억 명이 될 것이다."라는 것입니다.
이 발언은 안일함을 갖는 우리를 향한 경고성 발언입니다.
2008년 이후, 매년 약 2,150만 명이 기후변화로 피난길에 오릅니다.
자신들이 살던 땅을 벗어난다는 것은 어쩔 수 없는 선택이라는 뜻입니다.
그만큼 큰 위협을 느꼈다는 의미일 것입니다. 해수면 상승으로 위협받는
나라로 투발루, 키리바시, 솔로몬제도, 몰디브, 피지, 방글라데시가 있고,
극심한 가뭄과 사막화로 위협을 받는 사헬 지역의 나라들과
비옥한 초승달 지대라 불릴 정도로 풍요로웠지만, 지금은 정반대인 시리아
그리고 몽골의 고비사막도 위협을 받고 있습니다.
그 외에도 수많은 기후위기의 현상과 혼돈된 세상의 모습 때문에
어느 장소와 시간이든 위협을 느낄 수 있습니다.
이 문제를 해결하고 도울 수 있는 손길이 이어지게 하옵소서.
각 사람의 생명권과 건강권 그리고 생계권까지 온전히 해결되게 하옵소서.
다음으로 *생물 다양성도 위협을 받습니다. 먼저는 **바다**가 죽어갑니다.
지구온난화가 가속되면서 잘 뜨거워지지 않는 바다가 뜨거워지고 있습니다.
그것은 우리가 감히 상상할 수조차 없는 위험 신호임을 기억하게 하소서.
뜨거워지는 것은 바다가 산성화되고 있는 것이며,
플랑크톤의 문제와 해파리의 출현으로 이어집니다.
이러한 바다의 환경이 변화되면서 해양생물들이 위협을 받고 있습니다.
또한 **연안 생태계**가 위협을 받고 있습니다. 해안사구가 빠르게 사라지면서
천연제방의 역할이 사라지고 있으며, 담수의 저장고 역할을 하는 곳이
줄어들고 있습니다. 비슷한 역할을 하는 맹그로브숲도 보호하여 주시고,
경제적 논리에 의해 파괴되지 않게 하소서. 더불어 갯벌도 문제입니다.

지구에 존재하는 생물의 약 20%가 생존하며, 생물 다양성의 보고인
공간이 사라지고 있습니다. 갯벌을 보존하는 것이 기후위기를 막는 중요한
부분임을 기억합니다. 더불어 산호도 위협을 받고 있습니다.
심각한 백화현상이 나타납니다. 그러므로 '그레이트 베리어 리프'를 중심으로
전 세계의 산호초지대를 보호하는 노력이 있게 하소서.
마지막으로 기후위기로 인해 **동식물의 멸종 및 생물 다양성이 파괴**되고
있습니다. 기후위기를 막기 위한 최후의 보루와 같은 열대우림 지대가
곳곳에서 파괴되고 있으며, 우리나라의 고유종이자 크리스마스트리로
유명한 '구상나무'도 온도가 급상승하면서 고사 위기입니다.
이러한 상황을 기억하시고, 세계 곳곳에서 서식하는 수많은 동식물이
멸종의 위협 속에서 살아남고, 함께 생육하고 번성하며 살아갈 수 있도록
기후위기의 문제를 해결케 하소서. 이러한 사랑의 마음이 우리에게 있으니,
하나님께 기도하며 이 문제를 해결할 수 있도록 도와주소서.】

◆**기도제목-7. *그리스도인으로서 개인적 및 교회적 대응에 대한 기도**
【요나서에서 요나는 니느웨 성이 멸망하는지 보려고 지켜보고 있었습니다.
그러나 해가 내리쬐어 기절할 정도가 되니 '차라리 죽는 것이 낫다'라고
말합니다. 현재 기후위기와 온난화로 무덥고 살기 어려운 실정으로 보면
이 원망이 우리의 모습이라 해도 과언이 아닐 것입니다.
반대로 니느웨 백성들은 하나님의 경고를 듣고 온전히 회개하며
하나님께 나아갔습니다. 이러한 모습을 닮아가게 하소서.
무더움이 찾아왔다고 혹은 날씨가 요새 왜 이런지 모르겠다며 원망하고
투덜거리는 모습에서 벗어나게 하옵소서. 회개하며 이 문제들을 회복해
나가도록 최선의 노력을 다하는 자 되게 하옵소서.
개인적으로는 먼저 온실가스를 줄여나가게 하옵소서.
그리고 환경정책이 올바르게 세워질 수 있도록 확인하고 선거로 확실하게
표현하게 하소서. 연구자라면 친환경적인 기술을 개발해 기여하게 하시고,
각자의 재능으로 하나님이 만드신 아름다운 세상을 온전히 회복하고,
하나님 중심의 생각과 고민을 항상 하게 하소서.
더불어 로컬푸드나 유기농 식품, 동물복지 식품을 이용하는 삶을 살고,
가격을 넘어서 하나님이 만드신 세상을 소중히 여기는 행위를 하게 하소서.
또, 광적인 소비에서 벗어나길 소망합니다. 명품 쇼핑이나 트렌드에 빠져
빠른 소비가 많아지는 현상에서 벗어나게 하소서. 무절제한 소비의 모습을
회개하오니 용서하시고, 소비를 줄여 하나님이 기뻐하시는 삶 살게 하소서.
교회도 기후위기를 온전히 대응하게 하소서. 교회는 청렴해야 하며,
하나님 중심의 관점으로 세워나가는 공동체입니다.
사랑의 마음을 가지고 세상을 관리하기를 원하시고 절제하는 마음으로

세상을 이끌어나가길 원하심을 믿습니다. 그러므로 우리가 교회와 교단 그리고 모두가 함께 기후위기를 해결해 나가는 노력이 이어지게 하소서. 그러한 모습은 우리에게 반드시 필요합니다. 생태계가 온전히 보전될 수 있도록 개발보다 보존과 보호에 힘쓰게 하소서.

이를 지속 가능한 개발 및 삶과 연계됨을 기억합니다.

이러한 개발과 삶을 통해 기후위기에 앞장서길 원합니다.

대표적 사례로 교회와 교단들이 RE100과 같은 일들을 감당하게 하시고, 기후위기에 대한 하나님의 뜻을 알리고, 녹색기후기금과 같은 기금을 조성하여 기후위기 문제를 대응하는 교회로 세워지게 하소서.

마지막으로 다양한 미디어, 영화, 연극, 문학, 게임, 미술, 무용, 시민/평생교육 등 다양한 분야에서 과감하게 기후위기를 말하고 대응하는 모습이 이어지게 하소서. 특히, 기독교계 안에서 문제를 해결하고 회복하기 위한 "거룩한 대화"가 지속적으로 나타나고, 나아갈 방향을 세우게 하소서. 각자의 위치에서 다양한 능력을 토대로 기후위기에 대해 말하고 대응하는 모습이 표현되어 온전히 하나님의 뜻대로 해결하는 방안을 세우게 하소서. 하나님의 지혜를 간구합니다.】

사랑이 많으신 주님, 우리가 기후변화와 그로 인해 발생하는 혼돈 속에서 살아감에도 이 땅에서 하나님 아버지와 함께 이 위험을 이겨나가게 하시니 감사드립니다.

첫 번째 기후위기로 나타난 수많은 현상이 "혼돈"으로 이어지고 있음을 잊지 않게 하옵소서. 내가 잘사는 것보다 모두 함께 잘 살고 하나님 안에서 기쁨으로 누리며 사는 것이 더 중요함을 깨닫게 하옵소서. 조금 더 좋은 것을 얻고자 하는 욕망에서 벗어나 꼭 필요한 것을 꿈꾸고 채우며 살아갈 수 있기를 소망합니다.

두 번째로 과거의 역사를 보면서 기후변화가 우리가 살아가는데 얼마나 큰 위협이 되는지 알게 되었습니다. 기후위기를 넘어 혼돈의 시대로 넘어가는 현시점을 잊지 않게 하시고, 무엇보다 내가 살 때는 큰 영향이 없을 것이라는 안도감에서 머물지 않고 지금 당장 이곳에서 재난이 발생할 수 있음을 기억하고 회개하며 변화된 삶을 살아갈 수 있도록 이끌어 주옵소서.

세 번째로 지구온난화를 일으키는 수많은 온실가스를 배출하는 행위를 최소한으로 줄여가게 도와주소서. 이산화탄소의 수치는 420ppm을 넘었고, 불완전연소로 발생하는 블랙카본이나 이산화탄소보다 높은 영향을 끼치는 메탄가스에 이르기까지 이러한 온실가스들의 발생을 최소한으로 줄여나가기 위하여 산업, 주거, 교통 등 다양한 분야에서 에너지 사용을 절제하는 노력이 이어지게 하소서. 또한 공장식 축산과 육식을 많이 먹는 모습에서 벗어나 오직 하나님께서 세우신 세상이 온전히 유지될 수 있게 변화되게 하소서.

네 번째로 기후위기로 인해 지구 전체가 신음하고 있음을 기억해 주소서.
이 문제를 우리는 그냥 버려두는 것이 아니라,
오직 하나님의 뜻대로 해결하기 위해 노력하게 하옵소서.
특히, 우리나라뿐 아니라 다른 나라의 모든 곳에서도
기후위기로 인한 문제들이 곳곳에서 발생하고 있음을 잊지 않게 하옵소서.
지구의 신음을 안타까워하며 사랑으로 보살피기를 원합니다.

다섯 번째로 기후위기는 재난과 위험을 알리는 데에만 국한되지 않습니다.
수많은 사람이 가져야 하는 권리가 침해를 당할 뿐만 아니라,
다른 피조물들이 살아가는 데에도 큰 영향을 끼칩니다.
주님! 토착민(원주민), 미래세대 아이들(어린이와 청소년),
이민자 및 작은 섬나라 주민들, 장애인, 여성들,
노동자 그중에서도 옥외 작업자나 이주노동자가 큰 피해를 받습니다.
뿐만 아니라, 우리 주변에 사는 반려동물과 가축 그리고 야생 동·식물이
살아갈 수 없는 환경이 되어가고 있습니다.
이러한 위험과 어려움 속에 이끌어주시고 기후위기로 인한 권리가
사라지지 않도록 인도하여 주옵소서.

마지막으로 그리스도인으로써 개인적·공동체적으로
하나님이 만드신 아름다운 세상이 무너지고 기후위기로 위협받는 상황을
올바르게 이해하고, 그에 따라 적절한 지혜로 잘 대응하는 것이 필요합니다.
그러므로 기회와 여건을 주님께서 이끌어주셔서 지구온난화를 최소화하고,
다양한 분야에서 각자의 달란트를 따라 기후위기를 잘 대처하여
하나님이 원하시는 세상이 온전히 이루게 하옵소서.
함께 협력할 수 있도록 힘을 주시고, 주님의 지혜를 붙들어 주옵소서.
사랑이 많으신 예수님의 이름으로 기도합니다. 아멘.

환경선교, 선교의 관점을 달리하기!

> 하나님은 이와 같은 자연의 신비스러운 힘을 통해
> 사람들을 벌하기도 하시고
> 풍성한 식물을 공급해 주시기도 하신다
>
> 욥기 36장 31절(현대인의 성경)

> 솔로몬은 훌륭한 자연학자인 것처럼
> 우리도 '자연과 환경'에 대해 충분히 알아야 합니다. /
> 레바논의 백향목으로부터 돌담에서 자라는 우슬초에 이르기까지
> 모든 식물을 논하고 동물과 새와 뱀과 물고기까지 연구한 훌륭한
> 자연학자였다.
>
> 열왕기상 4장 33절(현대인의 성경)

> (희년: 소유주에게로 되돌아감. 본래 하나님의 뜻대로 회복되어야 함!)
> 그리고 희년이 되면
> 그 밭은 자연히 본래의 소유주에게 돌아가게 될 것이다
>
> 레위기 27장 24절(현대인의 성경)

하나님께서는 우리에게 하나님이 만드신 아름다운 세상을 충분히 누릴 수 있도록 하셨다. 하나님이 창조하신 세상의 시스템과 패턴에 따라 살아갈 수 있도록 인도해 주신 것(욥36:31)이다. 우리는 세상의 신비로운 현상을 경험할 수 있고, 이를 통해 하나님께 영광을 돌리기도 한다. 솔로몬 왕처럼 하나님이 만드신 아름다운 세상의 다양한 부분을 연구하며 하나님의 뜻을 알아가는 자들이 되어야 한다(왕상4:33). 하나님이 만드신 아름다운 세상을 온전히 회복하고 본래의 자리로 되돌리는 최선을 다해야 한다. 마치 희년을 통해 밭

원래 주인에게 돌아가고, 해방과 기쁨의 시간을 누릴 수 있는 것(레27:24)처럼 말이다. 이 시간이 한 나라, 한 민족, 한 사람에게만 주어진 것이 아니라, 하나님의 사랑이 전파되는 모든 곳에서 나타나기를 소망한다. 그렇기에 우리는 환경을 중심으로 선교해야 하며, 대륙별로 환경선교의 방향성을 연구하여 적용하고 실천해야 한다. 다음 본문에서는 환경선교를 대륙별로 어떻게 접근할 수 있을지 다룰 예정이다.

대륙별 환경선교 이야기1. 아시아
―대기오염(미세먼지)와 쓰레기 그리고 기후위기의 위협

아시아는 크게 동아시아, 중앙아시아, 동남아시아, 서아시아, 남아시아와 북아시아로 나뉜다. 북아시아는 러시아 동부지역이다. 이렇게 나뉜 지역의 환경적 특성을 알아보고, 어떻게 환경선교를 하면 좋을지 생각해 보자.

*동아시아

먼저 우리나라가 속한 "동아시아"다. 한국, 일본, 북한, 몽골, 중국(마카오와 홍콩을 포함), 대만 등이 속한다. 이 지역의 가장 큰 특징은 심각한 사막화와 극심한 황사 및 스모그, 미세먼지다. 특히, 중국 북부 내몽고 지역과 몽골에서 사막화로 인해 발생한 황사가 시베리아 바람을 타고 중국과 한국 그리고 일본에 영향을 준다. 더 큰 문제는 중국 동부 해안지역에 수많은 공장지대가 세워져 있어 중금속을 포함한 대기오염원이 함께 넘어온다는 것이다. 이는 북동풍 바람이 많이 부는 봄철에 발생한다. 동아시아 지역의 환경 사역은 극심한 사막화와 황사 및 미세먼지 문제를 해결하며 접근하는 것이 좋다.

북한은 산림 황폐화가 심각해 홍수 및 산사태, 식량이 부족한 상태이므로, 산림을 회복하고 제3의 고난의 행군이 발생하지 않도록 친환경농법을 지원하는 노력이 필요하다. 일본은 2011년 동일본 대지진으로 발생한 후쿠시마 원전 폭발사고와 더불어 1945년 8월 히로시마와 나가사키 원폭 투하로 위험에 노출되었다. 선교할 때 방사능 유출로 인해 피해를 입은 이들을 위한 치료와 원전이 페로가 될 수 있도록 도움의 손길을 내어줘야 한다. 또, 핵 오염수를 배출하지 못하도록 하는 것이 중요했다. 몽골의 울란바토르는 대기오염이 심각한 수준이다. 화력발전소로 인한 전기 생산과 석탄을 활용한 난방도 문제다. 이러한 문제를 해결하고 돕는 선교사역이 필요하다. 특히, 몽골에 친환경 에너지 시스템을 전문으로 하는 선교사들이 함께 사역을 이어간다면 좋은 뜻을 이룰 것이다.

또, 대기오염이 심각한 지역은 중국과 인도가 있다. 2019년 기준, 전 세계에서 대기오염으로 8,700만 명이 사망한 것으로 추산된다. 중국은 180만 명, 인도는 170만 명이 사망했다고 보고한다. 그 외에도 중국은 수질, 해양, 토양 등의 환경문제를 겪고 있다. 중국 선교는 환경을 연구하고 교육을 하는 것이 중요하다. 주민들이 심각한 오염에 노출되었다는 사실을 잊지 말고 온전히 그들을 향한 사랑과 도움의 손길을 이어져야 한다.

대만은 환경에 관심이 많은 나라지만, 외진 숲에 사는 흑곰, 삼바사슴, 수달, 노란목도리담비, 삵의 배설물에서 미세플라스틱이 발견됐다. 인간과 멀리 떨어진 야생동물의 몸에서 미세플라스틱이 발견된 것은 대만 사회에 큰 충격을 안겨 주었다. 샘플 112개 중에서 미세플라스틱 조각(플라스틱 파편과 섬유 등) 604개가 발견된 것을 보면, 대만에서 플라스틱 비닐이나 제품을 줄이는 정책이 시급함을 알 수 있다. 또, 기후변화에 대한 영향과 위협이 이어지고 있다. 그리고 2018년, 56년 만에 극심한 가뭄이 찾아왔다. 이 가뭄으로 농업과 반도체 산업현장이 직접적인 타격을 입었다. 기후변화가 환경문제일 뿐 아니라 경제적인 부분에서도 큰 위협이 되고 있음을 알려야 한다. 특히, 2100년경이 되면 대만에 겨울이 사라질 것이라는 예측이 발표되고 있다. 지속 가능한 기술개발과 온전히 하나님의 창조 섭리대로 세상을 회복시키는 노력이 대만 주민들과 선교사역 가운데 필요하다.

*중앙아시아

이 지역에는 러시아에서 분리된 우즈베키스탄, 카자흐스탄, 키르기스스탄, 타지키스탄, 투르크메니스탄 등이 있다. 특히, 빙하 감소로 물이 부족해 물 분쟁이 다른 어느 지역보다 심각한 지역이다. 즉, 물 부족의 문제가 세계 평균보다 큰 폭으로 나타나고 있으며, 특히 빙하수를 '식수'로 사용하는 것이 문제. 빙하수는 톈산산맥에서 발원하는데, 이 산맥은 중국 서부 신장 위구르 자치구와 카자흐스탄, 키르기스스탄, 우즈베키스탄 등에 걸쳐 있다. 장대한 빙하 지역과 산을 뒤덮은 만년설 등 유럽의 알프스산맥과 닮은 것으로 알려져 있다. 무엇보다 알프스산맥보다 비교할 수 없이 크고 높은 것이 특징이다. 하지만 지구온난화는 하나님이 창조하신 톈산산맥의 위엄을 무너뜨렸다. 빙하가 급격히 감소했고, 빙하수가 부족하게 되어 물 분쟁이 심화됐다. 나라마다 물과 전기 공급으로 다른 나라의 땅이 황폐되고, 물 문제가 현실이 됐다. 그렇기에 중앙아시아에는 무엇보다 물을 공급할 수 있는 설비와 시스템이 잘 정착되는 것이 중요하다. 그리고 다른 나라와의 교류와 협력을 통해 물 문제가 해결될 수 있어야 한다. 수(水)환경 시스템을 잘 구축하고, 물 분쟁이 심화되는 궁극적인 원인인 기후변화 문제에 대응하는 노력이 필요하다.

각 나라의 세부적인 환경 상황을 간략히 알아보면 다음과 같다. 먼저 우즈베키스탄은 최근까지 환경에 대해 관심이 많지 않았다. 하지만 2020년부터 환경을 보호하기 위한 목적으로 벌목을 제한하고 있다. 대기오염을 제어하기 위한 노력이다. 이는 나무 보호 운동으로 이어졌다. 벌목 대신 재생에너지 활용을 지원하고, 벌목으로 만들어지는 물품을 다른 방법으로 만들 수 있게 협력하면 좋겠다.

두 번째로 카자흐스탄이다. 이 나라는 쓰레기 배출량이 상당히 많아 축적량이 세계 10위 안에 든다. 인구(약 1,900만 명)가 많지 않음에도 엄청난 양이다. 카자흐스탄의 환경문제는 다섯 가지로 나눌 수 있다. 대기오염 및 기후변화 문제는 10년간 0.31℃씩 증가하고 있으며, 광업이나 에너지 산업 및 제조업에서 대기오염원을 배출하고 있다. 다음은 카스피해와 아랄해, 발하쉬 호수, 시르 다리야, 이르티쉬 및 일리 강, 카이산 강의 수질오염이 심각하다. 상수도를 이용하지 않는 곳도 15.2%에 이르며 수질오염 농도가 높은 크즐오르다와 아크몰라 지역에 수생태시스템을 지원해야 한다. 더불어 생태계 파괴 및 사막화 문제도 심각하다. 가장 심각한 지역은 아랄해 지역으로, 염분 사막화가 확대되고 있다. Semipalatinsk지역은 소련 당시 7차례의 핵실험이 일어난 곳이며, 생태계 파괴 현상은 더욱 두드러지게 나타나고 있다. 마지막으로 쓰레기 문제가 있다. 산업쓰레기로 골머리를 앓고 있는 카라간다, 동부 카자흐스탄, 코스타나이, 파블오르다 등이 문제이다. 이 산업쓰레기는 인광물질과 유황물질과 같은 위험 물질이 함유되어 있을 가능성이 크다. 또 Semipalatinsk지역의 방사선 문제와도 연관되어 있다. 이를 해결하기 위한 정부의 노력이 이어져야 하고, 환경전문가와 환경보호에 뜻이 있는 선교사가 이곳에 파송되면 좋겠다.

세 번째는 키르기스스탄이다. 키르기스스탄은 천혜의 자연환경이 잘 보존된 나라이다. 하지만 다른 도시와 다르게 비쉬켁은 노후된 자동차가 많고, 겨울만 되면 주 난방원료로 사용되는 석탄의 매연으로 도시 전체에 검은 띠가 생길 정도로 공기가 나쁘다. 이로 인해 종양 관련 질병에 걸릴 확률이 현저히 높고, 호흡기관 손상과 알레르기의 위험도 있다. 생태학자와 생물학자들은 비쉬켁 시민들에게 마스크나 손수건을 사용할 것을 권장한다. 함께 뜻을 보아 난방원료를 다른 친환경 에너지원으로 바꾸는 지원체계를 마련하는 것이 필요하다. 키르기스스탄은 극심한 가뭄으로 식량 안보의 위험도 나타났다. 가뭄 피해의 완충제 역할을 하는 주변 산맥의 빙하가 사라지면서 그 피해가 점차 늘고 있다. 농업 분야가 GDP의 1/5을 차지하고 있으므로 더욱이 이러한 위협을 방지하고 해결할 방안을 마련해야 한다. 이러한 농업체계를 해결하려면 무엇보다 기후변화 대응 및 적응을 위한 시스템이 마련되어야 하며, 더불어 하나님이 창조하신 체계로 농업이 세워지도록 도와야 한다.

네 번째로 <u>타지키스탄</u>이다. 타지키스탄은 에너지 부족 문제와 함께 기후변화 대응 역량이 부족한 곳이다. 일반 가정의 경우, 24시간 중 4시간만 전력을 공급받을 수 있다. 일반 사업체도 제한적으로 공급된다. 또 산림 황폐, 홍수 및 산사태 등의 자연재해와 농경지 황폐화에도 불구하고 정부의 대응전략이 미비하다. 환경파괴를 막고, 전력난과 제한된 전력의 공급을 해결하기 위해 재생에너지로의 전환이 정의롭게 이어져야 한다. 그러면 근본적인 전력난은 해결될 수 있을 것이다. 그러나 에너지만이 문제가 아니다. 기후변화로 인한 위협도 크다. 특히, 농업에 종사하는 국민의 생계에 큰 위협을 준다. 타지키스탄은 지형학적 및 기후적 특성상 자연재해에 취약하다. 그런데 기후변화로 인해 그 영향이 계속되었고, 더욱 악화될 것으로 보인다. 극심한 기후현상으로 토지, 작물 및 기반시설의 파괴, 더 나아가 인명손실까지 초래한다. 인구의 73.8%가 농촌에 거주하고 있어 더 큰 문제이다. 농촌이 기후변화 대응 및 적응할 수 있는 시스템과 길을 열어주고, 창조 섭리에 따른 농사 짓는 방법을 공유하면 좋겠다.

다섯 번째는 <u>투르크메니스탄</u>이다. 앞에서 키르기스스탄을 언급하면서 대기오염이 심각한 지역으로 비쉬켁을 말했다. 마찬가지로 투르크메니스탄은 대기오염으로 인한 사망률이 가장 높은 나라이다. 중앙아시아에 있는 나라들이 대체로 대기오염의 위협을 받고 있다. 그 이유는 암모니아와 메탄을 많이 배출하는 경유 사용량이 많기 때문이다. 서부 유전이 2022년 260만t의 메탄을, 동부 유전이 180만t을 발생시켰다. 영국의 메탄 방출량보다 많은 것이다. 투르크메니스탄의 메탄 배출은 2007년 이후 놀라울 정도로 급증했다. 지구 온도 1.5℃ 상승을 막기 위한 노력에 찬물을 끼얹은 것과 같다. 선교사역을 통해 투르크메니스탄의 정책이 친환경적으로 전환될 수 있도록 협력하고 도움을 주는 것이 필요하다. 특히, 경유를 사용하는 것과 유전으로 발생하는 메탄가스를 줄이기 위한 대응책을 세워야 할 것이다. 유전보다는 다른 경제적 자원과 여건을 마련하는 것도 꼭 필요하다. 이러한 일을 통해 투르크메니스탄의 대기오염과 기후위기의 역습을 막을 수 있다.

*동남아시아

이 지역에는 동티모르, 라오스, 말레이시아, 미얀마, 베트남, 브루나이, 싱가포르, 인도네시아, 캄보디아, 태국, 필리핀 등이 속해 있다. 이 지역은 열대성 기후를 가지고 있어 덥다. 특히, 인도네시아는 열대우림의 영향을 크게 받는다. 걱정스러운 것은 열대우림의 산림 벌채가 심각하다. 열대우림을 베어내고 팜유 농장이나 다양한 공장을 세워서 기후위기의 최후의 보루인 열대우림이 황폐되고 있다. 또한 인도네시아의 자바섬은 땅이 침하되고 환경오염도 심각하다. 그렇기 때문에 이들에게 열대우림을 파괴하지 않고 경제적인 효과를 얻을 수 있는 시스템과 방향을 제시하는 것이 중요하다. 또, 미얀마의 중부지역은 극심한 건조지역이라 사막화 현상이 두드러지게 나타나고 있다. 많은 아이가 영양실조에 걸릴 정도로 식량 위기가 심하다. 베트남은 30년 뒤 기후변화에 가장 취약한 나라로 선정됐다. 최악의 상황에 예상해 보면, 100만 명 이상 이주를 해야 할 수도 있다. 필리핀도 마찬가지로 극심한 가뭄이 발생할 수 있다. 이처럼 동남아시아는 기후위기 재난을 직접 빠르게 받을 수 있는 지역이다. 산림녹화사업이나 농수산업을 진행할 때 "안식년"을 적용하여 땅과 바다, 그리고 산의 회복을 이룰 수 있도록 돕는 것이 필요하다.

또 다른 커다란 문제는 "메콩강 유역의 물 분쟁"이다. 메콩강은 중국부터 시작하여 라오스, 미얀마, 태국, 베트남, 캄보디아에 영향을 끼치는 커다란 강이다. 이 강은 해당 나라들의 젖줄이자 문화이며 중요한 자연이다. 하지만 중국이 댐을 건설하고 다른 나라들이 자국의 이익을 위해 메콩강 개발 및 댐 건설을 진행하면서 커다란 문제가 발생했다. 그리하여 란창-메콩강 협력회의(LMC)가 발족했고, 메콩강 유역 문화 및 환경문제를 협력하기로 했다. 하지만 이러한 문제는 각 나라의 이익에 영향을 받기 때문에 잘 협의하고 해결하는 것이 필요하다. 특히, 중국이 메콩강 상류에 있는 거대한 샨사댐을 건설하여 그 아래 나라들에 피해를 주고 있다. 메콩강 하류 지역은 해수면 상승으로 염해가 강물에 썩어서 쌀 생산량이 급감했으며, 어획량 또한 감소했다. 하류 지역인 베트남과 캄보디아는 해수면 상승을 막고 기후위기를 해결할 방안을 모색해야 할 것이다.

지금까지는 동남아시아 지역의 전반적인 환경문제 및 이슈에 대해 알아보았다. 그렇다면, 나라별 환경문제는 무엇이 있을까?

첫 번째로 동티모르다. 이 나라는 연간 평균 강수량이 1,500mm 이하이고, 비가 많은 일부 지역은 3,088mm나 되는 곳도 있다. 특히, 파손된 수도관으로 생활하수 및 빗물이 스며 들어가 식수로 사용하기 부적합하다. 또, 기후변화로 연간 강수량이 지속적으로 하락하고 있다. 이는 심각한 가뭄과 물 부족 현상으로 이어진다. 특히, 상수도시스템이 제대로 정비되지 않으면 더 위협적이다. 그러므로 극심한 가뭄에 대비하여 상수도시스템과 농업 및 수자원

확보를 위한 협력체계가 구축되어야 한다. 기후변화 대응에 관심이 있는 동티모르 청년들이 업사이클링 프로젝트를 진행하듯, 이를 토대로 함께 마을과 지구를 지키는 역량을 기를 수 있어야 한다.

두 번째로 라오스다. 라오스는 인구밀도가 가장 낮은 국가면서 가장 급속히 도시화를 이룬 나라 중 하나이다. 하지만 이러한 도시화 속에서 제대로된 환경정책과 시설이 없어 큰 문제를 겪고 있다. 도심 내 고체폐기물과 하수 문제, 그리고 위생시설도 열악하다. 또, 지난 2019년 9월 기후변화로 예상치 못한 홍수가 라오스의 중부와 남부를 강타했다. 기후변화가 심해지면서 자연재해의 발생빈도가 높아졌고 영향력도 커지고 있다. 농업으로 생계를 이어가는 라오스 주민 대부분이 작물을 재배할 수 없는 지경이다. 농업체계와 빗물저장소, 기후변화를 적극적으로 대응할 수 있는 시스템을 마련하고 연구하며 라오스 지역 주민과 하나되는 길을 여는 것이 필요할 것이다.

세 번째로 말레이시아다. 말레이시아의 가장 큰 문제는 쓰레기다. 중국이 2018년 해외 플라스틱 쓰레기 수입을 중단한 이후, 많은 양의 쓰레기가 말레이시아를 비롯한 베트남과 태국으로 대거 유입되고 있다. 이러한 플라스틱 쓰레기는 아무런 여과 장치 없이 소각되거나 제대로 갖춰지지 않은 매립장 혹은 자연에서 방치되어 썩어간다. 썩는 것조차 많은 시간이 필요하다. 그렇기에 플라스틱 쓰레기를 수입하는 것은 상당히 위험하다. 소각 및 매립은 대기와 토양, 사람들의 건강까지 위협한다. 2030년까지 말레이시아 정부는 일회용 플라스틱 사용 근절을 목표했지만, 수입한 플라스틱 쓰레기뿐 아니라 국내에서 발생하는 플라스틱 쓰레기도 방치되고 있다. 또, 말레이시아는 간척사업에 열을 올리고 있다. 이미 수천 헥타르에 달하는 어장과 해양 서식지가 파괴되었고 앞으로 해안 지역사회와 해양생태계에 악영향이 미칠 것이다. 그리고 2021년과 22년에 연속으로 폭우가 덮쳐 피해가 더욱 심해지고 있다. 대응체계의 길이 열리도록 교육과 시스템 정비를 위한 협력이 필요하다.

네 번째로 미얀마이다. 미얀마의 환경 현안을 보면 다양한 분야에서 환경위험이 도사리고 있다. 상수도의 경우 부적합한 수질, 부족한 공급, 시설낙후, 낭비 심화 및 낮은 수도세가 원인이며, 하수도의 경우 부족한 시설 및 서비스, 관리기관 및 부서의 부재가 문제로 지적되고 있다. 폐기물 분야에선 구체적인 관리계획이 부족하고 폐기물 수집 장비가 낙후됐다. 이로 인한 부적절한 처리와 유해 폐기물 관리가 부실하다. 에너지는 전력공급이 부족하고 불안정한 배전 전압 등이 문제다. 그리고 차량 증가에 따른 대기오염과 소음·공해가 발생하고 있다. 이러한 문제들은 국가의 시스템과 정책이 뒷받침되어야 한다. 즉, 적절한 체계가 유지될 수 있도록 국가 차원의 지원이 절실하다. 그러므로 우리가 이 일에 적극적으로 도움을 주는 방향을 세워야 한다. 다만 미얀마는 쿠데타 등으로 어려움을 겪고 있다. 미얀마의 곡창지대는 쿠데타와 기후변화 그리고 코로나-19가 겹치면서 작물 생산이 줄어들고 젊은 이들이 떠나고 있다. 이러한 불안한 정치적 상황이 환경정책을 세우는 데 악영향을 끼친다. 따라서 미얀마 정권이 제대로 세워질 수 있도록 기도와 협력이 필요하다. 더불어 미얀마는 세계기후위험지수에서 기후변화에 취약한 국가로 분류되어 있다. 이 지수에 따르면, 미얀마는 홍수와 산사태 그리고 가뭄으로 큰 피해를 빈번하게 겪고 있음이 밝혀졌다. 그러므로 기후변화에 대한 대응과 적응이 이루어질 수 있도록 적극적인 도움이 필요하다.

다섯 번째로 베트남이다. 베트남을 생각하면 가장 먼저 떠오르는 것이 무엇인가? 아마도 도로에 빽빽하게 들어선 '오토바이 무리'가 가장 먼저 떠오른다. 베트남의 대표적인 도시인 하노이와 호찌민시는 최근 자동차와 오토바이에서 발생하는 배기가스와 공장 매연, 공사현장의 먼지 등으로 대기오염이 심각하다. 이러한 대기오염은 베트남이 가장 먼저 해결해야 하는 현안이다. 이 문제를 해결하기 위해서는 전기로 운행할 수 있는 오토바이나 자전거, 자동차로의 전환이 필요하다. 물론 전기가 어떻게 만들어지느냐에 따라 친환경적인 에너지일지, 아닐지 달라지지만 우선 이동할 때 이산화탄소가 발생하지 않는 것만으로도 어느 정도의 효과는 있다. 그러므로 적극적인 전환이 이루어지도록 도움의 손길을 주어야 한다. 그 외 수질오염이나 식품 오염 그리고 플라스틱 폐기 및 산림파괴의 문제도 존재한다. 베트남에는 동·식물 355종이 환경오염으로 멸종위기에 놓였다. 이러한 멸종 위험군들은 농업 폐기물, 도시 생활 오폐수, 산업 및 군사 폐기물, 대기질 악화 등의 영향을 받는다. 그리고 베트남은 3,200㎞ 이상의 해안선과 낮은 지대, 강 하류에 있는 지리적 조건 등의 특성으로 극심한 기후변화를 겪고 있다. 해수면 상승으로 메콩 델타 대부분이 침수될 것으로 보인다. 이러한 위협을 함께 이겨나가기 위해 베트남 정부와 주민들 그리고 선교사들이 함께 대응 및 전략을 세워야 한다.

여섯 번째로 브루나이이다. 브루나이는 잘 보전된 자연환경으로 관광산업을 집중적으로 육성하고 있다. 다만 관광산업이 발달하게 되면, 환경파괴가 늘어난다는 점과 지속 가능한 관광산업을 육성하는 것이 필요하다는 점을 동시에 인식해야 한다. 또한, 해수면 상승은 해안선을 따라 위치한 브루나이의 경제 허브에 영향을 미친다. 그렇기 때문에 기후변화에 대한 대응 전략을 잘 세워야 한다. 21C 말이 되면 해수면은 1.1m만큼 상승할 것으로 예상되는데, 그럴 경우 수도 반다르 스리 베가완(Bandar Seri Begawan)이 기후변화의 직접적인 피해를 겪을 가능성이 크다. 더불어 월간 강우량이 500mm 이상 늘어나 홍수 피해가 발생할 수 있다. 그러므로 선교사역을 통해 브루나이 주민들이 안전하게 살아갈 여건을 마련하도록 협력하는 것이 중요하다.

일곱 번째로 싱가포르이다. 싱가포르는 국제적으로 유명한 환경법을 가졌다. 쓰레기를 함부로 길거리에 버리면 엄청난 범칙금을 내야 한다. 그리고 2회 이상 걸리면 청소를 해야 한다. 최근에는 쓰레기 제로 플랜을 내세우고 있을 만큼 환경에 진심이다. 싱가포르에는 '세마카우(Semakau)'라는 폐기물 매립장이 유일하다. 이는 생활 쓰레기가 증가하면 매립장의 사용 연한이 급격히 감소해 폐기물을 줄이는 데 방점을 둔 정책이라 하겠다(현 상황, 2045년까지 사용 가능에서 2035년으로 당겨짐). 이에 싱가포르 정부는 '제로웨이스트 네이션' 캠페인을 벌이고 있고, 이를 위해 여러 업체가 동참하고 있다. 하지만 싱가포르항으로 해양오염이 심각하다. 세계에서 가장 큰 항구인 싱가포르항은 벙커링 규모도 큰 항구로, 전체 해양 연료 판매량의 약 20%를 차지한다. 벙커링은 선박에 연료를 공급하는 과정을 말한다. 그런데 이러한 벙커링으로 인해 엄청난 공기, 물, 기후오염 발자국이 생겼다. 이에 그리스도인 선박전문가들이 함께 협력하여 문제해결 방안을 마련하면 어떨까? 도심만이 깨끗한 것이 아니라, 싱가포르의 해안도 잘 보존되기를 소망한다. 마지막으로 싱가포르는 기후위기에 적응하기 위한 대응전략을 철저하게 세우고 실행 중이다. 싱가포르는 지대가 낮고 인구밀도가 높은 열대 섬나라로 해수면 및 기온 상승, 강우 강도 증가 등 기후변화에 취약한 도시국가다. 그래서 배수로의 너비 및 길이를 확장하고 저류조를 설치하고자 한다. 또한 홍수 대비용 지대 및 제방 높이 확대 등 다양한 대책을 추진하고 있다. 하지만 완화를 위한 대응전략은 세우고 있지 않다. 적응에만 초점을 맞추게 되면 언젠가 적응의 조치보다 더 심각한 상황에 놓일 수 있으므로 변화가 필요하다.

여덟 번째로 캄보디아이다. 캄보디아는 환경 분야의 시스템이 잘 정비되어 있지 않다. 이곳은 소금 생산을 많이 하는데, 기후변화로 소금 생산량이 감소할 것으로 보인다. 특히, 남부에 있는 캄폿주와 켑(Kep)주는 캄보디아의 주요 소금 생산지이지만, 폭우 등의 기상재해로 생산량이 점차 줄어들고 있다. 이러한 문제에 대응할 방향성을 함께 고민하고 협력해야 한다.

아홉 번째로 태국이다. 태국도 다른 여러 나라와 비슷하게 환경문제에 골머리를 앓고 있다. 특히, 태국의 휴양지로 알려진 파타야는 관광객들이 배출한 쓰레기 문제가 심각하다. 이는 젠트리피케이션으로 이어져 여행 자체에 대한 부담으로 이어진다. 관광객이 붐비는 곳에 환경친화적인 방향의 여건이 마련될 수 있도록 함께 협력해야 한다. 일회용 빨대나 수저 등의 사용은 날로 심각해지고 있다. 물론 여행객만이 사용하는 것이 아니므로, 태국 정부 차원에서의 일회용 수저의 사용을 적극적으로 제한하는 것이 필요하다. 다음으로 미세먼지의 악화가 심각하다. 특히, 북부의 대기오염은 더욱 심하다. 치앙마이와 치앙라이의 PM2.5 농도가 안전하지 않은 수준이다. 이는 시민들의 건강에 적신호를 켤 것이다. 따라서 정부 차원의 대책이 필요하고, 대기오염 제어공학을 적극적으로 지원하고 대비해야 한다. 더불어 화석연료의 사용을 줄일 필요가 있다. 특히, 미세먼지를 많이 배출하는 경유 등의 사용을 제한해야 한다. 한국이 미세먼지 대응을 더 오래 했으니 이에 따른 지혜와 축적된 경험을 전달하는 것이 중요하다. 태국은 2021년 기후위기 지수가 세계 9위였다. 특히, 수도 방콕은 기후변화로 해수면 상승에 취약한 지역이 되었다. 침수방지를 위한 대책이 시급하다.

아홉 번째는 필리핀이다. 현재 필리핀을 괴롭히는 환경문제는 산업화, 도시화, 인구증가와 같은 개발도상국의 전형적인 근대화로 인한 쓰레기 배출량의 급증이다. 하루 35,000톤에 이르는 엄청난 쓰레기가 발생하고 있다. 더욱 우려되는 것은 흔한 폐기물 관리가 단순한 쓰레기 처리장에서만 진행된다는 것이다. 제대로 정비되지 않은 처리장 때문에 쓰레기가 인근 강이나 바다로 떠내려가 수질오염을 비롯한 다양한 환경오염을 일으킨다. 이를 해결하기 위해서 폐기물처리 정책과 시스템을 지원할 수 있는 전문가 사역자들의 도움이 필요하다. 다음으로 관광의 발달로 쓰레기가 많이 배출되고 지역이 파괴되고 있다. 대표적인 지역이 '보라카이'다. GDP의 약 8.6%나 차지하는 관광산업으로 보라카이는 11㎢의 작은 섬에서 물리적 수용량을 넘은 관광객이 몰렸고, 그로 인한 인프라의 발달로 환경파괴가 자행된 것이다. 거의 쓰레기 폐기물 처리장과 같은 느낌이었다고 한다. 그래서 2018년 4월부터 10월까지 6개월간 잠정적인 폐쇄를 결정했다. 이는 하나님이 우리에게 주신 안식년과 비슷한 개념이 아닐까 싶다. 그 이후 보라카이는 회복되었다. 관광산업으로 인한 환경오염을 최소화하기 위해 안식의 개념을 적용한 휴식년제를 지키고, 함께 지속 가능한 관광을 할 수 있는 길을 열도록 도움을 주는 것이 필요하다. 필리핀에서 좋은 환경교육의 사례도 있다. '환경을 위한 졸업 유산법'인데, 초등학교부터 대학교까지 모든 학생이 졸업하기 위해서 10그루의 나무를 심는 것을 의무화한 것이다. 그것도 지역과 기후, 지형에 따라 토착종 나무를 심어야 한다. 이는 무분별한 개발과 삼림파괴로 심각한 상황이었던 필리핀 삼림을 회복시키는 중요한 수단이 되었다고 한다. 그리고 무엇보다 학생들에게 생명의 소중함을 일깨워주는 중요한 사례다. 이처럼 필리핀 학생들과 삼림을 가꾸는 방법과 삼림 생태계의 중요성을 같이 고민하고 나눈다면 더 좋은 방향의 선교사역을 할 수 있겠다. 마지막으로 필리핀은 2020년에 발표된 기후변화와 자연재해에 취약한 나라 중 5번째로 선정되었다. 특히, 해수면 상승에 따른 산호초 백화현상과 홍수에 따른 피해가 인프라와 산업구조에 지대한 영향을 미치고 있다. 이들이 완화를 위해 대응하고 삶 속에서 적응하며 살아갈 수 있는 수단과 길을 예비하도록 선교사역을 통해 도움을 줘야 한다. 또한 그리스도인으로서 이 세상을 회복(기후변화 문제를)시켜 나가는 역할을 감당할 수 있도록 교육과 협력이 필요하다.

*서아시아

서아시아는 중동지역으로, 레바논, 바레인, 사우디아라비아, 시리아, 아랍에미리트, 아르메니아, 아제르바이잔, 예멘, 오만, 요르단, 이라크, 이란, 이스라엘, 조지아, 카타르, 키프로스, 쿠웨이트, 팔레스타인 등이 있다. 이 나라들은 우리가 알다시피 (이스라엘이 유대교를 믿는 것을 제외하고는) 대부분 이슬람교를 국교로 하거나 많은 국민이 이슬람을 믿고 있는 나라들이다. 물론 뿌리는 구약성경과 연결되어 있지만, 기독교를 부정적으로 생각하는 나라들이다. 이 나라에서 선교사역을 통해 복음을 전하는 것은 사실상 불가능하다. 다만 물이 부족하고 열악한 환경 속에 있는 나라들이 많다. 물론 석유 강국이 많고, 부유한 나라도 있지만, 최근 석유 강국으로만 남기에는 어려운 상황임을 인지한 중동지역 나라들이 친환경적인 도시와 정책들을 적극적으로 펼치고 있다. 다양한 기업과 연구자가 투입되어 새로운 희망과 꿈을 이루는 도시와 환경을 만들어가려 노력한다. 이를 기반으로 우리의 기술력을 통해 적극적으로 도울 수 있는 자리에 서야 하며, 그리스도인 연구자들이 투입되어 자연스럽게 복음을 전하는 사역이 필요하다.

더불어 이스라엘과 팔레스타인 사이에서 발생하고 있는 물 분쟁과 터키-이라크·시리아의 물 분쟁은 이 지역에서 물이 얼마나 중요한지를 알 수 있게 한다. 특히, 이스라엘이 관개농업에 치중해서 요르단강 수량이 극히 감소하였는데, 이 물을 이용해야 하는 팔레스타인이 물 사용 할당량을 제시하였으나 무시하였다. 서로 배려가 없는 것이며, 특히 이스라엘이 팔레스타인을 무시하고 협력하지 않는다는 의미이기도 하다. 또한 튀르키예는 유프라테스와 티그리스강에 댐을 건설하여 농업용수 및 식수를 사용하고 있어 이라크와 시리아가 큰 피해를 보고 있다. 자기 나라만 생각하는 건 반드시 사라져야 한다. 타국을 잘 설득하고 함께 물을 공정하게 사용할 수 있도록 선교사들이 도와야 한다. 또한, 이란에 있는 루트 사막은 2014년에 61℃까지 올라 세계 비공인 신기록을 가지고 있다. 이러한 온도는 누구도 살 수 없는 곳을 의미이며, 지구온난화로 인해 더욱 극적으로 높아질 가능성이 있기에 서아시아 지역을 적극적으로 지원하며 지구온난화와 기후위기 해결에 대해 논의해야 한다.

지금까지는 서아시아 지역의 전반적인 환경문제 및 이슈에 대해서 생각해 보았다. 그렇다면, 나라별 환경문제 및 이슈는 무엇이 있을까? 대두되고 있는 나라 중심으로 생각하고자 한다.

첫 번째로 레바논이다. 레바논이 가지고 있는 가장 큰 환경문제는 쓰레기 문제이다. 바다에 플라스틱과 음료수 캔들이 즐비하고, 폐수가 바다로 흘러들어오는 등 오염이 심각하다. 특히, 독성이 있는 폐기물이 별다른 처리 없이 지중해에 버려지고 있다. 이는 폐기물처리업자 간의 부당한 거래와 부패로 발생한 것이다. 국민의 건강과 환경에 악영향을 끼치기에 반드시 해결되어야 하는 문제다. 레바논을 향한 선교사역에서 폐기물처리업자들을 제재하고 변화시킬 수 있는 방향을 세우는 것이 필요하다. 그리고 환경 관련 정부 담당자들이 이를 철저하게 관리 감독할 수 있는 여건도 마련되도록 힘써야 한다.

두 번째로 바레인이다. 바레인은 극심한 건조기후와 강우량이 적은 곳이어서 세계에서 물 스트레스가 가장 높은 5개 국가 중 하나다. 바레인을 비롯하여 키프로스와 쿠웨이트, 레바논, 오만이 있다. 이 중 바레인이 가장 심각하다. 산유국인 바레인은 극심한 대기오염을 배출하고 태양에너지 생산에 가장 적합한 기후(적은 강수량과 긴 일조시간)에도 불구하고 재생에너지 비중이 가장 낮다. 이는 공기 오염을 많이 유발한다. 적극적으로 지구온난화를 해결하기 위해 재생에너지, 특히 태양에너지의 확대에 힘써야 한다. 선교사역을 통해 이를 뒷받침해 주는 것이 중요하다.

세 번째로 사우디아라비아이다. 사우디아라비아는 세계 최대 산유국으로 유명하다. 그만큼 환경오염을 많이 일으키는 산업이 발달한 나라다. 하지만 환경을 변화시키려는 모습은 전혀 보이지 않는다. 2060년까지 기후변화 대응에 노력하겠다는 발표를 했지만, 화석연료 퇴출은 아예 고려하지 않고 구체적인 로드맵도 없어 실효성에 의문을 지닌다. 또, 친환경 미래도시인 '네옴시티 프로젝트'는 환영할 만한 일인지 의문이 들기도 한다. 이 프로젝트의 자원 자체가 화석연료를 판매해서 얻은 것이기 때문이다. 기후변화의 가장 큰 원인인 화석연료보다 다른 방향으로 변화될 것을 깨닫도록 선교하는 것이 중요하겠다. 그리고 2022년 7월 31일 여름, 수도 리야드에 26.6㎜의 엄청난 비가 쏟아졌다. 우리나라에 비해 많은 양은 아니지만, 비가 거의 내리지 않아 배수시설이 부족한 사우디아라비아에서는 엄청난 물난리를 경험한 것이다. 기후변화 대응이 없다면, 여름철 집중호우가 계속 발생할 가능성이 있다.

네 번째로 시리아이다. 시리아는 13년째(2023년 기준) 내전을 겪고 있는 아픔이 많은 땅이다. 그 원인을 여러 가지로 설명할 수 있지만, 내전이 발발한 근본적인 원인은 '기후변화'에서 찾을 수 있다. 한때 시리아는 '비옥한 초승달 지대'라 불리며 세계 최초의 농경문화가 시작된 풍요로운 땅이었다. 하지만 2007년부터 2010년까지 시리아 역사상 최악의 가뭄이 닥치며 기후변화를 겪게 된다. 이로 인해 내전이 발발하였고 약 560만여 명의 기후난민이 발생했다. 난민을 위해 시리아와 인근으로 찾아가 도움을 주어야 하며, 우리나라로 오고자 하는 난민이 있다면 환영하고, 교회가 적극적으로 나서서 살아갈 수 있는 길을 열어주어야 한다. 더불어 실향민들과 시리아에 남은 주민들이 내전으로 극심한 물 부족을 겪고 있다. 상수도와 하수도 시설이 거의 마비 수준이다. 선교사역을 통해 상·하수도 시스템을 정비하고 물을 보충하는 지원이 필요하다. 이뿐 아니라, 2021년에는 시리아가 지중해에 기름유출을 하면서 서울보다 넓은 면적인 800㎢에 기름 떼가 퍼졌다. 이는 해양생태계의 위협이 되었는데 시리아 정부는 제대로 된 정비를 하지 않았다. 시리아에 남아있는 해양생태계의 기름유출 문제를 함께 해결하는 방향을 세워야 하며, 더불어 이 문제를 교훈 삼아 에너지 관련 법률과 탄소 중립 체계를 확고히 하는 것이 필요하다. 그렇게 된다면 화석연료를 사용하지 않는 방안으로 이어질 수 있기 때문이다. 이를 위해 시리아 정부와 협력하고, 선교사역을 통해 지도자들에게 영향력을 끼칠 수 있도록 기도로 준비해야 할 것이다.

다섯 번째로 아랍에미리트이다. 아랍에미리트는 세계에서 최상권에 있는 산유국이다. 그만큼 환경문제에 관심을 가지기 어려운 경제적 구조이다. 이 나라의 주요한 환경문제로 가장 먼저 급증하는 폐기물로 인한 문제가 발생한다는 것이다. 아부다비를 비롯해 두바이와 샤르자 순으로 폐기물이 많이 배출되고 있다. 외국인 인구 유입의 증가와 여러 주거 단지 및 호텔·리조트 등의 건설이 이어지고 있다. 의료폐기물도 꾸준히 증가하며, 바라카 핵발전소에서 발생하는 방사능 폐기물로 인해 유해 폐기물 문제가 큰 상황이다. 더불어 스마트폰이나 컴퓨터 등의 전자 폐기물이 많아져 납, 수은 등 중금속이 토양과 수질을 오염시키고 있다. 이러한 문제를 해결하기 위한 적극적인 대응책이 필요하다. 아랍에미리트가 움직일 수 있도록 선교사역을 통해 지도자들과 협력해 폐기물 문제에 대응할 수 있도록 해야 한다. 다음 문제는 기후변화에 대한 것이다. 아랍에미리트의 중요한 도시 중 하나인 '두바이'는 지속 가능한 도시를 꿈꾸며 "20분 도시" 조성을 목표로 하고 있다. 거주민들이 일상 속에서 80%를 도보나 자전거로 20분 내 이동할 수 있는 도시를 조성하는 것이다. 이러한 계획은 기후변화에 대해 대응하는 데 중요한 요소이다. 교통의 이용이 많아지면 많아질수록 더 많은 환경오염에 노출되기 쉽기 때문이다. 특히, 대기오염은 온실가스를 배출하게 되고, 그로 인해 지구온난화가 심각해졌다. 이러한 '20분 도시'를 조성하기 위해 다수확 농업환경 조성 및 인프라 개발에 노력하고 있다. 다만, 하나님의 창조 섭리에 따라 농업을 하지 않으면 지금과 같은 토양과 수질 등 다양한 환경오염에 노출되기에 지역 주민에게 창조 섭리에 따른 농법 즉, 다양한 작물을 농약 사용 없이 키우는 방법을 잘 교육하고 시행하도록 도와야 한다. 이 시책은 '넷제로 전략 선언'과 연결되어 있다. 아랍에미리트가 지속 가능한 도시를 건설하고 하나님이 만드신 세상을 온전히 유지시킬 수 있는 나라가 되도록 선교사역을 통해 환경정책과 시스템을 지원하고 하나님의 계획과 섭리 속에 나라가 복을 받을 수 있도록 잘 전달해야 한다. 비록 어려움을 겪더라도 이러한 길이 반드시 필요하다.

여섯 번째로 아르메니아이다. 아르메니아는 흑해와 카스피해 지협에 위치해 있으며, 남서쪽에는 이란과 튀르키예, 북쪽에 조지아, 동쪽에 아제르바이잔과 국경을 맞대고 있다. 지형을 보면 북부는 카프카스 산악지대로 높고, 불모의 평지는 남쪽으로 뻗어 이란과 튀르키예로 이어진다. 해발 1,000m 이하는 국토 전체의 10% 이하로 적다. 그러다 보니 기후변화에 대한 영향은 다른 나라에 비해 많지 않다. 특히, 가장 높은 곳이 4,090m에 달하는 아라라트산이다. 산악지형이 많아 광산개발에 힘을 쓰는 경우가 많다. 2023년에 남부 휴양지 제르무크 인근 아물사르산에서 금광을 다시 개발한다고 발표하기도 했다. 하지만 금광개발은 지역 환경에 악영향을 줄 뿐 아니라, 제르무크 관광업을 쇠퇴시키고 제르무크의 특산품인 광천수의 수질을 악화시킬 것이다. 이러한 문제를 어떻게 해결하고 지역 상생을 이룰 수 있을지 협력이 필요한 때이다. 다른 내용은 잘 알려지지 않아 다루기 어렵지만, 아르메니아가 하나님이 만드신 세상을 회복하고 그 가운데 협력할 수 있게 이끌어주어야 할 것이다. 특히, 90% 이상이 기독교인인 국가이므로 협력의 길이 잘 열리도록 기도하며 준비해야 한다.

일곱 번째로 아제르바이잔이다. 아제르바이잔은 캅카스 지역의 대표적인 산유국이다. 그만큼 인프라가 좋으나, 대중교통과 화장실은 예외다. 이는 제대로 된 환경정책이 세워지지 않았다는 증거가 될 수 있다. 대중교통이 제대로 되어 있지 않으면 이동권이 부족해지고, 자동차의 사용이 많아질 수밖에 없다. 그 결과로 기후변화와 지구온난화가 발생한다. 더불어 부정부패가 심하여 환경정책이 제대로 이루어질 수 없는 구조다. 재생에너지에 대한 투자가 확대되고 있으나 여전히 정책적으로만 이뤄지는 경우가 많고, 실질적인 환경정책은 제대로 이뤄지지 않고 있다. 따라서 선교사역을 통해 환경정책과 시스템이 제대로 세워질 수 있도록 협력이 필요하다. 그것이 아제르바이잔을 온전히 회복하고 하나님이 만드신 세상을 소중히 여길 수 있게 할 것이다.

여덟 번째로 <u>예멘</u>이다. 예멘 앞바다에는 7년째(2023년 기준) '환경 시한폭탄' 노릇을 하는 폐유조선 문제가 이어지고 있다. 2023년부터 유엔이 이 문제를 해결하기 위해 본격적으로 나섰다. 예멘 근처에 방치된 유조선 '세이퍼호'에 실린 원유 100만 배럴을 옮겨싣기 위한 작업이 시작된 것이다. 하지만 2015년 내전이 본격적으로 시작되면서 반군이 호데이다 항구를 장악해 유지·보수 작업 없이 방치되게 되었다. 노후화된 유조선으로 파손이나 폭발 가능성도 크다. 막대한 양의 원유유출은 어민 20만 명의 생계를 위협하고 역내 거주하는 200만 명의 주민의 건강에 악영향을 끼친다. 해양생태계도 생존하기 어렵다. 이를 해결하려면 소유권 때문에 분쟁하는 양측의 입장을 해결하는 것이 우선이다. 하지만 안타깝게도, 자신들의 소유권만을 주장할 뿐, 국민과 해양생태계를 향한 관심이 전혀 없다. 선교사역을 통해 정부와 반군의 화해와 협력을 이끌도록 노력하는 것이 가장 중요하다. 또 다른 문제는 기상악화로 인한 물 부족 문제다. 수인성 질병에 위생문제까지 겹쳤다. 내전이 큰 원인 중 하나다. 이러한 분쟁의 장기화는 기후변화로 인해 더욱 심화될 우려가 있다. 예멘의 불볕 기온은 제한된 수자원과 취약한 농업 시스템에 큰 갈등을 준다. 가뭄뿐 아니라 홍수, 강우 패턴의 변화, 폭풍 빈도수 등에 매우 취약한 상황이다. 그러므로 기후변화에 대해 대응과 적응을 적절하게 할 수 있도록 힘을 합쳐야 한다. 즉, 정부와 반군이 서로 화해할 수 있게 돕는 것이 최우선이며, 지역 주민들을 적극적으로 지원하는 전략도 함께 취해야 한다. 홍수조절 시스템을 준비하고, 가뭄에 대비한 빗물저장소를 만들어 해결하는 노력이 이어지면 좋겠다.

아홉 번째로 <u>오만</u>이다. 오만의 환경문제 중 알려진 것은 폐기물 문제다. 수도를 제외한 대부분의 폐기물 처리장이 관리 미흡으로 토양과 수질, 대기오염을 계속 발생시키고 있다. 수도 무스카트에도 몇몇 폐기물 처리장이 몰려 있어 형평성에 어긋난 상황이기도 하다. 그만큼 폐기물 관리가 오만에서는 철저하게 관리되지 않고 있다. 재활용, 재사용, 업사이클링 등에 관심을 가질 수 있도록 도와야 하며, 폐기물 처리도 시스템이 세워지도록 지원해야 한다. 기후변화에 대한 위협도 오만을 빗겨가지 못했다. 지난 2021년 비가 오지 않는 지역으로 유명한 오만에 열대성 저기압 샤힌이 상륙해 300㎜가 넘는 비를 뿌렸다. 이 비는 오만의 3년 치 강수량과 맞먹는다. 그 결과, 엄청난 물난리와 홍수 및 산사태가 이어졌다. 이러한 기후변화에 적응하기 위해 홍수관리 시스템을 정비해야 한다. 이를 위해 전문가가 협력하면 좋겠다.

열 번째로 <u>요르단</u>이다. 요르단의 가장 큰 환경문제는 플라스틱 쓰레기 문제다. 1인당 대형자루 1.6개 가량의 플라스틱을 사용하는 나라로 변화가 필요하다. 가장 효과적으로 해결할 방법은 플라스틱 사용금지를 법제화하는 것이다. 다만 이러한 일이 이루어지기에는 상당한 시간과 어려움이 동반된다. 그러므로 선교사역을 통해 플라스틱 사용량을 줄이는 교육과 정책을 추진하고 재활용 및 업사이클링 사업을 진행하는 것이 중요하다. 우리나라의 업사이클링 업체들이 지혜와 능력을 토대로 타국을 지원하면 좋겠다. 요르단도 기후변화에 대한 적극적인 대응을 하기도 한다. 특히, 2021년 앙숙인 이스라엘과 재생에너지·수자원을 맞바꾸는 MOU를 체결했다. 요르단이 태양열 발전소에서 생산된 600MW의 전기를 이스라엘에 제공하면, 이스라엘은 자국의 첨단 담수화시설에서 염분을 제거한 바닷물 2억㎥를 요르단에 공급하는 것이다. 이러한 기후변화 대응 공조는 아주 좋은 사례다. 앞으로 이스라엘뿐 아니라 인근의 다른 나라와도 협력체계를 구축할 수 있도록 해야 한다.

열한 번째로 이라크이다. 이라크는 과거에 전쟁으로 환경오염과 파괴가 심각했던 나라다. 하지만 여전히 이라크 내에서는 환경문제에 대한 관심이 부족하다. 엄청난 모래폭풍과 가뭄이 갈수록 심화되면서 고대 유적지들이 형체를 알아보기 힘들 정도로 파괴되었다. 또, 휴양지로 유명했던 이라크 서부 사막 무나타주 사와호수(Sawa Lake)가 작은 연못이 되고 말았다. 한때 생물다양성이 풍부한 습지이자 인기 휴양지였던 곳이 극심한 가뭄으로 황무지가 돼버린 것이다. 이 지역의 일대 강우량은 30% 수준에 불과하다. 그리고 과도한 지하수 사용 문제도 한몫했다. 선교사역을 통해 이 지역의 극심한 가뭄과 물 문제 그리고 호수를 회복시키면 좋겠다. 더불어 사막화 현상을 해결하기 위해 이라크가 탄소 중립에 나설 수 있도록 도움을 주어야 한다.

열두 번째로 이란이다. 이란은 고질적으로 폐기물 처리에 대한 환경문제가 심한 나라이다. 재활용될 수 있는 폐기물도 제대로 관리되지 않아 메탄가스를 배출하고 토양오염을 유발한다. 우리나라의 환경부가 코트라와 함께 폐기물 재활용 프로젝트를 지원하고 있다. 또 다른 문제는 배기가스 문제다. 원유 생산 등으로 배기가스가 발생하고 있어 새로운 에너지원을 찾도록 도와야 한다. 마지막으로 기후변화에 대한 위협이 여전하다. 극심한 가뭄이 지속적으로 나타나면서 사막화 현상이 두드러지고 있다. 국지성 호우가 이란에 덮쳐 빗물이 가물어진 땅을 투과하지 못하면서 홍수 피해가 커지고 있다. 기후변화에 대한 대응책을 마련해야 하고, 선교사들과 협력해 이슬람 정권의 색채를 줄여나가는 것도 중요하다.

열세 번째로 이스라엘이다. 지난 2021년 초 이스라엘 해안을 뒤덮은 검은 기름띠가 있었다. 그것은 바다거북과 새를 포함한 수천 마리의 동물을 죽였다. 이 검은 기름띠의 정체는 엄청난 양의 타르였다. 원인은 정확하게 밝혀

지지 않았지만, 원유 탱크 세척물을 불법으로 처리한 데서 발생한 것으로 보인다. 기름유출 사고는 해양생태계에 엄청난 악영향을 끼친다. 하지만 이스라엘 정부는 비상사태를 잘 대처하지 못했다. 이스라엘은 전 세계의 여러 선진국 중에서 환경평가 부분이 아주 낮은 것으로 밝혀졌다. 잘 사는 나라라고 할 수는 있지만, 선민의식과 하나님께서 구원으로 인도하실 것이라는 강한 믿음 때문인지 환경 정의를 구현하는 모습은 보이지 않는다. 그래서 선교사역이 필요하다. 예수님의 사랑과 하나님의 뜻을 온전히 이스라엘 백성에게 전해야 한다. 특히, 창조주 하나님께서 만드신 이 세상에 대한 사역과 계획을 함께 나누고 세우는 데 힘써야 한다. 생각의 변화가 이루어진다면, 이스라엘은 아주 중요한 역할을 감당할 수 있을 것이다. 특히, 지중해 바닷물을 끌어 올리는 담수화 작업뿐 아니라, 어려운 나라와 이웃을 위한 사랑의 마음을 전할 수 있는 나라가 되도록 협력해야 한다. 자기 나라만 잘 사는 것이 하나님의 뜻이 아님을 정확히 알고 함께 세상을 살아가기를 소망한다.

열네 번째로 조지아이다. 조지아는 코카서스 산맥 지역에 있다. 간혹 작은 스위스라고 불릴 만큼 천혜의 자연환경을 가졌으나 대기의 질은 전반적으로 그 명성을 뒷받침해 주지 못한다. 산업 및 건설현장에서 배출되는 유해물질의 이동이 주요 원인이다. 또한 조지아의 전체 자동차 중 37%가 트빌리시에 있으며, 90%가 10년 이상이고 45.5%는 20년 이상일 정도로 노화의 정도가 심각하다. 그렇다는 것은 좋지 않은 대기오염물질 배출이 더욱 많아지고 있다는 것을 의미한다. 특히, 매년 수입 차량이 늘어나고 있음에도 배기가스 허용기준이 도입되지 않았다. 이러한 이유로 유럽연합에서 지원 정책이 시행되고 있다. 다른 문제들이 대두되고 있지 않지만, 대기오염 문제만큼은 크게 부각되었다. 그러므로 기후변화 문제와 조지아 주민들의 삶을 위해서 대기오염을 해결할 환경법령과 정책이 세워져야 한다. 유럽연합과 조지아 정부 그리고 선교사가 함께 이 문제를 해결할 수 있는 길이 열리길 소망한다.

열다섯 번째로 카타르다. 카타르는 전 국토가 열대기후에 속한 아주 무더운 나라다. 더위에 약하거나 일사병에 취약한 사람은 생지옥을 경험한다. 또, 산유국이라서 기후변화 대응이 수박 겉핥기에 불과하다. 카타르는 개발도상국으로 탄소 흡수원, 숲, 녹지 개발을 위한 경작지 및 수자원이 턱없이 부족한 나라다. 특히 지구온난화에 취약한 국가로, 육지와 습지 면적을 볼 때 해수면 상승의 영향을 많이 받는다. 해수면이 상승하면 해안선과 해양생물이 직접적인 영향을 받고, 토지가 황폐되며, 담수 수위가 낮아질 뿐 아니라 지하수의 염도가 상승하여 물 안보까지 위협받게 된다. 그런데도 2022년 카타르 월드컵을 친환경 월드컵으로 만든다고 장담했지만, "그린워싱"으로 밝혀졌다. 기후변화에 대한 대응전략도 발표했으나, 산유국이라는 특징 때문에 관심도가 상대적으로 떨어져 전략 자체에 아쉬움이 남는다. 그러므로 선교사역을 통해 카타르에서 하나님이 만드신 세상을 소중히 여길 수 있는 지원과 교육이 제공되어야 하겠다. 환경문제가 악화되지 않도록 도와야 한다.

열여섯 번째로 키프로스이다. 키프로스와 튀르키예의 국경을 맞닿은 해안도시 바로샤(Varosha)는 우리나라의 비무장지대처럼 누구도 머물지 않는 도시였지만, 시간이 지나면서 회복되었다. 아스팔트를 뚫고 나온 온갖 풀과 나무가 빌딩과 호텔을 휘감았고, 키프로스 전역에서 멸종에 가까웠던 희귀종이 정착하게 됐다. 그래서 이곳을 재개발하려는 움직임이 보인다(북키프로스와 튀르키예). 하지만 튀르키예 환경단체들은 반대한다. 남키프로스와 그리스가 이에 동조했다. 하나님이 주신 회복력으로 소중한 생태계를 짓밟지 않고 온전히 유지할 수 있도록 튀르키예와 키프로스가 함께 협력해 나갈 수 있길 소망한다. 키프로스는 기후변화의 부정적인 영향과 함께 온도 상승이 빠르게 이어질 것으로 예측되었다. 이러한 온도의 상승으로 지중해가 따뜻해질 가능성이 높고, 강수량 감소로 지중해의 염도를 높일 가능성이 높다. 이러한 위협은 지중해의 수자원 문제와 농업 문제로 이어질 것이다. 그러므로 기후변화에 대한 대응의 기회와 여건을 마련해야 할 것이다.

열일곱 번째로 쿠웨이트이다. 쿠웨이트는 산유국이어서 유전으로 먹고사는 나라다. 하지만 대기오염 문제가 많이 발생하고 있으며, 원유 생산 과정에서 발생하는 오염원이 토양 및 해안에 유출되어 문제를 일으키고 있다. 특히, 과거 유전이 있던 지역의 토양오염이 심각한데, 부르간(Burgan) 지역에는 아직도 1,900만㎥의 오염된 토양이 그대로 방치되어 있다. 이를 해결하는 것이 급선무다. 원유에 대한 기대치를 낮추는 것이 좋겠지만, 그렇게 되면 쿠웨이트를 비롯한 수많은 산유국에게는 큰 위협이 된다. 그러므로 쿠웨이트에도 선교사역을 통해 새로운 에너지원을 연구하고 생산하도록 도와야 하며, 경제적인 측면에서 어떠한 방향으로 나아가야 하는지 함께 해결해 나가야 한다. 뿐만 아니라, 중동을 덮치는 모래폭풍이 자주 발생하거나 엄청난 우박과 눈이 내렸다. 가장 더운 나라에서 볼 수 없는 현상이다. 특히, 대응책이 없는 쿠웨이트에 하나님의 뜻대로 세상을 회복시켜 나가도록 협력해야 한다.

마지막으로 팔레스타인이다. 이스라엘이 팔레스타인 땅을 점령하면서 팔레스타인 사람들의 삶은 척박해졌고, 이스라엘의 제한 속에서 살게 됐다. 물마저도 점령당했다. 서안지구에서 사용할 수 있는 물은 동부와 서부, 북동부에 있는 3개의 대수층에서 나오는데 이에 대한 취수권이 이스라엘에 있다. 팔레스타인은 15% 미만의 물만 사용할 수 있다. 서안지구에 있는 팔레스타인 사람들은 물의 3/4을 우물과 샘물, 빗물을 통해 얻고 있으며, 나머지는 이스라엘의 수자원공사 메코로트(Mekarot)로부터 구입해서 사용한다. 모든 경로가 차단되어 팔레스타인이 할 방법이 없다. 이 문제를 해결하려면 이스라엘이 팔레스타인을 하나의 국가로 인정하고 협력하도록 적극적으로 노력해야 한다. 그리고 현재의 전쟁문제도 해결되어야 한다. 이스라엘의 선민사상은 현재의 문제를 이해할 수 있게 하지 못한다. 그리고 또 다른 문제가 있다. 폐기물이 엄청난 토양오염과 피해를 일으키고 있다. 서안지구의 유대인 정착지인 아리엘(Ariel)에서 버리는 하수와 산업폐기물은 팔레스타인의 수로와 농경지로 흘러들어온다. 2008년 이후 아리엘에 폐수처리장이 가동을 멈추어 제대로 폐수처리가 되지 않고 있기 때문이다. 이는 팔레스타인의 환경에 악영향을 끼쳤다. 하지만 팔레스타인이 하수처리시설을 짓는 것조차 엄격하게 제한한다. 폐수든 고형 폐기물이든 문제를 온전히 해결하기 위해 이스라엘과 팔레스타인 간의 협약이 잘 세워지도록 요청하고 도와야 한다.

*남아시아

이 지역은 아시아에서도 가장 중앙에 속해 있는 지역이다. 네팔, 몰디브, 방글라데시, 부탄, 스리랑카, 아프가니스탄, 인도, 파키스탄 등이 있다. 이 나라들은 종교적으로 보면 불교나 힌두교가 국교인 나라들이 많다. 과거부터 지금까지 몬순성 폭우가 쏟아지고 있는 곳이고, 우기와 건기로 나뉘어 국지성 호우가 많은 지역이다. 이러한 특징이 기후위기 시대가 되면서 더욱 두드러지게 나타난다. 또한 무더위가 집중되고 있다. 인도의 경우, 엄청난 무더위로 많은 사람이 일사병으로 숨졌다. 이러한 상황을 알고 어떻게 해결하며 나아갈 수 있을지 생각하고자 한다.

첫 번째로 석탄화력발전으로 대기오염이 급증하고 있다. 특히, 인도의 델리와 콜카타 지역은 더욱 심각하다. 대기오염을 막기 위해 어떤 대책을 세워야 할까? 심각한 미세먼지에 대한 적응을 위해 KF94와 같은 마스크를 지원하는 일부터 시작해 대기오염 제어공학을 통해 시스템을 정립하는 방안이 있다. 자동차, 산업 및 공장지대에서 나오는 수많은 대기오염 물질이 이들을 괴롭히지 못하게 해야 한다.

두 번째로 심각한 기후위기 현상들이 곳곳에서 나타난다. 몰디브는 지구온난화로 인한 해수면 상승으로 위험한 섬나라 중 하나다. 담수를 찾기 어려운 상황이어서 해수 담수화 시설로만 식수 공급을 한다. 반면에 네팔과 같이 히말라야산맥에 있는 지역은 빙하 쓰나미의 위협이 도사리고 있다. 지구가 더워지면서 빙하가 녹아 마을 위에 있는 호수가 넘실거리고 있다. 또, 앞에서 언급했듯이 몬순성 폭우가 남아시아 지역 전체에 더욱 급증하기 시작했다.

세 번째로 플라스틱 쓰레기 오염과 물의 오염이 심각하다. 힌두교에 의하면, 인도의 갠지스강은 성스러운 강이다. 하지만 플라스틱 쓰레기가 떠다닌다. 갠지스강의 이면에는 비소, 크롬, 수은, 기타 금속이 섞여 있어 수질오염이 심각하다. 하지만 이 물이 성스럽다며 마시는 사람이 많아 정말 위험하다. 강에 들어오는 플라스틱 쓰레기양만도 연간 6,200만t이나 된다. 특히, 투르가 푸자 축제와 같은 행사를 할 때, 플라스틱 꽃을 강에 뿌려 오염은 심각해진다. 하천 변에 쓰레기를 방치해 악취와 수질오염이 심해진다. 이처럼 강은 사람과 다른 피조물에게 소중한 것임을 잊지 않도록 전할 필요가 있다.

마지막으로 맹그로브 숲을 보존하도록 도와줘야 한다. 남아시아 지역은 대표적인 맹그로브 숲이 발달한 지역이다. 하지만 이 숲에 새우양식장을 만들어 파괴되어 버렸다. 그나마 방글라데시는 세계 최대의 맹그로브 숲을 유지하고 있다. 다만, 개발과 발전에 목말라 하고 있다. 선교사들은 이곳으로 찾아가 맹그로브 숲의 효과를 잘 알려야 한다. 해수면 상승과 파도의 위협을 방지하는 데 큰 효과를 얻을 수 있다. 기후위기로 인해 발생한 피해만 돕는 것이 아니라, 기후위기에 대응하는 길로 이끌어 줄 수 있어야 한다.

그렇다면 이제 남아시아에 있는 나라가 가진 환경문제 및 이슈가 무엇인지 함께 알아보도록 하자. 첫 번째로 네팔이다. 수도 카트만두는 성스러운 강으로 여겨지는 바그마티강이 있다. 이 강은 쓰레기가 넘치면서 오염 문제가 발생했다. 카트만두에 가면 강물의 색이 갈색과 흑색으로 변하고, 잔해물에 막히면서 빨래 용수로 쓰는 것조차 불가능할 정도다. 하수 처리가 되지 않는 성스러운 강이라니 참으로 안타까울 따름이다. 300만 명이나 되는 카트만두 시민들이 바그마티 강물을 이용하고, 강물에 들어가 종교적 제례를 거행한다. 선교사역을 통해 바그마티강을 온전히 회복시켜서 하나님이 만드신 세상이 회복되도록 해야 한다. 시스템화된 쓰레기 처리장을 지어 매립 및 소각을 해야 하며, 하수 정화 처리 시스템도 세워질 수 있도록 도와야 한다. 제대로 된 환경정책이 세워지고 기술력을 발휘할 수 있도록 그리스도인 전문 사역자들이 필요하다. 또, 만년설인 빙하가 녹으면서 공동 수도(우물) 혹은 지하수에서 끌어올리는 물이 전혀 깨끗하지 않다. 수질 정화 설비도 갖출 수 있게 도와야 한다. 네팔 히말라야의 21개 빙하호가 높은 위험에 처해 있다. 급격한 온난화로 호수, 연못, 바위, 모래가 빙하를 대체하고 설선(눈이 녹는 지점)이 계속 올라가고 있다. 빙하호가 녹아 빙하 쓰나미로 이어질 우려가 크다. 마지막으로 기후변화의 영향으로 계급, 카스트, 성별, 민족에 따라 불평등한 영향을 받는다. 특히, 여성이 큰 위협에 처한다. 또, 셰르파 부족(산악 탐험이나 안내원)의 가축 사육이 사라지고 다른 일자리를 찾아 떠나고 있다. 이러한 문제들을 해결하기 위해 다방면의 대응책을 세우고 기후변화로 인한 빙하 쓰나미와 환경불평등 문제를 해결하는 노력과 계획이 이어져야 한다. 두 번째로 몰디브이다. 몰디브는 세계에서 가장 잘 알려진 휴양지 중 하나이다. 그러다 보니 늘어나는 건축수요와 과도한 개발 탓에 여러 환경문제가 발생하고 있다. 대표적으로 건축수요를 충당하기 위해 해변 모래를 과도하게 채취한 탓에 해안침식이 심각하게 발생했다. 그리고 지난 10년 사이 인구가 15% 증가했고, 외국인 관광객 수가 120% 늘어나면서 주택과 호텔이 더 심하고 무분별하게 지어지는 상황이다. 몰디브 국민 50만 명과 관광객 170만 명이 300㎢가 채 못 되는 국토면적에서 공존한다. 국토의 80%가 해발고도 1m 미만인 탓에 정부가 간척사업을 벌이고 있는데, 개간 사업에 쓸 모래를 과도하게 채취하면서 산호초도 파괴되고 있다. 더불어 건물을 보호하기 위한 방파제를 만들면서 모래가 사라진다. 선교사역을 통해 해수면 상승에 대응할 올바른 방향을 생각하고 함께 협력할 수 있길 바란다. 쓰레기 문제도 심각하다. 쓰레기를 매립하기 위해 인공섬인 '틸라푸시'를 건설했고, 이곳에 묻힌 쓰레기는 분류 및 관리 절차를 거치지 않고 모래 속에 곧바로 묻힌다. 폐기물 관리 정책을 잘 세워 시스템화된 쓰레기 매립을 하도록 해야 한다. 또 제대로 처리하지 않아 종종 화재가 발생하고, 섬 전역 주민들과 노동자들이 호흡기 질환을 앓고 있다. 의료체계를 올바르게 세워 틸라푸시가 위험에 처하지 않도록 도와야 하겠다. 마지막으로 기후변화로 인한 해수면 상승에 대한 적응전략이 필요하다. 수도 말레에서 보트로 10분 거리에 있는 지역에 주민 2만 명이 거주할 수상도시를 건설한다. 부유 플랫폼으로 2024년 처음으로 입주할 예정인데, 태양광 전력을 이용해 유지하려 한다. 몰디브가 처한 상황을 인지하는 것과 동시에 본토에서 함께 살 방안을 미리 마련하고, 기후변화 문제의 원인을 제공한 선진국들이 함께 해결할 수 있도록 돕는 것이 중요하다. 따라서 선교사들과 협력하여 해수면 상승으로 인한 위협을 본토가 잘 적응하고 대처할 수 있도록 다양한 측면에서 지혜를 맞대고 협력하자.

　세 번째로 방글라데시다. 방글라데시는 갈수록 환경재난이 심해지는 나라다. 지금도 환경재난이 많이 발생하고 있고, 더욱 심각해질 가능성이 높다는 것이 전문가들의 의견이다. 대표적인 환경재난을 보면, 막대한 홍수(몬순성 폭우로 포함)와 대기오염(노후화된 차량으로 발생하는 온실가스와 미세먼지 등), 그리고 수질오염과 토양오염, 납 중독, 일터에서 유독성 화학물질에 노출되는 문제 등 다양하다. 실내에서의 대기오염 문제는 더욱 심각한 상태이다. 집이나 건물을 짓는 기준이 제대로 되어 있지 않아서 미세먼지나 납이 노출되어 사람들에게 큰 위협이 되고 있다. 이러한 환경문제는 방글라데시에 사는 이들에게 엄청난 위험이다. 그래서 홍수와 대기오염의 문제를 해결할 정책을 세워나가는 것이 무엇보다 중요하다. 환경오염을 제어하는 것 그리고 환경 보건을 이루는 선교사들의 지원이 절실하다. 이러한 전문적인 지원을 통해 하나님이 만드신 방글라데시의 아름다운 모습이 온전히 회복되고, 하나님의 뜻대로 방글라데시에도 복음이 선포되기를 소망한다. 뿐만 아니라, 방글라데시는 세계에 몇 안 되는 기후변화 취약국이다. 2050년까지 기후변화로 인해 1,300만 명 이상의 난민이 발생할 것이라는 예측이 있다. 그 원인은 잦은 홍수의 발생과 높은 인구밀도다. 홍수는 기후변화의 한 측면에서 심각하게 다가오는데, 인구밀도가 높기에 위협적이다. 그러므로 빈민가의 주민들이 살아갈 환경을 조성하고 인구밀도를 줄여나가는 것이 적응을 위한 첫 번째 방법이다. 즉, 난민의 발생이 최소가 될 수 있도록 선교사역을 통해 빈민가 주민들을 위한 협력 사역이 채워진다면 좋지 않을까?

네 번째로 부탄이다. 히말라야 산기슭에 자리한 작은 왕국 부탄은 기후변화로 인한 수자원 문제로 골머리를 앓고 있다. 국토의 2/3 이상이 산지이며, 환경보호를 개발목표 1순위로 둘만큼 환경관리에 적극적인 나라다. 그러나 최근 빙하가 녹고 몬순 강우도 불규칙해져 홍수와 가뭄이 계속 발생하고 있다. 이로 인해 부탄의 농업과 산림 생태계가 위협을 받는다. 게다가, 인간과 동물의 원치 않은 조우도 갈수록 커지고 있다. 호랑이와 코끼리가 마실 물을 찾아 마을로 내려오는 일이 빈번해지기 때문이다. 이에 따른 대응책이 필요하다. 특히, 환경에 관심이 많으므로 전문가를 파송해 교단과 교회 차원에서 시스템을 정비하고, 기후변화 대응 및 적응을 위한 책임 있는 지원체계가 세워져야 하겠다. 부탄 국민에게는 환경의 관심과 길이 열리는 것이 무엇보다 중요하다. 그리고 다른 피조물이 먹을 것과 마실 물이 준비되도록 빙하호 등 다양한 물을 섭취할 수 있는 공간을 확인하고 지원체계를 정립하면 좋겠다.

다섯 번째로 스리랑카다. 지난 2021년 수도 콜롬보에서 북서쪽으로 18㎞ 떨어진 지점의 한 선박에서 불이 나면서 기름유출과 함께 선박에 실려 있던 물질이 바다에 쏟아져 대규모 오염이 발생했다. 특히, 선박 침몰로 엄청난 양의 플라스틱 조각이 해안을 뒤덮었고 죽은 고기와 새, 바다거북의 사체가 해변으로 밀려왔다. 이 문제는 지금까지 제대로 해결되지 않고 있다. 문제를 해결하고 어떻게 대응하느냐가 상당히 중요하다. 선교사역을 통해 스리랑카가 환경문제에 대응하는 체계와 정책을 잘 시행하도록 지원해야 한다. 특히, 스리랑카에는 수많은 피조물이 공존하며 살아가고 있으므로 플라스틱 쓰레기 문제나 환경오염의 노출에 더욱 신경을 써야 한다. 체계적인 환경법령이 세워질 수 있도록 돕는 역할도 해야 한다. 또, 스리랑카는 기후변화 문제가 심각한 곳이다. 특히, 폭풍과 해안침식이 문제다. 사방이 바다에 둘러싸여 있어 더 위험하다. 하지만 해수면 상승을 막기 위해 제방을 쌓으면 작은 배를 띄울 수 없어서 어민들이 큰 어려움을 겪게 된다. 우리는 이 문제를 해결하기 위해 행동해야 한다.

여섯 번째로 아프가니스탄이다. 2021년 탈레반의 공세에 밀려 점령을 당한 곳이 많은 이 나라는 큰 아픔을 겪었다. 문제의 근본 원인을 되돌아보면 기후변화와 환경문제가 있다. 그중에서도 몇 가지 예를 들고자 한다. 가장 먼저 수도 카불 지역은 대기오염이 심각하다. 2020년 기준으로 세계에서 가장 오염된 도시 중 하나로 선정되었으며 특히, 겨울철 밤 건강에 매우 해로운 수준이다. 난방에 의한 오염원이 많이 배출되고 있다. 교통 체증으로 인한 대기오염도 심하다. 이를 해결하기 위해 안식일을 기억하여 차량 안식제를 적용하고 난방 시 대기오염을 막기 위해 신재생에너지로의 전환이 이루어야 한다. 기술력과 환경법령 그리고 정책을 세울 수 있도록 협력하자. 수도 카불이 안정을 이루고, 환경문제에서 해방되어 하나님께 집중할 수 있기를 바란다. 다음으로 아프가니스탄도 기후변화에 대한 위험에 노출되어 있다. 특히, 가뭄과 홍수가 극심하다. 27년 만에 최악의 가뭄을 직면하여 농업이 어려워졌고, 이용할 수 있는 식량의 공급도 감소하고 있다. 자세히 보면, 국토의 80% 정도가 가뭄 상태이고, 이 중 절반은 '심각한 상태'다. 물 부족으로 곡물 수확량이 줄었고, 축산업도 급격히 감소했다. 이러한 돌발변수와 악순환이 아프가니스탄을 덮치고 있다. 따라서 적극적으로 대응하기 위한 협력체계가 구축되어야 한다. 전쟁 난민도 많지만, 기후난민이 급격하게 늘어나고 있다. 그러므로 적극적인 난민 지원체계를 구축하며 나아가야 할 것이다.

일곱 번째로 인도다. 앞에서 언급한 대기오염과 갠지스강 오염(수질오염)은 앞에서 알아보았다. 강의 문제만이 아니라 기후변화 문제도 엄청나다. 특히, 극심한 가뭄과 함께 폭염이 인도를 뒤덮고 있다. 최고 기온이 43℃가 넘는 폭염에 취약계층 사람들이 상당히 힘들어하고 있다. 에어컨조차 틀 수 없는 상황이기 때문이다. 이러한 어려움 속에서 환경선교를 통해 냉방에 필요한 적정기술을 개발 및 지원하여 적응할 수 있도록 해야 한다. 그래서 '국경없는과학기술회'나 '한동대학교' 등과 연계해 지원을 적극적으로 하면 좋다. 기후변화 대응을 위한 탄소배출 감소를 추구하고 있으나, 급격한 인구증가로 제대로 된 성과를 이루지 못하는 상황을 인지하고, 안식년 및 희년의 개념을 토대로 정책을 만들어 정착될 수 있도록 지원해야 할 것이다.

마지막으로 파키스탄이다. 파키스탄은 전반적으로 환경 분야에 대한 인식이 낮다. 특히, 환경정책과 시스템이 잘 마련되어 있지 않아서 다양한 분야에서 위험한 일들이 발생한다. 특히, 수질 문제가 심각하다. 중금속, 대장균 등 다양한 환경위험요인들이 넘쳐난다. 수인성 질병에 쉽게 노출되고 있다. 그렇기에 수질 정화사업을 지원해야 한다. 기후변화도 심각하다. 극심한 가뭄과 50℃를 넘는 폭염이 늘 도사리고 있고, 몬순성 폭우가 쏟아지는 때에는 엄청난 인명 및 재산피해가 속출한다. 그리고 농경지와 기간시설 피해도 심각하다. 그런데 2022년 전례가 없는 홍수가 파키스탄을 덮쳤다. 전 국토의 1/3이 침수된 것이다. 우리는 환경정의의 측면에서 하나님의 뜻과 섭리를 기억하고 이 문제를 해결해 나가는 노력을 해야 한다.

*러시아-시베리아

러시아 중에서 아시아에 속한 '시베리아' 지역의 환경문제를 생각해 보자. 러시아의 시베리아는 영구동토층이라는 얼음이 있다. 빙하라고 할 수도 있겠지만, 일 년 내내 어는점 이하로 유지되는 토양층이다. 하지만 지구온난화로 영구동토층이 녹고 있다. 영구동토층에 매장되어 있던 엄청난 메탄가스가 흘러나오고 있으며, 우리가 경험해보지 못한 과거의 전염병이 나올 것으로 보인다. 영구동토층이 녹으면 러시아뿐 아니라 전 세계가 위험해질 수 있다. 그러므로 러시아의 시베리아에서 환경선교를 하려면 '기후위기'에 대한 적절한 대응과 교육이 함께 이루어져야 할 것이다.

위에서 아시아를 여섯 지역으로 나누어 간략하게 소개하며, 환경선교의 방향을 알아보았다. 아시아 환경선교전략을 세우기 위한 환경문제 및 이슈를 5가지로 정리하자면 다음과 같다. 하나, 아시아의 많은 곳은 대기오염과 미세먼지 문제가 상당히 심각하다. 세계의 석탄 소비량의 89%를 차지하기 때문이다. 중국, 인도, 한국, 몽골 등 다양한 곳이 이 문제에 노출되어 있다. 대기오염 및 미세먼지 문제를 연구하고 해결할 방안을 세우는 것이 필요하다.

둘, 기후위기 피해가 점점 심각해지고 있다. 해수면 상승으로 남아시아 지역에서 사는 지역 주민 중 거주지를 떠나는 사람이 약 40만 명에 이른다. 또한 기후위기로 점점 더 천연자원이 고갈되고 있으며 생물 다양성도 위축된 상태이다. 이러한 문제는 우리의 일상생활에서부터 변화되어야 하고, 선교지에서 지자체나 정부 그리고 관련 단체 등과 협력하여 이 문제를 잘 대처하는 것이 필요하다.

셋, 해양 플라스틱 쓰레기 문제가 심각하다. 아시아 태평양 지역에만 약 5

조 개가 넘는 플라스틱 조각이 있는 것으로 추정된다. 일회용 플라스틱, 미세플라스틱 어구, 옷을 세탁하면서 발생하는 미세플라스틱이 혼재되어 바다에는 엄청난 미세플라스틱과 나노플라스틱이 떠다니는 상황이다. 그러다 보니 물고기와 해양생물이 이를 먹을 수밖에 없다. 소금과 같은 물질에서도 나올 정도이다. 선교사들은 탈플라스틱 운동을 주도할 필요가 있으며, 플라스틱이 얼마나 인체에 위험하고 다른 피조물에게도 큰 피해를 줄 수 있다는 것을 반드시 알려야 한다.

넷, 수질 정화가 제대로 이루어지지 않는 곳이 많다. 특히, 앞에서 언급한 것과 같이 갠지스강은 힌두교의 문화로 신성한 강이라 정화하지 않아 더 큰 문제다. 이는 수인성 질병 노출로 이어진다. 수인성 질병에 노출되기 쉬운 지역에서의 사역은 수질 정화 지원과 함께 질병 및 전염병에 노출되기 쉬운 것을 기억하고 백신을 지원해야 한다.

마지막으로 아시아 곳곳에 있는 맹그로브 숲이 파괴되고 있다. 이 숲을 온전히 복원하여 해안선을 보호하고 해양 및 숲 인근에 사는 생물 다양성을 유지하며 천연 양식장으로써의 역할을 하도록 해야 한다. 그리고 맹그로브 숲을 통한 육지 조성 효과도 알려야 한다. 이러한 일들을 감당하기 위해서는 새우양식장 등 경제 활성화를 위한 대응책보다 더 큰 효과를 얻는 방향을 주어야 한다. 더불어 기후위기 문제를 해결할 때 탁월한 효과를 얻을 수 있음을 깨닫게 해야 한다. 무엇보다 이 숲이 보존되고 복원되는 것이 지역 주민에게 억압이 아니라, 경제 활성화의 큰 효과가 있다는 것을 알려야 한다.

이렇듯 아시아 지역은 다양한 환경문제와 이슈가 혼재되어 있다. 물론 다른 대륙들도 마찬가지지만 아시아의 각 나라의 특성을 확인할 때 환경문제와 이슈에 대해 적극적으로 협력하고 도울 수 있다. 이것은 현재 선교사역 중에 반드시 필요한 하나의 측면 그 이상이다.

대륙별 환경선교 이야기2. 유럽
—전쟁의 위협으로 인한 환경문제와 대기오염 및 기후재앙

다음으로 유럽에 대한 환경선교의 방향성을 생각해 보고자 한다. 유럽은 많은 사람이 알다시피 환경에 관심이 가장 많은 대륙이다. 선진국들이 많을 뿐 아니라, 환경정책의 선두주자라 할 수 있다. 그리고 가톨릭의 본거지나 다름이 없으므로 선교를 위한 방향을 잘 보여준다. 유럽은 북유럽과 서유럽, 동남유럽과 동유럽, 중부유럽과 남유럽으로 나뉜다. 크지 않은 대륙이지만 여러 나라가 연합하고 있으며, 여러 방면에서 함께 힘을 합치고 있다.

*북유럽

북유럽에는 스웨덴, 노르웨이, 덴마크, 핀란드, 아이슬란드, 에스토니아, 라트비아 리투아니아 등이 있다. 그중에서 덴마크령인 그린란드도 있다. 이 지역에서 가장 큰 환경 이슈는 '기후위기로 인한 해빙'이다. 그린란드에 있는 빙하의 녹는 속도가 점점 빨라지고 있다. 반면, 북유럽에 속한 나라들은 추운 날씨가 따뜻해지고 있다. 유럽은 전반적으로 환경에 대한 관심이 높다. 특히, 재생에너지 확대와 친환경 차량 등 다양한 환경정책이 자리잡혔다. 대중교통의 활성화도 빼놓을 수 없으며, 자전거 도로가 잘 만들어져 있다. 다만 북유럽을 포함한 유럽연합 전역에서 난방 분야에서 쓰는 에너지가 큰 문제이다. 난방 분야에 쓰는 재생에너지의 약 92%가 바이오매스(주거와 산업부분 열 생산의 약 15%도 차지함)다[21](작은 것이 아름답다, 2022). 바이오매스는 궁극적으로 친환경 에너지라고 말하기 어렵다. 추운 북유럽에서 선교사들이 친환경 난방시스템을 연구하고 지원할 방안을 마련할 수 있다면 좋을 것이다.

덴마크는 110MW 화력을 가진 바이오매스가 주축인 대형발전소를 가동했다[22]. 이는 독일, 핀란드, 스웨덴과 같이 전통 지역난방 체계를 가진 나라들이 스마트 전력망, 대형 열펌프, 천연가스와 난방 공급망, 에너지 효율 건물과 장기 기반시설 설립 계획을 통해 시설을 현대화한 것이다. 아직 미비하고 부족한 부분이 많지만, 그래도 많은 북유럽 국가가 탄소배출을 최소화하려고 노력 중이다. 선교사역을 통해 그들과 발을 맞추어 탄소 중립을 이루고, 하나님이 만드신 아름다운 세상을 파괴하지 않는 데 협력할 수 있어야 할 것이다. 특히, 가톨릭은 현재 기후위기와 다양한 환경문제에 대하여 적극적으로 대처하고 있다. 예수님이 보이신 그 사랑과 하나님께서 우리에게 주신 문화명령을 근본으로 전체가 협력해 나갈 필요가 있다. 북유럽 주민에게도 자신들이 가지고 있는 자연과 피오르드와 같은 아름다운 모습을 온전히 유지하고 싶을 것이기 때문에 좋은 사역이 될 것이다.

다만, 북유럽 지역에서 원시림 문제는 심각하다. 아마존이나 인도네시아, 콩고강 열대우림에 대해서는 많이 이들이 관심을 갖지만, 스웨덴과 핀란드에 걸쳐 있는 원시림을 소중히 여기는 모습은 스웨덴과 핀란드 국민에게서도 나타나지 않고 있다. 이 지역의 원시림의 99%가 원목의 재료로 벌채되었고 사라져 버렸다. 우리는 그냥 이케아 등과 같은 원목 가구들만 좋아할 것이 아

---

21) 작은 것이 아름답다(2022). 에너지아틀라스 한국어판 2022.
22) 상동.

니라, 이 지역의 원시림을 회복하고 변화시키는 모습을 지지하며 보호하는 일을 우선해야 할 것이다.

*서유럽

서유럽은 영국, 프랑스, 네덜란드, 벨기에 아일랜드, 룩셈부르크, 모나코 등이 있는 지역이다. 이 지역은 대체적으로 친환경적이지만, 잘못된 정책을 선택하기도 한다. 특히, 네덜란드는 오랫동안 간척으로 땅을 만들다 보니 환경파괴 문제가 심각하다. 해수면이 땅보다 높아 기후위기의 피해가 극명하게 나타난다. 땅의 회복과 복원을 위한 안식의 개념을 적용해 도움을 주는 것이 중요하다.

영국과 프랑스는 친환경 정책으로 큰 노력을 기울이는 지역이다. 하지만 에너지 정책에서 최근 불거진 것처럼 유럽연합은 핵발전을 녹색에너지로 인정했다. 이에 핵발전을 확대하려는 움직임이 포착되었다. 하지만 유럽연합이 이렇게 인정한 것은 바로 고준위 방사성 폐기물 처리를 확실하게 할 수 있을 때만 가능하다. 영국과 프랑스는 여건이 되지 못한다. 오직 핀란드만 건설 중이다. 독일이 핵발전을 최종 폐쇄('23.4.16)했을 때, 프랑스와 영국은 핵발전을 지금보다 확대하겠다는 발표를 내놓았다. 기후위기만 생각하고 지역 주민들은 전혀 생각하지 않은 잘못된 발상이다. 핵발전에서 나오는 수많은 방사능 물질이 인간과 생태계에 커다란 악영향을 끼치기 때문이다. 이렇게 노출된 방사능은 누적된다. 핵발전을 지속하면 그 위험은 커질 수밖에 없고, 잘 보관해서 처리한다고 해도 안전하다는 확신을 할 수 없다.

방사능의 문제도 심각하다. 영국과 프랑스에서 선교할 때엔 정확한 정보를 제공하고, 에너지 발전 체계를 핵발전이 아닌 재생에너지로 확대 전환할 수 있도록 도와야 한다. 특히, 프랑스는 핵발전소에서 만든 에너지가 전체 에너지의 75%를 차지할 정도이다. 특히, 시장 프리미엄과 경쟁 입찰을 시장에 맡겨두는 방식을 고수해 재생에너지가 성장하기 상당히 어렵다. 하지만 유럽의 신재생에너지 정책이 있으므로 변화될 것을 기대해 본다.

*동남유럽

동남유럽에는 그리스, 불가리아, 알바니아, 세르비아와 코소보, 몬테네그로, 보스니아 헤르체고비나, 크로아티아, 슬로베니아, 북마케도니아 등이 있다. 이 지역은 다른 유럽과 사뭇 다르다. 특히, 그리스를 제외하고는 대부분 러시아에서 빠져나와 러시아의 색깔이 묻어 있다. 개발이 잘 이뤄지지 않아 천혜의 자연 광경이 남아있다. 특히, 크로아티아에 있는 '플리트비체 국립공원'

은 우리나라에서 "꽃보다 누나"라는 프로그램을 통해 유명해졌다. 이 지역은 너도밤나무, 전나무, 삼나무 등이 빽빽하게 자라는 짙은 숲 사이로 가지각색의 호수와 계곡, 폭포가 조화를 이루는 지역으로 16개의 호수가 있다. 세계문화유산으로 지정되어 있으며, 사람이 접근하기 힘든 탓에 뛰어난 생물 다양성을 유지한다. 이러한 곳이 오직 하나님의 뜻대로 잘 유지되며 우리에게 묵상을 통한 깨달음을 줄 수 있는 곳으로 역할을 다하길 소망한다.

동남유럽의 많은 곳은 에너지 문제가 심각하다. 유럽에서는 아직까지 유럽연합에 가입하지 못했거나 이제 가입한 곳들이 많다. 그리스는 재생에너지를 얻을 수 있는 좋은 지리적 특성을 가지나 금융위기로 크게 약화된 상황이다. 이전에는 그리스의 일조량이 독일의 일조량보다 50%가량 더 많아서 잠재력이 아주 높았다. 풍력에너지 잠재력도 있었다. 2010년에 있었던 경제위기로 에너지 수요가 줄면서 재생에너지 설비용량은 크게 늘어 2016년에는 재생에너지가 30%, 갈탄이 29%로 역전되었다. 재생에너지에 대한 투자와 예산의 자본 문제가 겹치면서 악화되었다. 적극적인 재생에너지 설비에 대한 투자와 에너지 공동체 법안에 따른 에너지 생산, 저장, 판매, 소비가 가능하도록 선교사역을 에너지발전과 연계하여 진행한다면 충분한 효과를 얻을 수 있을 것이다. 그리고 다른 동남유럽 나라에서도 이러한 적극적인 행보가 필요하다.

*동유럽

동유럽은 몰도바, 우크라이나, 벨라루스, 루마니아, 러시아 등이 있다. 이 지역은 동남유럽과 비슷하게 러시아에 소속되어 있던 지역이 많다. 최근 러시아와 우크라이나 간의 전쟁으로 인해 큰 피해를 입었다. 전쟁 난민이 늘어나고 있고 황폐된 땅, 그리고 생태계의 파괴도 생각해봐야 한다. 전쟁과 환경은 뗄 수 없는 관계. 선교사역을 토대로 전쟁과 환경문제에 대한 지원이 이뤄져야 한다. 땅의 황폐와 물의 오염 그리고 생물 다양성의 위협은 전쟁 이후의 삶을 어렵게 만들 수 있다.

우크라이나 '체르노빌 핵발전소 사고' 문제도 생각해야 한다. 체르노빌 지역은 지금까지 엄청난 방사능 수치로 들어갈 수 없다. 하지만 다크투어의 일환으로 여행을 다닌다. 이를 무조건 잘못한 것이라 말할 수 있을까 고민되지만, 무엇보다 그런 위험성을 가지고 여행하는 것은 큰 의미가 없다고 본다. 이곳으로 인해 벨라루스도 영향을 받았고, 지금도 그 영향 아래 살아가고 있다. 이 지역들은 핵발전소에 투자하는 것보다 재생에너지에 투자하는 것이 더 나은 방향이다. 그러므로 동유럽에 있는 나라가 에너지 대책을 세울 때 협력할 수 있기를 바란다.

그 외에 루마니아는 구리광산으로 오염된 호수로 인해 위험한 상황이다. 로시아포이에니 광산에서 나온 폐수가 셰시 계곡을 다채로운 색깔로 바꾸었으나 아름답게 보인다는 어리석은 생각에 사로잡히게 했다. 어떤 것이 올바른 것인지 알아야 한다. 정확한 정보 제공과 전달이 중요하다. 이런 면에서 볼 때 이 지역은 유럽 전체에서 보면 상대적으로 어려움 겪고 있는 나라 중 하나일 뿐이다. 결국 동유럽에 속한 나라들은 전쟁의 상황과 환경오염의 노출에서 결코 안전하지 못하다. 그러므로 항상 하나님이 만드신 세상을 통해 하나님을 묵상하며 하나님의 뜻대로 이 지역을 회복시켜 나가는 노력을 보여야 한다. 이러한 모습을 토대로 복음이 전파되고, 하나님을 자연스럽게 받아들일 수 있게 접근하는 것이 좋다.

*중부유럽

중부유럽은 유럽에서도 가장 친환경적인 정책을 하는 지역이자, 가장 중심부에 있는 나라들이다. 독일, 스위스, 폴란드, 오스트리아, 체코, 헝가리, 슬로바키아, 리히텐슈타인 등이 있다. 이 중에서도 독일은 세계에서 가장 앞선 환경정책을 펼치는 나라로 유명하다. 2023년 4월 16일은 환경 분야에서 역사적으로 아주 위대한 시작을 알리는 날이었다. 이날은 독일에서 모든 핵발전소가 폐쇄된 날이기 때문이다. 핵발전소를 운영하는 유럽의 나라들—프랑스, 영국, 핀란드 등—은 더 확대하기로 한 날에, 독일은 완전 폐쇄를 의결하고 선언했다. 그만큼 기후위기의 방향뿐만 아니라 방사능누출 위험이 분명한 핵발전을 막으려는 움직임의 시작이라 볼 수 있다. 분명 독일인 중에서도 핵발전을 원하는 이들이 있을 것이다. 하지만 지속적인 위험을 감수하면서까지 방사능을 이용하는 것은 옳지 않다. 독일에서 선교하려면 이러한 부분에 대한 인식과 깨달음이 분명히 있어야 한다. 또한 세계 환경수도라 불리는 프라이부르크는 환경정책이 잘 정비된 도시다. 이러한 도시에서 선교사역을 하려면 당연히 환경정책에 대한 인식과 깨달음, 그에 따른 사역을 준비해야 한다.

또, 독일은 우리나라와 가장 비슷한 어려움을 겪은 나라다. 우리나라가 남북으로 나뉘었다면, 독일은 동서로 나뉘었다. 분단을 나타내는 구역을 우리나라에서는 DMZ(민간인 통제구역)라 불리며, 독일에서는 그뤼네스반트라 불린다. 그뤼네스반트는 통일이 된 후에도 지속적으로 국가보호구역으로 지정되어 관리되고 있다. 우리나라는 DMZ를 문화적·환경적 유산으로 남겨 관광자원화를 하고 있는데 얼마나 환경적으로 대비하고 있는지 의문이다. 독일은 그뤼네스트반트를 환경적 관점에서 잘 보호 및 보존하고 있다. 보호되고 있는 구역만 1,250㎞에 이르며, 엘베강 생물권 보존지역, 하르츠 국립공원, 륀(튀링겐) 생물권 보존지역, 프랑켄 숲 등 150여 개의 보호지역을 연결하고 생태 네트워크를 구축했다. 그뤼네스트반트는 가시검은딱새, 야생때까치, 붉은등때까치 등 109종의 동물 서식지이며, 멸종 위기종의 48%가 산다. DMZ도 비슷하다. 다만 남북이 통일되면 DMZ가 개발되어 사라질 가능성이 높다. 그렇기에 이를 본받아 보존하고 보호하는 모습이 필요하다.

다음으로 에너지에 대해서도 생각하고자 한다. 독일의 에너지 전환 정책[23]은 그야말로 대단한 업적을 이루었다. 2018년부터 이미 전력의 36%를 재생에너지원으로 생산해왔기 때문이다. 이 재생에너지는 대부분 풍력과 태양광에서 비롯됐다. 이러한 효과는 '발전차액지원제도(FIT)'로 인한 안정된 투자 환경에서 시작됐다. 재생에너지원 발전 추이를 보면서 5~7%의 수입을 얻게 해 일반 시민과 농부, 공동체, 지방자치단체, 협동조합 등에 기여할 수 있게 했다. 무엇보다 다른 발전체계보다 재생에너지원으로 생산된 전력을 전력망으로 우선 공급한다는 규정이 있었다. 하지만 에너지 전환 정책은 전력 부분—비중이 20%에 불과하다—만을 대상으로 하고 있어 아쉬움이 남는다. 난방과 냉방, 수송 부문이 나머지 80%를 차지하고 있고, 대부분 화석연료를 기반으로 하고 있기 때문이다. 이를 위해서 기술적인 체계를 지원하고 진행하는 것은 바람직할 뿐 아니라, 사역에 도움이 될 수 있겠다. 내연기관과 결별하도록 적극적인 지원을 통한 선교전략이 필요하다.

그리고 독일이 에너지 전환을 추구하는 데 걸림돌이 있다. 하나는 재생에너지로 생산한 전력이 많아짐에도 필요한 것보다 훨씬 많은 전력을 생산해 온실가스 배출에 대한 유의미한 성과를 얻지 못했다는 것이다. 또 다른 이유는 독일이 생산한 에너지의 40%가 석탄을 태워서 얻는다는 것이다. 약 100여 곳이나 되는 발전소에서 독일 온실가스의 1/3을 배출하고 있다. 독일이 세운 기후변화 대응목표를 충족하기 위해서는 탈석탄이 필요하다. 특히, 수송 분야에서의 탈탄소화가 이뤄져야 한다. 노후화된 석탄화력발전소로부터 시작하여 탈탄소를 진행할 수 있는 방향을 세우고, 우리나라와 달리 다른 화석연료를 이용한 발전소를 세우는 것이 아니라 더 많은 재생에너지 발전소를 세우는 것이 중요하다. 그리고 전력 생산량을 줄일 수 있도록 '에너지 절약 캠페인'을 함께하면 좋겠다.

다음으로 폴란드다. 폴란드는 2022년 서부에 위치한 오데르강 200㎞ 구간에서 8월 중순부터 물고기 사체가 발견됐다. 극심한 가뭄으로 수위가 급격히 낮아지면서 수질이 오염돼 물고기가 집단 폐사(최소 10t가량)한 것이다. 유례

---

23) 작은 것이 아름답다(2022). 에너지아틀라스 한국어판 2022.

없는 기후위기의 현상이 폴란드에도 닥쳤다. 이 문제를 볼 때, 선교적으로 기후위기 대응과 자연의 회복을 위해 수질 오염원을 방지하고 하수 처리를 확실히 하는 방안을 지원하는 것이 좋겠다. 그리고 폴란드는 '석탄 국가'다. 국가의 전력 약 80%가 넘는 양이 유연탄이나 갈탄에서 나온다. 2017년 기준으로 재생에너지는 14%밖에 되지 않고, 그중에서 주된 재생에너지는 풍력이다. 반면에 태양열과 지열이 가진 잠재력은 1~2%만 사용하고 있다. 폴란드는 유럽연합의 친환경 에너지 정책에 따라가다가 2015년부터 다시 예전의 에너지 정책으로 되돌아갔다. 채굴 비용이 갈수록 비싸지는 화석연료에 대해 정부가 간접보조금을 지급한다. 이는 올바르지 않은 현상이다. 가정용 히터의 효율성이 떨어지고, 석탄 질은 좋지 않으며, 석탄 오븐에서 쓰레기까지 태운다. 이 때문에 많은 도시가 변화되어야 한다. 선교를 통해 재생에너지를 확대할 수 있도록 도와야 하며, 석탄화력발전을 제한하는 길을 세워갈 수 있어야 한다. 또한 화석연료를 계속 사용하다 보면, 대기오염과 미세먼지 문제가 두드러지게 나타난다. 그러므로 이 문제에 중점을 둬서 협력해야 한다.

세 번째로 체코에 대해서 알아보자. 체코는 자연을 사랑하는 국가로 유명하지만, 환경상태가 유럽에서 다섯 번째로 나쁘다는 결과가 있다. 특히, 1인당 온실가스 배출량이 유럽연합 내에서 세 번째로 높으며, 1인당 쓰레기 배출량이 평균을 웃돈다. 대기오염이 개선되고 있긴 하지만 여전히 나쁜 공기질로 조기 사망 비율이 높다. 더불어 몇 년 동안 나무에 질병을 퍼뜨리는 나무껍질 딱정벌레가 발견되어 대량벌목으로 이어지고 있으며, 온실가스 흡수에 대한 문제도 노출됐다. 극심한 가뭄으로 토지의 황폐화 현상도 나타나고 있어 우려된다. 에너지 정책도 문제이다. 친환경 에너지가 아닌 석탄발전과 핵발전을 중심이기 때문이다. 특히, 핵발전을 확장하려는 움직임이 보인다. 그리고 석탄발전은 전기 생산의 40%와 난방의 거의 절반을 차지한다. 그러므로 대응책이 필요하다.

체코의 기독교인은 약 1% 내외로 알려져 있다. 가톨릭의 경우 10% 정도가 된다. 그만큼 기독교 색채가 많이 줄어든 지역이다. 여러 환경문제로 어려움을 겪는 체코 국민에게 친환경적 마음을 채워주고, 환경친화적인 대책을 세울 수 있도록 전문적인 지원책이 필요하다. 특히, 쓰레기 분류 배출 및 에너지 사용 절제 등의 캠페인을 진행하고 생태계를 무력화하는 전염병의 문제를 해결하기 위한 치료 및 회복도 중요하다. 기후위기로 인한 땅의 황폐화와 이산화탄소 배출 문제를 심각하게 받아들이고 방안을 세워 나아갈 수 있도록 도와야 한다. 제어공학을 통해 대기오염의 1차 오염원을 줄여나가고, 사랑으로 에너지 사용을 절제하는 마음이 생기도록 '사랑과 그 안에 성령 충만함'

을 채울 수 있게 복음을 전하면 좋겠다.

다음으로 헝가리이다. 헝가리는 평야 지대, 동굴, 강, 습지 등 생물학적 다양성이 뛰어난 나라이다. 개발을 많이 하지 않았기 때문에 환경 법률이 제대로 정립되지 않았다. 경제발전 정책이 많아지면서 환경문제가 속속 드러났다. 폐기물, 대기오염, 환경정책 문제 등이다. 특히, 폐기물 문제는 폐단에 이를 정도로 심각하며 건축의 문제와도 연결되어 있다. 이를 해결하기 위해 최근 법률적, 정책적 제재가 이루어지고 있으나, 에너지 부분에서는 핵발전에 집중한다. 천혜의 자연을 보존하고 이를 통해 지속 가능한 사회를 이룰 수 있는 길이 열리도록 헝가리 선교사역을 도우면 좋겠다. 폐기물 문제는 전 세계적인 문제지만, 우리나라는 재사용 및 재활용 등 선진화된 시스템으로 운영하고 있기에 도움의 손길을 전파하길 바란다.

그 외에도 스위스, 오스트리아 그리고 슬로바키아와 리히텐슈타인이 있다. 이 나라들은 어떨까? 스위스는 세계적으로 최고 수준의 환경선진국으로 불린다. 2020년 환경평가지수에 따르면, 덴마크와 룩셈부르크를 이어 3위를 차지했다. 특히, 기후변화 대응을 효과적으로 시행하는 국가이며, 난방용 유류와 천연가스 등 화석연료를 사용하는 산업에 탄소세를 부과하는 등 다양한 환경정책을 펼친다. 자연환경도 아름답고 깨끗하게 유지하고 있다. 이 나라에서는 창조주 하나님을 중심으로 사역할 필요가 있으며, 안식을 누리면서 환경을 보존하는 것이 중요하다.

오스트리아는 친환경적인 정책을 추구하며 최근에는 유럽연합이 핵발전을 친환경이라고 하는 부분에 대해 소송을 걸며 반대하는 모습을 보였다. 현재까지 화석연료에 의한 에너지발전이 58% 정도지만, 다른 에너지원은 모두 재생에너지원으로 발전하고 있다. 산지가 발달한 나라이기 때문에 수력발전이 많고, 그 외에는 풍력과 태양광이 점유하고 있으며, 주택 난방의 50% 정도를 지열발전으로 충당한다. 유명한 건축가이자 화가 그리고 환경운동가인 훈데르밧서의 모습은 본받을 만하다. 친환경 건축을 위해 곡선을 추구하고, 환경문제를 대응했다. 앞으로 재생에너지 사업을 함께 연계하거나, 오스트리아의 친환경정책을 공고히 추구해 가도록 협력해야 할 것이다.

슬로바키아도 친환경에 관심이 많다. 특히, 친환경 제품이 인기가 많고 가격을 더 지불하여도 구매하려 한다. 청년세대뿐 아니라 기성세대도 동일하다. 이렇게 슬로바키아에서 성공적으로 자리를 잡은 친환경 제품들은 식료품 소분 판매, 자전거를 이용한 충전기, 대나무 칫솔, 화학첨가제를 사용하지 않은 화장품, 친환경 양말, 슬로우패션 및 구제의류, 친환경 세제 및 비누, 샴푸 등 리필제품 확대, 코르크 소재의 뚜껑과 커버를 적용한 다회용 유리병, 가구와 액세서리를 재활용한 커피 테이블, 공유자전거 서비스 등이 있다. 또, 교회에서 제로웨이스트샵을 운영하는 것처럼 함께 나눌 수 있는 시스템을 세워 협력할 수 있기를 바란다.

마지막으로 리히텐슈타인이다. 이 나라는 알프스산맥이 접해 있는데, 지구온난화로 빙하와 만년설이 녹아 문제다. 리히텐슈타인의 지역 주민에게도 엄청난 혼란으로 이어질 수 있다. 기후위기 대응과 적응을 돕는 역할을 감당한다면 좋지 않을까 싶다.

*남유럽

남유럽은 스페인, 포르투갈, 안도라, 이탈리아, 산마리노, 바티칸, 몰타, 튀르키예, 키프로스 등이 속한 지역이다. 이 지역은 남쪽 지방에 있다 보니 다른 지역보다 극심한 가뭄과 무더위에 어려움을 겪는 것이 특징이다. 나라마다 상황은 조금씩 다르나 지형적 특성은 크게 다르지 않다. 최근 튀르키예와 시리아는 강력한 지진이 발생해 큰 어려움을 겪었다. 이러한 지진은 비단 튀르키예만 발생하진 않는다. 기후위기는 더 강력한 지진으로 확장되기 때문이다. 이제 남유럽 각 나라를 향한 환경선교의 방향을 생각해 보자.

먼저 스페인이다. 스페인은 유럽에서도 기후변화의 영향을 가장 많이 받는 국가다. 기후변화를 방치하면 전 국토가 사막화될 가능성이 크다. 스페인은 2050년 탄소 중립을 실현하겠다고 발표했을 정도로 환경에 관심이 높다. 다만, 관광산업으로 사용되는 에너지가 국내 총생산(GDP)의 15%를 차지할 정도다. 손에 꼽히는 호텔과 골프장이 많아서 물 문제와 식량문제도 대두되고 있다. 관광산업과 기후변화는 스페인의 기반을 흔들 수 있으므로 이를 적절히 잘 대응해야 할 것이다. 또 안타까운 점은 재생에너지에 대한 정책이 부족하다는 점이다. '햇볕 좋고 바람 많이 불어 태양광과 풍력 발전에 매우 적합하다. 초기 재생에너지 투자가 몰려든 뒤로 스페인 정부의 에너지 정책은 결함을 드러냈고 투자에 강력한 제동이 걸렸다. 이 규제가 완화될 것이라는 신호들이 있다.'[24] 2016년까지 스페인의 재생에너지 정책은 풍력(전력 소비의 18%)과 수력(전력 소비의 13%)이 전부였다. 즉, 태양광 발전은 전원혼합의 3%만 차지했다. 2004년에서 12년 사이에 전원혼합에서 재생에너지가 차지하는 비율이 8.3%에서 14.3%로 늘어나 급성장했다. 하지만 정부의 정책이 바뀌면서 목표를 달성하지 못했다. 우리나라의 현 정부가 들어서면서 환경정책이 퇴화되고 재생에너지도 줄어들며, 핵발전에만 목숨을 거는 것과 비슷하다. 이러한 스페인 정부의 올바르지 못한 환경정책은 아쉬움이 있지만, 선교

---

24) 작은 것이 아름답다(2022). 에너지아틀라스 한국어판 2022.

로 잘 대응하여 친환경적인 방향을 구축한다면 좋겠다.

스페인 정부는 전기요금 체계를 잘못 설정하여 정부가 기업에 지불해야 하는 금액이 엄청나게 급증(국내 총생산의 2.5%에 달할 정도)했다. 해결을 위해 사용자에게 부과하는 요금을 올렸고, 어처구니없게도 재생에너지에 대한 지원금을 삭감하였다. 마지막으로 재생에너지 전환 목표를 낮게 수정하여 자가 전력을 이용하는 태양광 패널 소유자들의 이점을 앗아가 버렸다. 재생에너지 공급이 불안정해졌기 때문이다. 이 모습은 마치 현재의 우리나라와 비슷한 경향을 띄고 있는 것 같아 더 안타까움을 금치 못한다. 전력생산을 재생에너지에 집중할 수 있는 체계가 스페인이나 우리나라 모두에게 적용되기를 바란다. 특히, 스페인은 유럽 내에서 대규모 풍력과 태양광 발전 잠재력이 가장 큰 나라이다. 이러한 부분을 선교사역을 통해 효과적으로 지원하고 도울 수 있다면 좋지 않을까 생각해 본다.

두 번째로 포르투갈이다. 포르투갈은 지중해성 기후를 띄며, 유럽국가 중에서도 가장 온화한 기후를 갖고 있다. 또한 테주강을 중심으로 크게 두 부분으로 나뉘어 있다. 하지만 극심한 가뭄과 폭염이 이들을 뒤덮었다. 이러한 문제는 지속적으로 일어나는 추세이다. 그러므로 선교사역을 통해 기후위기에 대응하며 적응할 수 있는 기반을 마련해주면 좋을 것이다.

세 번째로 안도라이다. 안도라는 평균 고도가 1,996m인 고산지대의 나라이다. 그래서 60개 넘는 빙하 호수가 있고, 그중 몇 곳은 정말 깨끗해 정수 없이 호숫가의 물을 마셔도 될 정도의 수질을 갖고 있다. 하지만 이러한 모습도 한순간에 어그러질 수 있다. 기후위기가 전 세계를 덮쳤을 때 빙하호수의 수위는 높아지고 있으며, 그로 인한 산사태로 지역 주민에게 악영향을 끼치기 때문이다. 그러므로 이 지역의 빙하와 빙하호수를 보호하고 보존하는 데 도움을 줄 수 있다면 올바른 선교의 방향을 제시할 수 있지 않을까 한다.

네 번째로 이탈리아다. 이곳은 대체로 날씨가 온화하며, 지중해성 기후의 영향을 받는다. 이탈리아는 유럽에 속한 나라 중에서도 환경오염이 심한 나라 중 한 곳이다. 관광산업과 제조업이 발달하여 대기오염과 수질오염 그리고 지역적 환경문제가 곳곳에 있다. 특히, 재생에너지 비율이 상대적으로 적다. 베네치아는 이탈리아에서도 손에 꼽을 만한 유명한 관광도시이다. 하지만 기후위기와 해수면 상승으로 침수위기에 경고등이 켜졌고, 젠트리피케이션으로 관광혐오가 급증했다. 이 지역의 사역할 때 지역 주민의 상한 마음을 위로해 주고, 하나님의 사랑을 경험하게 하는 것이 중요하다. 또한 제조업 공정에서 발생하는 환경오염원을 잘 제어할 수 있는 장치가 설치될 수 있도록 법적 제한을 세워야 하겠다.

다섯 번째는 산마리노이다. 이탈리아 에밀리아로마냐주, 마르케주에 둘러싸여 있는 61.2㎢의 작은 나라이며, 이탈리아에서 기독교 박해가 심하던 시기에 독립했다. 지중해성 기후를 띄고 있으며, 환경오염을 거의 배출하지 않는다. 하지만 기후변화와 환경문제의 영향을 고스란히 받고 있다. 이 지역을 여행하고 선교할 때 지역의 환경이 온전히 보전될 수 있도록 도와야 한다.

여섯 번째로 몰타다. 몰타는 이탈리아 시칠리아섬 남쪽에 있는 작은 나라다. 남유럽에 있지만, 북아프리카와 더 가깝다. 지중해성 기후로 겨울에도 온화한 날씨를 유지한다. 유럽인들에게 휴양지로 큰 관심을 받는 나라이기도 하다. 남부의 몰타섬과 북쪽의 고조 섬 사이에 코미노섬이 있는데, 이 섬이 관광지이자 휴양섬으로 무척 유명하다. 또한, 조류보호구역이면서 자연보호구역이다. 그래서 5~10월까지만 방문할 수 있다. 이 지역은 관광산업이 중심 산업 중 하나여서 환경오염에 민감하다. 코미노섬을 일정 기간 방문할 수 없게 하는 것과 같이 친환경적인 정책이 추진되고 있다. 또, 녹색경제 산업을 위해 플라스틱을 사용하지 못하도록 하는 방향으로 바꾸고 있으며, 플라스틱 용품의 수입도 중단한 상태다. 그로 인해 지속가능하고 디지털화된 움직임이 활발하다. 디지털 산업이 발달한 우리나라의 전문 기술을 가진 사역자가 몰타에서 활동한다면 좋은 영향력을 줄 수 있겠다. 특히, 몰타는 가톨릭이 97% 정도인 나라이기 때문에 온전한 하나님의 복음을 잘 전달하는 것이 무엇보다 중요하다. 섬의 특징 중 하나로 수입에 의존할 수밖에 없다는 점이 있는데, 친환경적인 제품과 지원이 계속 이뤄진다면 좋은 효과를 얻을 수 있겠다. 또한 생태여행 관점으로 진행하는 관광 프로그램을 지원하면 좋겠고, 쓰레기 처리와 물 문제를 친환경적으로 해결한다면 선교의 길잡이가 될 수 있지 않을까 싶다.

일곱 번째로 튀르키예다. 튀르키예는 2023년 2월 6일에 강진으로 큰 어려움을 겪었다. 또, 극심한 가뭄으로 호수의 물이 사라지고 있다. 특히, 한때 꿈의 도시라 불렸던 소금호수 '완 호수'가 바닥을 드러내면서 이끼 썩은 악취가 나고 검붉은 웅덩이와 오염된 거품이 일고 있다. 이 문제를 해결하기 위해 국가는 탄소 중립을 천명한다. 하지만 이러한 노력이 얼마나 효과를 얻을 수 있을지 알 수 없다. 튀르키예는 사도들이 활동했던 지역이다. 사랑을 통해 환경이 회복되고 복음이 전파될 수 있도록 노력해야 한다. 올바른 환경정책을 세울 수 있도록 돕고, 기후위기와 수질오염, 다양한 환경이슈 하나하나에 관심을 가지도록 선교사역 속에 환경을 우선에 두고 진행해야 하겠다. 특히, 지진과 같은 위협이 내재 되어 있으므로, 기후난민을 돕는 일도 지속적으로 진행하고 협력할 방안을 모색해야 한다.

마지막으로 키프로스이다. 키프로스는 튀르키예 남부에 있는 작은 섬나라이다. 이 나라는 아시아 쪽에 치우쳐 있지만, 유럽연합에 가입했다. 이 나라는 지중해성 기후와 반건조기후가 나타나고 4~10월까지는 덥고 건조한 여름이며, 12~2월까지 비가 내리는 온화한 겨울이다. 연평균 강수량은 500mm에 이르지만, 지형에 따라 큰 차이가 난다. 특히, 건조한 기후와 겨울철에 집중되는 강수 패턴으로 만성적인 물 부족을 겪는다. 더불어 튀르키예와 인접하여 지진에 의한 피해를 겪기도 한다. 무엇보다 물 부족은 키프로스에 가장 큰 환경문제이다. 댐과 저수지를 건설했지만, 기후변화로 강수량이 점차 줄어들면서 물 부족이 심각해졌고 관광객의 급증과 함께 물 소비량도 많아지면서 어려움을 겪고 있다. 이러한 상황을 해결하기 위해 키프로스 정부가 노력하고 있지만, 선교사역을 통해 이 문제를 해결할 수 있는 체계를 지원하도록 해야 한다. 특히, 해수 담수화 시설이나 빗물저장시설을 지원하고 물을 절약할 수 있는 시스템을 마련하는 것이 중요하다. 희랍정교와 이슬람이 주요 종교인 키프로스에 물을 통한 환경선교가 이루어진다면 자연스럽게 복음을 전할 수 있는 계기가 될 것이다.

이렇듯 우리는 지금까지 유럽 각 나라의 환경에 대한 이슈와 문제, 그리고 관심사를 통한 환경선교의 방향성에 대해 생각해 보았다. 유럽의 환경문제와 이슈를 요약하면 다음과 같다.

하나, "대기오염"이다. 다른 말로 표현하면 유독성 공기에 많이 노출되어 있다. 매년 약 40만 명이 유럽 내에서 대기오염으로 사망한다. 영국만 보아도 4만 명이 사망한다는 발표가 있다. PM2.5인 미세먼지와 SOx(황산화물) 등으로 피해를 입는다. 이러한 문제를 해결하기 위해서는 에너지 정책의 전환이 필요하다. 화석연료를 사용하면서 발생하는 경우가 많기 때문이다. 특히, 전기나 난방을 위해 만들어진 화력발전소나 폐기물 매립 및 소각 문제는 이 문제를 더 키우고 있다. 대기오염을 방지하기 위해 화석연료 사용을 줄이고 재생에너지로의 정의로운 전환이 필요하며, 폐기물을 최소한으로 줄이는 지속 가능한 방향성이 중요하다.

둘, 유럽대륙은 유례가 없는 "기후재앙"을 겪고 있다. 북부와 중부, 남부 유럽 등 곳곳마다 기후재앙의 형태는 다르지만, 재난을 감당하기는 모두 어렵다. 극심한 가뭄과 사막화 현상, 극심한 폭우와 산사태가 지역마다 발생하고 있다. 이러한 현상은 전 세계가 비슷하나 선진국이 많은 유럽에서도 마찬가지다. 기후재앙은 말 그대로 재앙이지만 천재(天災)가 아닌 인재(人災)다. 그래서 모두가 변화되어야 하고, 유럽의 무너진 기독교 신앙을 회복할 수 있도록 환경문제를 통해 전달할 수 있어야 할 것이다.

마지막으로 러시아와 우크라이나의 "전쟁"으로 인한 문제이다. 이 전쟁으로 인해 수많은 유럽국가가 에너지 공급의 어려움을 겪게 되었다. 특히, 러시아가 제공하는 천연가스 자원이 전쟁을 반대하고 비판했던 유럽국가에 제공되지 않았다. 그래서 수많은 유럽의 국가들이 이를 대처하기 위해 핵발전을 모색하고 있다. 2023년 4월, 세계 최초로 핵발전소를 폐쇄한 독일을 제외하고, 프랑스, 영국, 핀란드 등은 핵발전소를 줄이기는커녕 확대하려는 움직임을 보인다. 이렇듯 전쟁은 수많은 나라에 위협을 줄 뿐 아니라, 에너지나 다른 환경적 문제도 야기한다. 기후변화와 전쟁은 일맥상통하는 지점이 있기에, 문제를 해결하는 것이 반드시 필요하다.

대륙별 환경선교 이야기3. 북아메리카
―태평양 해양쓰레기, 셰일가스, 영구동토층 해빙 문제

세 번째로 생각해 볼 대륙은 북아메리카와 중앙아메리카를 합친 북중미 대륙이다. 북아메리카에는 캐나다와 미국이 있고, 중앙아메리카에는 멕시코, 과테말라, 니카라과, 도미니카공화국, 도미니카연방, 바베이도스, 바하마, 벨리즈, 세인트 루시아, 세인트 빈센트 그레나딘, 세인트 키츠네비스, 앤티가바부다, 엘살바도르, 아이티, 온두라스, 자메이카, 코스타리카, 쿠바, 트리니다드 토바고, 파나마 등이 있다. 이 대륙의 나라를 보면 친환경적으로 잘 살아가는 나라가 있는가 하면, 기후위기와 환경오염 문제로 심각한 현상을 겪으며 어렵게 살아가는 나라도 많다. 이 대륙의 현 위치가 어떠하며, 환경적 방향으로 어떻게 도움을 줄 수 있을지 생각하고자 한다. 특히, 위협적인 상황이 일어나는 현재 하나님의 뜻과 계획을 구하고 협력하여 온전히 하나님의 사랑이 널리 전파될 수 있기를 소망해 본다.

*북아메리카

캐나다는 아름다운 자연이 함께하는 나라이자 세계에서 두 번째로 영토가 넓은 나라이다. 비행기로 대륙을 횡단하더라도 6시간이나 걸리는 큰 나라지만, 인구는 3,370만 명 정도에 불과하다. 크게 대서양 지역, 세인트 로렌스 저지대, 캐나다 순상지, 내부평원, 코르디예라 지역, 노스웨스트 준주 등 6개 지역으로 나뉜다. 그러다 보니 다양한 기후와 환경이 지역마다 다르다. 특히, 북극의 이누이트 족이 살아가는 곳은 커다란 생태계의 교란으로 삶의 방식이 크게 바뀌었다. 다만 캐나다는 청정국가라는 인식이 있어 정부는 2019년부터 탄소세를 적용했다. 또한 2024년까지 비닐봉지와 배달 용기를 퇴출하는 법안이 통과되기도 했다. 캐나다에서 선교할 때 환경정책이 잘 실현되도록 지속적인 모니터링과 지원을 이어나가야 한다.

하지만 앞의 내용과는 다르게 캐나다는 전 세계 중에서도 온난화 속도가 가장 빠른 국가다. 심각한 폭염과 온난화는 캐나다를 괴롭게 한다. 하나의 사례로 재생에너지를 확대하기보다 화석연료를 대체하기 위한 오일샌드에 열중한다. 오일샌드는 비전통석유로, 캐나다와 미국에서 집중적으로 사용하는 에너지원이다. 이 에너지원은 지구온난화를 더욱 심화시킨다. 정확한 연구를 하지 않았기에 화석연료와 얼마나 차이가 있는지는 알 수 없으나 석유를 생산하는 방식보다는 50%가량 탄소배출을 해서 이도 올바른 해결 방향은 아니다. 그러므로 캐나다에서 선교 사역할 때 캐나다의 환경과 에너지 정책에 그냥 순응하는 것이 아니라, 친환경 에너지원을 확대 및 생산할 수 있도록 요구하고 지원하면 좋겠다. 환경적 불명예는 캐나다인들에게 더 심각한 위협을 가할 수 있다. 하나님은 사랑이셔서 이 문제를 반드시 해결하기 원하신다. 선교사역을 통해 해결해 나가자.

두 번째로 미국이다. 미국은 북아메리카의 유이한 나라이자, 수많은 인종이 살아가는 혼혈의 나라이다. 환경 관련 산업이 최고 수준이며, 환경보호국의 영향력을 지닌 나라이기도 하다. 트럼프 전 대통령으로 인해 환경에 대한 노력이 거의 사라졌지만, 다시 현 대통령(바이든)으로 인해 환경에 관심을 기울이고 있다. 환경보호국에 의하면, 미국에서 발생하는 수많은 환경오염 중에서 수질오염을 일으키는 원인 1위가 산업형 농업이라고 한다. 비행기로 농약을 살포하고, 무분별한 퇴비를 쏟아내기 때문이다. 미국은 땅이 넓어서 사람의 힘으로 감당할 수 없는 일들이 많다. 그렇기 때문에 친환경적인 정책과 노력이 뒷받침되어야 한다. 지금도 곳곳에서 친환경적인 생산과 활동을 진행하는 곳이 많다. 그러므로 미국에서 선교사역을 한다면 자동화 시스템 때문에 무관심으로 이어진 부분을 환경으로 생각하고, 그 생각대로 모습이 변화되도록 도움을 주어야 하겠다. 뿐만 아니라, 미국 국방은 세계의 수많은 나라보다 훨씬 더 많은 환경오염을 일으키고 이산화탄소를 배출하여 온난화를 가중시키고 있다. 안보와 환경을 동일시 생각하며 자국의 환경만 생각하여 무분별하게 사용하는 모습을 보이기도 한다. 그러므로 미국의 국방과 안보를 위해 다른 나라와 피조물을 무시하는 행태가 없어지도록 요구하자. 미군으로 인한 환경 불평등이 세계 곳곳에서 발생할 수 있다.

그리고 우리는 지금까지 미국의 전반적인 환경에 대한 모습을 생각해 봤다면, 세부적으로 환경에 대해 지역별·내용별로 생각하려 한다. 세부적인 내용을 언급하기 전에 미국은 워낙 광범위한 환경정책들과 문제들이 공존해 있다. 이러한 문제들을 모두 다루는 것은 사실상 불가능하다. 중요하다고 판단되는 몇몇 부분만 제시해본다.

첫째, 기후변화다. 기후위기는 전 세계적으로 곳곳에서 발생하고 있다. 그 현상은 미국도 마찬가지이다. 아주 강력한 허리케인이 빈번하게 미국을 통과하고 있고, 서부 캘리포니아 지역은 극심한 가뭄으로 농업과 일상생활에 어려움을 겪었다. 뿐만 아니라, 2016년에 엄청난 산불이 캘리포니아를 덮치기도 했다. 1,200년 만에 발생한 최악의 가뭄이었다. 2020년부터 2022년까지 캘리포니아는 또 한 번의 대형 산불로 세쿼이아의 1/5이 사라졌다. 남부에 있는 플로리다 바다는 2022년 모자반의 습격으로 인해 큰 피해를 입었다. 기후변화와 산림파괴가 원인으로 추정되는데, 해수 온도가 상승하면서 모자반이 왕성하게 자라 해안가를 덮쳤기 때문이다. 황화수소가 발생하면서 악취도 풍겼다. 물론 지속적으로 모자반을 처리하고 있으나 기후변화의 현상은 아름다운 해양관광도시 플로리다에 악영향을 끼쳤다. 그 외에도 폭우와 폭설, 해수면 상승으로 뉴욕과 같은 해안가 주변 도시들이 물에 잠길 위험에 처했다. 이러한 기후위기의 현상을 온전히 깨닫도록 선교를 통해 지역 주민을 만나야 하며, 하나님이 만드신 아름다운 세상을 회복시켜 나가도록 고민해야 한다.

둘째, 대기오염의 문제이다. 미국의 대기오염의 문제는 인종차별주의 문제의 또 다른 양상으로 보인다. 특히, 대기오염에 쉽게 노출되는 이들은 대부분 흑인이다. 인종별로 지역을 구분되어 있는데, 유해한 대기오염 물질이 많이 배출되는 곳에는 흑인들이 많이 살고 있다. 즉, 흑인들이 초미세먼지에 약 1.5배 더 노출되어 있다. 이에 대한 심각성을 인지하고 선교사역을 통해 흑인들에게 대기오염 물질을 해결할 방안을 열어주는 것이 무엇보다 중요하다. 또한 차량의 문제로 대기오염이 많이 배출하므로, 화석연료의 사용을 줄여나가는 친환경차 도입을 잘 진행하도록 힘써야 할 것이다.

셋째, 침입종의 위협이다. 우리나라에서 미역은 한국인의 정서가 담긴 식재료 중 하나이며, 소울푸드라고 할 수 있다. 하지만 미국에서는 바다의 잡초라 불린다. 세계 100대 악성 외래종 중 하나이기 때문이다. 바다를 항해하는 선박의 균형을 잡는 '선박평형수'에 미역이 끼어들어 미국의 해양생태계를 교란하고 있다. 미국에서 미역이 처음 발견된 것은 2000년대 초반 캘리포니아 주 산타바바라 항구에서다. 미역을 먹는 자연 포식자가 없어 순식간에 퍼졌다. 또, 아시아에 서식하는 민물고기 잉어가 미국의 생태계를 교란하고 있다. 오대호에 있는 조류를 제거할 목적으로 들어왔지만, 1990년 홍수가 나면서 수로를 통해 강으로 유입되었고, 이로 인해 토종 물고기를 몰아내고 교란을 일으킨 것이다. 이는 우리나라의 베스와 같은 영향을 끼친다고 볼 수 있다. 우리나라 고유종과 토종 물고기들이 살아갈 수 없는 상황이 되어버려 수생태계가 완전히 뒤바뀔 수밖에 없었다.

다음으로 식물의 경우를 보자. 먼저 아르메니아가 원산지인 히말라야블랙베리가 있다. 이 식물은 가시덤불을 갖고 있고 다른 식물들을 덮어 숲의 통로를 막으며 가축을 다치게 한다. 미국에 들어와 숲을 방해한다. 그리고 방가지똥이 있다. 이 식물의 뿌리는 유용한 작물을 몰아내고 토양에서 물과 질소를 쪽쪽 빨아들여 다른 식물들이 살아갈 기회와 여건을 허락하지 않는다. 그러다 보니 미국 내에서 농업에 큰 위협이 되는 식물이다. 다음으로 물냉이가 있다. 물냉이는 유럽 사람들이 식민지로 이주할 때 들여왔는데 그로 인해 수로에 있는 토종식물을 몰아냈다. 마지막으로 칡도 있다. 칡은 일본에서 들어왔으며 하루에 약 30cm가 자랄 수 있을 정도로 급성장하여 다른 식물이 햇빛을 받지 못하게 방해한다. 그 결과, 미국의 토종식물과 생태계가 위협을 받고 있다. 이러한 침입종에 대한 문제는 미국뿐 아니라 전 세계 거의 모든 나라에서 발생했다. 다만, 미국이 이 문제에 큰 관심을 갖고, 다른 곳에서 침입종이 들어오지 않도록 해야 한다. 특히, 선교에서 관심을 기울이도록 하자.

넷째, 동물 사육과 생태계 복원에 대한 문제다. 미국은 광활한 대지와 수많은 생태계가 보존된 지역으로 보이지만, 서부 지역에 많이 살았던 버팔로의 경우 6천만 마리나 학살되면서 멸종 직전까지 갔다. 그만큼 동물을 무차별적으로 사라지게 한 나라이기도 하다. 특히, 미국의 대형 고양이과 동물은 야생에서 사는 것보다 '사육'되는 동물의 개체수가 훨씬 많다. 사람과 동물 모두에게 악영향을 끼치고 있다. 생육하고 번성할 사명은 인간만이 아니다. 다른 피조물도 그렇다. 잘못된 인식은 인간이 다른 피조물을 마음대로 해도 된다는 생각이 갖게 한다. 대형 고양이과 동물은 인간이 범접할 수 없는 존재일지도 모르지만, 과학기술의 발달로 그 한계를 뛰어넘었다. 이로 인해 동물들은 깊은 스트레스와 어려움을 동반한다. 모든 만물이 함께 살아갈 수 있는 지역이 될 수 있도록 변화될 필요가 있다. 선교사역으로 동물의 권리와 식물의 권리 그리고 함께 공존하고 공생할 기회를 열어주어야 한다.

야생복원의 문제도 심각하다. 하나님이 만드신 아름다운 세상은 파괴되면 다시 회복되고 복원하는 데 시간이 오래 걸린다. 그 기간은 아마 우리가 살아있는 동안 볼 수 없을지도 모른다. 이러한 문제는 미국에서도 관심을 갖는 이슈다. 그런데 미국 몬태나 주에 있는 아메리카 들소 떼를 야생 지역으로 복원하려는 사람과 복원을 반대하는 목장주의 의견 대립이 상당하다. 이 동물은 미국을 상징하는 동물로 과거 원주민들과 함께 공생했다. 하지만 싹쓸

이 사냥으로 한때 멸종위기에 처했으며, 지금은 미국의 국가 포유동물로 공식 지정되어 있다. 복원하려 해도 목장주들은 피해를 우려해 반대한다. 하지만 모든 생물이 다양하게 존재하며 생육하고 번성해야 하나님이 주신 놀라운 축복이 이 땅 가득히 넘쳐흐를 것이다. 그러므로 미국에서 선교하려면 동식물의 회복을 위한 노력과 기도, 그리고 행동이 기반되어야 한다. 하지만 생명체들에 대한 학대는 여기서 끝나지 않았다. 쿠바계 미국인이 많이 사는 마이애미를 주변으로 맹금류 포획행위와 가혹행위가 벌어졌다. 노래를 위해 스테로이드를 먹이거나 맹금류를 잡는 내기를 하는 등 악행을 벌여온 것이다. 이러한 문화는 쿠바지역의 문화와 닮았다. 그러나 미국은 인정되지 않는다. 특히, 다른 생명체를 학대하는 것은 우리가 가질 수 있는 권리가 아니다. 미국의 환경에 대한 관점이 올바르게 세워져 전 세계 나라가 회복과 복원 그리고 함께 사는 삶 자체에 대한 관점을 중심으로 세상을 만들어 갈 수 있도록 철저한 지원으로 체계를 이루어야 할 것이다.

마지막으로 나누고자 하는 환경오염 문제는 미국 루이지애나주 멕시코만에서 발생한 기름유출 사고(2010년 발생)이다. 영국 최대기업이자 세계 2위 회사인 BP사가 제조한 시추선인 '딥워터 호라이즌 석유시추 시설'이 폭발했다. 이 사건으로 인해 멕시코만에 대량의 원유가 유출됐다. 이 사고로 11명의 직원이 실종되었고, 원유유출이 약 6만 배럴 정도가 되었다. 무엇보다 화석연료의 유출은 아주 심각한 문제이다. 우리나라의 태안 기름유출 사건을 보면, 쉽사리 해양생태계가 회복되는 것이 어렵기 때문이다. 미국도 마찬가지로 해결하기 어렵다. 그러므로 미국에서도 원유를 시추하고 사용하는 것만 생각하지 않고, 온전히 친환경적인 에너지를 만들고 사용하는 데 집중하기 바란다. 이러한 환경선교가 미국 내에서 온전한 하나님의 말씀에 따라 살지 못하는 많은 이들에게 큰 도움을 줄 수 있을 것이다.

북아메리카에 있는 두 나라인 캐나다와 미국은 어떠한 환경문제를 가지고 있는가? 공통된 환경문제는 오대양의 오염과 기후위기다. 먼저 오대양의 환경문제를 알아보자. 오대양은 지구상에서 가장 큰 담수호이나, 침입종으로부터 겨울철 얼음 양의 감소 등 다양한 환경문제로 위협받고 있다. 오대호 유역에서 나오는 약 15억ℓ의 담수가 날마다 관개용으로 사용된다. 캐나다와 미국의 농업 생산량의 각각 25%와 7%를 뒷받침할 정도로 상당히 중요한 물이다. 하지만 문제는 높은 비료의 사용량 등으로 인해 수질이 극심하게 악화되었다. 특히, 대규모 녹조현상이 발현되었다. 이는 우리나라의 4대강 살리기 사업으로 인해 나타난 녹조와 비슷한 상황이다. 오대양에는 슈피리어호, 미시간호, 휴런호, 온타리오호, 이리호가 있는데, 이 중 가장 위태로운 호수는 '미시간호'이다. 미시간호는 2019년 상반기에 폭우가 쏟아지면서 수위가 50㎝ 이상 상승했고, 침입종인 '홍합'이 식물성 플랑크톤을 걸러내어 먹는 까닭에 물이 점점 더 깨끗해졌으나, 이러한 문제는 다른 생물들의 고통을 더 주었다. 뿐만 아니라, 슈퍼리어호와 함께 수온 상승이 급격히 대두되면서 얼음이 뒤덮인 일수가 줄어들고 있고, 토종 동식물군도 압박을 받았다. 휴런호는 다른 호수들과 다르게 비교적 덜 개발되었다. 하지만 침입종 홍합과 일정 기간 과잉 방류된 연어 때문에 미끼용 어류와 연어 개체군의 감소세가 이어지고 있다. 온타리오호는 도시오염으로 위협을 받고 있다. 토론토, 미시소거, 로체스터 등 다양한 도시를 뒤덮고 있는 이 호수는 개발 및 전기 생산, 빗물과 하수로 인한 오염 등으로 위험한 상황이다. 특히, 이 지역에는 물을 냉각수로 사용하는 발전소로 인해 치어들이 죽어 수생태계 상황이 좋지 않다. 마지막으로 이리호는 2019년 여름 1,600㎢ 이상의 녹조가 뒤덮었다. 이는 부영양화였으며, 농지 유출수가 위험한 녹조현상을 초래했다. 이 현상은 20년간 매해 여름마다 발생하고 있다. 이리호뿐 아니라 오타리오호도 마찬가지로 부영양화와 녹조현상이 일어나고 있다. 이러한 오대양의 수생태계와 수질 회복 그리고 수생태계의 균형을 이루기 위해 나서야 할 때다. 지역 주민의 노력이 먼저 필요하고, 더불어 선교를 통해 이 지역을 잘 알고 도울 수 있는 체계를 세우는 것이 중요하다.

북아메리카의 두 나라의 두 번째로 심각한 문제는 기후변화다. 2021년 한 해 동안 유례없는 폭염과 한파, 폭우가 미국의 기반 시설을 마비시켰으며, 엄청난 인명피해를 주었다. 캐나다도 다르지 않다. 특히, 미국 서부는 기록적인 가뭄이 계속되는 가운데 2022년 1월 애리조나주와 네바다주를 시작으로 역사상 최초로 연방 급수 중단 조치가 시행되었다. 그리고 2021년 한 해 동안, 겨울에는 한파가 여름에는 폭염과 폭우가 계속 발생하면서 최근 20년간 최악의 상황을 경험했다. 동부도 다르지 않다. 허리케인 아이다의 여파로 뉴욕주와 뉴저지주를 비롯한 인근 주에서 기록적인 폭우, 대규모 홍수와 함께 50여 명의 사망자가 발생했다. 이 현상은 이후에도 꾸준히 발생할 것이다. 특히, 엘리뇨 현상은 이를 더욱 심하게 한다. 기후변화는 선진국이라 불릴 수 있는 캐나다와 미국에서도 위험하다. 이러한 상황 속에서 우리는 기후변화의 문제를 캐나다와 미국 내에서 공론화할 수 있도록 도와야 할 것이며, 복음을 통해 이 문제를 진정으로 해결해 나갈 방향성을 제시해야 한다.

＊중앙아메리카

먼저 멕시코이다. 멕시코의 환경문제에 대해 생각하면 가장 먼저 나오는 것은 심각한 대기오염과 미세먼지다. 특히, 수도인 멕시코시티는 스모그와 대기오염, 그리고 미세먼지로 유명하다. 물론 예전보다 많이 좋아졌으나 여전히 중국, 한국, 인도와 더불어 대기오염 문제가 심각한 나라로 인식되고 있다. 우선 대기오염 문제를 해결하기 위한 노력이 필요하다. 교통정책과 에너지 정책을 토대로 문제를 해결할 방향성을 세우는 것이 중요하다. 이러한 정책을 세울 수 있도록 크리스천 전문가들이 파견되고 그 안에서 협력한다면 좋은 효과를 누릴 수 있을 것이다. 특히, 대기환경공학을 전공자들이 대기오염 제어공학 시스템과 설비들을 지원할 수 있다면 좋겠다. 다음으로 기후변화의 취약성 문제다. 멕시코에서 기후변화로 가장 큰 직격탄이 되는 것은 가뭄이다. 물 부족의 심각성이 대두되고 있다. 강수량이 감소하면서 지하수가 줄어들고 있고, 지반이 가라앉고 있다. 그로 인해 홍수와 지진에도 취약해졌다. 이제는 말라버린 3개의 호수 위에 세워진 분지 도시 멕시코시티에서 물은 매우 중요한 요소가 되었다. 지난 100년 동안 지하대수층의 물을 사용하여 약 12m 정도 가라앉았고, 완전히 침하까지 약 30m밖에 남지 않았다. 그런데 기후변화가 이를 더욱 가속시키고 있다. IPCC에 의하면, 멕시코의 총 강수량은 줄어들 것이며, 비가 오면 폭우가 쏟아질 것으로 보인다. 이는 기후변화의 현상 중 하나이다. 폭우 때문에 물 보관이 어려워져 물 문제도 심각해질 수밖에 없다. 멕시코 주민들은 현재 '물과의 싸움'을 시작했고, 호수를 매립해 농장을 만드는 농법(치남파스, Chinampas)으로 지하수 수요를 줄이고 있으며, 숲을 다시 가꾸고 있다. 또 옥상과 땅속에 빗물을 저장 및 지하수로 침투하는 노력을 한다. 이러한 모습을 보면서 선교를 할 때 물 문제에 대한 대응책을 지원하는 현실적인 선교전략을 세운다면 멕시코에서의 사역에 도움이 될 것이다. 마지막으로 산림벌채의 문제가 있다. 멕시코는 세계에서 다섯 번째로 빠르게 산림벌채를 하는 나라다. 물론 산림벌채를 통해 경제적 이득을 얻는 것을 뭐라 할 수 없지만, 산림벌채로 인한 대기오염의 문제를 어떻게 해결할 수 있을 것인지 생각해 보아야 한다. 선교사역을 통해 멕시코에 가서 산림을 보존하고 회복시키는 동역을 하는 것이 중요하다고 본다.

두 번째로 과테말라이다. 과테말라에 대해서는 3가지의 방향으로 이야기하고자 한다. 먼저 기후변화에 취약한 15개국 중 하나라는 사실이다. 원래 고온다습한 열대기후로 태평양 연안 저지대인 과테말라는 연 강수량이 약 2,000㎜에 이르나 우기와 건기가 뚜렷한 사바나 기후를 가지고 있다. 계속되는 지구온난화와 엘리뇨 현상으로 인해 지속적인 무더위와 가뭄 및 열대 폭풍과 같은 자연 현상으로 인해 큰 피해를 받았다. 매년 엘리뇨 현상으로 120

만 가구가 피해를 보고 있다는 통계가 나왔다. 그로 인한 피해는 극심하며 온실가스를 줄이기 위한 노력으로 재생에너지를 확대하고 있다. 2012년만 하더라도 화석연료에 의한 에너지 생산이 90%를 넘었다. 그만큼 온실가스의 온상지라 불렸다. 그러나 2021년 9월 기준으로 전력생산량은 1,010.94GWh였다. 이를 1년으로 계산하고, 2020년 재생에너지 생산량인 8,371.52GWh를 단순 비교한다면 약 70% 가까운 에너지원을 재생에너지에서 얻었다고 볼 수 있겠다. 이 중에서 수력이 67% 정도가 되며, 바이오매스가 20.5%를 차지한다. 지난 10년 전만 하더라도 화석연료에 집중됐던 에너지원이 재생에너지원으로 변화된 것은 반길 일이나, 수력이나 바이오매스, 바이오가스 등에 의해 발전을 집중하고 있는 것은 좋은 재생에너지라 볼 수 없다. 바이오매스와 가스는 온실가스를 배출(화석연료보다는 적음)하고 식량문제와 연관이 있다는 것이 문제이다. 그리고 수력에너지는 수생태계를 파괴하고 땅을 매립해 고향을 잃게 하는 문제가 있다. 그래서 아직 부족한 지열, 풍력, 태양열 및 태양광 등의 확대를 위해 선교를 지원한다면 좋을 것이다. 마지막으로 과테말라는 수자원 관리가 부족하다는 평가가 있다. 특히, 쓰레기가 하천 주변에 넘쳐나며 식수로 활용될 수 있는 수자원의 97%가 오염되었을 정도이다. 그러므로 적극적인 대응이 필요하다. 현재는 어느 정도 회복되었으나 아직은 더 회복이 필요하므로 수자원 전문가들이 동역하면 좋겠다. 특히, 과테말라의 긴 강인 '모타구아 강'은 쓰레기가 이동하는 통로가 되어 수질오염과 쓰레기 문제가 심각하다. 이러한 부분을 적극적으로 해결하고 동참해 나가야 한다.

세 번째로 니카라과이다. 니카라과의 가장 큰 문제는 불평등과 빈곤이다. 특히, 어린이와 여성에게 심각하게 불평등하다. 어린이 세 명 중 한 명이 만성적인 영양실조를 앓고 있다. 지난 2010년대 초반 중국의 투자로 니키라과 호수를 지나는 운하를 건설할 계획이 있었지만, 운하의 건설로 무너져 버릴 니카라과 호수의 생태계와 수질오염에 따른 환경파괴 문제가 심각하게 대두되었다. 그래서 건설이 취소되어 파나마운하로 대체됐다. 다행히 니라카과 호수를 보호할 수 있게 된 것이다. 하지만 환경파괴는 개발도상국인 니카라과에 만연해 있는 상황이다. 어린이와 여성들에게 더욱 큰 위협이 이어지고 있어 사회적·환경적 취약점에 노출되어 있다. 지진, 화산활동, 홍수, 가뭄의 자연재해가 빈번하게 발생하는 것이다. 특히, 기후변화는 니카라과의 사회적·환경적 불평등으로 더욱 심각한 위협에 처하게 되었다. 이를 위해 선교적 차원에서 어린이와 여성들의 식량을 보급하는 것뿐 아니라, 환경적인 측면에서도 도움을 줄 수 있는 시스템과 체계를 구축하고 지원하는 것이 필요하다.

네 번째 나라는 도미니카공화국이다. 도미니카공화국은 과거부터 친환경적인 사고를 가졌다. 그러나 아쉬운 것은 1930년대부터 친환경 정책을 시작하였으나, 1990년대 이후부터는 그렇지 않았다는 것이다. 그 결과, 에너지 산업에서 친환경적인 에너지원은 사라졌고 오히려 화석연료에 의존하고 있다. 실례로 2000년에 사용한 에너지원으로 석유, 수력, 석탄 3가지의 에너지원이 주를 이루었으며, 신재생에너지는 전무했다. 주요 에너지원은 88%를 차지한 석유다. 다만 2019년 석유와 천연가스, 석탄, 수력, 신재생에너지 등으로 다변화되었고, 석유 사용이 38%로 감소했다. 신재생에너지를 육성하는 정책으로 자가발전, 공용발전 측면에서 비중을 늘려오고 있다(면세). 이렇게 변화한 도미니카공화국을 기억하고 선교를 통해 재생에너지 사업이 확대될 수 있도록 하면 좋겠다. 또 다른 문제는 해안가 주변에 수많은 플라스틱 쓰레기가 넘쳐나고 있다는 것이다. 미국 하와이령에서 자주 발생하는 쓰레기가 태풍이나 허리케인으로 도미니카공화국 해변에 도달한다. 많은 사람이 협력해 치우지 않으면 불가능할 정도로 엄청난 양이다. 뿐만 아니라, 둥둥 떠다니는 플라스틱 쓰레기는 화학제품이기 때문에 바닷물을 오염시킨다. 이 문제를 국제사회에 잘 알리고 해결하는 노력이 필요하다. 선교사역에서도 플라스틱 사용을 최대한 줄이고 지속 가능한 시스템으로 이어지도록 노력해야 할 것이다.

다섯 번째 나라는 도미니카연방이다. 도미니카연방은 열대성 기후를 가진 전체 면적 754㎢의 작은 섬나라이다. 영토 대부분이 열대 우림으로 덮여 있고, 세계에서 두 번째로 큰 온천이 있다. 모르네 투르아 피통 국립공원이 있는데, 이곳은 해발 1,300~1,400m에 위치한 모르네 투르아 피통 산을 포함하여 5개의 화산으로 이루어져 있으며 화산, 하천, 폭포뿐 아니라 다양한 환경과 지질 형태를 보유하고 있어 생물 다양성이 잘 유지된 나라이다. 하지만 물 문제가 심각하다. 물이 석회수로 되어 있어 유럽 나라들과 비슷한 수준이지만, 도미니카연방은 수질 정화시설이 미비한 편이다. 그러므로 생물 다양성을 유지하는 동시에 수질 정화 시스템을 정비해야 한다. 그리고 이를 토대로 생태관광을 확대하는 방안을 추진해야 할 것이다. 또한 생태관광을 계획 및 추진하여 경제적인 이득과 함께 하나님이 만드신 아름다운 도미니카연방을 소개하는 방향도 세워야 한다.

여섯 번째 나라는 바베이도스다. 바베이도스는 열대성 기후를 지니고 있어 각종 폭풍우가 집중된다. 이로 인한 해수면 상승을 피하지 못했다. 카리브해 섬나라들은 기후위기라는 큰 폭풍 속에서 위협감을 느낀다. 이에 따라 선교를 할 때도 기후위기에 대한 대응을 토대로 사역을 감당하는 것이 중요하다.

일곱 번째 나라는 바하마이다. 이 나라는 열대 사바나기후에 속해 있으며, 멕시코만류의 영향으로 고온습윤한 여름과 온난건조한 겨울이 있다. 특히, 여름은 허리케인이 집중적으로 오는데 최근 더 많은 초대형 허리케인이 발생하고 있다. 특히, 바하마에서 가장 높은 지역이 해발 63m밖에 되지 않아 해일에 취약하다. 이는 바하마가 겪는 환경적 고난과 고통이다. 따라서 기후위기에 대한 대응과 적응력을 키워나갈 수 있도록 적극적인 선교적 지원이 필요하고, 특히 해일에 취약한 지리적 특성을 파악하며 바하마 주민들이 살아갈 수 있는 다양한 형태의 주거지와 도시 시스템을 정비해야 한다. 또한 바하마의 여러 섬을 관광지로 만들기 위해 통째로 사들이는 개인이 증가하면서 환경파괴가 이어지고 있다. 바하마에서 사업적 일을 행할 때 환경에 관한 법적 규제를 잘 세워나가도록 도와야 한다.

여덟 번째 나라는 벨리즈다. 이 나라는 주 수입원이 생태관광일 정도로 생물 다양성이 뛰어나며 자연환경이 잘 보존되어 있다. 특히, 벨리즈의 산호초 보호지역은 북반구 최대 규모의 보초(육지에서 멀지 않은 바닷속 또는 해안선과 나란히 좁고 길게 이어진 산호초), 연안의 산호섬, 수백 개의 모래섬, 맹그로브숲, 연안 석호와 하구 퇴적지로 이루어진 뛰어난 자연 그대로의 모습을 담고 있다. 이러한 지역은 세계 어느 곳에서도 보기 힘들다. 그러나 세계 최대의 산호초 지대인 '그레이트 베리어 리프'와 함께 이 지역의 산호초 보호구역이 지구온난화의 위협을 받고 있다. 이로 인해 생태관광 수입도 어려움을 겪을 수 있다. 이 지역의 산호초 보호를 위한 다양한 협력을 진행해야 한다. 다음은 삼림 보호가 필요하다. 이 지역은 마야 삼림 보호구역으로, 2021년 4월 국제자연보호협회가 이끄는 보존기구연합이 벨리즈 북서쪽에 있는 960㎢ 규모의 열대우림을 매입해 조성했다. 그만큼 벨리즈의 산림이 벌목과 개발로 위협받고 있다. 그러므로 열대우림 지대를 보호하고 생태관광을 이루기 위한 노력이 이어져야 한다. 멸종위기에 처한 토종 동식물을 보호하고 친환경적인 여행이 될 수 있도록 협력한다면 좋을 것이다.

아홉 번째 나라는 세인트 빈센트 그레나딘이다. 이곳은 카리브해 연안으로 허리케인이 자주 발생한다. 홍수 피해도 크다. 뿐만 아니라, 활화산이 많은 지역이라 기후위기로 인한 화산활동의 증대가 위협적이다. 이곳에서 선교할 때 기후대응을 적절하게 녹여 협력하는 것이 필요하다.

열 번째 나라는 앤티가바부다다. 이 나라는 앤티가 섬과 바부다 섬 그리고 레돈다 섬 등 3개의 섬과 부속 군도들로 이루어진 천혜의 자연환경을 가진 나라이다. 홍성군 정도의 땅과 인구를 가지고 있다. 이 지역은 특히 '새들의 섬'으로 유명하다. 그러나 기후변화는 앤티가바부다에도 큰 영향을 끼쳤다. 허리케인이 심하여 새들도 큰 영향을 받고 있다. 선교할 때, 허리케인과 같은 폭우와 가뭄에 대비해야 할 것이다. 그리고 생물 다양성의 문제를 회복하고, 모두가 공존할 방안을 생각하는 나라가 되도록 도와야 한다.

열한 번째 나라는 엘살바도르다. 이 나라는 커피로 유명하다. 커피나무와 원두 생산에 대한 자부심이 대단하다. 하지만 최근 급격한 커피 생산의 감소로 커피 농가와 고용에 심각한 타격을 입었다. 경제적인 영향도 무시할 수 없다. 사실, 이러한 커피 농가의 위협은 이미 예견된 일이었다. 기후변화와 지구온난화가 커피 생산량을 급격히 낮출 것이라는 보고가 곳곳에 있었기 때문이다. 지구온난화를 1.5℃ 이내로 맞출 수 있다 하더라도 커피 생산량은 2100년경까지 절반에 가깝게 감소할 것이다. 뿐만 아니라 좁은 국토에 산악지형이 많은 엘살바도르는 이용 가능한 토지를 만들려고 토지 전부와 산까지 농업용으로 개간했다. 그 결과, 지진 및 화산활동이 두드러지고 있으며, 재해를 피할 수 없게 됐다. 지진 및 화산활동은 기후변화로 더욱 자주, 더욱 높은 강도로 나타날 가능성이 크다. 이 나라를 위한 사역을 할 때 기후위기에 대응하는 측면에서 도움을 주어야 하며, 농사를 지을 때 안식년을 적용하고 친환경적인 농법을 전수하는 등의 지원을 한다면 좋을 것이다.

열두 번째 나라는 아이티다. 이 나라는 서반구에서 가장 가난한 나라라는 오명이 있다. 또한 정치가 부패하여 나라도 혼란스럽다. 원시림의 2%만 남아 있는 현실은 눈으로 보이는 대표적인 환경문제다. 아이티는 나무가 거의 유일한 수출품목이다. 국제환경단체들이 원시림의 환경보호를 위해 최선을 다해도, 산림이 파괴되면서 토양침식, 땅과 수질의 오염이 빈번하게 발생한다. 더불어 허리케인과 지진이 자주 발생하여 큰 문제를 낳고 있다. 이에 따라 배후삼림이 좋았던 예전의 모습으로 돌아가야 한다. 농경에 적합하지 않은 땅을 회복시키고, 더불어 식량과 함께 의료선교, 토목공사 등 다양한 선교적 차원의 지원이 필요하다. 특히, 환경 난민으로 불릴 만한 이들이 많은 아이티를 하나님이 만드신 세상으로 세워나가길 바란다.

열세 번째 나라는 온두라스이다. 이 나라는 중미의 티베트라고 불릴 정도로 산이 많다. 그리고 북동해안 쪽의 해안지대를 제외하면 대부분이 해발 1,000~2,000m에 이르는 산악지대다. 엘리뇨 현상과 지구온난화로 극심한 가뭄과 빈곤 상태가 이어지고 있다. 더불어 해안가의 폐플라스틱 등의 환경오염으로 환경파괴 피해가 직격탄으로 쏟아진다. 기후변화와 환경오염 문제를 해결할 수 있도록 방향성을 제시하고, 환경문제를 해결할 수 있다면 선교가 잘 이어질 것이다. 또한, 경제적 이득만을 위한 벌채를 제한해야 하며, 삼림을 회복함으로써 농업이 회복되도록 기술과 지혜를 모아야 할 것이다.

열네 번째 나라는 자메이카다. 자메이카는 카리브해 연안에 있는 세 번째로 큰 도서국이다. 이 지역은 습기가 많으나 해풍이 온화하다. 그리고 중부

고원지대는 지형에 따른 영향으로 연중 내내 서늘하다. 하지만 지구온난화로 인해 극심한 가뭄이 나타나기도 한다. 엘리뇨나 라니냐 현상에 의한 위협도 증대되고 있다. 이러한 문제를 대응하는 방안을 지원한다면 좋을 것이다. 특히, 자메이카의 블루마운틴 원두가 유명한 것처럼, 원두를 잘 생산할 수 있도록 기후위기의 위협에서 벗어나도록 도와야 한다.

열다섯 번째 나라는 코스타리카이다. 국토의 1/4이 환경 보호구역이며, 생태계를 엄격히 보호하는 나라이다. 그만큼 생태계를 소중히 여기는 나라라 하겠다. 또한 생태관광 산업으로 일류국가가 되려는 야심도 있다. 이러한 야심은 단순히 경제적인 수익만을 생각하는 것은 아닐 것이다. 그렇기 때문에 하나님이 만드신 아름다운 세상을 소중히 여기는 코스타리카의 모습을 본받으면 좋겠다. 특히, 코스타리카의 오사반도는 생물 다양성이 아주 풍부한 지역으로 140여 종의 포유류와 460여 종의 조류 그리고 수천 종의 식물 및 곤충이 생태계를 이루고 있다. 나라의 전체 전략량을 보면, 재생에너지 사용이 거의 100%에 가깝고, 화력발전은 2% 이내에 불과하다. 그중 재생에너지에서 수력발전이 차지하는 비중은 절반이 넘는다(2018년 기준으로 96.36%가 신재생에너지이며, 수력 69.35%, 지열 13.38%, 풍력 12.2%를 차지함). 다만, 상당수의 생물이 멸종위기에 처해 있기도 하다. 생태관광 산업을 추진하고 있지만, 금을 캐는 것을 묵인하는 정부로 인해 위협을 받고 있다. 그러므로 친환경 사역을 통한 접근이 중요하다. 재생에너지 발전 중 수력발전이 많은 것은 환경파괴의 문제를 완전히 해결하지 못했다는 의미이기도 하다. 그렇기 때문에 태양광, 풍력, 지열, 파력, 조류발전 등 다양한 재생에너지 시스템을 정비하고 조금 더 친환경에너지를 위해 지형과 특성을 고려하여 확대하도록 도와야 한다. 그리고 생태관광을 통해 선교여행을 코스타리카로 오는 프로그램을 만들어 함께 하면 도움이 될 것이다.

열여섯 번째 나라는 쿠바다. 쿠바는 생태농업과 생태산업이 많이 발전한 나라이다. 「생태도시 아바나의 탄생」, 「몰락 선진국 쿠바가 옳았다」 등 환경과 생태에 관심을 갖고 꾸준히 정책을 추진하고 있는 나라인 쿠바를 소개하는 책들이 많이 발간되어 있다. 사회주의 국가로써 심각하게 경제 붕괴를 맞았던 쿠바는 1990년대에 커다란 시련을 겪었다. 소련이 붕괴하면서 석유부터 일상용품에 이르기까지 모든 물자를 구하지 못하는 비상사태에 이른다. 그로 인해 쿠바는 자생적인 삶을 선택하고 비상수단으로 '도시경작'을 시작했다. 즉, 쿠바는 친환경적·생태적 산업이 발전한 것은 이를 누리려는 것이 아니라, 경제적 어려움을 극복하기 위해서 자급자족을 추진하는 데에서 비롯된 것이다. 10년의 노력 끝에 농약이나 화학비료 없이 유기농업으로 자급하는 데까지 발전하였다. 그리고 환경친화적인 에너지, 교통, 의료, 교육, 녹화, NPO 정책 등을 견지한 국가가 됐다. 이는 성장만을 추구하는 다른 선진국들과는 다른 모습이다. 그래서 순환형 사회를 정착시켰고, 물질에 의존하기보다 행복하게 사는 노하우에 대해 생각하는 나라가 되었다. 즉, 사회·경제적인 몰락이 결국에는 친환경·친생태적 사회와 순환사회로의 전환을 이루는 데 혁혁한 공을 세운 것이다. 식량 보급률이 98%에 이른다. 이러한 모습을 본받아 우리나라도 그리스도인을 중심으로 친환경적인 삶을 추진해 나가야 하며, 더불어 개신교도가 거의 없는 쿠바에 환경친화적인 활동과 협력을 통해 접근한다면 복음을 전하기 쉽지 않을까? 환경문제로 어려움을 겪고 있는 이 땅에서 그리스도인으로서 함께 극복하여 세상을 회복시키고, 복음을 전하는 일을 잘 감당하길 소망한다.

열일곱 번째 나라는 <u>트리니다드 토바고</u>다. 이 나라는 카리브해 남쪽에 있는 작은 섬나라이다. 베네수엘라에서 북동쪽으로 약 11㎞ 정도 떨어졌다. 이 나라는 작은 나라답게 환경문제가 크게 나타나진 않았다. 그리고 생태적으로 풍부한 자원이 있다. 천연 유산들도 많다. 대표적으로 많은 동굴과 화산 용암 폭발로 형성된 트니테스, 다양한 해상 식물과 동물이 사는 천혜의 자연이 있다. 특히, 트리니다드 토바고의 해안선은 매우 아름답기로 유명하며 스노클링, 다이빙 및 서핑 같은 수상 레포츠도 즐길 수 있다. 깨끗한 백사장과 맑은 물로 편안함을 준다. 그래서 생태관광 명소가 많다. 그만큼 트리니다드 토바고가 이 모습을 유지하도록 협력하는 것이 중요하다. 환경파괴와 기후위기가 겹겹이 쌓여 닥친다면, 환경문제를 온전히 해결하기 어렵다. 선교할 때 하나님이 만드신 아름다운 세상의 모든 부분을 기억하여 깊은 뜻을 세워나갈 수 있는 방향을 모색하는 것이 필요하다.

이렇듯 우리는 지금까지 북아메리카와 중앙아메리카 나라들의 환경문제와 상황을 토대로 선교전략을 생각해 보았다. 그렇다면 대륙을 중점으로 환경선교 중점 사역이 어떠한지 정리해 본다.

첫째, 태평양 "쓰레기" 섬 분쟁이 점차 크게 확산이 되고 있다. 2012년 8월부터 시작된 쓰레기 섬 문제는 태평양을 떠다니던 플라스틱 부유물과 미세 플라스틱이 합쳐 해변에 참상되면서 시작됐다. 대표적인 지역이 카리브해 연안과 미국 캘리포니아, 하와이 등이다. 도미니카공화국와 도미니카연방, 세인트빈센트그레나딘, 온두라스 등 카리브해 연안의 섬나라도 큰 피해를 입었다. 이 문제는 각 나라의 문제가 아니라, 전 세계적인 문제이다. 이에 따라 세계적으로 플라스틱 사용량을 줄이며, 각 정부는 플라스틱 사용을 금지하는 방향으로 정책을 추진해야 한다. 해변에 플라스틱 쓰레기가 덮치는 것만이 아니라 해양 생물에게 악영향을 끼치고 더불어 우리의 몸속에 미세플라스틱까지 들어올 수 있는 위험한 상황임을 인지하고 적극적으로 해결해 나가는 것이 필요하다. 특히, 선교할 때 일회용품 사용을 최대한 절제하자.

둘째, 북아메리카 국가들을 중심으로 화석연료인 석유·석탄 대신 "셰일가스"를 중점으로 두고 있다. 이 대안은 캐나다와 미국이 중점적으로 시추하는 가스로 충분한 가치가 있다는 판단에서 생겼다. 하지만 기후위기의 문제를 전혀 고려하지 않았다는 것이다. 산호초가 소멸될 위기에 처할 수밖에 없고 해수면 상승으로 큰 위협을 받게 된다. 특히, 벨리즈, 앤티가바부다 등 대서양에 있는 카리브해 섬나라를 위협한다. 캐나다와 미국은 이러한 정책에서 벗어나 신재생에너지로의 전환을 이루고, 기후위기에 빠지지 않도록 노력해야 한다. 또한 국익만을 위한 정치에서 벗어나 주변 나라들과 함께 살아가고 협력하는 정치가 세워질 수 있도록 항상 확인해야 한다.

마지막으로 북아메리카의 북쪽 끝이라 할 수 있는 북극의 영구동토층이 예상보다 빨리 녹으며 '기후위기'를 가속시키고 있다. 알래스카주의 노스스솔르포의 경우, 30년 동안 영구동토층의 온도가 5.8℃나 급등하면서 큰 위협을 받고 있다. 세계적으로 영구동토층에는 최대 1,600만Gt의 탄소가 매장되어 있다고 추정한다. 그만큼 영구동토층이 모두 녹아버리면 탄소가 급증하게 되어 지구온난화를 심화시키는 것이다. 이는 알래스카만의 문제가 아니라, 북중미에 있는 모든 나라에 영향을 끼친다. 따라서 기후위기 문제 대응 방향을 마련하고, 적응할 수 있는 시스템을 정비해야 한다. 더욱 많은 사람이 함께할 수 있도록 선교전략을 세우고 협력하며 나아가는 방향을 세워야 한다.

여기까지 북아메리카와 중앙아메리카 대륙의 각 나라와 대륙별 환경적 특성과 상황에 고려하여 생각해 보았다. 이 부분을 잘 확인하여 환경선교 사역을 한다면 가톨릭을 중심으로 하는 수많은 나라와 그 외의 나라에서 복음을 전하는 데 한결 좋은 방안의 길을 열어줄 것으로 판단된다. 그러므로 위의 상황을 잘 인지하고 더욱 상세히 살펴 사역하기를 바란다.

대륙별 환경선교 이야기4. 남아메리카
─아마존 열대우림과 생물다양성 문제, 환경 갈등

네 번째로 우리가 환경선교에 대해서 생각해 볼 대륙은 남아메리카 대륙이다. 남아메리카 대륙은 남극과 북극을 제외하고 우리나라에서 오랜 시간을 거쳐야 갈 수 있는 곳이다. 그만큼 먼 지역에 있다. 이곳에 속한 나라들은 수리남, 가이아나, 베네수엘라, 콜롬비아(이상 남중아메리카)와 브라질, 파라과이(이상 동남아메리카) 그리고 에콰도르, 페루, 볼리비아(이상 서남아메리카)가 있다. 또한 칠레, 아르헨티나, 우루과이(이상 남아메리카)가 있으며, 영국령인 포클랜드 제도와 사우스조지아 사우스샌드위치 제도도 있다. 또한 프랑스령인 기이나도 남아메리카에 속한다. 남아메리카는 스포츠 중에서는 축구가 가장 발전한 지역이며, 아마존 열대우림이 중심에 있어 천혜의 자원을 가진 나라이다. 이 나라들을 소대륙 별로 알아보면서, 환경선교의 전략을 세워보고자 한다.

*남중아메리카

이 지역에는 가이아나, 베네수엘라, 수리남, 콜롬비아에 속해 있다. 먼저 <u>가이아나</u>이다. 이 나라는 남아메리카 북부에 있는 나라로 서쪽에 베네수엘라, 동쪽에 수리남, 남쪽에 브라질, 북쪽에 카리브해 및 대서양과 접하고 있다. 사탕수수와 쌀농사가 전부인 1차 산업 국가였다가 2019년 양질의 석유 매장지가 확인되어 가장 발전 가능성이 높은 국가가 되어 국제사회에 주목을 받고 있다. 이러한 상황은 안타까움을 느끼게 한다. 특히, 세계은행은 기후위기 대응을 하겠다고 서명까지 하였지만 가이아나 석유개발에 지원을 하는 아이러니한 상황이 발생하였다. 가이아나의 어려운 국가 사정에 석유 매장지가 있다는 것은 산유국이 되어 경제적 어려움에서 벗어날 수 있다는 기대감을 갖는 것은 사실이지만 기후위기의 현실 속에서 이러한 모습을 어떻게 바라보아야 할지 고민이 된다. 그리고 국제사회가 석유 시추를 위한 노력에 집중하는 것이 아니라, 그에 상응하는 지원과 협력으로 도움을 준다면 얼마나 좋았을까? 또한 2010년 경 가이아나 대통령이었던 자그데오 대통령은 광업계의 비난을 무릅 쓰고 탄소배출권 판매 등을 통해 천연우림 보호를 위해 노력하고 친환경 관광상품을 개발한 실적까지 있었다. 그러므로 가이아나가 1차 산업국가로 떨어지지 않게 환경친화적인 관광과 산업 그리고 시스템이 구비될 수 있도록 도와야 한다. 또한 화석연료와 석유매장이 확인되었다 하더라도 지구온난화의 문제는 감히 쉽게 해결될 문제가 아니다. 그러므로 교육을 통해 변화되도록 도와야 한다. 더불어 천연보호림을 온전히 유지하고, 그곳에서 생물 다양성이 유지되며 함께 사람들이 공존하며 공생해 나아갈 수 있는 길들이 열리도록 하는 것이 중요하다.

두 번째 나라는 <u>베네수엘라</u>이다. 이 나라는 국가의 경제적 위기가 심각한 것과 함께 환경문제도 무시할 수 없는 수준으로 치닫고 있다. 특히, 주변에 안데스, 아마존, 가이아나 및 카리브 생태계가 접해 있어 세계에서 가장 큰 생물 다양성을 가진 나라 중 하나이다. 또한 카리브해에서 가장 큰 해안선을 갖고 있으며, 가장 큰 담수 매장량도 보유한 국가이기도 하다. 그만큼 환경문제가 발생하면 국가적 영향뿐 아니라 국제적인 영향도 클 수 있는 나라이다. 그런데 환경관리를 포함한 모든 영역에서 위기에 직면하면서 베네수엘라 자체가 큰 위협을 받고 있다. 그 중 대표적인 환경문제에 대해 언급해 보고자 한다. 하나, 기름유출 사건이 지속적으로 발생하고 있다. 환경관리 통제가 약하고 석유 지역의 유지 보수 부족 때문이다. 대표적인 사례가 남미에서 가장 큰 마라카이 호수이며, 이 호수에 지속적인 기름유출로 인해 상당한 부영양화가 발생했다. 둘, 발렌시아 호수 등에서 금, 콜탄, 보크 사이트 및 다이아몬드와 같은 광물을 대량으로 추출하면서 수은 사용을 해 수질오염이 극심한 상황이다. 이 문제는 세계 곳곳에서 발생하고 있으며 베네수엘라도 마찬가지로 수은의 사용으로 큰 문제를 일으키고 있다. 셋, 매년 국립공원의 넓은 지역을 파괴하는 산불이 계속 발생하고 있다. 2020년에만 2,000건 이상의 산불이 기록되었다. 기후위기의 현상으로 산불이 급증하고 있다. 넷, 고형폐기물 처리 문제가 심각하다. 고형폐기물을 재활용하는 시스템이 사실상 없다. 플라스틱 폐기물을 태우는 것이 일반적이다. 이는 심각한 화학물질이 발생해 더 큰 문제를 야기한다. 다섯, 산림벌채의 문제가 심각하다. 아마존 유역과 그 주변 남아메리카에서는 흔한 일이지만, 베네수엘라도 마찬가지이다. 특히, 오리 노코 강 북쪽에 위치한 국가의 산림보호구역은 지난 세기 말에 사라졌다. 여섯, 베네수엘라에 자생하는 맹그로브와 해안지역이 파괴되고 있다. 관광산업을 활성시키려는 명목하에 건물이 무분별하게 건설되어 버렸다. 더불어 관광객들의 활동으로 피해를 받고 있다. 마지막으로 반생태적인 농업이 있다. 베네수엘라의 농업은 농약을 과도하게 사용한다. 물론 다른 나라에서도 마찬가지라고 말할 수도 있겠지만, 이 지역은 더욱 심하다. 야채와 쌀 생산에 더욱 심각한 현상을 띄고 있다. 그만큼 토양오염도 엄청나다. 이처럼 베네수엘라의 환경오염은 전체적인 부분에서 발생하고 있다. 물론 다른 나라에서도 마찬가지이긴 하지만, 베네수엘라의 모습은 천혜의 자연환경이라는 축복을 받은 나라에서 자연과 환경을 유지하지 못한 안타까움이 동반된 지역이다. 그리고 올바른 하나님의 뜻을 알려 변화되도록 도와야 한다. 그리고 각 환경에 대한 전문가가 협력하여 이 사역을 뒷받침할 수 있다면, 친환경적인 시스템을 통해 환경문제를 조금씩 회복시킬 수 있을 것이다.

　세 번째 나라는 수리남이다. 수리남은 세계에서 가장 숲이 풍부한 나라이며, 국토의 90.2%가 숲으로 구성되어 있다. 그만큼 숲이 많고 그 덕분에 수십 억 톤의 탄소를 흡수하고 생물 다양성을 잘 보존한 곳이다. 그 결과, 온실가스 배출량을 상쇄하여 현재 탄소 중립 국가가 된 나라이기도 하다. 그만큼 개발이 많이 되지 않은 나라이기도 하며, 중앙 수리남 자연보존지역(유네스코 세계자연유산으로 등재)을 중심으로 원시 열대림이 온전히 보호되고 있다. 그 주변을 둘러싼 뤼키어, 오스트, 자위트, 사라막스, 후란강을 잘 보호하며 생태계를 유지하는 나라이다. 하지만 최근 무차별적인 벌채와 광산개발로 인한 산림파괴가 심화되고 있는 형국이다. 그렇기 때문에 보호 정책이 필요하다. 그러므로 우리가 선교할 때 자연보존지역과 숲을 보호할 수 있는 시스템과 정책을 세우고, 산림벌채 및 광산개발이 아닌 열대우림을 보호하여 경제발전을 이루도록 도와야 한다. 수리남은 기독교가 거의 절반(48.4%)에 이르지만, 힌두교(22.3%)와 이슬람교(13.9%)도 무시할 수준이 아니다. 그러므로 환경을 보호하는 선교사역을 통해 복음을 전파하는 것이 필요하다.

　마지막 나라는 콜롬비아이다. 커피의 나라, 커피나무를 통해 원두를 수출해 경제적 이득을 얻는 곳이라는 생각이 가장 먼저 든다. 2014년 발표에 의하면, 남아메리카에서 가장 심각한 환경문제를 겪은 나라로 콜롬비아가 선정되었다. 세계 생물 다양성의 위협에 두 번째 손가락에 드는 나라이기도 하다. 이렇게 위협적인 콜롬비아의 상황은 다음과 같다. 먼저 대기오염이 심각하다. 수도이자 제일 큰 도시인 보고타와 메델린이 가장 위험하다. 산업 및 운송에 많은 대기오염의 물질들이 응축되기 때문이며, 자동차 오염물질의 연소와 함께 제조업과 광업에 의해 발생하고 있다. 차량은 급증하나 녹지가 부족하기 때문이다. 둘째로 수질오염이 심각하다. 수자원의 절반가량이 오염되었기 때문이다. 부적절한 광산채취와 농업이 환경을 생각하지 않고 진행하기 때문이다. 셋째로 생물 다양성이 파괴되고 있다. 고유종의 25%가 사라지고 있고, 불법적인 동식물 거래도 성행하고 있다. 넷째로 지나친 삼림벌채(산업, 도로, 가축 방목, 불법 작물 등)와 불법 채광(수은 오염 등 심화)이 심해져 땅과 수질에 어려움을 주고 있다. 마지막으로 쓰레기 문제가 심각하다. 매립하던 지역은 꽉 찬 상태로 더 이상 받을 수 없는 상태이다. 그리고 소음의 문제도 심각하여 500만 명 이상의 사람들이 청각 문제를 달고 산다. 이처럼 콜롬비아의 환경문제는 다양한 곳에서 심각하다. 기후위기 문제에 대해 대응하지 않고 하나하나 환경문제에 대한 대책마저도 제대로 진행되는지 의문이다. 그러므로 콜롬비아에서 선교를 통한 다양한 환경정책과 지원책을 세우는 것이 무엇보다 필요하다. 또한 한 사람 한 사람에게 환경문제가 얼마나 중요한 부분인지를 인식시켜 주어서 하나님의 사랑이 이곳에 넘쳐날 수 있도록 도와야 한다. 그렇게 행한다면 좋은 결과로 이어질 수 있을 것이다.

＊동남아메리카

이 지역에는 브라질과 파라과이가 속해 있다. 먼저 브라질에 대해 알아보고자 한다. 브라질은 환경에 중요한 지표를 가지고 있는 나라이다. 기후위기를 막을 수 있는 최후의 방어선인 '아마존 열대우림'이 가장 넓게 펼쳐져 있다. 또한 생물 다양성이 풍부 판타나우 보존지구도 있다. 더불어 쿠리치바는 세계 생태수도라는 명성이 있다. 그만큼 환경에 대해 많은 이슈를 불러일으키는 나라이다. 또한 1992년 6월 리우데자네이루에서 개최된 '리우 회의'는 세계 각국의 정상들과 민간단체가 모여 지구 환경보전 즉, 기후변화에 대한 논의가 처음으로 진척된 회의였다. 그 결과, 이산화탄소 등 문제해결을 위한 시작이 되었고, 6월 5일이 세계 환경의 날이 되었다. 이처럼 브라질 선교할 때, 주민들에게 잘 알리고 경각심과 자신감을 가지고 함께 협력하도록 이끄는 것이 필요하다.

하지만 브라질은 환경적으로 좋은 면만 보이진 않다. 오히려 환경파괴를 더욱 극심하게 발생시키는 나라이기도 하다. 이전 대통령이었던 보우소나루는 아마존 열대우림 개발정책을 앞장서서 시행했고, 사업가들과 결탁하여 아마존 열대우림을 파괴하였다. 그래서 탄핵이 되었으며, 지금은 룰라 대통령이 정권을 다시 잡아 환경보전에 힘쓰고 있다. 그러나 아직은 그 영향력은 크지는 않다. 그렇다면 브라질의 환경문제는 어떠한 상황일까? 첫째, 아마존 열대우림의 문제이다. 한마디로 정말 심각하다. 우리가 상상하는 것 이상으로 열대우림이 파괴되고 있으며, 강제적인 산불이 발생하고 있다. 왜 그럴까? 농사와 팜유 생산 그리고 공장지대 건설 때문이다. 사람들은 자신의 이익을 위해 아마존 열대우림을 파괴해 버린다. 더욱 심각해지는 현상들을 기억하고, 아마존 열대우림을 보존하는 지원이 필요하다. 그리고 브라질 정부가 아마존 열대우림을 잘 보존할 수 있는 방향을 세우고 세계 각국과 함께 잘 협력해 나갈 수 있도록 지속적으로 격려해야 한다.

둘째, 생물 다양성이 풍부한 판타나우 보존지구의 문제이다. 판타나우 보존지구는 총 187.818ha의 면적에 4개의 보호 지구로 구성되어 있다. 이곳은 세계서 가장 큰 침수초원이며, 브라질의 마투그로수두술주 대부분 면적이 이곳에 해당되며 그 외 브라질의 마투그로수주, 볼리비아와 파라과이의 일부 지역도 포함된 커다란 보존지구이다. 생물 다양성이 뛰어나고 세계 최대의 담수지역 중 하나로 손꼽히는 곳이다. 그만큼 아마존 열대우림과 함께 브라질에서 가장 보존해야 할 가치가 높은 지역 중 하나로 알려져 있다. 이 지역의 철새, 수생 생물, 카이만, 재규어, 늪사슴 등의 서식지 겸 피난처 역할을 모두 수행한다. 하지만 여러 위험요소로 인해 판타나우의 파괴를 앞당기고 있다. 그 모습은 다음과 같다. 하나, 파라과이강과 그 지류가 어업 활동의 주요 지점이라는 것이 위협적이다. 어업이 성행하면 할수록 수질오염으로 이어지기 때문이다. 둘, 판타나우 지역의 약 99%가 개인 소유지이어서 농업과 목장으로 운영되어 보존되기 어렵다. 셋, 삼림벌채가 많아지고 있다. 그로 인해 고무 산업이 성행했고, 정착민들이 증가해 더 많은 벌채가 요구되고 있다. 더불어 산림벌채는 고지대의 진흙이 유출되었고, 토양과 생태계에 악영향을 끼친다. 넷, 판타나우 주변 지역인 세하두 지역은 세계 최대의 대두 생산지로 유명하다. 대규모 단일 식량 재배를 위해서는 많은 양의 화학살충제와 유기비료의 사용이 필수적이기 때문에 토양으로 들어가 판타나우의 땅이 오염되었다. 다섯, 파라과이강과 파라나강의 운하 건설로 인해 홍수와 배수에 영향을 받아 지속된 오염이 발생한다. 마지막으로 기후변화로 인한 유례없는 화재의 발생이 2020년경부터 시작되어 높은 수준(약 1/4가량)으로 습지가 소실되었다. 점점 더 화재가 발생빈도와 화재의 분포 넓어지는 등 위협적인 수준이 지속이 쬠다. 이러한 문제를 해결하기 위해 브라질 정부는 1981년부터 일부를 '판타나우 마투그로센시 국립공원'으로 지정한다. 하지만 그 실효성은 우리나라의 수많은 국립공원과 별반 다르지 않다(왜냐하면, 우리나라의 국립공원에는 케이블카 설치 등을 하려는 모습이 계속 보인다. 국립공원은 국가가 그 지역을 보존하는데 힘써야 하는데 그렇지 않은 것). 1993년에는 람사르 습지로 지정되었다. 그만큼 국가와 세계가 함께 관심을 갖는 지역이라는 뜻이다. 따라서 판타나우를 보존하고 회복시키는 방향으로 이어질 수 있도록 정부가 앞장서고, 국민이 동참하도록 도와야 한다. 그러한 모습을 위해서 선교를 통해 협력하고 균형을 이룰 수 있는 방향성을 제시하도록 하자.

셋째, 브라질 내에서 극심한 가뭄 및 폭우 등 기후위기의 현상이 두드러지게 발생하고 있다. 북동부 지역 등 북부지역에 있는 곳들이 국지성 폭우로 인해 큰 피해를 받았다. 특히, 아마존강 유역은 기온 상승에 따른 홍수 위협에 취약한 것으로 분석되었다. 기온 상승에 따라 피해 규모는 다르지나 홍수의 위험은 최대 50배까지 증가할 것으로 조사되었다. 하지만 북부지역만이아니라 남부지역에서도 이러한 국지성 호우가 발생하기도 한다. 그만큼 기후변화로 인한 국지성 호우가 브라질 전 지역에 위협적이다. 반대로 남부와 북서부 지역은 2019년부터 시작된 대가뭄이 닥쳤다. 특히, 브라질에서 주요 농작물을 생산하는 지역들은 대가뭄으로 인한 물 부족으로 더욱 어려움을 겪고 있다. 그중에서 파라나강 유역 도시의 피해가 가장 심각하다. 물이 급격히 줄어 어부들이 고기잡이를 포기하고 있으며 물류 운송과 수력발전도 커다란 차질을 빚고 있다. 또한 이러한 대가뭄이 먼지 폭풍의 한 종류인 '하부브'를 일으켰다. 이는 중동과 북아프리카에서 주로 발생하는 것으로 2021년 9월 26일 상파울루에서 고온건조한 기후가 계속되면서 하브브가 만들어졌고 시속 92㎞의 돌풍을 동반한 피해가 발생한 것이다. 이처럼 기후변화로 나타난 피해가 브라질을 강타했다. 국지성 호우와 극심한 대가뭄이 지역마다 다르게 발생하고 있다. 이는 브라질 국민과 다른 피조물들이 살아가는 데에도 영향을 받는다. 그러므로 선교를 통해 기후변화 대응력을 키울 수 있도록 협력해야 한다. 또한 극심한 홍수와 가뭄에 대응할 수 있는 시스템 정비를 위한 지원체계도 마련해야 한다. 특히, 홍수에 취약한 아마존강 유역을 철저히 대비해야 한다. 선교사역에 아마존강 유역을 집중하는 것도 하나의 방법이다. 넷째, 댐들의 문제이다. 이에 대해 2가지로 보고자 한다. 하나는 댐의 붕괴문제이고, 다음은 댐 건설로 인한 문제이다. 먼저 광산댐 붕괴 사고는 2019년 1월 25일 남동부 미나스제라이주, 브루마딩요시 페이정 광산 제1번 댐에서 발생했다. 이곳은 철광석 광산의 찌꺼기를 저장하는 댐이다. 하지만 붕괴가 되면서 저장돼 있던 토사가 쓰나미로 변해 순식간에 주변 지역을 덮쳤다. 사망 및 실종자는 300명에 가까울 정도였다. 이처럼 광산의 찌꺼기 저장을 위한 댐까지 지어놓을 정도로 환경문제에 대한 인식이 안일한 것으로 판단된다. 무분별한 광산의 확대로 인해 토양오염 및 산림의 황폐화 등이 발생하지 않도록 올바른 방향으로 잘 전달하는 것이 필요하다. 다음으로 물을 담는 댐의 건설이 땅을 잃게 하고 기후위기의 문제를 높이고 있다. 세계 3번째 규모인 벨루몬치댐의 경우 가동이 되면서 온실가스의 양이 약 3배가량 증가하였고, 그에 따라 희귀어류 80% 이상 사라질 확률이 높아졌다. 다만, 브라질 내 수많은 지역이 댐 건설 같은 사업에 혈안이 되지 않아야 한다. 개발과 자원채취 및 멸종위기(위협)종이 사라지는 것을 그냥 보지 않고 함께 해결해 나갈 방향을 제시해야 한다. 이 지역의 피해가 발생하면 전 세계의 지구 및 생태 시스템이 깨져버릴 수 있기 때문이다. 그러므로 우리는 기후위기와 생물 다양성을 위한 역할을 충실하고 함께 협력함이 뒷받침되어야 한다.

마지막으로 앞에서 본 것과 같이 환경오염과 문제로 어려움을 겪지만, 브라질 안에서 세계 생태도시(수도)라 불리는 곳이 있다. 그곳은 바로 '꾸리치바'이다. 꾸리치바는 처음부터 생태수도의 모습을 보였을까? 그렇지 않았다. 오히려 포르투갈에서 이주해 온 주민들이 금 채굴지로 도시를 건설하였으며, 공업화가 이어진 경제활동의 중심지였다. 하지만 1971년부터 1992년까지 무려 세 번이나 시장직을 연임한 자이메 레르네르가 이끄는 시 정부가 혁혁한 공을 세웠다. 도시계획과 환경 정비 등 많은 업적을 남겼다. 원래 차들이 다니던 도로 중 일부를 보행자 전용도로로 만들었는데, 현재는 꽃의 거리라는 이름으로 '약 1km 구간'을 보행자 전용도로로 만들었다. 사람을 우선하는 정책이다. 우리나라는 사람이 전용으로 다니는 도로가 없다. 거의 모든 지역은 인도라 해도 자전거, 오토바이 심지어 자동차가 난무한다. 반면에 꾸리치바는 획기적인 도시계획을 한 것이다. 그리고 우수한 교통정책도 만들었다. 도로체계를 삼중으로 만들어 급행버스를 위한 전용도로를 두고 양편에는 자동차도로와 그 옆에 일방통행도로를 두는 체계이다. 그리고 급행, 지역, 직통버스 등을 색깔로 구분하여 버스 간 원활히 환승이 가능하게 했다. 지금의 수많은 도시에서 행하는 버스 시스템을 90년대에 시작했다. 이러한 체계로 지하철은 없지만, 빠른 배차 간격과 속도로 운행하여 "땅 위의 지하철"이라고 평가를 받으며 자가용 교통량을 현저히 줄일 수 있었다. 그리고 쓰레기 처리 문제도 심각했다. 이를 해결하기 위해 녹색 전환(Green Exchange)을 추진하였다. 쿠리치바 강변에는 파벨라(브라질 대도시 주변 빈민가)가 많아 지형적 특성상 쓰레기 수거 차량이 접근하기 어려워 쓰레기가 쌓였다. 그 결과, 쥐나 파리가 질병을 옮겨 전염병이 자주 발생했다. 이를 해결하기 위해 민간업체에 맡기지 않고, 지역 사람들이 생활 쓰레기를 모아오면 쓰레기 수거량에 맞게 버스토큰이나 식품 주머니로 교환해 주는 구매 프로그램을 진행했다. 능동적인 재활용 정책을 추진한 것이다. 이를 통해 효과적인 쓰레기 처리가 이어졌다. 더불어 도심이 아닌 지역에서는 건물을 지을 때 주요 도로로부터 5m의 공간을 확보하고 나무를 심도록 하고 있으며, 홍수문제를 해결하기 위하여 하천과 인접한 공원을 개발하고 유수지 역할을 담당하는 호수를 조성한다. 이처럼 다양한 환경적인 부분들을 정책으로 잘 풀어나가서 꾸리치바를 살기 좋은 도시로 만들었다. 이러한 꾸리치바를 기억하고, 브라질에서 꾸리치바의 정책을 다른 곳에서도 실현될 수 있도록 협력하는 것이 필요하다. 또한 꾸리치바에서 선교사역을 감당할 때에는 부족한 환경정책에 대한 건의 등을 통해 협력할 수 있겠다. 더불어 환경친화적이고 지속 가능한 삶을 살아가는 모습을 보여주어야 한다. 이처럼 좋은 면과 좋지 않은 면이 곳곳에서 나타나는 브라질의 모습을 잊지 말고 선교할 때 잘 적용하면 좋겠다.

다음으로 파라과이이다. 파라과이의 자연과 환경 관련 내용은 많이 알려진 바 없다. 다만 파라과이강이 국토를 서부와 동부로 나누고 있고, 국토의 1/3이 열대지역이며 나머지 2/3가 온대지역인 아름답고 깨끗한 환경을 지녔다. 다만, 파라과이에는 수질오염의 대명사로 불리는 이파카라이 호수의 문제가 잘 알려져 있다. 2012년에 영국의 데일리메일에 의해 알려진 심각한 녹조현상은 인근 마을과 공장에서 흘러나온 폐수와 쓰레기로 인해 죽음의 호수가 되었다. 불과 40년 전 맑은 물과 아름다운 경관을 자랑했던 이파카라이 호수는 악취가 나고 탁한 녹색으로 변했고, 아름다운 풍경은 물고기 사체가 널려 있는 흉물스러운 곳이 되었다. 남조류로 인한 녹조현상이었다. 녹조류는 독소를 뿜어내기 때문에 물고기들이 집단으로 죽어서 썩어버렸다. 주민들조차 주변을 지날 때마다 무조건 마스크를 착용한다. 간, 신경계, 피부에 독이 되며 많은 양을 접촉한다면 치명적이다. 그래서 파라과이에서는 이타카라이 호수를 가장 오염된 호수로 지정하였고, 수영 금지 팻말이 앞에 세워져 있다. 지금은 하수 시스템을 설치하는 등으로 수질 개선에 나섰으나, 예전만큼의 물이 진한 초록색을 띄지 않을 뿐 깨끗했던 이전 상태로 돌아가는 것은 상당한 시간이 걸릴 것이다. 따라서 호수를 회복하고 개선해 나가기 위한 관리시스템과 호수정화사업을 위해 돕는다면 복음을 전하는데 힘이 될 것이다.

*서남아메리카

이 대륙에는 볼리비아, 에콰도르, 페루가 속해 있다. 먼저 볼리비아는 지리적으로 열대권에 속하지만, 저지대의 열대기후부터 안데스산맥의 극지 기후까지 다양한 기후패턴을 가진 나라이다. 다만, 계절적 변화는 상대적으로 적은 나라이기도 하다. 하지만 기후변화로 인해 지역적 특성이 달라지고 있다. 대표적으로 안데스산맥에 있는 만년설이 대부분 녹고 있다. 이로 인해 관개 및 전기와 물 공급에 차질이 생겼고, 수도 라파스 등 대도시에서는 자원의 상당 부분이 위협을 받고 있다. 특히, 기후위기 현상이 나타나 최근 최악의 가뭄이 발생하였고, 그 결과, 물 부족 사태가 심해지고 있다. 더불어 볼리비아에서 두 번째로 큰 푸포 호수는 기후변화에 따른 가뭄으로 인해 2015년 무렵 완전히 호수가 말라버렸다. 이는 볼리비아에서도 기후변화에 대한 위협이 급증하고 있다는 증거이다. 그 외에도 쓰레기 문제도 있다. 푸포 호수와 마찬가지로 극심한 가뭄이 이어져 호수의 물들이 급격히 줄어든 우루우루 호수는 호수의 최대치 대비 25~30%가량 줄었다. 이에 더하여 도시가 버린 쓰레기들과 공장 등에서 배출한 폐수 및 폐기물 등으로 인해 우루우루 호수도 죽어가고 있다. 페트병 등 플라스틱 및 그 외의 다양한 쓰레기들이 치워지지 않고 호수를 오염시키기 때문이다. 이러한 문제점들을 잘 인식하고 기후변화 대응이 적절하게 이루어질 수 있도록 협력하는 것이 중요하다. 최근에는 기후변화에 대한 위협이 급증하고 있으므로 더욱 그러하다. 그리고 기후변화에 대해 취약해 선교사를 파송할 때 환경에 관련된 전문지식을 가진 분들을 파송하는 것이 필요하겠다. 볼리비아를 사랑하고 마음 아파하고 돕는 일을 잘 실천하는 사역이 이어지길 바란다.

두 번째 나라는 에콰도르이다. 에콰도르는 그리 큰 나라는 아니다. 한국의 약 2.8배 크다. 하지만 기후는 고도에 따라 확연히 다른 특징을 지닌다. 태평양 연안 지역은 열대기후로 우기 때 비가 많이 내린다. 안데스 고지대는 온대기후로 건조하고, 안데스산맥 동쪽에 있는 아마존 분지는 열대 지대이다. 그만큼 다양한 기후적 특성이 공존하는 나라다. 그러다 보니 세계에서 생물다양성이 가장 풍부한 17개 나라 중 한 나라로 손꼽히며, 대륙에는 세계 조류 중 15%가 서식한다. 또한 아주 유명한 갈라파고스 제도에는 고유종 38종 이상이 살며, 유네스코가 지정한 세계문화유산이다. 그러다 보니 부정적 환경문제가 발생해 갈라파고스도 위험에 처해 있다. 이러한 자연문화유산을 소중히 여기고 보호해야 한다. 이러한 위험성을 인식하고 생물 다양성을 온전히 유지하기 위한 시스템과 정책 그리고 국민의 인식을 세우기 위하여 교육 및 정책이 세워지도록 도와야 한다. 특히, 안데스산맥에서 밀림, 바다, 갈라파고스 제도까지 다양한 자연환경을 가지고 있어 재규어, 맥, 개미핥기, 안경곰, 원숭이, 나무늘보, 앵무새, 벌새, 이구아나, 카이만악어, 거북, 물개, 상어, 돌고래, 군함조 등 다양한 야생생물들이 서식한다. 그러므로 이들을 향한 사랑의 마음을 품고, 함께 안식을 누리며 뛰노는 자유를 누릴 수 있도록 도와야 한다. 더불어 에콰도르도 마찬가지로 기후변화의 위협을 경험하고 있다. 특히, 아마존이 그러하다. 열대우림의 파괴로 인한 위협은 상당하다. 더불어 '검은 눈물의 아마존'이라는 별명도 붙어 있다. 1964년부터 1992년까지 석유 시추작업을 통해 석유를 얻었던 Texaco는 에콰도르의 수쿰비오스와 오레아나에서 시추작업을 하였고, 그 결과 석유가 유출되어 하천 및 토양오염이 심각해졌다. 가장 심각한 곳은 수쿰비오스의 라고 아고리오이다. 꽤 오래전에 발생한 석유유출 사건이므로 지금은 상당히 회복되었을 것으로 보이지만, 이러한 일이 다시는 벌어지지 않도록 환경정책과 감시가 제대로 되야야 한다. 또 화석연료보다 재생에너지를 집중하도록 해야 할 것이다.

마지막 나라는 페루이다. 이 나라의 환경문제는 다양하지만, 그중에서도 유명 관광지인 마추픽추의 오염이 심각하다. 이곳은 관광이 집중되면서 환경파괴가 발생하고 있으며, 이곳에 공항 건설문제로 상당한 논란과 분쟁이 있었다. 지금은 우리나라의 기술로 공항을 건설하고 있지만, 이것이 과연 옳은 일인지는 의문이다. 관광이 집중되면 환경파괴가 더 심각해질 수밖에 없다. 더불어 공항을 건설하는 것이 좋지 않은 지역에 건설하는 것은 올바른 일은 아니다. 하지만 건설되고 있고, 관광이 이어질 것이기에 지속 가능한 관광과 공항 건설로 인한 환경파괴가 발생하지 않도록 해야 한다. 또 다른 문제는 해양에 원유유출 사고가 계속 발생한다는 것이다. 해양생태계를 보호하고, 해안가에 사는 사람들을 위해서 원유유출 사고를 방지하는 것은 상당히 중요하다. 하지만 정유 공장이 들어서 있고 아마존 서부 정글에 천연가스와 석유 등 많은 화석연료 자원이 매장되어 있어서 더욱 큰 문제가 발생하고 있다. 페루 정부는 지속 가능한 관리를 한다고 밝혔지만, 지속 가능한 해안과 아마존에 시추작업 등을 계속 진행한다면 이 문제는 해결될 수 없다. 그리고 이러한 작업이 이어지면 수은오염 등 중금속 오염에도 노출될 수밖에 없어 아마존의 천혜의 자연과 피조물들이 위험해진다. 그러므로 페루 선교를 할 때 경제적인 측면보다 아마존 유역을 원시림 그대로 보존하고 이를 통해 얻게 되는 것들을 잘 전달하여 보존되도록 해야 한다.

*남아메리카

이 대륙에 속해 있는 나라는 아르헨티나, 우루과이, 칠레이다. 먼저 <u>아르헨티나</u>를 알아보자. 아르헨티나는 면적이 276만㎢로 세계 여덟 번째로 크며, 남미에서는 브라질 다음으로 큰 나라이다. 가장 큰 특징은 국토가 남북으로 넓게 뻗은 덕에 온갖 종류의 지형을 두루 갖고 있다는 것이다. 특히, 열대우림과 빙하를 동시에 갖추고 있는 몇 안 되는 나라이다. 밀림은 북부 후후이, 미시오네스, 이과수 지역에 존재하며, 빙하는 남부 파타고니아와 티에라델푸에고 지역에 드문드문 존재한다. 또한 국토 대부분이 사막과 같은 건조지역과 초원으로 이루어져 있다. 세계 3대 폭포인 이과수폭포와 서쪽에 안데스산맥이 있으며, 남미에서 가장 높은 산인 아콩가과산(해발6,961m)도 있다. 다만 일본과 함께 지진이 자주 발생하는 지역이며, 실제로 큰 피해를 입기도 한다. 그렇다면, 아르헨티나에서 나타나고 있는 환경문제는 어떤 것이 있을까? 먼저 산업폐수 및 폐기물 오염이 심각하다. 토양에 유출되기도 하지만 무엇보다 호수 및 지하수 등에 유출된다. 대표적인 사례로 후부트 주에 있는 코르포 호수는 폐기물이 배출되어 아황산나트륨이 호수를 핑크색으로 변화시켰다. 이 사건은 색깔만 변화된 것이 아니라, 인근 지역의 환경과 주민들을 중독시킬 위험성이 크다. 그만큼 폐기물 처리와 수질 개선을 위한 대책이 필요하다. 그러므로 선교를 통해 폐기물 처리 능력을 키워주는 역할을 하면 좋겠다. 두 번째로 농업에 관한 문제이다. 농업이 성행하고 있는 아르헨티나에서는 과다한 농약 사용에 대한 문제가 이슈로 떠올랐다. 특히, GMO콩 재배를 위해 농약을 많이 사용한다. 아무런 규제가 없기 때문이다. 그 결과 암 발생률이 2~3배가량 급증하기도 했다. 그러므로 우리는 선교를 통해 농약에 치우쳐 있는 농가들에 필요한 음식물과 식수를 제공하고, 농약으로 인한 땅의 오염과 수확량의 변화를 잘 알려 유기농 및 영속농업으로 농법을 바꿔 하나님이 만드신 아름다운 세상을 세워나갈 수 있도록 도와야 한다. 세 번째로 열대우림과 빙하를 보전하기 위한 노력이 필요하다. 아마존 열대우림은 앞에서 설명하였듯이 기후변화를 심화시키고 있으며, 무분별한 벌목과 개발, 시추작업 등으로 인해 환경파괴가 발생하고 있다. 그러므로 열대우림을 온전히 유지하고 다양한 생물들이 잘 지낼 수 있도록 협력해야 한다. 그러기 위해 재정적 뒷받침을 하도록 많은 나라가 협력해야 할 것이다. 또한 지구온난화가 심해지면서 파타고니아 등에 있는 빙하들이 점점 사라지고 있다. 그뿐 아니라, 수력발전소와 빙하보존의 방향성에 대한 대립으로 인해 산타크루즈 강에 수력발전소를 세우는 것과 근처에 있는 페리트 모레노 빙하를 보존하는 것에 대한 대립이 심화되고 있다. 다만 수력발전은 산을 깎거나 마을을 없애고 물을 받아야 하는 환경친화적인 발전 시스템이 아니다. 그런데 아르헨티나에서는 빙하와 연결된 경우가 많아 빙하를 사라지게 할 수도 있다. 그러므로 수력발전보다는 빙하를 보존하는 것이 무엇보다 우선 되어야 한다. 수력발전은 토양생태계도 무너뜨린다. 그러므로 올바른 지혜를 가지고 빙하를 보존하고, 신재생에너지 사업도 확장시켜 나갈 수 있기를 바란다. 그리고 선교를 통해 잘 유지되었던 열대우림 지대와 빙하 그리고 다양한 장소와 공간들을 균형 및 유지해 나갈 수 있도록 하나님께 간구하고 도와야겠다. 그럴 때, 복음의 문이 열릴 것이다.

두 번째 나라는 <u>우루과이</u>이다. 이 나라는 온난한 기후를 가지고 있는 살기 좋은 나라이다. 그리고 농업이 주된 산업으로 농업으로 국토의 85%를 사용한다. 그중에서도 목축업이 전국적으로 광범위하게 발달이 되어 있다. 목축업을 공장식 축산으로 키우지 않고 무선자동인식장치를 달아서 생육 과정에서 소비자 식탁 정보까지 제공한다. 더불어 가축 사육 환경 개선을 위해 천연자원 관리, 윤작, 지속 가능한 생산 및 토양 관리를 위한 일련의 조치들을 수반하고 있다. 목축업만 하는 곳도 있지만, 곡물 및 사료작물 재배와 병행하는 곳이 많다. 이는 하나님이 창조하신 섭리에 가까운 목축업이라 하겠다. 다만, 선교사역을 통해서 조금 더 창조 섭리에 따라 소가 사료보다는 짚 등 주식을 먹을 수 있도록 하고 방목하며 다른 농작물과 함께 살아갈 수 있는 환경을 조성하면 좋겠다. 다음으로 기후변화 대응에도 앞장 서 있는 나라이다. 2016년 기준으로 전체 전력 3,033MW 중 94.5%를 신재생에너지로 발전하고 있다. 물론 거기에는 수력, 바이오매스, 태양열, 풍력 등이 모두 포함된다. 큰 안목에서 볼 때, 기후변화를 대응의 노력을 끊이지 않게 하는 나라이다. 또한 조림사업도 진행한다. 약 150만ha 정도의 숲을 조성하여 기후위기에 대응하려고 노력한다. 이는 우루과이도 기후위기에 피해를 보고 있는 당사국이자, 이 위협은 누구에게나 언제라도 영향을 받음을 알았기 때문이다.

그러므로 선교를 할 때 기후변화 대응에 맞게 전략을 세우고 수정해야 할 것이며, 플라스틱 및 비닐 사용을 금지하는 것도 중요한 부분이 되겠다.

세 번째 나라는 칠레이다. 이 지역의 환경문제는 무엇이 있을까? 가장 먼저 오존층 파괴의 위협에 많이 노출된 나라이다. 남극과 가까이 있는 칠레는 뉴질랜드와 더불어 자외선 노출의 영향을 많이 받는다. 특히, 2000년대 초반에는 낮에 외출금지령이 발효될 정도로 위험했다. 다만 최근 오존층이 다시 조금씩 회복되고 있다. 그러나 지금도 전 세계가 모두 자외선 노출에 영향을 받고 있고, 또한 위협적이라고 생각하는 사람들이 많다. 그러므로 칠레에서의 선교를 통해 자외선을 최소화하는 방안을 연구하고 지원해야 한다. 둘째로 자연재해가 극심한 지역이다. 환태평양 지진대에 걸쳐 있는 칠레는 지진 및 화산폭발 등의 위협에 노출되어 있다. 1900년 이후 관측기록 사상 최대 규모의 지진인 1960년 발비디아 대지진이 일어나기도 했다. 2008년 차이텐 화산이 폭발해서 근접 마을주민이 대피하는 소동도 벌어졌다. 그리고 2010년 광산 붕괴로 33명의 광부가 갇히게 된 매몰사건도 있다. 그만큼 지진과 화산폭발 등 자연재해에 커다란 영향을 받는 나라임을 잊지 말아야 한다. 특히, 선교사역을 감당할 때에 안전에 유의하며 건축 및 토목과 관련된 전문기술자들을 통해 지진과 화산의 영향에 최소화될 방법을 찾는 것이 필요하다. 셋째로 기후위기에 대한 영향을 받고 있다. 실제로 2015년 슈퍼 엘리뇨가 닥쳤을 때 거대한 폭우로 인한 홍수로 약 1만 6천여 명의 이재민이 발생했다. 더불어 국지성 호우와 같은 물 폭탄이 곳곳에서 발생하고 있다. 그만큼 기후는 안정적이지 못하고, 변화의 예측이 어려워 위기가 찾아왔다. 그래서 칠레 정부는 에너지 산업에서 친환경 에너지라 말할 수 있는 재생에너지에 적극적으로 실천해 나가고 있다. 그 결과 전체 전력 3,033MW의 에너지 중에서 94.5%가 수력, 바이오매스, 태양열, 풍력 등을 적용해 기후변화 대응에 노력하고 있다. 이는 화석에너지보다 신재생에너지로의 적응에 대해 확실히 인지할 필요성이 있으며, 환경적인 측면에서 볼 때 어려운 칠레 시민을 돕는 역할을 감당해야 한다. 또 에너지발전에만 몰두하지 말고 정말 다양한 적용 및 업사이클링 등을 통해 함께해야 한다. 올해부터 다시 시작된 엘리뇨 현상이 나타나고 위협적인 상황으로 번질 가능성이 크므로 충분한 쉼과 안식이 필요하다. 기후위기를 막고 함께 쉼을 누릴 수 있도록 도와야 한다. 마지막으로 헌 옷과 같은 폐기물들이 곳곳을 뒤덮고 있다. 아시아에서 중국과 동남아시아가 옷들을 수입하는 것처럼 남아메리카에서는 칠레가 제일 큰 중고의류 수입국이다. 무려 연간 6만 톤의 헌 옷이 칠레에 모인다. 하지만 이 중에서 15%가량만 되팔릴 뿐 절반 이상이 버려져 불법 매립되고 있다. 이러한 불법매립과 소각은 수많은 환경오염을 일으킨다. 칠레 사막에 불법매립이 되어 사막의 생물 다양성도 위협받고 있다. 더불어 토양과 수질이 오염되고 있다. 또 지역 주민의 건강도 위협한다. 불법매립을 막기 위해서는 소각을 해야 한다. 하지만 소각은 심각한 대기오염을 유발하고, 사람들에게 악영향을 끼친다. 더불어 폴리에틸렌과 같은 화학 섬유들이 패스트패션 옷의 대부분을 차지하고 있으므로 미세플라스틱이 배출되고 그로 인한 피해가 더 심화될 수 있다. 옷은 만드는 과정에서부터 폐기물로 배출되어 사라질 때까지 수많은 환경오염 인자를 가진다. 그러므로 옷을 조금 구매하고 재사용하는 것이 필요하다.

그렇다면 칠레의 이러한 상황을 선교사역을 통해 어떻게 감당해야 할까? 먼저는 수입되어 온 중고의류를 불법매립이 되지 않도록 철저한 시스템이 세워지도록 도와야 한다. 그리고 중고의류들이 다시 사용될 수 있도록 도와야 한다. 업사이클링이 되도록 사업가를 돕고 재능이 있는 청년들을 세워 지속 가능한 의류의 사용이 되도록 지원해야 한다. 그리고 지속 가능한 삶과 개발에 대한 교육이 이루어지도록 한다. 또 버려지게 될 중고의류 등을 지원해 재능을 발휘할 수 있도록 하는 지원 사업을 하면 어떨까? 더불어 매립 및 소각 등에 대한 위협요인을 파악하고 폐기물 처리시스템이 세워질 수 있게 해야 한다. 이처럼 방향을 생각하고 협력하는 사역이 이루어지도록 하자.

우리는 지금까지 남아메리카의 나라들의 환경문제와 상황들을 토대로 선교전략을 생각해 본다. 첫째, 남아메리카의 수많은 나라는 환경 관련 사회적 갈등이 많다. 아마존 열대우림 등 다양한 생태적 자원이 넘쳐흐르는 땅이기 때문이다. 특히, 다국적 자원개발기업—광산업, 농업, 벌목 사업 투자자들—이 남아메리카의 수많은 지역에 들어와 투자하고 있다. 그와는 반대로 환경을 지키려는 원주민과 지역 주민과의 관계 속에서 갈등이 심하다. 물론 이러한 갈등은 남미에서만이 아니라 다른 대륙에서도 마찬가지이다. 다만 남미는 더욱 심하다. 광물이 풍부한 광물 부국을 중심으로 발생하는데 그 가운데에는 칠레, 브라질, 페루(원유 시추), 멕시코, 볼리비아 등이 있다. 이곳들이 많이 개발되면서 더욱 심해지고 있다. 특히, 토양오염과 수질오염이 극심해지고 있으며, 개발이익을 배제하는 등으로 논란이 더욱 커진다. 이러한 일들에 반대하는 수많은 환경운동가가 살해 위협을 받고 피해를 받기도 한다. 이러한 상황을 잘 기억하고, 각 나라의 정부가 환경보호와 자원개발을 잘 계획해서 환경오염의 폐허로 이어지지 않도록 중재해야 한다. 그러므로 선교사역을 통해 돈보다 더 중요한 부분을 알리고, 함께 공존하며 공생할 수 있는 사회로 만들어 나아가도록 노력하자. 둘째, 지구의 허파라고 불리는 아마존 열대우림의 파괴가 지속적으로 심각해지고 있다. 아마존 열대우림은 베네수엘라, 콜롬비아, 브라질, 에콰도르, 아르헨티나 등 수많은 남아메리카 국가의 영토에 속해 있다. 그만큼 크다는 이야기이며, 지구의 허파라고 불릴 정도로 우리에게 반드시 필요하다. 그러나 이 지역에 삼림벌채가 심각할 정도이다. 나라들이 묵인해주거나, 불법적으로 벌채를 감행해 이익을 얻으려는 사람들이 많기 때문이다. 뿐만 아니라, 팜유 농장과 같은 농업 관련 공장들을 세우고, 다양한 공장들을 만들기 위해 불법적으로 벌목하거나 산불을 내는 경우가 많다. 산불로 나무가 사라지는 숲에 공장을 만들려는 목적 때문이다. 그만큼 아마존 열대우림은 심각하리만큼 파괴되고 있다. 이를 해결하기 위해서 전 세계가 함께 협력해야 한다. 아마존을 끼고 있는 나라들은 보호만 한다면 경제적으로 어려움이 예상된다. 그러므로 아마존을 보호하는 것과 동시에, 사회적·경제적 이득을 지원하는 것이 필요하다. 또한 각 나라의 국민이 아마존 보호의 중요성을 인식하고 기업이나 불법 벌채하는 이들을 주시하고 잘못 행하지 못하도록 막아서는 역할을 해야 할 것이다. 그래서 교육이 필요하다. 환경보호의 중요성과 아마존의 필요성을 온전히 전달하고 교육하는 사역을 적용한다면 좋겠다. 따라서 아마존 열대우림을 보호하고 함께 상생하는 땅이 되기를 기도한다. 셋째, 그랜드 차코(Chocó)가 생물 다양성을 높게 나타나고 남미지역에서 마지막 남은 농업개발이 가능한 지역이다. 그렇지만 광산개발, 산림벌채, 종의 불법 상업화 등의 원인으로 파괴가 자행되고 있다. 이 지역은 매일 1,130ha의 산림이 파괴되고 있으며, 농업으로 인한 산림파괴가 가히 심각할 정도다. 이 지역으로 분류되는 남미의 지역들(콜롬비아, 에콰도르, 파나마, 아르헨티나 등)을 보면 남아메리카 전체에서 상당히 중요한 생물자연보존지대라 할 수 있다. 이 지역은 남아메리카에서 가장 큰 건조산림지대이며, 다양한 식생의 형태를 보이는데 넓은 평원지대와 늪지대, 건조지대 및 우기시 침수가 되는 사바나지역, 저지대, 염류가 많은 평지로 구성되어 있다. 그래서 교목림 및 관목림 그리고 건조림 등 다양한 나무들이 살아가는 공간이다. 하지만 이 지역은 환경적 위협을 갖는다. 그 원인은 목초지 구성을 위한 개발 작업이 꾸준히 진행되고 있기 때문이다. 앞에서 언급한 것처럼 매일 1,130ha 가량 벌채되고 있다. 그리고 국제적인 거래를 위한 상업농이 늘고 있으며, 지역원주민에 의한 화전농업이 활발히 이루어지고 있다. 그 결과, 산불 등으로 사라질 기에 놓였다. 또한 다른 지역에 비해 저렴한 토지가격과 국제적인 관심과 재정지원의 부족으로 무방비상태로 벌채되고 있다고 해도 과언이 아니다. 물론 아마존 열대우림보다는 규모 면에서는 작은 것은 분명하나, 이 지역도 생물 다양성이 아주 풍부하고, 세계에서 가장 풍부한 자연공간이라는 이야기도 들린다. 그렇기 때문에 이 지역을 보존하기 위한 노력이 시작되어야 할 시점이다. 특히, 생태계 파괴가 25%나 이를 정도로 심각하므로 남미 선교사역을 감당하는 선교사들의 협력과 도움이 중요하다. 아직 많이 개발되지 않은 지역이면서도 기후변화와 다양한 환경문제로 어려움을 겪고 있는 이곳을 위해 기도하고 협력하는 손길이 계속 이어지길 바란다.

대륙별 환경선교 이야기5. 아프리카
―사막화/생물다양성 문제, 환경관리역량 부족(환경법 등), 물 분쟁 그리고 인구증가로 인한 환경위협

극심한 영양실조와 물 공급이 어려워 수인성 질병에 노출이 심한 대륙! 그리고 극심한 가뭄과 사막화로 인해 더 큰 위험에 노출된 지역이라는 생각이 든다. 하지만 이 문제가 과연 그들의 문제일까? 그리고 진짜 아프리카 대륙은 그러한 환경적 모습만 보일까? 우리는 이에 대해 정확히 알아보고 진정으로 하나님이 만드신 아프리카 대륙에 대해 환경 사역을 통해 도울 수 있는 길을 열어보고자 한다. 아프리카 대륙은 크게 9개의 소대륙으로 구분된다. 서북아프리카, 북아프리카, 동아프리카, 동남아프리카, 남아프리카, 서남아프리카, 중앙아프리카, 서아프리카 등이다.

*서북아프리카

이 대륙은 모로코, 서사하라, 알제리, 튀니지가 속해 있다. 먼저 모로코이다. 이 나라는 이슬람이 국교이다. 그리고 기독교인은 0.01%에 불과한 불모지라고 할 수 있다. 그런데 환경오염과 파괴는 극심한 수준이다. 기후변화로 인한 극심한 가뭄 등이 벌어져 꿀벌들이 사라지고 있다. 이는 모로코만이 아니라, 미국이나 한국 등 다양한 국가에서도 나타나는 현상이다. 개인의 노력만으론 역부족인 이 현상을 위해 기후변화에 적극적으로 대응해야 한다. 그래서 모로코는 태양열 도시로 탈바꿈하기 위해 노력하고 있다. 2015년 11월 Noor1 500만대의 태양광을 설치해 수도의 필요 전력을 모두 조달했다. 하지만 이러한 노력은 완벽히 이루어지지 않았다. 다만 기후변화에 대응하려는 노력은 무시하지 못할 것이다. 그렇기 때문에 선교사역을 하려면 태양광 지원 사업 등으로 시작하면 좋을 듯하다. 또한 모로코는 폐건전지와 배터리에서 추출된 납 제품의 수출을 제한한다. 모로코에서 많이 하는 사업 중 하나인 배터리 및 건전지 재활용 사업에 빨간불이 켜진 것이다. 다만, 납 제품을 수출하는 과정이 야외나 화덕에서 태우는 일들을 통해 얻기 때문에 심각한 대기오염을 초래한다. 이러한 제한이 잘 세워지도록 협력하고, 납 제품 수출보다 더욱 도움이 되는 사업을 열어주는 역할을 감당한다면 좋겠다. 마지막으로 천연가죽 염색으로 유명한 나라이다. 특히, 페즈라는 도시는 명품가방에 사용되는 가죽을 판매하는 유망한 도시인데, 그 이면에는 심각한 환경오염이 있다. 염색방법은 소와 비둘기 등의 배설물과 샤프란 같은 천연가죽 재료로 이용한다. 다만, 작업자들이 염색통에 직접 들어가 일하기 때문에 독이 오르는 경우는 다반사이다. 그리고 더 큰 문제는 심각한 강의 오염이다. 끊임이 없는 염색약이 들어와 강의 자연정화능력이 사라져 버렸다. 가죽잔해 등이 버려지기 때문이다. 크롬 정화시설 등을 만들어 회복하지만, 이러한 수질오염을 회복하고 지속 가능한 천연가죽을 만들어 수출하기 위해서는 친환경적인 방법과 오염된 물을 정화시키고 배출하는 시스템이 온전히 세워져야 할 것이다. 그러므로 선교사역을 할 때 수질 전문가를 초빙하거나 도움을 받아 협력하는 것이 필요할 것이다.

두 번째 나라는 서사하라이다. 이 나라는 과거 모로코와 모리타니가 분할 통치한 지역이다. 그 이전에는 1975년까지 스페인의 식민지였다. 지금은 분할 통치에 반발한 서사하라 원주민 샤하라위족 반군 단체에 의해 국가 간 갈등이 최고조에 있다. 특히, 모리타니는 분할 통치를 포기했으나, 모로코는 현재까지 분할 통치를 함으로써 갈등이 심화되고 있다. 그러므로 서사하라 지역은 환경문제에 대해 적극적으로 대응하기 어려울 뿐 아니라, 사헬지대의 서쪽 끝부분이라 사막화가 심화되는 가운데서도 이러한 문제들을 적극적으로 대응하지 못하고 있는 이유이다. 그러므로 서사하라와 모로코 그리고 그 안에서 분쟁에 관여하고 있는 알제리까지 서로 불편한 관계가 되지 않고 내전이 발생하지 않도록 간절한 기도와 협력이 필요하다. 또한 안보가 불안한 상황이지만, 극심한 기후위기로 나타나는 가뭄과 사막화에 대해 적극적으로 대응하고 환경오염에 대응할 수 있는 정책과 제어공학 시스템을 잘 정비할 수 있도록 도울 수 있다면 좋을 것이다. 이 지역의 분쟁을 온전히 주님께 맡기며, 환경문제도 함께 협력할 수 있기를 바란다.

세 번째 나라는 알제리이다. 알제리는 에티오피아 등과 함께 숲이 사라지고 사막화가 심각하게 발생한 곳이다. 이는 지구온난화의 영향이다. 즉, 극심한 가뭄에 물이 부족하고 흉년이 반복되면서 사람들이 기아에 시달리고 있다. 사막화가 심해져 아프리카 20여 개 국가가 사하라사막 남쪽 지역에 거대한 숲의 장벽을 만들어 해결해 보기로 합의하였다. 그만큼 알제리 또한 숲이 사라지고 사막화가 심해지고 말았다. 우리는 비단 아마존이나 인도네시아와 콩고강 열대우림만 사라진다고 느끼지만 그렇지 않다. 생각보다 많은 숲이 사라지고 있다. 알제리의 숲도 보호하고 사막화를 막는 계획을 세워 협력하는 일을 한다면 선교사역의 한 중심축이 되지 않을까? 다음으로 지구온난화로 인한 극심한 가뭄과 산불이 발생하고 있다. 특히, 지난 2022년 8월 유네스코 지정 생물권보존지역인 엘칼라 국립공원이 산불로 인해 큰 피해를 보았다. 8월 17일에 발생한 산불로 인해 엘칼리 국립공원의 1만ha가 파괴되었다. 다만, 이 지역은 바다와 사구, 호수, 숲 생태계의 집성체인 곳이다. 그만큼 생물 다양성이 뛰어난 지역이라는 의미이다. 이 산불로 인해 생물권보전지역의 10%가 불에 탔다. 아주 심각한 상태다. 이는 마치 제주도의 10%가 불타서 위협을 받았다는 의미와 비슷할 것이다. 따라서 지구온난화로 인한 재난과 폐해는 계속 발생하므로 선교를 통해 환경교육을 하고, 진정한 안식을 누리며 기후위기를 잘 대응하는 능력을 잘 전달하는 사역도 감당해야 한다.

마지막 나라는 튀니지이다. 이 나라는 지중해성 기후를 띄고 있으며, 여름에는 덥고 겨울에는 온화하고 자주 비가 내린다. 북아프리카에 있어 많이 덥지는 않지만, 여름에는 40℃ 이상으로 올라갈 때도 있고, 겨울에는 6~7℃까지 내려가기도 한다. 튀니지는 폐기물 처리가 제대로 이루어지지 않아 토양과 수질오염에 위협을 받고 있다. 특히, 이곳에 설립된 여러 다국적기업이 배출한 폐기물들은 더 어려움을 겪게 한다. 그러므로 폐기물 처리시스템과 법안이 제대로 마련되고 그 안에서 관리 감독이 잘 이루어져야 할 것이다. 폐기물 처리에 효과를 가지고 경험을 쌓은 우리나라에서 도우면 좋겠다. 또한 수도 튀니스 중심부에 있는 광활한 습지인 시쥬미 석호가 있다. 이는 서울에 한강이 있는 것과 마찬가지로 상당히 중요한 역할을 한다. 이 석호는 튀니스에 사는 사람들에게 물 공급 등 다양한 이득을 얻게 하며, 홍학을 비롯해 100종에 가까운 10만 마리 이상의 새들이 겨울을 보낼 정도로 생태적으로 매우 중요한 곳이다. 하지만 이 석호 주변에 튀니스 인구의 48%가 집중되어 있다 보니 급속한 도시화가 진행되면서 석호의 생태계 파괴가 현실로 다가왔다. 건물이 들어서고 콘크리트 제방이 설치되었고 갯벌이 파괴되는 등 안타까운 현상이 드러났다. 이 문제를 해결하기 위해 '재생을 위한 프로젝트'가 진행 중이다. 하지만 환경단체가 정부안에 따르면 석호가 너무 깊어진다며 반대한다. 이러한 상황을 잘 이해하고 수질과 하천 그리고 호수 전문가들이 힘을 합쳐 올바른 방향으로 계획을 세우고 복원하는 일이 잘 진행되길 바란다. 이를 위해 이 분야의 전문가들이 선교사역으로 튀니지에 와서 함께 협력한다면 도움이 되지 않을까? 이렇게 서북아프리카의 네 나라에 대한 환경문제와 상황에 대해 생각해 보고 나아갈 방향을 제시해 보았다.

*북아프리카

이곳에는 리비아, 이집트, 수단공화국이 있다. 가장 먼저 리비아다. 리비아 대부분이 사막으로 구성되어 있어 아주 건조하다. 다만 바다에 면한 북쪽 지방은 온화한 지중해성 기후를 띤다. 수도 트리폴리에만 연간 300mm 정도의 비가 내릴 뿐 해안에서 멀어질수록 불모의 산지나 대지다. 이러한 리비아의 지리적 특성이 기후변화로 심해지고 있다. 사하라 사막의 북동쪽 부분에 자리한 리비아사막(사하라사막의 한 부분)은 확대되고 있다. 특히 살 공간이 많지 않은 리비아 지역에서 더욱 큰 위협이다. 선교를 통해 사막화 현상을 막을 방안을 마련하고, 살아갈 여건을 위해 기도로 지원해야 한다. 또한 리비아사막에서 창조 영성을 통해 하나님의 음성을 듣고, 이 세상을 향한 하나님의 뜻을 온전히 깨달아야 할 것이다.

두 번째 나라는 이집트다. 이집트는 거의 모든 지역이 사막으로 구성되어 있어 사막 기후를 띤다. 알렉산드리아(연간 200mm 정도의 강우량)의 경우만 제외하면, 사하라사막의 영향을 받아 강우량이 거의 없다. 나일강 계곡이나 저지대 이외의 지역에서는 자연림을 쉽게 찾아볼 수 없다. 그래서 물이 아주 귀한 나라다. 하지만 문제는 나일강의 오염이 심각하다는 것이다. 특히, 카이로의 서쪽 기자지역에 도심 곳곳을 거미줄로 연결하던 수로가 쓰레기로 뒤덮여 있다. 수로 한편에 몰려 있는 카이로 시내의 헬르완 공업 지구에서는 공장 굴뚝에서 내뿜는 검은 연기가 주변을 뿌옇게 변색시켰다. 수로 한편엔 주변 공장에서 흘러든 폐수가 끊임없이 쏟아지고 있다. 대부분 국민들이 농사로 살아가는데 화학비료와 농약 잔류물이 나일강에 흘러 들어가고 있다. 다양한 쓰레기 문제, 화학비료와 농약 잔류물 등이 문제의 원인이다. 이러한 나일강의 오염은 식수문제와 수인성 질병 노출로 이어진다. 환경선교를 위해 나일강을 깨끗이 정화하고, 환경전문가들의 연구와 노력으로 모두가 함께 살아가는 공간이 되도록 협력해야 한다. 이러한 문제를 해결하기 위해서는 시민들의 공감과 참여가 절실하다.

다음으로 세 번째 나라는 수단공화국이다. 수단공화국은 앞에서 언급한 것과 같이 사헬지대의 특성을 그대로 가진 나라다. 즉, 사막화가 아주 심각하다. 특히, 나일강 부근에 지나친 경작으로 인해 토양이 황폐되었고, 토양침식으로 이어지고 있다. 세상은 쉼이 필요하다. 하나님께서 안식년을 주신 이유다. 지나친 경작으로 사용된 농약과 화학비료는 쉽게 돌이킬 수 없는 황폐한 땅을 만들었다. 모든 사람이 살아갈 수 있는 환경을 조성하기 위해서는 반드시 영속농업과 같은 친환경 농법의 전수와 기후변화 대응이 필요하다. 또, 이 나라는 수도 시스템이 제대로 정비되어 있지 않다. 비가 조금만 내려도 홍수가 나고 큰 피해를 야기한다. 특히, 남쪽 지역이 열대우림으로 변하면서 강우량이 많아지고 기온도 높아지고 있다. 이는 홍수의 위협이 높다는 의미다. 그러므로 하수관 개량을 지원하는 노력이 중요하다.

*동북아프리카

이 지역은 에리트레아, 지부티, 소말리아, 에티오피아가 포함되어 있다. 먼저 에리트레아다. 에리트레아는 에티오피아 북부에 있으며, 분리·독립을 강력하게 주장하여 무력투쟁으로 세운 나라이다. 지금까지도 내전의 위험이 있다. 내전의 원인은 극심한 가뭄으로 인한 영양실조다. 사헬 지대에 사막화 현상이 두드러지며 기온이 급상승하는 중이다. 선교적 차원으로 식용할 수 있는 물을 마실 수 있게 하는 라이프 스트로우 등을 지원하고, 음식을 먹을 수 있도록 농법 개발 및 지원이 필요하다.

두 번째 나라는 지부티다. 이 나라는 홍해의 출입구인 좁은 해협을 사이에 두고 예멘과 마주 보고 있다. 기온이 높고 건조한 기후이며, 일부 산지대는 선선한 지역도 있다. 하지만 기후변화가 이를 망쳐놓았다. 극심한 가뭄과 홍수로 식량난이 심각해졌다. 이로 인해 기후변화로 가장 큰 피해를 받는 10개국 중 하나로 선정됐다. 기후변화에 대응하는 지원체계가 필요하고, 도움이 절실하다. 식량도 필요하지만, 사막화를 막아낼 수 있는 지혜도 요구된다.

세 번째 나라는 소말리아다. 이 나라는 세계에서 가장 오염된 나라이자 영양실조가 심각한 나라다. 이는 환경성과지수로 나타나며, 2014년 기준으로 세계 최하위를 기록했다. 그러나 그 이후가 더 심하다. 기후변화의 재앙과 더불어 분쟁이 계속되고 있다. 수년째 우기에도 비가 충분히 내리지 않고 있다. 극심한 가뭄, 영양실조와 전염병 창궐 등이 발생하고 있다. 또, 메뚜기들이 먹을 게 없어 떼로 소말리아를 황폐하게 했다. 그 결과, 소말리아 해적이 발생했다. 먹을 것을 찾기 위한 최후 수단이다. 물이 제대로 정수되지 않아 수인성 질병에 쉽게 노출되고, 하루 평균 117명이 사망한다. 소말리아는 이슬람교 수니파에 속해 있는 지역으로 복음을 전하는 것이 어렵다. 그러나 기후변화 대응 및 적응을 지원하고, 수인성 질병의 노출에서 안전할 수 있도록 라이프 스트로우나 상하수도 정화처리 시설 등을 지원한다면 도움이 되겠다. 또한 과도한 방목을 하는 특성을 가져서 사막화 현상 등이 두드러지게 발생하고 있는데, 환경교육을 진행하여 가축을 어떻게 키워야 하는지 알려야 하며, 더불어 미래세대(청소년 등)가 꿈을 꾸고 공부할 수 있도록 도와야 한다.

마지막으로 에티오피아이다. 이 나라의 가장 큰 문제는 내전과 기후위기다. 이는 앞에서 언급한 동북아프리카 대륙의 나라들과 비슷하다. 특히, 극심한 가뭄과 폭우는 계속 발생한다. 기상이변으로 6~8월 우기 이후 9월부터 이듬해 5월까지 이어지는 극심한 가뭄은 농업환경에 나쁘다. 수확 자체가 어렵다는 의미이기도 하다. 이는 영양실조와 심각한 물 부족으로 이어진다. 1인당 하루 사용하는 물의 양이 약 5ℓ에 불과하다. 우리나라 국민과 비교하면 엄청난 차이다. 우리나라의 경우, 1인당 약 346ℓ의 물을 사용한다. 더심한 것은 이 5ℓ의 물도 대부분 깨끗한 물이 아니라, 오염된 식수라 수인성 질병에 노출된다. 쓰레기 문제도 심각하다. 2017년 수도 아디스아바바에서 쓰레기 산사태가 발생해 최소 62명이 사망하고 30가구가 파묻히는 사건이 발생했다. 이는 쓰레기 관리시스템을 제대로 설치하지 않았다는 의미다. 그러므로 에티오피아를 위한 사역을 할 때, 내전이 일어나지 않도록 농업환경을 잘 구성해야 하며, 극심한 가뭄과 생산량의 급감을 해결해야 할 것이다. 우물 사업이나 빗물저장 탱크를 지원하는 사업을 토대로 식수 및 상·하수도 시스템을 정비할 수 있도록 도와야 한다. 더불어 쓰레기 문제도 주민에게 상당한 영향을 주므로 정책을 세우고 쓰레기를 잘 처리하도록 해야 한다.

*동아프리카

이 지역은 남수단, 우간다, 르완다, 부룬디, 케냐, 탄자니아, 세이셸이 있다. 먼저 남수단이다. 남수단은 수단에서 분리 독립된 나라로 수단 남쪽에 있다. 원래 수단이 소유했던 비옥한 지역을 남수단이 90% 이상 소유하게 되었고 그로 인해 수단의 대부분 지역이 사막지대가 되었다. 국토가 정글, 늪, 초원지대로 이루어져 있다. 하지만 이곳에도 극심한 기후위기 현상이 나타난다. 지난 2021년까지만 해도 극심한 가뭄으로 식량 불안이 발생했다. 2022년에는 수십 년 만에 발생한 최악의 홍수로 83만 5천여 명 이상의 사람들이 큰 피해를 받았다. 비옥한 지역이 점차 사막화로 변해가고, 식량 불안과 기후위기 위협이 계속 발생하고 있다. 사람들이 안전하고, 환경이 잘 유지되며, 환경문제가 발생하지 않길 바란다.

두 번째 나라는 우간다다. 우간다는 세계에서 몇 안 되는 플라스틱 백 사용 및 판매를 금지한 나라다. 하지만 환경정책 상황은 그리 좋지 않다. 수도 캄팔라는 하루 기준치를 훨씬 뛰어넘는 미세먼지가 발생하고, 자동차 배기가스와 도시의 대기오염, 사막화가 안 좋은 영향을 주고 있다. 캄팔라는 아프리카에서 두 번째로 대기오염이 심각하다. 이를 해소하고자 15년 이상이 된 차량 수입을 금지하고 5년 이상 된 차량 소유자에게는 환경세를 지불한다. 그러나 걷거나 대중교통을 이용하라는 것은 쉬운 일이 아니다. 걷거나 대중교통을 이용하는 대부분은 노동자 계층과 관련 있다. 종종 도시의 부유층에게 무시를 당하고, 여성이나 아이들이 대중교통을 이용할 때 괴롭힘이나 공격을 받을 확률도 높다. 환경선교 차원에서 대중교통 이용의 안전성과 효과를 높여주고, 더불어 부유층 및 괴롭힘을 행하는 주체들의 인식이 변하도록 지속적인 교육과 법률적 제재를 가하는 것이 필요하다. 이는 기후위기의 대응을 위해서도 상당히 중요한 문제. 또한 우간다는 농업 부분에 관개시설 등이 필요한데, 이러한 시스템이 제대로 갖춰지지 않았다. 최근 기후변화로 인해 건기와 우기가 불규칙하고 폭염 기간이 급증했다. 농경지 관개 비율이 0.2%밖에 않되 빗물에 의존한다. 그래서 관개시설을 만든다면 식량 생산 및 보급에 효과를 줄 수 있을 것이다. 그러나 기후위기가 더 가속화되면 국토 면적의 1/4인 호수의 물이 메마를 수 있으므로 기후위기에 대한 대응과 준비가 필요하다. 또한 세계 3대 호수 중 하나인 '빅토리아 호수'도 기억해야 한다. 이 호수는 우간다를 중심으로 케냐와 탄자니아에 걸쳐 있는 거대한 호수다. 하지만 공장들의 폐기물로 오염이 가중되고, 생물 다양성이 크게 훼손되어 약 20% 정도가 사라질 위기에 놓였다. 이 물을 그냥 마시면 수인성 질병에 노출될 수 있다. 선교 차원에서 공장들이 폐기물을 함부로 버리지 못하도록 정책적인 변화를 유도하며, 수질 정화 체계를 지원하여 과거의 깨끗했던 빅토리아 호수로 되돌려야 한다.

세 번째로 르완다. 르완다는 우간다, 부룬디, 콩고민주공화국, 탄자니아와 국경을 마주하고 있다. '천 개의 언덕의 땅'이라 불리는 험한 산악 지형이지만 땅이 비옥하다. 그러다 보니, 인구밀도가 높다. 우리나라 다음으로 인구밀도가 높은 세계 4위를 기록하고 있다. 하지만 르완다는 아프리카의 스위스라 불릴 정도로 삼림이 짙게 뒤덮인 아름다운 나라였다. 다만, 산들의 꼭대기를 경작지로 이용해 민둥산이 되었다. 80%였던 삼림지대 7%로 줄어들었다. 특히, 지난 5년 동안 홍수와 산사태가 1,500여 건 이상 발생해 200명 이상이 숨지고 수천 채의 가옥이 파괴됐다. 이러한 피해는 삼림을 온전히 보전하지 못하고 경작지로 바꾼 것에서 시작됐다. 엘리뇨 현상이 2023년부터 시작되어 큰 영향을 끼칠 것으로 보이는데 르완다는 우기 때 더욱 극심한 홍수 및 산사태가 발생할 것이다. 그러므로 선교 차원에서 삼림을 회복하는 운동이 이어져야 한다. 또한 플라스틱 제품 사용을 금지했지만, 불법으로 밀반입하여 사용이 계속되는 것을 기억하고 이 물품들을 사용하지 않도록 철저한 교육이 이어지면 좋을 것이다. 르완다가 스위스처럼 하나님이 주신 창조의 아름다움을 회복하고 경험할 수 있는 공간이 되기를 소망한다.

네 번째로 부룬디. 세계에서 가장 가난한 나라 중 하나인 부룬디는 아이의 절반 이상이 질병, 에이즈, 영양실조로 사망했다. 그만큼 먹는 것과 건강에 적신호가 켜진 나라다. 이런 부룬디는 르완다와 마찬가지로 언덕이 많은 지형으로 영토의 절반가량이 농경지 및 초원이다. 하지만 식량문제가 해소되지 않고 있다. 특히, 급격한 기후변화의 현상이 몰려와 매년 우기 시즌(3~4월)이 되면 극심한 폭우가 발생해 농작물이 제대로 자라지 못한다. 또한 홍수, 가뭄, 산사태, 기후변화 등 반복되는 자연재해가 겹쳐 더욱 위험하다. 말라리아와 설사병, 폐렴과 영양실조 등이 더욱 심화됐다. 이렇게 처한 상황을 잘 인식하고 직접 지원해야 한다. 또한 기후변화에 대한 인식을 높여 이에 적응할 수 있는 기반을 마련해 주는 것이 필요할 것이다.

다섯 번째로 케냐다. 케냐는 아프리카 대륙에 있는 수많은 나라 중에서 기후변화에 대한 영향이 가장 뚜렷하다. 열대지역과 건조지역이 점차 늘어나고 있다. 이는 다른 아프리카 나라에도 같은 현상이 나타나고 있다. 특히, 최근 케냐에서는 가뭄과 홍수 등 자연재해가 급증하고 있다. 이러한 원인은 온실가스로 인한 지구온난화이며, 그 결과 동·식물의 서식지 파괴와 멸종위기를 낳았다. 대기오염 문제도 심각하다. 세계보건기구에 따르면, 수도 나이로비의 미세먼지 농도는 권장 수준 최고치보다 약 70%가 높다. 대기에는 노후 차량의 배기가스와 쓰레기 소각, 공장이 배출하는 독성 혼합물이 떠다니고 있어 호흡기 질환을 유발한다. 노후된 차량이 많은 것은 중고차를 대량으로 수입해 오고 있기 때문이다. 또한 등유, 석탄 등 화석연료의 사용과 시멘트와 담배를 제조하고 소각업 등 일부 산업의 오염물질이 과다하게 배출되어 문제다. 다른 환경문제를 보면, 대니얼 아랍 모이가 정권을 잡고 있던 독재 정부 시절, 작물을 심겠다며 많은 나무를 벌목해 열대우림이 없어지고 식량 위기가 찾아왔다. 작물을 심는 것은 생태계의 균형을 이룬 상태에서 조성되어야 함에도 그렇지 못했다. 생물 다양성이 얼마나 중요한지를 교육하고 삼림을 다시 가꾸는 일을 감당할 수 있도록 도와야겠다. 마지막으로 수도 나이로비에 사는 인구의 70%가 무허가 건물에 사는 거주민이라는 사실을 잊지 말아야 한다. 이는 환경 난민과 다를 바 없다. 그들은 무허가로 살기 때문에 위생 서비스를 받을 수 없으며, 안전의 보장을 받기도 어렵다. 그러므로 국민의 건강과 안전 그리고 환경보호를 위해 임대주택 등을 건설하고 지원하는 체계를 갖는 것이 절실하다.

여섯 번째 나라는 탄자니아다. 이 나라는 농업 기반의 경제 체계지만 농업이 취약하고 보완해야 할 점이 많은 나라다. 반면에 뛰어난 경치와 자연환경은 아름답다. 그리고 괜찮은 내정과 경제성장으로 해외관광객도 많이 찾아온다. 그러나 탄자니아 국민은 가난한 이들이 많다. 특히, 기후변화로 인해 극심한 가뭄이 이어지면서 학교에 빈 책상들이 늘어나고 있다. 즉, 아이들이 공부할 수 없는 상황인 것이다. 음식과 돈이 없어 일부 가정에서는 아이들을 알루미늄 광산에 보내 일하게 하고, 여자아이들을 돈과 바꾸어 결혼을 시키는 일이 빈번하게 일어나고 있다. 그만큼 국민의 삶은 척박하고 위험하다. 이는 극심한 가뭄과 기후변화로 인한 영향이 컸기 때문이다. 또한 만성적인 물 부족 국가이기도 하다. 하트하트재단 등이 빗물저장 탱크 등을 만들어 지원하는 사업을 이어나가고 있지만 극심한 가뭄을 해결하기에 어려움이 크다. 무려 인구의 39%가 안전한 물을 공급받지 못하고 있다. 하는 수 없이 빗물과 웅덩이를 이용할 뿐이다. 다만, 이러한 일들로 인해 수인성 질병에 노출된다. 이렇듯 선교 차원에서 기후변화 대응과 적응을 잘 이룰 수 있는 대책을 세워야 할 것이다. 더불어 아이들의 인권을 파괴하는 가정의 모습들을 해결할 수 있는 정책적 지원도 이어지도록 함께 협력해야 한다. 기후변화로 인해 언제까지 아이들의 피해를 지켜보고만 있을 수 없기 때문이다. 그리고 탄자니아의 음타와라 지역은 오염된 물로 인해 '트라코마'(눈이 실명으로 이어지는 질병)가 많이 발생하고 있다. 그러므로 수질 정화사업은 반드시 필요하며, 이러한 지원체계를 선교 차원에서 할 수 있다면 좋겠다.

마지막 나라는 <u>세이셸</u>이다. 세이셸은 인도양의 마지막 낙원이라고 불리는 지역이다. 그만큼 아름답고 관광자원이 풍부한 나라이다. 하지만 어업과 관광업으로 발생한 쓰레기 때문에 몸살을 앓고 있다. 특히, 기후변화의 위기가 감돈다. 이 지역 산호의 90%가량이 하얗게 변해 죽어가고 있기 때문이다. 그런데 더 큰 문제는 국가 채무를 갚지 못해 파산 직전에 있었다는 것이다. 이를 미국의 환경단체인 '네이처 컨저번시(The Nature Conservancy)'에서 세이셸 정부와 협의해 바다를 지킬 것을 약속하면 채무를 갚을 수 있도록 투자하겠다고 밝혔고, 이 거래는 "자연에 진 빚"이라고 이름 붙여져 성사되었다. 약 2,100만 달러(약 250억 원)가 지원됐고, 그에 따른 해양보호구역을 13개가 만들어졌다. 또한 세이셸 정부는 세이캣(SeyCCAT)이라는 독립 환경보전기금을 만들어 해양보호구역 지정과 기후변화 대응 프로젝트 자금을 대고 있다. 이렇듯 세이셸 영해와 담수 면적의 약 0.04%에 해당하고 해양보호구역이 약 30%가량 확대된 것이다. 이러한 노력은 세이셸의 정부의 변화된 마음과 미국 환경단체의 도움이 적절하고 조화를 이루었기에 가능했다. 이처럼 환경선교의 차원에서 세이셸을 도울 방안을 마련하면 좋겠다. 기후변화로 위협받고 있는 곳에 지원하는 것만이 아니라, 창조 영성의 측면에서 세이셸은 상당한 도움을 받을 수 있는 곳으로 '창조 영성 (기독교) 순례지'로 구성하여 친환경여행 관광상품을 만들면 좋겠다. 이를 통해 오염을 최소화한 프로그램을 진행해 함께 경험하고 친환경여행을 하는 기회가 될 수 있겠다.

*동남아프리카

이 소대륙에는 잠비아, 모잠비크, 말라위, 짐바브웨, 코모로, 마다가스카르, 모리셔스가 있다. 먼저 잠비아이다. 잠비아는 환경정책이 잘 이루어지지 않고 있는 나라인 것으로 보인다. 1994년에 문을 닫은 코퍼벨트 납 광산(카브웨주의 폐광)은 수십 년간 운영되면서 주변 마을을 심각하게 오염시켰으나, 폐광된 지 30년 가까이 된 현시점까지 주민들의 혈중 납중독 수치가 높게 나왔다. 이는 환경오염이 여전히 위험한 수준이며, 제대로 된 토양 및 수질 정화사업이 이루어지지 않은 것이다. 세계은행이 정화사업을 진행하였으나 여전히 위험한 수준인 것은 분명하다. 그러므로 잠비아 정부가 환경정화사업 능력을 키워나가는 것이 필요하고, 그러한 뒷받침이 될 수 있도록 선교 차원에서의 지원이 절실하다. 광산뿐 아니라, 다양한 환경오염 및 파괴로 어려운 지역들을 지원하는 것도 중요하다. 또한 기후변화로 인한 극심한 가뭄과 엄청난 흉년이 이어지고 있다. 이로 인해 잠비아 농민들은 굶주릴 수밖에 없다. 그리고 손을 씻지 못하고, 식수도 구할 수 없는 곳이 많다. 또한 세계 최대의 잠비아 댐이 담수 용량의 1% 미만을 기록했을 정도로 크게 낮아진 상태이며, 수력발전도 제대로 하지 못하고 있다. 이러한 모습은 기후변화에 대한 영향이 크고, 더욱이 식수 및 식량의 문제로 연결된다. 이러한 현상이 지속되면 더욱 극심한 악영향을 끼쳐 인권과 생명권 등에 영향을 끼칠 수 있다. 그러므로 선교 차원에서 기후변화 대응 및 적응의 교육을 진행하고 식량 및 식수 지원도 필요하다.

두 번째 나라는 모잠비크이다. 모잠비크는 주변의 인접국들과 차이점이 있다면 낮은 지형과 해안가에 있는 것으로 상대적으로 자연재해에 취약하다. 그러다 보니 상습침수구역들이 많고, 그로 인한 피해는 늘 있다. 그리고 기후변화에 취약한 나라를 발표할 때마다 모잠비크는 최상위권에 속해 있다. 2011년 기준으로도 기후변화 취약성이 세계 7위에 해당이 될 정도이다. 기후위기의 상황은 단순히 상습침수구역만이 피해를 받는 것으로 끝나지 않는다. 전염병이 확산이 되어 콜레라와 같은 질병들이 창궐하여 위협을 주고, 수인성 질병으로 인해 큰 어려움을 겪을 수 있다. 또한 불규칙한 기상 상황과 그로 인해 발생하는 강우 강도와 사이클론이 홍수 및 가뭄을 급진적으로 발생하게 한다. 그리고 인구의 78%나 되는 사람들이 농업에 종사하지만, 기후위기로 인해 발생한 수확물 감소는 이들을 어렵게 만든다. 그러므로 식량 안보에 대해 잘 대응하고 해결할 방안을 잘 마련하는 것이 무엇보다 중요하다. 모잠비크의 주거부 장관이 1억 2,000만 달러를 기후변화 대응에 투자할 것(2018년)을 발표한 것처럼 적극적인 대응이 이어져야 한다. 이러한 지속적인 대응을 위해 선교사들의 적극적인 지원과 교회의 협력을 통해서 모잠비크가 하나님의 사랑을 경험해 나가길 소망해 본다.

세 번째 나라는 <u>말라위</u>이다. 정확한 상황은 모르지만, 말라위에서는 불법적인 채굴과 삼림벌채가 성행하고 있다. 말라위 호수는 아프리카에서 세 번째로 크고, 세계에서는 아홉 번째로 큰 호수인 만큼 물 부족은 없을 것으로 보였지만 '그렇지 않다'. 물이 부족하고, 그로 인해 식량 생산에 대한 어려움도 겪고 있다. 그리고 대부분 지역은 숯 생산을 위해 불법 벌목과 땔감 사용을 위한 삼림벌채로 어려움을 겪는다. 이러한 원인으로 기후변화 현상이 급증해 극심한 가뭄을 경험하고, 한 번 비가 오면 홍수로 농사를 짓는 곳이 폐허가 된다. 그래서 식량 생산 자체에 어려움을 겪고 있다. 또한 광산지역에서는 주민들의 권리와 생계를 보호하는 데 여건을 마련하지 않고 있어 더 큰 문제이다. 심각한 호흡기 질환과 질병들에 노출될 수밖에 없지만 그러한 대책은 사실상 없다고 봐야 한다. 이는 마치 우리나라에서 일본 후쿠시마 원전 오염수를 방류하는 것에 정부와 여당이 환영의 의사를 갖는 것과 무엇이 다를까? 안전하다고 말하지만 그렇게 안전하다면 일본 땅 내에 폐기하는 것이 올바를 것이다. 무엇 때문에 그렇게 호응하며 받아들이는지 의문이다. 말라위 정부의 안일함이 우리나라 정부의 안일함과 다를 바 없는 것으로 보인다. 우기 때 기후변화로 인해 국지성 호우로 비가 많이 오면 앞에서 언급한 것처럼 집이 떠내려가 버리고, 농사지은 것이 사라진다. 반대로 극심한 가뭄이 이어져 식량 생산의 어려움을 겪는다. 이러한 현상을 기억하고 선교사역을 통해 적극적인 기후변화 대응과 적응을 할 수 있는 길을 열어주는 것이 중요하다. 그리고 환경정책이 온전히 잘 세워질 수 있도록 전문가들의 협력도 필요하다. 또한 삼림을 회복시키는 운동이 이어진다면 더욱 좋을 것으로 보인다.

네 번째 나라는 <u>짐바브웨</u>이다. 이 나라에는 세계 3대 폭포 중 하나인 빅토리아 폭포가 있으며, 자연상태가 잘 보존되었다. 짐바브웨 특성상 미개발 지역이 많고 동물들이 서식하기 좋은 사바나 평원이 펼쳐져 있다. 하지만 환경오염의 문제는 짐바브웨에서도 발생하고 있다. 특히, 삼림벌채와 토양침식, 농업 활동과 채굴작업, 과밀 매립지와 산업 혁명, 도시화와 건설프로젝트, 핵 폐기물과 하수처리 문제 등으로 토양오염이 문제다. 이러한 오염 문제는 정밀한 환경정책과 법률이 기반이 되지 않아서 시스템이 갖추어지지 않았기 나타난다. 또, 지난 30여 년간 극심한 가뭄이 뒤덮였다. 그 결과, 농업 인구(약 70%)가 엄청난 위험에 처해 있다. 물을 구할 수 있는 곳으로 떠나는 집단 이주까지 발생했다. 야생동물의 대규모 이주로 이어지고 있기도 하다. 이들을 향한 하나님의 사랑을 보여주고, 야생동물이 물을 마시며, 식량을 구할 수 있는 기후와 여건이 되도록 협력해야 한다. 사바나 생태계를 유지하고, 기후변화의 문제를 해결하는 일을 통해 복음의 사역이 세워지기를 바란다.

다섯 번째 나라는 <u>코모로</u>이다. 세계적인 바닐라 생산국이자 열대성 기후의 아름다운 섬나라다. 관광지로 부각이 되고 있으나, 모리셔스나 세이셸보다는 덜 유명하다. 이 나라에서 환경 관련 내용을 발견하기는 어렵지만, 코모로에 있는 강 절반 이상의 물이 사라져 버렸다. 그 원인은 1950년대 이후 자행된 대규모 벌목과 기후변화로 인한 극심한 가뭄이다. 식량 원조가 아니면 살아가기 어려운 상황이다. 그렇기 때문에 환경선교로 하수 시스템을 정비하고 강을 회복하기 위한 노력이 이어져야 한다. 특히, 수니파 이슬람교가 대부분이나 개종을 불법으로 여기지 않아 복음을 전하는 데 문제는 되지 않아 보인다. 환경지원 정책을 잘 만들어 도울 수 있다면 좋을 것이다.

여섯 번째 나라는 <u>마다가스카르</u>다. 전 세계 생물의 약 20만 종 중 75%가 이곳에 살고 있고, 90%는 다른 곳에서 볼 수 없는 개체들이 있는 것으로 추정된다. 마다가스카르에서만 사는 여우원숭이를 비롯해 파충류, 양서류가 다수 포함되어 있다. 특히, 곤충도 다양하게 서식하고 있으나, 기후변화로 인해 모두 사라질 위기에 처해 있다. 마다가스카르의 환경문제 중 가장 큰 것은 주민들이 산림을 훼손하고, 환경오염과 야생동물 밀매 등으로 생물 다양성을 훼손한 것이다. 이는 더 극심해지는 가뭄과 빈곤으로 경제적 어려움이 이어지면서 증가하고 있다. 서식지 파괴의 첫 번째 이유가 땔감으로 사용하는 나무를 지속해서 베어버리기 때문이다. 전기를 사용하는 인구가 마다가스카르인의 33%밖에 안 된다. 에너지 발전사업과 함께 전기를 지원해줄 수 있는 시스템이 정비되고 세워져야 한다. 서민들은 커피 한 잔을 끓이려면 숯불이 필요하다. 두 번째 이유는 최고급 목재인 흑단과 자단을 중국에서 마구 사들이고 있어 불법 벌목이 멸종 위험의 영향까지 주고 있다. 세 번째 이유는 화전농법과 목초지 개간이다. 열대우림 주변에는 주로 최극빈층이 사는데, 생계를 위해 삼림을 파괴하는 일이 빈번하게 발생하고 있다. 마지막 이유는 금과 사파이어 등 광물질을 불법 채굴하면서 환경이 파괴되고 있다. 특히, 아치나나나 열대우림은 6개의 국립공원을 포함하고 있는데, 본래 삼림 중에 8.5%만 남아 세계문화유산에 해제될 위기에 처했다. 4가지의 이유를 잘 기억하고, 전기를 지원할 수 있는 시스템과 불법 벌목 및 채굴을 철저히 단속하고, 생계를 위한 최극빈층 지원 정책을 세우는 등의 역할을 잘 진행해야 할 것이다. 이러한 일들을 감당할 수 있도록 선교 차원에서의 노력이 필요하다. 더불어 기후변화 문제도 심각하다. 극심한 가뭄으로 농사가 되지 않고, 영양실조 등 식량난이 가중된다. 더 강도 높은 사이클론이 발생할 확률도 높다. 이러한 극단적인 기후 현상은 작물 수확 문제뿐 아니라, 도로나 다리를 파괴하기도 한다. 도로가 파괴되면 식량을 지원하는 데에도 어려움이 있다. 그리고 말라리아가 급증하고 있다. 말라리아는 번식하기 좋은 고인 물웅덩이에서 많이 생긴다. 이는 앞에서 언급한 초강력 사이클론이 덮치며 더 자주 발생한다. 그러므로 기후변화에 대한 대응 및 적응 지원책과 영양지원 정책이 함께 준비된다면 선교에 도움이 될 것이다.

일곱 번째 나라는 모리셔스이다. 2020년 7월 25일 일본 선박 '와카시오호'가 좌초되어 1,180t의 기름이 유출되는 큰 사건이 있었다. 이 사건은 깨끗하고 아름다웠던 모리셔스에 상당한 위협을 주었다. 이 사건은 선원 한 명의 생일을 축하하기 위해 와이파이를 연결하려고 섬 가까이에 접근했다가 암석 충돌로 배가 두 동강이 났다. 이로 인해 기름이 바다와 맹그로브숲, 모래사장에 대량으로 흡착되었다. 특히, 람사르 협약에 지정된 구역도 있어 더 큰 피해를 야기했다. 다양한 희귀생물이 사는 것으로 유명한 블루베이해양공원 보호구역 근처에서 벌어졌다. 돌고래 47마리와 고래 3마리가 죽은 채로 발견되었고, 해양생태계의 파괴는 이루 말할 것도 없을 정도였다. 이로 인해 원상복구까지 수십 년이 걸릴 것으로 보인다. 그러므로 선교 측면에서 허베이 스프릿호 사건을 경험한 사례를 통해 협력하여 깨끗이 복원할 수 있게 도울 수 있다면 좋겠다. 특히, 산호초 지대가 기후변화로 백화현상이 심화되고 있는 상황에서 기름유출로 인한 피해까지 보게 되어 안타까울 따름이다. 재해의 증가에 취약해 기후변화 대응을 위한 사역이 중요하다.

여섯 번째 소대륙은 남아프리카다. 이 소대륙에는 에스와티니, 남아프리카공화국, 레소토가 있다. 먼저 에스와티니. 이 나라는 남아프리카공화국과 긴밀하게 연결되어 있다. 수입의 90%와 수출의 70%를 교역하고 있으며, 남아프리카공화국과 모잠비크 사이에 있는 소왕국이다. 이 지역의 서부는 따뜻한 날씨와 풍부한 강수량이 가지고 있지만, 동부는 강수량도 적고 여름에는 40℃가 넘는다. 그런데 기후변화의 현상이 극심해 지면서 이 차이가 더욱 두드러져 대응책이 필요하다. 또한 에이즈가 세계에서 제일 많이 발병된 나라로 전염병의 문제를 깊이 생각하고 의료지원 체계를 갖추어야 한다.

두 번째 나라는 남아프리카공화국이다. 아프리카에서 가장 잘 사는 나라이자, 아프리카 최남단에 있는 이곳은 발전한 만큼 다양한 환경오염도 발생했다. 특히, 수도 요하네스버그에서는 엄청난 빈부격차와 정치적 탄압이 비일비재하게 나타나고 있으며, 그 결과 플라스틱 쓰레기가 많이 발생할 뿐 아니라 지속적으로 외면을 받는 레나시아 지역에 플라스틱 쓰레기가 방치되고 있다.

그로 인해 삶 자체가 어려운 이들에게 생활환경이 악화가 되었고, 제대로 처리되지 않아 더 큰 문제가 되고 있다. 그러므로 선교 차원에서 이 지역을 적극적으로 대응해야 한다. 두 번째로 사파리 동물 관광업이 개인 사유지에서 야생동물을 사육하면서 문제가 발생했다. 아시아 특산종인 호랑이를 '호랑이 협곡'이라는 사유지에 풀어놓고 키우기도 했다. 적응하기 힘든 곳에 야생동물을 수입해 온 것이 문제다. 관광업에 대한 철저한 법률적 토대가 있어야 한다. 마지막으로 남아프리카공화국도 다른 나라들과 마찬가지로 기후변화로 큰 피해를 입고 있다. 하지만 다른 나라들과 다르게 아프리카에서 제일 많은 온실가스를 배출하고 있고, 화석연료를 통해—특히, 석탄(약 70%가량)—화력발전을 하고 있다. 물론 기후변화 정상 회담을 통해 화력발전소의 탄소배출을 억제하려는 노력이 있기는 하다. 다만, 기후변화에 대응하기 위해서 재생에너지로의 전환이 필요하며, 남아프리카공화국 자체의 에너지 사용도 줄여야 한다. 이러한 시스템의 정비와 함께 국민의 생각도 변화될 수 있도록 교육해야 한다. 또한, 지난 20~30여 년간 가뭄과 홍수의 빈도와 강도가 강해지고 있다. 특히, 보츠와나와 나미비아와 함께 공유하고 있는 칼리하리사막이 대표적이다. 치솟는 열기와 우기가 점점 짧아지면서 심각한 가뭄이 동반되어 생태계의 균형을 유지하기가 어려워졌다. 서식환경에 더위가 우려된다. 그리고 기후변화로 인해 식량과 음료(물) 안보에 심각한 영향을 미치고 있다. 음료의 질, 에너지와 대부분의 농촌 지역에서의 가축보호 등에도 영향을 미치고 있다. 이러한 만성적인 식량부족 현상은 홍수와 가뭄이 원인이다. 뿐만 아니라, 아프리카 유일의 펭귄 종도 기후변화로 인해 멸종위기에 처해 있는 상황이다. 아프리카 펭귄은 남아프리카공화국과 나미비아 해안지대를 따라 28개의 서식지가 있다. 이 펭귄들은 온도가 상승하면 혈액이 눈 위의 땀샘으로 빠져나오고 주변 공기에 냉각되어 몸을 시원하게 유지한다. 지금은 야생에서 2만 5000쌍만 남아있는 것으로 확인된다. 그러므로 남아프리카공화국에서 선교할 때는 기후변화 대응을 위한 호소와 도움이 절실하다.

마지막 나라는 레소토이다. 200만 명 정도 되는 작은 나라인 레소토는 여러 환경문제로 골치 아픈 상황이다. 대표적인 것이 강의 오염이다. 청바지(데님) 브랜드 갭과 리바이스 등 의류 공장에서 청바지를 염색할 때 배출되는 유해 폐수로 강물의 색이 눈에 띄게 파랗게 변했다. 이러한 오염된 유출수는 지역사회의 건강과 관개농업에 위협적이다. 직접 물과 접촉하면 피부 화상이나 질병으로 이어질 수 있다. 하지만 패션산업을 없애면 그에 따른 주요 수익 창출 및 고용의 원천이 사라진다. 그러므로 공장에 하수처리시설을 만들도록 하고, 오염원 배출 시 오염 제어를 할 수 있는 시스템을 갖추도록 법령을 제정해야 한다. 다음으로 토양침식이 심각하다. 비옥도가 좋지 않아 농작물 생산량이 급격히 낮다. 그 결과 자급자족할 수 있는 식량을 생산하지 못해 영양실조와 식량난이 가중되고 있다. 이를 해결하기 위해서 양질의 토양으로 바꾸는 안식년이 적용돼야 하고, 기후변화에 대한 대응과 더불어 농작물 생산을 온전히 회복하기 위한 영속농업 등 교육 및 지원이 필요하다.

*서남아프리카

이 소대륙에는 나미비아와 보츠와나가 있다. 먼저 나미비아는 대규모 유전 개발을 하고 있으며, 다이아몬드 및 구리, 아연, 리튬, 산업용 소금 등의 광물자원과 풍력, 태양광 등 신재생에너지가 풍부하다. 또한 독일의 수소 기업과 연계하여 Tsau Khaeb 국립공원에 그린 수소 인프라를 건설하는 사업을 추진 중이다. 이 사업은 좋은 광물자원을 가지고 있는 나미비아에 경제적인 효과를 줄 수 있다. 다만, 친환경 사업으로써 그린수소 사업이 잘 진행되는지 그리고 서로 협력할 방안을 마련하고 있는지 확인할 필요성이 있다. 유전 개발이나 수소 인프라를 확장하기 위한 광물자원의 무분별한 채취 및 사용은 환경에 큰 악영향을 끼칠 수 있기 때문이다. 더불어 기후변화의 영향도 있다. 특히, 붉은 메뚜기떼에 의해 목초지 150만 평이 파괴되었다. 기후변화에 대응하여 다른 피조물의 삶이 어렵지 않도록 도와야 할 것이다. 즉, 자원의 사용을 절제하며 다른 이웃들과 함께 좋은 방향으로 정책을 세우고 협력해나가는 것이 중요하다.

다음 나라는 보츠와나다. 보츠와나는 나미비아와 남아프리카공화국과 함께 칼리하리사막을 점유하고 있다. 특히, 이 사막은 메탄가스와 다이아몬드 매장량이 많아서 고압 물줄기로 파쇄하여 추출하는 "프래킹"으로 2,500여 개의 가스정을 운영하고 있다. 이러한 방법으로 칼리하리가 위협에 처해 있으며, 지역 주민들의 동의도 얻지 않은 상태다. 또한 보츠와나에는 오카방고 삼각주가 있다. 15,000㎢에 이르는 규모이며, 동물들이 살기 적합한 지형이다. 람사르 협약에 가입된 곳이다. 하지만 2020년에 발생한 녹조현상은 야생동물을 위험에 처하게 했다. 이 녹조에는 시아노박테리아(신경독의 일종)가 있어 코끼리 350마리 등이 폐사됐다. 녹조현상은 어느 곳이든 하천 생태계를 망가뜨리고, 하천에서 물을 마시는 생물(피조물들)과 사람에게 큰 영향을 끼친다. 보츠와나 국립공원에는 코끼리가 20만 마리가 산다. 인근 나라들의 코끼리 밀렵으로 지능이 높은 코끼리들이 도망쳐 왔기 때문이다. 하지만 2019년 2월 코끼리 사냥 금지 조치가 해제되었다. 또한 코뿔소 밀렵도 심하다. 보츠와나는 자연의 보고인 지역이 많으나, 밀렵의 문제로 생물이 위험에 처해 있다. 그러므로 밀렵을 제한할 방안을 국제적으로 만들어야 할 것이다. 그리고 동물이 얼마나 소중한지 깨달을 수 있도록 도와야 한다. 선교 차원에서 동·식물에 대한 사랑의 마음을 갖도록 교육하고 밀렵꾼을 위한 다양한 직원 프로그램도 함께 하면 좋을 것이다.

*중앙아프리카

이 소대륙에는 앙골라, 콩고민주공화국, 콩고공화국, 가봉, 적도기니, 상투메프린시페, 중앙아프리카공화국, 차드, 카메룬이 있다. 먼저 앙골라이다. 앙골라는 세상에서 가장 풍부한 자원을 가진 나라지만, 가장 가난한 최빈국 중 하나이기도 하다. 특히, 적도 주변이어서 매우 덥고, 바다와 가까울수록 온도가 내려간다. 앙골라는 극심한 가뭄으로 굶주리는 사람들이 많고, 엘리뇨가 발생했을 때 농작물 생산까지 큰 영향을 받고 있다. 무엇보다 환경정책을 거의 생각하지 않아 제대로 된 환경정책이 필요하다. 더불어 가난한 이들을 위한 지원체계도 이루어져야 한다.

두 번째 나라는 콩고민주공화국과 콩고공화국이다. 이 두 나라를 접하고 있는 콩고 분지는 아마존 열대우림 및 인도네시아 열대우림과 함께 세계 3대 열대우림지대로 알려져 있다. 하지만 콩고민주공화국 정부는 2022년 석유 생산을 위해 토지 경매를 발표했다. 무려 30곳이나 된다. 당시 국가의 석유 생산량은 2만 5000배럴 수준이었으나, 잠재적으로 100만 배럴까지 늘릴 수 있다고 보고했다. 이는 세계에서 가장 중요한 마운틴 고릴라 보호구역인 비룽가국립공원과 탄소함량이 높은 열대 이탄지를 포함한다. 이 공간을 파괴하고 석유생산을 무리하게 진행한다면, 미국이 한 해 배출하는 탄소 배출양보다 약 20배 가량 높을 것이다. 이에 정부의 기후문제 책임자는 '우리한테 제일 중요한 건 경제성장이지, 지구를 구하는 게 아니다.'라고 말해 충격을 줬다. 이에 브라질, 인도네시아, 한국, 미국, 중국 등의 정상들은 2030년까지 산림파괴를 멈추고 토양 회복에 나서겠다는 '산림·토지 이용 선언'을 발표하였으며, 콩고민주공화국에 5년 동안 5억 달러(약 6,547억 원)를 지원하겠다 밝혔다. 최후의 보루와 같은 열대우림 지대는 반드시 보존되어야 한다. 그렇기에 우선 콩고민주공화국과 적극적인 협력 및 우호 관계를 맺어 올바른 판단을 할 수 있도록 돕는 것이 중요하다. 이 나라는 카톨릭과 개신교를 포함해 90%가 기독교인이다. 그러므로 이러한 일들을 적극적으로 요청해야 할 것이다. 그리고 기아 상태는 극심한 수준이다. 영유아 사망률이 약 9.8%에 이르고, 발육 부진 비율이 43%이다. 반복되는 분쟁, 그에 따른 국내 이재민 발생, 개선된 영농 지식과 기술 부재, 곡물과 가축 질병이 만연하고 부실한 인프라, 젠더 불평등, 출산율 증가 등으로 식량 안보에 위협이 가중되고 있다. 궁극적으로 영농 시스템을 개선하고, 영속농업과 유기농 농법, 안식년의 개념을 적용하며, 식량 지원 체계도 굳건히 유지하는 것이 필요하다. 그것이 선교사역으로 우리가 감당해야 할 몫이다. 마지막으로 콩고민주공화국은 플라스틱 오염 문제로 피해를 겪고 있다. 특히, 마타디시로부터 한 시간 거리에 있는 지역의 어부들은 하천에 플라스틱이 유입되어 생계유지에 어려움을 겪고 있다. 플라스틱으로 인해 수산물의 양이 급격히 줄었고, 그물과 수산물에서 플라스틱 조각이 발견되고 있다. 수산물로 단백질을 공급받아야 하는 지역 주민들에게는 큰 문제다. 그러므로 쓰레기 정책이 제대로 세워져야 하며, 플라스틱 사용이 금지되도록 준비되어야 한다.

다음으로 콩고민주공화국과 우호적인 관계를 맺고 있으며 접해 있는 콩고공화국을 보면, 세계 2위의 열대우림을 점유하고 있다. 기후변화로 인해 극심한 가뭄이 일상처럼 되었고, 국지성 호우로 인한 폭우 때문에 홍수가 발생하기도 한다. 특히, 열대우림의 규모가 상당히 줄어들었고, 그에 따른 광합성 능력이 현저하게 떨어져 이산화탄소 흡수력이 줄어들고 있다. 콩고민주공화국과 거의 비슷한 환경문제가 나타나고 있다. 그러므로 콩고민주공화국과 함께 콩고공화국도 선교사역에 협력이 이루어진다면 도움이 될 것이다.

세 번째 나라는 가봉이다. 가봉은 잘 알려지지 않은 나라이다. 특히, 환경 분야가 그렇다. 가봉의 88%가 콩고 분지 열대우림이다. 열대우림을 이용한 산업이 발달했다. 기후변화 문제로 유엔이 지원하는 중앙아프리카 산림이니셔티브(CAFI)로 체결한 산림 보존 지원금을 받았다. 그만큼 산림 보존을 위한 노력을 한다. 물론 목재 판매로 얻는 수익이 적지 않은 만큼 벌채도 계속할 것으로 보이며, 가내 원자재 가공도 늘리려 하는 모습이 있다. 나무들이 탄소흡수를 할 수 있는 일정 부분까지만 진행하는 등 과학적 체계 속에서 이뤄진다면 좋을 것이다. 특히, 탄소배출권 거래제로 확대하려는 가봉의 모습은 기후변화를 대처하는 좋은 사례로 남을 수 있다. 탄소 중립을 완성한 가봉을 '환경보전의 모델'이라 부르는 UN의 언급이 부럽기도 하다. 가봉의 사례를 배우고, 그들이 살아가는 데 어려움이 발생하지 않게 탄소 중립과 탄소배출권 거래제에 대한 대가를 지원하고 협력하는 방안을 세워보면 좋겠다.

네 번째 나라는 적도기니다. 이 나라는 연중 내내 무더운 낮과 선선한 밤을 지녔다. 그리고 아프리카 사하라사막 이남에서 3번째로 큰 산유국이기도 하다. 그래서 유가 변동에 큰 영향을 받기도 한다. 특히, 적도기니는 기후변화 취약성이 가장 높은 10개국 중 하나로, 농업생산력 감소로 큰 피해를 받았다. 친환경 농법을 지원하고, 기후변화로 인한 농산물 생산과 재해 및 재난 영향을 최소화할 수 있도록 방안을 세워 협력하는 것이 필요하다. 또한 국립공원을 모니터링하여 숲과 야생생물을 보존하고, 농작물 수확량을 극대화할 수 있도록 지속적인 지원이 이어져야 할 것이다. 그리고 산유국이기 때문에 친환경적인 생각과 기후변화에 대한 행동이 어려울 수 있다. 그러므로 지속적인 관심과 지원 그리고 보호를 통해 적도기니가 하나님이 기뻐하시는 모습으로 세워지도록 알리고 협력해 나가야 한다.

다섯 번째 나라는 상투메 프린시페다. 이 나라는 대서양에 속해 있는 작은 섬나라다. 국토는 상투메섬과 프린시페섬으로 이루어져 있다. 특히, 제주도와 같이 화산지형으로 구성되어 있는데, '캉그란드봉'이라는 크고 아름다운 화산지형이 우뚝 솟아 있다. 그리고 남부 상투메섬 아래에 적도가 지나가 무더운 편이다. 가장 건조하고 시원한 시기는 6월에서 9월로 29℃를 유지하고, 가장 비가 많이 내리는 시기는 3월로 약 30℃를 유지한다. 하지만 기후변화 때문에 날씨가 뒤바뀌고 있다. 뿐만 아니라, 이 지역은 천혜의 아름다운 자연환경과 생태계를 이용한 관광업 활성화를 위해 노력하고 있다. 그리고 석유가 발견된 이후 유전개발을 위해 해외투자유치에 힘쓰고 있다. 하지만 워낙 어려운 나라인지라 부채가 많고 식량 대부분을 수입에 의존해 하루 3,500원 이하로 살아가는 극빈곤층이 많다. 그리고 가톨릭 신자들이 많으나 명목상일 뿐이고, 대부분 조상을 섬긴다. 최근에는 여호와의 증인이나 통일교가 들어와 포교 활동을 하고 있다. 이 지역의 생태관광산업을 국가 기반 산업으로 만들고, 지원할 수 있는 체계와 시스템을 정비하도록 도와야 한다. 그리고 햇빛자원이 훌륭해 유전개발에 힘쓰는 것보다 태양광 에너지 산업에 힘쓰면 좋겠다. 기후변화를 적극적으로 대응하면서 생태관광 자원을 통해 소득을 얻도록 하길 바란다. 그리고 상투메 프린시페는 프린시페섬의 생물권보전지역과 유네스코 인간과 생물권 사업(MAB)에 지정되어 있어서 플라스틱 금지 캠페인을 시작했다. 궁극적으로 이 나라에서 플라스틱이 사라질 수 있도록 정책과 법률로 제정되도록 돕는 역할을 해야 한다.

여섯 번째 나라는 중앙아프리카공화국이다. 이 지역은 내전으로 상당한 내상을 입은 지역이다. 그 원인은 정부 지도자가 기독교인을 탄압하면서 내분이 일어났기 때문이다. 쿠데타로 정권을 잡은 셀레카는 무슬림으로, 기독교인을 탄압하고 내전을 일으켰다. 이는 환경문제는 아니지만, 이러한 내전으로 인해 식량 공급망이 끊겼고, "식량 주권"이 사라졌다. 특히, 중앙아프리카공화국은 수입 곡물에 많이 의존하고 있어 더욱 문제이다. 이러한 내전이 발생하지 않도록 돕는 것이 무엇보다 중요하다. 그리고 한 나라 안에서 서로가 협력하지 않으면 현재의 기후위기는 더 어려워질 것이다. 새롭게 기후변화 대응 및 적응을 위한 선교적 차원의 지원을 구상하는 것이 중요하다.

일곱 번째 나라는 <u>차드</u>다. 이곳은 중앙아프리카 사헬지대 한가운데에 있다. 그래서 농경지가 아주 적고, 심각한 식량난을 겪는다. 그리고 거의 반세기에 달하는 오랜 내전으로 5세 미만 영유아의 사망률이 전 세계 3위에 이를 정도로 심각하다. 이 황량한 영토와 자연환경 때문에 '아프리카의 죽은 심장'이라는 별칭이 붙어 있기도 하다. 다만, 유일한 생존수단인 차드호가 있다. 차드호는 차드, 니제르, 나이지리아, 카메룬 등 4개국의 국경을 잇는 거대한 호수이다. BC5000년경엔 한반도의 5배나 되는 100만㎢ 넓이의 내륙에 있는 바다였다. 1823년까지만 해도 세계 최대의 호수라 평가되었다. 그러나 2000년에 들어서는 1,500㎢로 줄어들었다. 95%가량 줄었고, 최근 담수 용량은 72㎢로, 이제는 호수라 부르기도 민망할 정도다. 유엔농업식량기구에 의하면, '생태 재앙'으로 분류된 지역인데, 그 원인은 선진국의 산업화와 함께 벌어진 지구온난화에 있다. 사막화 현상은 사헬지대를 덮쳐 차드호까지 무방비 상태로 영향을 주었다. 수많은 멸종위기종과 고유종이 살았던 차드호는 상당수 어종이 멸종되거나 멸종위기에 처했으며, 이 호수에 서식했던 조류들도 급감했다. 악어, 하마, 코끼리 등도 소멸했다. 동·식물에만 영향을 끼친 것이 아니다. 인간에게도 영향을 미쳤다. 사막화가 심각해져 물 부족이 이어지고 농어업 종사자들의 생계가 막막해졌다. 살아가기 너무나 힘든 환경이 된 것이다. 이를 위해 차드호에 걸쳐 있는 4개국은 콩고의 우방기강의 풍부한 물을 끌어들이는 방법을 검토하고 있다. 물 낭비를 줄이고 사막화 방지를 위해 나무를 심는 노력도 한다. 차드호를 회복시키고 사람과 동·식물이 살아갈 수 있는 자연환경을 함께 만들 수 있도록 힘써 지원하면 좋겠다.

마지막 나라는 <u>카메룬</u>이다. 카메룬은 플라스틱 오염과 기후변화로 큰 위험에 처했다. 카메룬 정부는 비닐봉지 사용을 금지했고, 플라스틱 제품의 수입도 금지하였다. 그러나 여전히 플라스틱 쓰레기 배출이 심각하다. 우기 때 발생하는 홍수 때문에 집과 가게, 도로변이 침수되고 식수와 농산물의 질도 나쁘게 만들었다. 더 심할 경우 생계를 어렵게 하고 목숨까지 위협한다. 배수로와 배수관, 그 밖에 물이 고여 있는 곳 어디에나 어마어마한 양의 플라스틱 쓰레기가 보인다. 이러한 문제는 쓰레기 처리방식이 시스템적으로 제대로 이루어지지 않은 결과이다. 다만, 일회용품 사용이 당연시되는 분위기와 편리함을 추구하는 것이 큰 원인일 것이다. 쓰레기 처리시스템을 수립할 수 있도록 선교 차원에서 지원하는 것이 중요하고 플라스틱 오염으로 물과 식량 문제까지 심각하게 영향을 주는 것을 알려야 한다. 미세플라스틱이 땅과 바다에 영향을 주어 생태계와 인간에게 악영향을 끼치는 것도 알려주고 플라스틱 사용을 금지하는 조치만이 아니라 캠페인을 벌여 변화된 인식과 행동으로 이어질 수 있도록 해야 할 것이다. 다음으로 기후변화에 대한 문제가 있다. 극심한 가뭄이 사헬 지대와 함께 남쪽 지역의 농업, 수자원 및 에너지에 영향을 미치고 있다. 특히, 최북단 지역인 사헬 지대에서는 1970년대부터 비정상적인 극심한 가뭄이 맹위를 떨치는 중이다. 그러므로 이러한 기후변화에 대한 대응 및 적응을 할 수 있는 지원을 이어나가야 한다. 그리고 예상치 못한 기상이변이 벌어질 수 있음을 알고 대비하도록 하자. 예를 들어 기후변화로 인해 카메룬에 내린 폭설을 예로 들 수 있다. 2021년 12월 9일 서부의 바나와 바쿠 정착지에서 폭설과 우박이 쏟아졌다. 예상치 못한 사건으로 카메룬 주민들은 기뻐하고 즐거워할 수 있었겠지만, 이러한 현상은 기후변화 영향이다. 따라서 심각하게 받아들이고 기후변화에 적극 대응해야 한다.

*서아프리카

이 소대륙은 가나, 감비아, 기니, 기니비사우, 나이지리아, 니제르, 라이베리아, 말리, 모리타니, 부르키나파소, 베냉, 세네갈, 시에라리온, 카보베르데, 코트디부아르, 토고가 있다. 가장 먼저 가나이다. 가나는 다양한 환경문제가 빈번하게 발생하는 나라로, 환경문제에 대해 많은 관심을 가지고 접근해야 한다. 가장 먼저 전자폐기물이 넘쳐난다. 아글블로보시 시장(Agbloboshie Market)에는 매년 21만 5,000톤가량의 중고 전자제품이 들어온다. 12만 9,000톤의 전자폐기물이 발생한다. 오래되거나 버려진 휴대폰, 개인용 컴퓨터 및 노트북, 텔레비전 등 전자 장비 및 부품에서 나오는 쓰레기가 많다. 이러한 전자제품은 납, 수은, 코발트 등 중금속이 포함되어 있어 심각한 환경오염을 발생시킨다. 게다가 전자제품을 불태워 더욱 심각하다. 이는 대기오염뿐 아니라 토양과 수질오염도 발생시킨다. 전자제품 쓰레기를 수입하지 않고 잘 처리하는 방안을 마련하도록 도와야 한다. 다음으로 대기오염이 심각하다. 아글블로보시 시장뿐 아니라 가나의 곳곳에서 대기오염으로 인한 피해가 속출하고 있다. 인구의 약 84%가 요리할 때 나무 땔감을 사용하기 때문이며, 쓰레기를 처리하기 위해 태우는 행위와 자동차의 오래된 엔진에서 나오는 매연 때문이다. 이러한 문제를 해결하기 위해 환경정책이 잘 세워지도록 해야 한다. 그리고 이 문제가 얼마나 자신과 가족에게 큰 영향을 끼치는지 교육하고 변화할 수 있도록 도와야 한다. 세 번째로 천연자원이 고갈되고 있다. 금이나 석유의 산출량이 줄어들고 있고, 목재 및 기타 삼림자원도 마찬가지다. 그러므로 자원관리를 잘하는 것이 필요하다. 이에 대한 아이디어를 주고, 그 길을 열어주는 것도 중요하다. 다음으로 플라스틱 오염이 비상수준에 이를 정도로 심각하다. 하루 3,000톤에 이르는 플라스틱 폐기물이 발생한다. 그런데 이 폐기물이 그대로 버려져 방치되거나 임시 매립장에 묻혀 있으므로 산사태 및 하수관 역류 등으로 홍수가 나게 된다. 그리고 해양환경에도 악영향을 끼칠 수 있다. 그러므로 플라스틱 제품 사용을 금지하는 등의 적극적인 환경정책이 필요하다. 다섯 번째로 수질오염이 심각하다. 앞에서 언급한 전자폐기물 등 고체폐기물이 오염을 유발하고 있고, 산업폐수와 각종 독성물질이 수원에 유입되는 문제가 있다. 이를 위해서는 수질 환경법이 잘 개선되어야 하고, 그에 따른 하수처리시설이 지어져야 한다. 하지만 가나에서 이를 실행하기란 쉽지 않다. 그러므로 선교를 통해 시스템을 정비하고, 정책이 세워질 수 있도록 도와야겠다. 여섯 번째로 해안침식의 문제가 있다. 이는 우리나라 동해안과 제주도에서 발생하는 것과 비슷하다. 가나는 해마다 270만㎡에 해당하는 면적의 해안이 상실되고 있다. 그 중 80%가 침식되었다. 대표적으로 아크라(Accra) 대도시권이다. 이곳은 해수면이 점차 상승하면서 홍수 발생 확률이 높아지고 있다. 뿐만 아니라, 기후변화로 인해 에너지, 임업, 농업 등이 민감한 상태다. 이를 위해 적극적인 대응과 지원이 이어진다면 도움이 될 것이다. 무엇보다 가나 사람들이 환경에 대한 태도를 바꿀 수 있도록 교육해야 한다.

　두 번째 나라는 <u>감비아</u>다. 이 나라는 세네갈 영토 내에 있는 작은 나라로, 감비아강을 따라 해안에서 동서로 320㎞까지 들어간 길쭉한 형태를 띤다. 특히, 사하라 사막과 해안삼림 지역의 중간에 있으며 강우량이 적은 사헬지역에 있다. 이는 기후변화로 사막화가 심각한 지역이라는 의미이기도 하다. 이곳에서도 몇 개의 환경문제가 있다. 그 중 하나는 감비아의 보호구역인 볼롱페뇨(Bolong Fenyo) 석호다. 원래는 바다였다가 분리돼 만들어진 호수로, 흑등돌고래, 과일박쥐, 나일악어 그리고 다양한 철새들이 찾아드는 생명의 보고였다. 하지만 2017년 5월 22일 단 하룻밤 사이에 진홍분홍빛으로 변해버렸다. 그 이유는 근처에 중국 공장인 골든리드의 어분공장이 있었기 때문이다. 공장의 폐수에 안전기준치의 두 배가 넘는 비소와 40배 이상의 인산염, 질산염 등이 들어있었다. 그러나 감비아의 수산부장관은 돈을 받고 소를 취하한다. 이러한 어리석음이 노출되지 않도록 도와야 할 것이며, 환경정책과 시스템을 잘 정비되어야 하겠다. 어떤 기업이든 무분별한 오염원을 배출하지 못하도록 해야 하며, 수시로 확인하는 절차를 세워야 한다. 반면에 환경정책이 잘 정비된 사례도 있다. 파리협정 기후대응에 대해 세계에서 유일하게 '부합' 판정을 받은 나라는 감비아뿐이다. 이를 본받고, 기후위기에 대한 대응과 협력을 중요하게 생각하도록 적극적인 도움의 손길을 내미는 것이 중요하다.

세 번째 나라는 <u>기니</u>이다. 기니의 환경문제는 하나로 소개할 수 있다. 알루미늄 원료이자 자동차, 비행기, 음료수 캔 등의 제조에 쓰이는 "보크사이트" 생산에 사활을 걸고 있어 환경오염이 심각하다. 보크사이트 생산은 세계에서 세 번째로 많다. 다국적 광산개발 및 생산 기업을 적극적으로 유치하고 수출에 필요한 철도와 항구를 만든다. 이러한 채굴로 인해 채굴지역 주민과 철도 및 항구를 잇는 곳에 사는 주민들에게 좋지 않은 영향을 끼친다. 법적으로 토지소유권을 가진 경우가 많지 않아 보상을 받지 못하며, 농사를 지어 먹고 살던 땅에서 쫓겨나 땅과 일자리를 동시에 잃어버리기 때문이다. 또한 보크사이트를 얻기 위해 전기 분해를 해서 물이 오염되고 기업의 지속적인 개발로 공기오염까지 이어졌다. 철길을 만들기 위해서 맹그로브숲을 파괴하기도 했고, 다국적 광산 기업이 들어오면서 전기가 부족해지기도 했다. 이러한 문제를 위해 국가가 나서야 하고, 기업에 환경오염을 일으키지 않는 방향을 제시하도록 요구하는 것이 중요하다. 즉, 환경파괴를 제한하는 법령을 만들고 이를 요구하면서 개발할 수 있게 해야 한다. 선교사역을 통해 다국적 광산개발 기업의 행태를 감시하고 친환경적인 작업이 이루어질 수 있도록 요구해야 한다. 궁극적으로는 환경오염으로 많이 일으키는 보크사이트를 친환경적으로 채굴할 수 있을지 연구도 지속해보면 좋겠다.

네 번째 나라는 <u>기니비사우</u>이다. 이 나라는 2013년에 비닐봉지 사용과 소지를 불법화하고 2020년 일회용 플라스틱 사용을 전면 금지한 나라다. 다만 세계에서 제일 가난한 나라 중 하나이며, 그로 인한 피해가 심각하다. 선교사역을 하려면 플라스틱 제품을 사용하지 않고, 다회용기를 이용해야 할 것이며, 어려운 이웃들에게 친환경 제품(특히, 생활용품)을 지원해야 할 것이다. 또, 어른부터 아이에 이르기까지 기후변화 대응력을 기를 수 있도록 돕는 것이 필요하다.

다섯 번째 나라는 <u>나이지리아</u>다. 나이지리아는 광물산업과 원유채굴을 통한 수출에 큰 의존도를 갖고 있다. 소규모로 진행되는 금 채굴과 같은 활동이 곳곳에서 진행되고 있다. 추출 과정에서 발생하는 수많은 중금속으로 주변 환경이 오염됐고, 그곳에서 일하는 노동자와 주변 마을주민이 큰 피해를 받았다. 토양에 스며든 오염원이 주거 지역과 우물, 연못 등지에 영향을 주고 있다. 정부는 채굴과정에서 발생하는 환경오염 인자를 줄이기 위해 환경법령을 세워야 하고, 오염원이 주변 지역으로 흘러 들어가지 않도록 철저한 제어시스템을 만들어야 한다. 그리고 노동자들이 이 문제를 인식하도록 알려야 한다. 무엇보다 원유채굴에서 문제가 드러나고 있다. 세계 8위의 산유국인 나이지리아지만 제대로 된 시설이 없어 석유제품을 매년 100억 달러 정도 수입하고 있다. 물가는 상상할 수 없을 정도로 비싸다. 석유로 돈을 버는 일부 부자들만 부유할 뿐이다. 일반 사람들은 혜택을 전혀 받지 못한다. 그래서 더욱 심각한 빈부격차와 낙후된 환경에서 고생한다. 또, 석유추출 과정에서 나오는 천연가스를 불법적으로 소각하는 행태가 계속 이어져 기후변화와 지구온난화를 심화시키고 있으며, 주변 온도가 극심하게 높아질 뿐 아니라 각종 유해가스까지 피해를 주고 있다. 그러므로 천연가스 소각과 석유추출 과정이 제대로 된 설비를 통해 나이지리아 국민에게 지원될 수 있도록 해야 할 것이다. 또, 아프리카의 장점을 살려 석유 수출보다 태양광 발전을 도모할 필요도 있다. 이는 나이지리아의 수많은 석유 매장지에서 발생하는 원유유출 사고를 방지하는 데 효과적일 것이다. 나이지리아는 2008년에 발생한 기름 50만 배럴 원유유출사고를 잊지 말아야 한다. 산유국에서 벗어나 환경적으로 더 나은 경제적 발판을 마련할 수 있도록 해야 한다.

　여섯 번째 나라는 니제르이다. 사헬 지대의 중앙을 지나며, 가난한 나라 중 하나이다. 이 나라는 세계적으로 유명한 우라늄 생산지이다. 프랑스 거대 원자력기업 아레바 등이 니제르에서 우라늄을 채굴한다. 그로 인해 방사선이 인근 지역 주민과 광산노동자를 위협한다. 최근 원자력발전을 녹색발전으로 언급하는 사례가 나오고 있다. 하지만 이것이 과연 올바른 생각일까? 탄소배출의 관점에서만 본다면, 아마도 "그렇다"라고 말할 수도 있다. 하지만 원자력발전소를 만드는 과정만 봐도 엄청난 탄소를 배출하고, 우라늄을 핵분열할 때 방사성 원소가 배출될 뿐 아니라 고준위방사성폐기물 처리의 문제를 생각한다면 그렇지 않다. 시간이 지나면 방사능이 몸에서 배출되는 것이 아니라 누적된다. 그러므로 우라늄 생산을 대체할 만한 기술을 지원하는 사업을 고려하여 도와야 한다. 공정한 감시와 대책도 요구해야 한다. 다음으로 기후변화로 인해 기아 문제가 더욱 심해지고 있다. 영양실조를 앓는 사람들이 수백만 명이며, 경제적 이유로 조혼하거나 노동으로 내몰리는 경우가 많다. 한 가정이 하루에 1달러를 벌어서 살기 때문이다. 이들에게 식량 지원을 하고 직장을 구할 수 있도록 도와야 한다. 또한 교육이 이어져야 한다. 니제르에서도 다양한 환경기술이나 직업이 생기길 바란다.

　일곱 번째 나라는 라이베리아이다. 이 나라에 대한 자세한 정보는 알기 어렵다. 하지만 팜유 농장에 대한 사건은 잘 알려져 있다. 세계 2위 팜유 회사 (골든 아그리 리소스, 2021년)가 ESG평가 1위에도 불구하고 공급망인 팜유 농장의 파괴로 논란이 되었다. 팜유 농장은 열대우림 등 산림지대를 없애고 만드는 경우가 대부분이다. 그러다 보니, 팜유 농장이 기후위기의 근원지로 생각하는 경우가 많다. 다만, 이 회사는 약 10여 년 전 환경단체와 함께 삼림벌채를 억제하고, 열대우림에 대한 과학적 방법론을 마련하기 위해 단체 HCSA까지 설립했다. 그러나 이들은 환경보호를 하지 않았고, 주민 권리 보호도 이뤄지지 않았다. 나무를 자르고, 농부의 땅을 빼앗았으며 상수원을 오염시켰다. 이는 그린워싱이다. 라이베리아의 팜유 농장이 지역주민과 함께 환경파괴의 근원지가 되지 않도록 철저한 관리 감독과 환경성 평가를 통해 농장 자격을 제한하도록 힘써야 한다. 또, 기후변화에 적응하는 것도 어려운 나라인 만큼 기후변화와 더위에 대한 대응을 돕는 계획을 세워야 할 것이다.

여덟 번째 나라는 말리이다. 말리는 사헬 지대를 통과하는 중심부에 있는 나라다. 사막이 많고, 기후변화로 사막화 현상이 두드러지게 나타난다. 그래서 말리의 환경문제도 역시 사막화 현상 등 기후변화가 가장 크다. 대표적인 예로 한때 수량이 풍부했던 북부의 파기빈 호수는 물 한 방울도 없는 사막으로 변했다. 이렇듯 말리의 북부지역은 기후변화의 영향으로 죽음의 땅, 사막으로 변해가고 있다. 파기빈 호수에 살던 수많은 식물도 자랄 수 없게 되었다. 그 원인은 호수 바닥에서 새어 나오는 가연성 가스 때문이다. 그렇다면 이러한 사막화 현상의 이유는 무엇일까? 전 세계가 많은 탄소를 배출하면서 지구온난화가 심해진 원인도 있지만, 에너지 문제도 하나의 원인이다. 그들이 사용하는 전통적인 난로는 나무를 남벌하며 얻는다. 오죽하면 목탄 난로가 전통적인 난로보다 목재 소비량을 1/4~1/5 이하로 줄일 수 있다고 홍보할까? 이러한 산림 남벌은 사막화 현상을 더욱 심하게 만들었다. 그러므로 선교사역 가운데 에너지 효율성이 높고, 친환경적인 에너지발전 시스템을 제공하고 지원하는 것이 필요하다. 이러한 사막화와 기후변화 현상으로 말리는 치안이 악화된 것이 현실로 드러나고 있다. 인구의 2/3가 종사하는 농업이 GDP의 39%를 차지하고 있지만, 극심한 가뭄으로 농업 생산량이 급격히 감소했고 식량 안보위기에 직면하게 되었다. 그러나 말리 정부는 이에 대한 대응책을 제공하지 못하고 있다. 수자원과 경작 가능한 토지를 둘러싼 부족 갈등이 이어지고 있고, 빈곤층을 중심으로 사하라사막과 사헬지역에서 활동하는 이슬람 극단주의 조직이 세력을 강화하고 있다. 내전으로 확대될 가능성도 농후하다. 그러므로 선교사역을 통해 말리의 농촌 지역을 지원하는 것이 필요하며, 가뭄을 해결할 방안과 친환경 농법 등을 지원해 문제들을 해결하도록 하는 것이 중요하다. 무엇보다 전문가들의 지원이 반드시 필요하다.

아홉 번째 나라는 모라타니다. 이 나라는 사헬 지대의 서쪽 끝부분에 있는 사막지대이며 무더운 날씨로 유명하다. 지형이 매우 단조로운 편으로 산이 거의 없고 평탄하다. 국토 대부분이 사하라사막과 엘주프(El Djouf)사막이 있어 농경이 거의 불가능하고, 별다른 산업시설이 없어 빈곤하다. 그나마 농경지가 있다면 남부 세네갈 유역에 있지만, 심각한 사헬 지대의 사막화로 인해 농경지가 계속 줄어들고 있다. 반면에 철이 많이 생산되고 있으며, 2001년에는 석유도 발견되었다. 이것이 거의 유일한 수입원이 아닐까 생각된다. 모리타니는 식량 생산량이 원래도 부족한데, 근 5년간 40%가 감소하였다. 이는 기후변화로 극심한 가뭄과 산불에 영향을 받은 탓이고, 지역 내 바이오매스 생산량도 최대 80% 급감한 것으로 보고됐다. 다른 가난한 나라들과 비슷하게 식량 불안이 내전으로 이어질 가능성이 크며, 이슬람을 국교로 해 분쟁이 더욱 심화될 가능성도 내재되어 있다. 다만, 선교사역을 통해 이 지역에 식량을 지원하는 것뿐 아니라 기후변화 대응을 할 수 있도록 교육하고, 시스템을 정비하여 땅을 회복시키는 것이 필요하다. 그런 뒤 땅을 개간하고 농경지와 목초지를 확장시켜 사람이 살 수 있는 여건을 만들어야 한다. 최근 모리타니는 목초지까지 황폐되어 가축은 죽고 노인과 아이들만 남았다. 젊은 목축업자들은 목초지를 떠나 수도 누악쇼트에서 일거리를 찾기 위해 동분서주하고 있다. 극심한 가뭄과 사막화로 기후난민이 늘어나는 상태고, IS 테러보다 더 큰 위협으로 느껴지는 게 현실이다. 그러므로 선교를 통해 경제시스템을 바로 세우고, 모리타니에서 할 수 있는 산업들을 발전시켜 나가도록 도와야 한다. 특히, 사막지대에 태양광 산업을 계획하고 진행해서 바이오매스보다 더 큰 효과를 얻고, 일자리를 생산하는 등의 역할을 펼쳐야 한다.

열 번째 나라는 부르키나파소다. 이 나라는 극단적인 분쟁이 심하다. 농업과 목축업으로 대부분 생계를 유지하나 분쟁이 심화되면서 수확할 식량과 가축을 잃었다. 그러다 보니, 식량과 식수가 부족하고, 그로 인해 영양실조와 수인성 질병이 많아졌다. 또한 사헬지대가 지나가는 곳이어서 강수량이 적은데, 기후변화로 물이 더욱 부족해 극심한 가뭄이 이어지고 있다. 그러므로 부르키나파소의 사헬 지대에 나무를 심는 사업을 진행해야 할 것이며, 식량과 물을 지원하는 방안과 함께 가물어도 식량을 생산할 수 있는 작물을 지원하고 영속농법과 같은 친환경 농법을 교육하고 생산하는 등의 역할도 필요하다. 이를 통해 하나님의 뜻과 사랑이 전파되길 바란다.

다음으로 열한 번째 나라는 베냉이다. 베냉은 아주 빈곤한 나라로 극심한 가뭄과 사막화로 더욱 어렵게 되었다. 특히 노동문제가 심각하다. 어린이의 68%가 노동을 하는 것으로 보고되었다. 이들은 쓰레기를 줍거나 거리에서 물건을 팔고 공장에서 일한다. 이러한 노동은 반강제적이며, 노예와 같은 착취로 이어진다. 극심한 가뭄과 사막화로 인한 식량부족 및 영양실조 등의 위협에 처해 있기 때문이다. 2012년부터 해수면 상승과 함께 해안침식의 문제와 극심한 가뭄, 사막화 농업 생산성의 감소도 일어나고 있다. 게다가 물 부족까지 겪고 있다. 다행히 2017년 11월부터 바다의 플라스틱 오염을 줄이기 위해 비닐봉지의 생산, 수입, 판매, 소유, 사용을 전면 금지했으므로, 사역할 때 친환경 제품과 용기를 지원함으로 함께 협력하는 길을 열어야 할 것이다.

열두 번째 나라는 <u>세네갈</u>이다. 세네갈도 모리타니와 함께 거의 평지이며, 전 국토의 54%가 삼림이다. 다만, 세네갈강 유역은 사하라사막에 접하는 건조지대로 페를로 사막을 형성하고 있다. 그 외 지역은 사바나성 기후다. 특이한 것은 아프리카에서 납 중독 사건이 최초로 발현된 지역이라는 것이다. 그 이후 나이지리아, 케냐 등에서도 발생했다. 2008년 세네갈에서 자동차 전지 재활용 과정에서 발생한 납으로 인해 어린이 18명이 사망했다. 환경오염으로 큰 피해를 겪은 사건이다. 환경법이 제대로 세워지지 않은 상황 속에서 발생했고, 여전히 다른 아프리카 지역에서도 일어나고 있어 큰 걱정거리다. 납 중독은 특히 어린이에게 치명적이다. 체내 혈중 납 농도가 높게 되면 IQ 저하, 청력 손실, 과잉 행동, 집중력 저하 등이 나타나고 사망에 이르기도 한다. 선교사역을 통해 친환경적인 기술이 아닌 무분별한 재사용 및 행동을 제한하고 기술력을 지원하는 시스템을 만들어야 한다. 그렇게 하지 않는다면 이 문제는 지속될 것이기 때문이다. 다음으로 기후변화의 현상이 세네갈에서도 큰 영향을 끼치고 있다. 특히, 사헬 지대에 속하는 세네갈은 극심한 가뭄과 함께 사막화 현상이 두드러지게 보인다. 북부 전체에 사막화 현상이 확대되면서 세네갈강의 마난탈리 댐만이 부분적으로 이 현상을 저지하고 있을 뿐 다른 곳에서는 심각하다. 그렇기 때문에 생물 다양성이 뛰어난 세네갈에 생물들(550종 이상의 동물군과 철새 등)이 큰 위협을 겪고 있다. 이를 해결하기 위해 "녹색장벽"을 추진하고 있는데, 그 결과가 어떨지 궁금하다. "녹색장벽"을 세우는 것은 꼭 필요한 일이기 때문에 선교를 통해서 함께 협력하는 것이 중요하다. 마지막으로 기후변화로 인한 해수면 상승으로 잠기는 지역이 있다. 도시 쌩 루이(Saint-Loius)는 바닷물이 육지로 계속 밀려 들어와 농사를 짓기 어려운 상황이다. 이는 식량부족으로 이어지고, 삶의 터전도 사라지고 있다. 그러므로 이 도시를 위해 적극적인 대책을 세워야 한다. 특히, 해수면 상승을 막기 위한 다양한 대책이 실현되도록 선교사역에 집중하면 좋겠다. 궁극적으로 기후변화 대응을 통해 사막화와 해수면 상승을 막는 역할을 세네갈 주민이 할 수 있도록 도와야 한다.

열세 번째 나라는 <u>시에라리온</u>이다. 시에라리온은 그다지 많은 환경 관련 정보가 제공되고 있지 않다. 과거 내전으로 인해 내상이 많았던 곳이었지만, 최근 안정되었다. 다만, 제대로 된 정책이 없어 반정부 시위 등이 발생하고 있다. 이러한 상황 속에서 시에라리온에도 여전히 기후변화에 대한 타격이 심해지고 있다. 2017년 발생한 수도 프리타운 인근 리젠타 등에서 발생한 홍수 및 산사태로 1,000명 이상의 사망자가 발생하기도 했다. 콜레라, 수인성 질병으로 확산되기도 했다. 2021년 10월부터 시에라리온에서는 '최고 열관리 책임자(Chief Heat Offier)'가 만들어졌다. 이 책임자는 기후변화로 인해 사회문제로 떠오른 '폭염'을 막는 역할을 한다. 그의 목표는 '두 아이가 자신이 어릴 때처럼 열사병 걱정 없이 자유롭게 걸을 수 있는 것'이라고 밝혔다. 이러한 노력에 더하여 환경선교를 지원하여 홍수 및 산사태 방지 대책까지 함께 협력하는 '최고 기후변화 관리책임자'를 세워 시에라리온에서 기후변화에 대한 대응과 협력이 이어질 수 있기를 바란다.

열네 번째 나라는 카보베르데다. 서아프리카 대서양에 있는 섬나라로 정식 국명은 카보베르데공화국이다. 대다수가 가톨릭 신자(약 98%)다. 화산활동으로 만들어진 섬나라로 세이셸, 모리셔스 등과 함께 아프리카에서 몇 안 되는, 치안이 안정된 국가이기도 하다. 바다 한가운데 있음에도 열대성 고압대의 영향을 받아 열대 해양성 기후를 가지고 있다. 그래서 우리나라의 늦봄이나 초여름, 늦여름이나 초가을 날씨가 1년 내내 계속된다. 그만큼 살기 괜찮은 날씨다. 다만, 화산활동이 아직까지 진행되고 있다. 환경문제는 겉으로 드러나지 않았지만, 건조한 기후로 식량 생산에 어려움이 있어 식량을 수입에 의존(약 80%)하는 경향이 짙다. 그러므로 선교사역을 통해 기후변화에 대한 대응 및 적응 대책을 세워야 하고, 거대한 폭풍 및 허리케인이 몰려올 수 있으므로 이에 대응하는 도움을 아끼지 말아야 한다.

열다섯 번째 나라는 코트디부아르다. 이 나라는 폐기물에 관한 문제가 유독 많은 나라다. 특히, 2006년 원유거래업체 트라피규라(Trafigura)가 54만 리터를 항구에 배출한 사건이 있었다. 그러나 이러한 폐기물을 어떻게 안전하게 폐기할 수 있는지 방법을 전혀 알지 못했고, 현지 업체를 고용해 인근 18개 곳에 폐기물을 매립했다. 이 사건으로 지역 주민들은 호흡곤란과 구토, 두통, 눈 충혈, 코피, 피부 병변 등의 증상을 호소했고, 그 결과 15명이 사망했다. 이 사건 때문에 보건소가 세워졌지만, 지금은 보건소 운영이 제대로 되고 있지 않다. 그리고 폐기물 문제가 여전한데도 제대로 정비하고 있지도 않다. 그렇기 때문에 선교사역을 통해 토양오염을 제거하고 깨끗하고 안전한 토양과 대기 그리고 환경을 만도록 지원해야 한다. 아프리카의 많은 나라는 커피 산업으로 영향을 받고 있지만, 코트디부아르는 초콜릿 산업에 영향을 주는 코코아 재배가 가나와 함께 70%를 차지하기 때문에 아주 중요하다. 그러나 기후변화로 건조한 지대가 되면서 코코아 생산량도 급격히 저하될 것으로 보인다. 그러면 초콜릿 산업이 위태로워지고, 코트디부아르의 경제 산업도 휘청거리게 될 것이다. 그러므로 기후변화에 대한 대응과 함께 코트디부아르 맞는 농업과 코코아 산업을 다시 세우는 연구가 이어져야 할 것이다.

마지막 나라는 <u>토고</u>이다. 토고는 국민 대부분이 농경과 목축업에 종사하며, 극심한 가뭄과 사막화, 식량 생산의 문제로 빈곤한 삶을 살아가고 있다. 다만 철, 보크사이트, 인 등 지하자원이 풍부한데, 그중에서도 인 생산량은 전 세계 4위를 차지할 정도다. 석유 매장량과 지하자원의 개발로 인해 해양 및 토양오염이 심해지고 있다. 그러므로 이러한 자원을 친환경적이 될 수 있도록 정책을 세우는 것이 중요하다. 또한 엄청난 석유 매장량을 가지고 있는 기니만을 미국이 노리고 있다는 이야기도 있다. 그러나 아직 토고에서는 개발이 진행되고 있지 않은 것으로 보인다. 따라서 원유추출을 위한 작업보다 더 친환경적이고 경제적으로 이득인 산업을 행할 수 있도록 도와야 한다.

지금까지 서아프리카 열여섯 나라의 환경 상황을 이야기했다. 모리타니부터 카메룬까지 이어지는 해안 지역25)은 해수면 상승에 상당히 취약하다. 특히, 사하라사막 이남 6,400㎞의 해안선이 위험하다. 이를 위해 기후위기에 대한 대응 및 적응을 위한 해당 나라들의 협력체계가 이루어져야 한다.

우리는 지금까지 아프리카 나라들의 환경문제와 상황을 토대로 선교전략을 생각해 보았다. 그렇다면 아프리카 대륙을 중점으로 환경선교 사역을 어떻게 하면 좋을까? 첫째, 아프리카는 산업폐기물이 무분별하게 들어오고, 다국적기업의 환경정화 설비를 제대로 갖추지 않아서 심각한 환경오염에 노출됐다. 이는 환경법이 제대로 실현되어 있지 않은 아프리카의 특징 때문이다. 돈을 아끼기 위해서 오염물질을 버리면 폐수가 무분별하게 유출되고, 보호 기술이나 제어공학을 이용한 시스템 설비조차 되어 있지 않다. 그러므로 선교사역을 통해 아프리카 지도자들과 협력하여 환경법을 정비하고 정화시설과 시스템을 갖출 수 있도록 지원해야 한다. 개인의 행동도 중요하지만, 시스템이 변화되도록 도와야 할 것이다.

둘째, 아프리카의 열대우림 지대가 벌목되고 있으며, 사막화가 확대됐다. 생계를 유지하기 위해 연료를 얻으려고 벌목을 하는 경우가 다반사다. 이로 인해 산림 황폐화와 아프리카 사헬 지대의 사막화가 더욱 확대되고 있다. 사하라사막은 1920년 이후 약 100년간 사막의 면적이 10% 이상 증가했다. 지구온난화로 대기 순환의 균형이 깨지면서 사헬 지대가 점점 뜨거워지고, 극심한 가뭄이 이어져 호수가 말라버렸다. 지역 주민들이 어려움을 겪고, 삶의

---

25) 해안선 지역 나라들(해수면 상승 위기 나라): 모리타니, 세네갈, 감비아, 기니, 시에라리온, 라이베리아, 코트디부아르, 가나, 토고, 나이지리아, 카메룬이 해당된다.

터전을 잃어버린 경우도 많다. 극심한 식량난과 물 부족이 원인이다. 이를 해결하기 위해 아프리카 11개 나라가 2007년부터 '녹색 장벽(Great Green Wall)' 프로젝트를 시행했다. 에티오피아와 세네갈에 각각 15만㎢ 이상의 땅이 복구되었고, 니제르는 2억 그루의 나무를 심어 지력을 회복하고 있다. 이러한 녹색 장벽 프로젝트를 위해 그리스도인들이 함께 협력하는 것이 필요하다. 숲 조성 전문가를 지원하고 재정적 후원이 함께 동반되어야 할 것이다. 그리고 벌목을 추진하는 나라를 위해 태양광 산업을 지원해야 한다. 아프리카의 넓은 사막지대를 태양광 산업을 하는 지대로 바꾼다면 좋은 효과를 얻을 수 있을 것이다.

셋째, 아주 풍부한 생물 다양성이 고갈될 위기에 처해 있다. 특히, 보호구역에 사는 동물군이 고갈되고 있다. 예를 들어 코뿔소의 뿔이 몸에 좋다고 해 밀렵꾼들에 의해 잘려나갔다. 이러한 예는 곳곳에서 드러난다. 밀렵뿐 아니라, 과잉 개발로 생태계가 파괴되고 있다. 대표적으로 천연자원이 풍부한 아프리카에서 중금속 등 여러 자원을 캐내기 위해 생물 다양성이 풍부한 지역을 파괴하고 있다. 이를 잊지 말고 기도하며 해결할 수 있도록 협력해야 한다.

넷째, 아프리카 대륙의 많은 나라는 환경문제 관리 역량이 많이 부족한 편이다. 아무래도 경제적으로 상황이 좋지 않아 여력이 없다. 대기, 수질, 폐기물 문제에 대한 환경법이 제대로 제도화되지 않은 경우가 대다수다. 이에 비해 비닐이나 플라스틱 제품을 금지하는 법안이 가장 많이 상용화된 나라이기도 하다. 이를 기억하고 선교사역을 통해 환경정책이 제대로 수립될 수 있도록 최선을 다해 지원해야 한다.

다섯째, 에티오피아부터 수단, 이집트에 이르기까지 나일강으로 연결된 지역에 물 분쟁 논란이 심화되고 있다. 그 이유는 그랜드 에티오피아 르네상스 댐을 청나일강 일대에 건설하고 있기 때문이다. 이집트는 수자원의 90% 이상을 나일강에 의존하고 있다. 하지만 이 댐은 나일강 수원의 75%를 차지하고 있는 청나일강에 있어 분쟁이 심하다. 수단이 댐을 반대하지 않고 오히려 에티오피아의 손을 들어주어 서로 분쟁이 격화되고 있다. 자신의 나라만 생각하는 행동은 옳지 못하다. 서로 이해하면서 도와주고 갈등을 중재하기 위해 노력해야 한다. 더불어 심해지는 물 문제를 해결하기 위해 Q드럼과 같은 적정기술을 지원하는 것도 고려해야 한다.

마지막으로 '인구증가'가 급속도로 이어지고 있는데도 환경에 대한 관심이 거의 없다. 물론 여기에는 부정적인 입장만 있는 것은 아니다. 경제성장이 뒷받침되면서부터 인구가 급증하는 사례가 늘고 있다. 대표적으로 나이지리아가 있다. 이 나라의 인구는 약 2억 100만 명이며, UN에 의하면 50년 후, 5억 3천만 명에 이르며 세계 3위의 인구 대국이 될 것이라 말한다. 앞에서 언급했듯이 나이지리아는 경제성장이 이어지면서 인구가 급증하고 있다. 아프리카 대륙의 60%가 젊은 층일 정도로 사업하기 좋은 시장이라는 평가도 이어지고 있다. 다만, 인구증가가 기후위기에 큰 영향을 준다는 측면에서 볼 때 좋지는 않다고 평가할 수 있다. 환경문제에 관심을 가지고 변화를 위한 교육과 시스템이 정비되어야 한다.

■ 아프리카의 국립공원 소개

·에네디 자연보호구역	★차드: 사하라사막 북동부 깊숙한 곳에 있어, 물웅덩이와 초목, 위기에 처한 야생동물과 협곡 벽에 새겨진 고대 암각화를 보호할 지역.
·가람바 국립공원	★콩고민주공화국: 코끼리 밀렵에 혈안이 된 반군들을 끌어들이고 있는데, 이를 막기 위한 노력이 이어짐.
·자쿠마 국립공원	★차드: 21C 들어 첫 10년 동안 공원에 서식하던 코끼리의 90% 이상 죽은 곳으로 도적 떼 '진지위드'에 도살당한 것으로 보임. 2010년부터 AP 관리(안전감이 회복됨)
·펜쟈리 국립공원	★베냉: 심각한 멸종위기에 처한 사자가 약 100마리 살고 있음. 특히, 유네스코는 **W-아를르-펜쟈리 복합유산(인근 3개국)**이 큰 희망으로 자리 잡음.
·마제테 야생동물보호구역	★말라위: 2003년 AP가 이 보호구역의 관리를 맡은 후 밀렵과 불법 행위가 줄어들었다. 그리고 검은코뿔소, 코끼리, 사자, 표범, 임팔라를 비롯한 야생동물들이 성공적으로 재유입된 곳이다.

대륙별 환경선교 이야기6. 오세아니아
—산호초 백화현상 및 맹그로브숲 파괴, 쓰레기 그리고 해수면 상승

대부분 섬나라로 되어 있는 오세아니아는 기후변화로 피해를 입는 경우가 많다. 해수면 상승으로 고향을 떠날 수밖에 없는 기후난민—혹은 환경이주민—을 기억하고, 각 나라의 상황을 이해하며 이들을 도와야 한다. 오세아니아 대륙을 크게 4구역으로 나눌 수 있는데, 멜라네시아, 미크로네시아, 오스트랄라시아, 폴리네시아가 있다. 지역별로 환경에 대한 상황을 알아보고자 한다.

*멜라네시아
멜라네시아에는 바누아투, 솔로몬제도, 피지, 파푸아뉴기니, 서뉴기니(인도네시아령), 누벨칼레도니(프랑스령)가 있다. 첫 번째 나라는 바누아투다. 바누아투는 인구가 28만 명에 불과한 작은 섬나라로 4개의 큰 섬과 무인도까지 80여 개의 섬으로 이루어져 있다. 그러나 기후변화의 위협으로 해수면 상승이 잦고, 강력한 태풍에 노출되어 있다. 그러다 보니, 지하수의 염분 증가와 저지대 침수 등으로 농작물을 키우거나 인간에게 필요한 물을 공급받기 어렵다. 그럼에도 이산화탄소를 배출하는 양보다 흡수하는 양이 훨씬 더 많은 나라이기도 하다. 그리고 2030년까지 재생에너지로 100% 전환한다고 밝혔다. 이러한 바누아투의 행보에 우리는 주의를 기울여야 한다. 70%가 기독교인이고, 국가명이 '우리는 하나님과 같이 한다'다. 그러므로 환경선교를 통해 이들의 울부짖음과 노력에 함께 해야 한다.

두 번째 나라는 솔로몬제도다. 이 나라를 이야기할 때, 이건산업이라는 회사를 얘기하지 않을 수 없다. 이 기업은 종합건축자재 기업으로, '심지 않으면 베지 않는다'는 경영원칙 아래 솔로몬제도의 조지아 섬에 나무를 심고 자재를 수입하고 있다. 이 원칙은 1990년부터 지금까지 이어져 오고 있다. 목재를 심고 키워서 사용하는 것은 자원순환 원칙에 부합하다. 특히, 심지 않으면 베지 않는 원칙은 상당히 중요하다. 하지만 솔로몬제도는 잦은 태풍과 홍수, 해수면 상승으로 기후위기에 직격탄을 맞았다. 1994년부터 2014년까지 20년간 해수면 상승이 15cm가량이나 됐다. 이는 전 세계 기준의 3배나 높다. 이러한 문제는 친환경적인 방식으로 살아가는 솔로몬제도 지역 주민들에게 더 큰 상처가 됐다. 최소 5개의 무인도가 해수면 상승으로 70년에 걸쳐 잠겨버렸다. 그리고 해안선이 거주지로 밀려와 표면적의 최소 20% 이상을 잃어 또 다른 섬의 주민들이 이주했다. 이 중 침수가 진행 중인 누이탐부 섬 등 2개 섬에서는 일부 마을이 통째로 바다에 쓸려갔다. 솔로몬제도에서 하나님을 믿으며 살아가는 사람들을 위한 도움의 손길이 이어져야 한다. 해수면 상승을 대비하고 해결할 수 있는 길을 마련하고 기후위기 대응 및 적응을 위한 준비와 교육도 이뤄져야 한다. 그렇지 않으면, 솔로몬제도의 최후의 보루라 할 수 있는 수도 '타로(Taro)'를 이전해야 할지도 모른다. 그렇게 되면 국제사회에 더 의존할 수밖에 없고, 그들의 삶이 온전하지 못할 것이다. 그러므로 우리가 솔로몬제도를 위해 기도하고 협력하며, 선교사역을 통해 이 문제들을 해결해 나가도록 힘이 되어야 한다.

세 번째 나라는 피지다. 최근에 극심한 기후변화와 쓰레기가 해안가로 밀려 들어와 큰 위협을 받고 있다. 외국 선박이 피지 해상으로 몰려와 고가인 참치를 차지해버려 경제적으로도 어려운 상황이다. 이런 상황에서 피지가 할 수 있는 일은 없다. 해안가에 밀려 들어오는 쓰레기를 치울 뿐이다. 또, 다른 섬나라와 비슷하게 해수면 상승으로 마을 공동묘지까지 집어삼킨 상황이다. 임시방파제를 만들었지만, 분명 한계가 있다. 인구의 70% 이상이 해안 5㎞ 이내에 살기 때문에 저지대가 30년 내로 수몰될 위기에 처해 있다. 선교사역을 통해 피지 주민들을 돕는 것이 필요하다. 기후변화에 대응하고 해결하여 피지가 자체적으로 살아갈 기회와 여건이 되도록 협력해야 할 것이다. 그리고 해상에서 외국 선박의 무분별한 남획과 피지를 무시하는 어업을 제한하고 피지 주민들에게 도움이 되는 체계를 세워야 할 것이다.

네 번째 나라는 파푸아뉴기니다. 파푸아뉴기니의 환경문제 중 광산으로 인한 문제가 가장 먼저 떠오른다. 부겐빌(Bougainville) 섬의 팡구나(Panguna: 현재는 폐광) 광산과 스타산맥(Star Mountains)의 옥테디(Ok Tedi) 광산 등 구리광산에서 쏟아지는 중금속 오염으로 인한 동식물의 피해가 심각하다. 이로 인해 발생하는 토양 및 수질오염도 크다. 더불어 라무(Ramu) 니켈광산에서도 환경오염이 발생했다. 니켈과 코발트 광산인데, 2019년 8월 24일 슬러지 유출 사고가 발생해 바다가 붉은색으로 변하는 사건이 있었다. 이러한 환경오염의 실태는 광산이 많은 파푸아뉴기니에 아주 위협적인 요소다. 물론 경제적으로 도움이 되기에 중요하나, 환경법령이 제대로 세워지지 않은 상태에서 광산에서 많은 오염원을 배출하고 있다. 선교를 통해 정부와 지자체가 광산개발에서 환경오염이 발생하지 않도록 법을 제정하고 철저한 관리 감독을 할 수 있도록 도와야 한다. 기후변화로 인한 위협도 존재한다. 건기인 6~9월에 강수량이 부족해 농업용수 공급문제가 심각한데, 기후변화로 건기가 더욱 심해져 걱정이다. 그러므로 빗물저장탱크나 워터펌프 등을 지원하고 수(水) 시스템을 세우는 것이 필요하다. 뿐만 아니라, 이곳에도 해수면 상승으로 사라지는 섬들이 존재한다. 파푸아뉴기니의 작은 산호섬인 타쿠(Takuu)는 기후변화로 지구상에서 사라질 위기에 처했다. 400명의 주민이 기후난민이 되고, 인근 큰 섬인 부겐빌로 이주했다. 이러한 위협은 점차 파푸아뉴기니에도 문제이다. 그러므로 기후변화에 대한 교육과 대응이 제대로 이루어질 수 있도록 협력하는 것이 필요하다.

다섯 번째 나라는 서뉴기니(인도네시아령)다. 서뉴기니는 1962년까지 네덜란드령으로 속해 있다가 인도네시아로 들어왔으나, 분리 독립 의지와 요구하는 분쟁 지역이다. 환경문제로는 해수면 상승으로 인한 위협이 있다. 인도네시아 정국을 뒤흔드는 문제가 계속해서 발생하고 있으며, 기후변화로 발생한 극심한 가뭄과 폭우 문제를 해결하기 어려운 지역이다. 선교할 때 기후변화에 대한 대응과 함께 서뉴기니 지역만의 참정권이 세워지도록 도와야 한다.

여섯 번째 나라는 누벨칼레도니(프랑스령)다. 누벨칼레도니는 프랑스의 해외 집합체로 세계적인 관광지로 유명하다. 이 지역은 3차례의 독립 투표를 진행했지만, 프랑스와의 결별이 경제적 타격을 줄 것이라는 우려 속에 부결되었다. 누벨칼레도니는 다양한 산호초와 관련된 생태계를 포함한 6개의 해양 구역으로 이루어졌다. 세계 3대 산호초 군락지에 속하는 곳으로, 석호는 뛰어난 자연미를 자랑한다. 다양한 산호충과 어류들이 살고 있으며, 맹그로브에서 해초에 이르는 다양한 서식지도 존재한다. 하지만 극심한 지구온난화로 백화현상이 두드러지게 나타나고 있다. 이러한 위협은 누벨칼레도니의 지역 주민에게도 상당한 위협이 된다. 기후변화 대응과 적응 그리고 교육이 이어져서 하나님이 창조하신 모습 그대로 유지될 수 있도록 노력해야 한다.

*미크로네시아

미크로네시아 지역에는 나우루, 마셜제도, 미크로네시아 연방, 키리바시, 팔라우, 괌(미국령), 북마리아나제도(미국령), 오가사와라 제도(일본령), 웨이크섬(미국령)이 속해 있다. 가장 먼저 알아볼 나라는 나우루다. 오랜 기간에 걸쳐 산호초가 퇴적되면서 만들어진 아름다운 섬 나우루는 바닷새들이 몰려들면서 새들의 터전이 되었다. 인산칼륨이 함유된 새들의 배설물이 산호초 위에 쌓이며 인광석으로 변했다. 이 놀라운 자원이 발견된 것은 1800년대 말 유럽인들에 의해서였다. 이후 독일과 호주, 영국 등 유럽의 기업들이 인광석 채취에 나섰다. 1968년 독립되면서 본격적으로 인광석을 채취해 팔기 시작하면서 대단한 부국이 되었다. 그 결과, 나우루 주민들은 더 이상 일할 필요성을 느끼지 못했고, 인광석이 급격히 줄어들면서 황무지가 되었다. 이러한 나우루의 "공유지의 비극"은 세계적으로 잘 알려져 있다. 인간의 욕망이 나우루 전체를 뒤흔든 것이다. 인광석 채굴을 100년가량 노천광산에서 진행했기 때문에 국토가 황폐해졌고, 평균 고도도 낮아졌다. 그 결과, 해수면 상승으로 인해 주변 섬나라인 투발루와 마찬가지로 가라앉을 위험에 처하게 됐다. 바티칸 소국과 모나코 다음으로 세계에서 가장 작은 나라이기 때문에 기후변화로 인한 해수면 상승으로 절규에 가까워지고 있다. 그러므로 선교사역을 통해 나우루를 돌봐야 한다. 더불어 나우루 주민들이 일하도록 돕고, 환경문제를 해결하는 기업이나 플랫폼을 구성해 경제활동이 이루어질 수 있도록 협력하면 좋을 듯하다.

두 번째 나라는 마셜제도다. 1946년부터 58년까지 67번의 핵실험이 마셜제도에서 진행되었고, 그로 인한 방사능 피폭 문제가 심했다. 후쿠시마 핵발전소 사고보다 최대 1,000배 이상 높았다는 연구결과도 있다. 마셜제도에는 여전히 핵 문제를 담당하는 환경단체가 많고, 환경운동에 관심이 높다. 마셜제도는 적도 부근 29개의 환초(산호초가 고리 모양으로 배열된 것)와 1,100여 개의 작은 섬으로 이루어져 있다. 하지만 해수면이 1m 상승한다면 마셜제도의 수도인 마주로 건물의 37%가 영구적으로 침수될 수 있다. 해수면 상승으로 토지가 씻겨 내려가 묘지 등이 소실되고, 식자재인 생선·산호초도 해수 온도 상승의 영향을 받는다. 특히, 산호초의 경우 백화현상이 뚜렷하게 나타난다. 현재 인구 90%에 가까운 4만 3천여 명이 미국으로 이주했다. 그러므로 사랑하는 마음으로 이 지역을 회복시키고, 기후변화의 문제가 해결될 수 있도록 협력하며, 하나님의 뜻을 기대하는 시간을 가져야 할 것이다.

세 번째 나라는 <u>미크로네시아 연방</u>이다. 이곳은 미국령이었고, 1986년에 독립했다. 하지만 현재도 경제 및 군사적으로 미국을 의존한다. 계절은 건기와 우기로 나뉘며 열대기후다. 하지만 기후변화로 인해 지역사회의 취약한 현상들이 발견되고 있다. 기후변화로 인한 해수면 상승, 폐기물 관리 문제가 있다. 폐기물을 관리하는 시스템과 순환체계를 세워나가는 것이 중요하다. 선교사역을 통해 이를 돕는 역할이 이루어져야 하며, 더불어 가톨릭 중심인 미크로네시아 연방에 효과적인 하나님의 사명과 뜻을 전달할 필요가 있다. 물질순환과 쓰레기를 만들지 않는 노력이 더해져야 하겠다.

네 번째 나라는 <u>키리바시</u>다. 키리바시는 해수면 상승으로 큰 피해를 보고 있는 나라 중 하나다. 기온 및 해수면 온도 상승, 태풍 및 강풍, 침식, 가뭄, 홍수 등 기상이변이 계속 발생하고 있다. 해발 1.8m 정도로 낮은 섬들로 이루어진 키리바시는 터전이 사라져 다른 곳으로 이주한 사람도 많고, 1년 내내 물에 잠겨있는 마을에서 살아가는 사람도 있다. 전체 인구의 절반은 수도 타라와가 있는 남타라와 섬에 거주한다. 이는 33개에 달하는 외곽 섬들의 터전이 사라지거나 물에 잠기게 되면서 대부분 이주했기 때문이다. 질병이 창궐하고 영양실조가 높아지고 있다. 농사를 지을 수 있는 땅이 적어지고 있고, 식수의 문제도 심각하다. 땅에 있는 지하수에 염분이 침투하고 있기 때문이다. 그래서 과일이나 채소의 재배가 어려워 대부분 당분과 지방 함유량이 높은 수입식품에 의존한다. 키리바시 정부는 2014년 7월 국토침수위기에 비상 이주를 준비했다. 2,000㎞가 떨어진 피지 북섬 바누아레부의 2,000㎢의 숲 지대를 887만$에 사들인 것이다. 키리바시의 기후위기 상황은 현재진행형이므로 선교를 통해 대응체계를 확립해야 한다. 교계가 함께 힘을 합쳐야 할 것이며, 식량 및 식수의 문제도 해결하도록 도와야 하겠다. 키리바시는 지금도 기후위기의 최전선에서 하루하루 힘겹게 싸우고 있다. 그들을 위해 지금부터 기도하고 협력하도록 하자.

다섯 번째 나라는 <u>팔라우</u>다. 팔라우는 아름다운 휴양지로 유명하다. 사람들이 여행을 올 때마다 환경의 문제가 대두되면서 아름다운 섬을 보호하려는 조치를 시행하고 있다. 바로 '팔라우 서약(Palau Pledge)'이다. 이 서약은 입국하는 모두가 서명해야 한다. 그 내용은 다음과 같다. 『팔라우 국민 여러분, 저는 방문객으로서 여러분의 아름답고 독특한 섬나라를 지키고 보호할 것을 약속합니다. 저는 자연을 해치지 않고, 친절하게 행동하며, 주의해서 여행하겠습니다. 저에게 주어지지 않은 것은 취하지 않겠습니다. 저를 해치지 않는 대상에게 해를 가하지 않겠습니다. 제가 오직 남기게 될 것은 물에 씻겨 나갈 발자국뿐입니다.』라는 내용이다. 팔라우의 자연경관과 환경이 제대로 유지되지 않고는 살아갈 수 없다는 확고한 신념과 경험이 밑바탕에 있다. 이 서약에 서명해야만 팔라우에 들어갈 수 있다. 해양생물을 기념품으로 채취하지 않고, 물고기와 상어에게 먹이를 주지 않는다. 수영 시 스쿠버용 오리발이 산호에 닿지 않도록 주의하고, 산호를 만지거나 밟지 않아야 한다. 정원에서 과일이나 꽃을 가져가지 않고, 야생동물을 만지거나 쫓지 말아야 한다. 쓰레기를 함부로 버리지 않고, 흡연 금지 구역에서 흡연하면 안 된다. 이 서약은 현지 상섬과 지역사회를 지원하고, 팔라우의 관습을 존중하겠다는 다짐이기도 하다. 또한, 팔라우는 국가 최초로 해양생태계에 해를 끼치는 자외선 차단제를 금지한 첫 나라다. 옥시벤존 성분을 포함한 선크림을 피부에 바르거나 판매할 수 없다. 해양생태계를 보호하고, 산호를 보존하기 위한 방책이다. 2021년 팔라우 대통령은 '솔직히 말해 느리고 고통스러운 죽음엔 품위가 없다'고 말했다. 그러면서 '우릴 고통스럽게 만들어 서서히 죽어가는 걸 지켜볼 바에야 차라리 우리 국토를 폭격하는 게 나을 것'이라는 말로 지금의 참담한 심정을 표현했다. 해수면 상승은 오세아니아의 수많은 섬나라에서 나타나는 공통 문제지만 이렇게 극단적인 표현을 하는 것은 지금 삶의 터전이 위협을 받고 있기 때문이다. 우리가 팔라우를 위해 기도하며 도와야 하는 이유가 여기에 있다. 그들의 사정을 알고, 울부짖는 대통령의 목소리에 귀를 기울여야 한다. 그래서 그들이 환경 이재민이나 기후난민이 되지 않고, 팔라우에서 안전히 살아갈 수 있도록 협력하고 대응해야 한다.

여섯 번째 지역은 괌(미국령)이다. 괌은 우리나라 사람들이 아주 좋아하는 휴양지이자 여행지이다. 천혜의 자연환경이 아름답게 펼쳐져 있는 지상낙원과 같은 공간이다. 하지만 미 해군이 괌을 대상으로 기관총 사격장 건설과 해병대 5,000명을 이전하기 위해 추진 중이다. 추진하려는 곳이 석회암 숲 일대인데, 서식지 손실과 교란으로부터 완충지대 역할을 하는 괌 국립 야생동물 보호구역이 속해 있다. 이곳은 멸종해가는 괌물총새를 비롯해 마리아나까마귀, 괌뜸부기, 마리아나일박쥐, 호윤라구, 마리아나팔점나비 및 나무달팽

이 3종과 기타 토종식물 6종에게 '마지막 피난처'다. 뿐만 아니라, 우리나라의 삼성물산은 괌 관광지인 마보동굴 태양광 건설을 설계대로 진행하지 않았고, 이에 괌 정부는 공사 중단을 명령했다. 이러한 두 사건은 상황이 다르지만, 환경문제에 관심이 크다는 것을 보여준다. 그러므로 우리가 괌에 선교한다면 이를 생각하고 협력하는 자세로 환경을 회복시키는 데 일조해야 한다. 더불어 괌도 기후변화에 대한 위협에서 벗어나 있지 않다. 2023년 5월, 20년 만에 가장 강한 4등급 '슈퍼태풍' 마와르가 시속 240km가 넘는 강풍과 폭우로 괌을 강타해 공항 활주로가 망가지고, 한국인 관광객 3,200여 명의 발이 묶인 사건이 있었다. 괌에도 슈퍼태풍과 같은 기후변화의 위협이 도래한다는 것을 잊지 말아야 한다. 기후변화에 대한 위협을 잘 대응하기 위한 사전 준비와 교육이 이뤄지도록 선교사역을 통해 협력하는 것이 필요하다.

일곱 번째 지역은 북마리아나제도(미국령)다. 북마리아나제도는 환경에 관련된 사항이 잘 알려지지 않았다. 다만, 괌과 붙어 있고 기후변화로 태풍이 빈번해졌다. 그렇기에 기후변화 대응을 위한 연대를 통해 북마리아나제도를 돕는 것이 필요하다. 특히, 비행기로 1시간 거리인 괌과 함께 연계해 사역하면 좋을 것이다. 그리고 그들의 문화와 접목해 환경을 보호하면 좋겠다.

여덟 번째 지역은 오가사와라제도(일본령)다. 오가사와라제도는 일본 열도에서 남쪽으로 약 1,000km 떨어진 북서태평양에 있다. 30개나 넘는 섬이 있으며, 그 중 지치지마와 하하지마 2개의 섬에만 사람이 산다. 이곳에서 볼 수 있는 동식물의 94%가 고유종이다. 하지만 원양포경의 중심지로 개발되면서 서양 포경선들이 기항하기 시작했고, 섬에 방사된 염소들이 번식해 식생을 파괴했다. 이러한 침입성 외래종이 큰 위협이 되고 있다. 더불어 과거 벌채로 서식환경이 변화되어 오가사와라제도의 유산 가치가 훼손됐다. 오가사와라제도가 식생을 보존하고, 하나님이 창조하신 세계를 유지해야 한다.

아홉 번째 지역은 웨이크섬(미국령)이다. 이 섬은 미국 하와이 주 호놀룰루에서 서쪽으로 약 3,700km, 괌에서 동으로 약 2,430km, 미드웨이섬에서 남서쪽으로 약 1,900km 떨어진, 해안선 길이가 19km에 불과한 작은 미국령 환초섬이다. 미국령 군소 제도의 일부로 상주인구는 없으나, 약 100명의 청부업체 직원들이 있는 것으로 보인다. 해안면과 비슷한 높이를 가지고 있어서, 기후변화로 인한 해수면 상승에 취약한 지역이다. 미국이 태평양에서 전쟁이 일어날 경우를 대비하여 적을 공격할 수 있는 최전선 기지로 염두에 둬 대규모 활주로 공사를 진행하고 있다. 앞으로 섬에 대한 적절한 대응이 필요할 것으로 보인다. 원래 웨이크뜸부기라는 날지 못하는 토착종 새가 있었는데, 과거 일본군에게 섬이 점령되었을 때 멸종했다. 아마도 미군에게 보급선이 차단되어 굶주림에 시달리던 일본군이 몽땅 잡아먹은 것으로 보인다. 이러한 사례를 기억하고, 생물 다양성의 균형을 맞추어 보존하는 것이 필요하다.

*오스트랄라시아

오스트랄라시아 지역에는 뉴질랜드, 호주, 노퍽섬(호주령), 코코스제도(호주령), 크리스마스섬(호주령)이 있다. 가장 먼저 뉴질랜드다. 뉴질랜드는 청정 국가라는 이름표를 달고 있다. 그 이유는 여러 가지가 있겠지만, 자연을 사랑하는 원주민의 마음을 존중하고 그 의미를 기억하는 것과 CFCs의 배출로 인해 오존층이 파괴되면서 뉴질랜드에 커다란 영향을 끼쳤기 때문일 것이다. 오존층 파괴는 자외선을 차단하지 못해 뉴질랜드에 있는 수많은 사람이 피부 암과 안구암에 걸릴 확률이 높다.

이제 뉴질랜드가 환경에 대해 함께 협력하는 부분에 대해 나눠본다. 첫 번째 부분은 뉴질랜드가 13개의 국립공원을 가지고 있고, 이중 통가리국립공원과 테와히포우나무 국립공원이 세계 유산으로 등재되어 있다는 것이다. 뿐만 아니라, 13개의 해양보호구역도 지정되어 있다. 이는 뉴질랜드 사람들이 산과 바다를 인간과 동등한 관점으로 보고 있다는 의미이기도 하다.

두 번째는 무관심과 무지로 인해 사라지는 동식물이 많다는 것이다. 특히, 뉴질랜드의 특성상 고유한 동식물이 아주 많다. 하지만 낮은 지대와 습지대에 사는 고유 동식물의 85%가 멸종되었다. 800종 이상의 생물도 심각한 생존 위험에 처해 있다. 토착 바닷새의 90%, 물떼새의 82%, 해양무척추동물의 81%, 해양 포유류의 22%가 멸종위기에 처했거나 멸종에 가까워지고 있다. 뉴질랜드의 상징 중 하나인 키위 새도 그렇다. 갈색키위는 멸종위기에 있고, 그 외 다른 키위들은 해마다 6% 정도씩 감소하고 있다. 그리고 외국에서 유입되는 외래종의 침입도 위협적이다.

세 번째는 환경교육을 열심히 진행한다. 뉴질랜드는 어릴 때부터 현장체험을 통해 자연 사랑 운동을 벌인다. 학교에서는 아이들에게 물의 특징을 조사하게 하고, 수질오염이 심할 경우 계몽 활동을 펼치는 등 환경운동을 어릴 때부터 교육하고 있다. 어른이 되어서도 환경에 관심이 크고, 정부와 기업, 시민들이 함께 환경 지키기에 나서기 쉬운 환경이다. 특히, 국가수입에서 관광산업은 최대의 외화획득원이다. 그러한 자연환경을 보호하기 위해 정부와 시민의 노력은 끊임없다. 뉴질랜드로 가는 선교사들은 환경 감수성을 먼저 생각하고 공유하는 기회와 여건이 이어져야 할 것으로 보인다.

네 번째 부분은 일상생활 속에서도 끊임없는 환경보호 행동을 진행한다는 것이다. 우리나라의 경우, 전기 히터 혹은 바람으로 손을 건조하지만, 뉴질랜드의 화장실은 수건을 당겨서 사용하고 수건을 다 사용하면 교체하여 세탁 후 다시 사용하도록 한다. 과대 포장을 하지 않도록 플라스틱 수저와 나이프를 금하고, 비닐봉지가 아닌 종이 포장재를 제공한다. 매장 내 일회용품 사용이 금지되어 있고, 마트에서 물건을 살 때도 장바구니를 대여하는 시스템이 있다. 이 외에도 다양한 환경시스템이 체계를 이루고 있다.

다섯 번째는 뉴질랜드의 산업 중 낙농업이다. 뉴질랜드를 이동하다 보면 드넓은 초원에 소와 양들이 곳곳에서 풀을 뜯고 있는 모습을 볼 수 있다. 하지만 낙농업이 과도한 상태에 이르렀다. 수질오염이 심화된 것이다. 비가 내리면 배설물이 흘러 내려와 강과 하천을 오염시켰고, 그 결과 민물고기의 3/4이 멸종위기에 처해 있다. 이러한 위협은 무분별한 낙농업의 실태와 연결된다. 가축을 키우더라도 토양 및 수질오염을 막을 수 있는 시스템이 정비되어야 하고, 그렇게 낙농업이 유지될 수 있도록 교육과 체계를 세워야 한다. 이러한 시스템을 선교사역을 통해 세울 수 있다면 좋을 것이다.

마지막으로 **기후변화**에 대한 문제가 뉴랜드에서도 큰 부분을 차지한다. 뉴질랜드 국민 7명 중 1명이 홍수가 발생하기 쉬운 지역에 살고 있다. 그리고 약 7만 명이 극심한 해수면 상승에 따른 직격타를 받는 지역에 살고 있다. 그러므로 이러한 부분을 기억하고, 지역 주민을 위한 대응과 대책이 세워져야 할 것이다. 궁극적으로는 기후변화를 막는 것이 최우선이지만 다른 지역으로 이동하는 방안도 제시해야 한다. 2023년 1~2월 전례가 없는 홍수 사태(1월 27일~31일경)로 1차 타격을 받았는데, 곧이어 사이클론 가브리엘 (2월 10일~14일경)로 2차 타격을 입으면서 농업과 임업에 큰 영향을 주었고 물가도 엄청나게 뛰었다. 이러한 기후변화의 현상은 계속 발생한다. 기후변화에 대응하고 적응을 위한 교육과 체계를 세우도록 협력하는 것이 필요하다.

두 번째 나라는 <u>호주</u>이다. 아름다운 자연환경이 풍부한 나라 호주는 골드 코스트와 대보초, 그레이트 베리어 리프 등 유명한 생태관광지가 많이 있다. 특히, 블루 레이크(Blue Lake)는 퀸즈랜드 노스 스태래드브로크섬의 '신의 목욕탕'이라 불릴 만큼 아름답고 원시적인 모습이다. 7,500년 전의 수질과 수량을 유지하며 창조 상태 그대로 보존된 아름다운 지역이다. 다만 2021년 환경보고서에 의하면, 환경상태가 심각할 정도라고 밝혔다. 5개년 보고서에 의하면, 기후변화, 환경오염, 외래침입종, 서식지 감소의 문제 등이 확연하게 발생하고 있다. 해양, 대기, 도시, 남극 환경을 뺀 나머지 환경 부분은 이미 "나쁨" 상태에 있으며, 도시환경을 제외하고는 환경 부문이 모두 악화되었다. 비토착 식물종이 토착 식물종을 초월하였고, 2016년 이후 멸종위기종 8% 증가, 유럽 식민지화 이후 해안 염습지 78% 유실, 다른 대륙보다 많은 포유동물 상실의 문제가 발생했다. 세계 최대 산호초 지대인 그레이트 베리어 리프의 산호초 백화현상이 심각한 것도 대표적인 사례다. 뿐만 아니라, 토양침식 문제로 밭과 과일 재배에 악영향이 되었다. 마지막으로 심각한 것은 '기후변화'로 인한 위협이 곳곳에서 발생하고 있다는 것이다. 해안침식이 심각한 골드코스트와 바다 온도가 높아지면서 산호초의 백화현상이 진행되고 있는 그레이트 베리어 리프와 호주 동남부 지역을 중심으로 산불이 심하게 발생했다. 산불로 인해 1,100만ha의 면적이 타버렸고, 약 10억 마리의 동물이 죽었다. 이를 통해 대기오염도 심각해져 시드니와 브리즈번의 오염수준이 최악으로 치닫고 있었다. 또, 열대우림 지대—특히, 북퀸즈랜드 열대우림지대—가 지구온난화에 의해 고사율이 높아졌다고 한다. 건조화 능력이 높아졌고 탄소를 흡수해야 하는 열대우림 나무의 수명이 반으로 줄어들면서 나무에 저장된 탄소가 대기 중으로 반환되는 속도가 빨라지고 있다. 이러한 문제는 산불이나 극심한 홍수 및 가뭄으로 이어진다. 이를 위해 지구의 온도 증가를 1.5℃ 이하로 막는 방안을 모색하고 적극적으로 협력해야 한다. 2022년 1월 13일 서호주 온슬로의 온도가 50.7℃까지 치솟았다. 호주 역사상 가장 더운 날씨였다. 각 부분에서 호주와 협력하는 사역을 감당하고, 환경문제에 대한 하나님의 말씀을 깨닫고 기회를 제공할 수 있도록 준비하는 것이 중요하다.

세 번째 영토는 노퍽섬(호주령)이다. 오세아니아에 있는 작은 유인도로 호주와 뉴질랜드, 누벨칼레도니 사이에 있다. 호주 본토 에반스 헤드에서 동쪽으로 직선거리 1,412km, 로드하우스섬으로부터 약 900km 떨어져 있다. 이 지역만의 특별한 환경문제나 이슈는 알려지지 않았지만, 작은 섬나라라서 기후변화로 인한 위협은 크다. 그러므로 관심을 가지고 협력해야 한다.

네 번째 영토는 코코스제도(호주령)이다. 코코스제도는 인도양 동부에 있는 호주령의 섬이다. 킬링(Keeling)제도라 부르기도 한다. 면적은 14㎢로 서울시 동대문구의 면적과 비슷하다. 산호초로 이루어진 환초섬이며, 주로 수니파 이슬람교를 많이 믿는다. 인구는 600여 명으로 유럽인 주민 100여 명이 서 섬(West Island)에, 말레이인 주민 500여 명이 홈 섬(Home Island)에 주로 거주한다. 이 지역의 환경문제는 플라스틱 쓰레기다. 호주의 마지막 청정 파라다이스라 별칭이 붙어 있지만, 무려 4억 1,400만여 개의 플라스틱 조각들이 발견되었다. 주민 600명이 버릴 수 있는 플라스틱의 양이 아니다. 이러한 쓰레기는 신발 97만 7,000여 켤레, 플라스틱 칫솔 37만 3,000여 개 등 종류도 다양하다. 이렇게 밀려 들어오는 플라스틱 쓰레기들은 미관상으로도 좋지 않지만, 무엇보다 코코스섬의 환경에 악영향을 주고 있다. 그러므로 우리는 선교사역을 통해 코코스제도에 들어가 쓰레기 문제를 함께 해결하고,

아름다운 청정파라다이스로 회복될 수 있도록 협력해야 한다. 이를 통해 이슬람교도들이 하나님께로 돌아오는 역사가 이루어지기를 소망해 본다.

마지막으로 <u>크리스마스섬(호주령)</u>이다. 인도양에 있는 크리스마스섬은 호주 본토에서 약 2,600㎞가 떨어져 있고, 오히려 인도네시아 자카르타로부터 남쪽으로 약 500㎞ 떨어져 있는 호주의 해외 영토이다. 이 섬은 크리스마스 때 처음 발견되어서 크리스마스섬이라고 지어졌다. 섬 크기의 약 63%가 호주의 국립공원으로 지정되어 있다. 기독교와 불교 그리고 이슬람교가 골고루 분포되어 있다. 이곳에서의 환경 관련 내용은 다음과 같다. 가장 먼저 일 년에 한 번씩 수억 마리의 크리스마스섬 홍게가 산란을 위해 숲에서 바다로 대이동하는 장관이 펼친다. 이 때문에 몇몇 도로가 폐쇄되기도 한다. 이러한 특징을 보면, 생태계 자체를 소중히 여기는 마음을 갖고 있음을 알게 된다. 우리가 선교를 위해 이 섬을 드나든다면, 이러한 정신을 본받아야 한다. 다음으로 비닐과 플라스틱 더미들이 크리스마스섬을 곤혹스럽게 하고 있다. 우리가 버리는 쓰레기가 섬나라 사람들을 위협하는 존재가 되고 있다. 마지막으로 1950~60년대에 미국과 영국이 핵 실험지로 사용한 곳이 크리스마스섬 바로 위이다. 근해에 기폭을 시켰기 때문에 충격파나 열복사로 인한 피해가 크지는 않았으나, 방사능누출은 수백 ㎞에 이를 정도이므로 현지에서 낙진에 오염된 식수와 식량을 섭취하여 건강 이상 신호를 겪고 있다. 그러므로 핵발전과 핵무기의 위험성을 인식하고 의학적·환경적 측면에서 협력해야 한다. 더불어 크리스마스섬 지역 주민의 방사능누출에 대한 위험성을 낮추기 위한 다양한 시스템을 정비하고 세워야 한다. 이것이 크리스마스섬을 위한 그리고 선교를 위한 대비이자 준비일 것이다.

이렇듯 우리는 지금까지 뉴질랜드와 호주 그리고 호주의 외곽에 있는 해외 영토들의 환경 관련 상황들을 알아보았다. 이러한 문제와 위협들은 항상 노출될 수 있는 문제이므로 그리스도인으로서 이러한 문제에 대해 잘 대응하고 해결하도록 하나님의 지혜와 능력을 구하며 협력하는 길을 만들어야 한다. 그것이 우리에게 필요한 사전 준비다.

*폴리네시아

이 지역에는 사모아, 통가, 투발루, 나우에(뉴질랜드령), 미국령 사모아, 왈리스 퓌튀나(프랑스령), 이스터섬(칠레령), 쿡제도(뉴질랜드령), 토켈라우(뉴질랜드령), 폴리네시아(프랑스령), 핏케언제도(영국령), 하와이(미국령)가 있다. 먼저 <u>사모아</u>다. 독립국 사모아는 화산섬으로 이루어져 있다. 환경적인 위협이 곳곳에서 발생하고 있는데, 가장 큰 원인은 "벌채"다. 벌채로 인해 환경위협을 받고 있으며, 농업과 연계된 부분에서 변화가 많다. 게다가 벌목으로 생태 환경의 혼란을 가중했다. 해양 자원도 무분별하게 남획하고, 폭발물을 이용한 고기잡이로 더욱 심각한 상황이다. 불가사리가 급증해 산호를 괴롭히고 있다. 앞으로 벌채를 최소화하기 위해 태양과 바람 그리고 파력과 조류발전으로 에너지원을 얻을 수 있도록 지원해야 한다. 그리고 국가와 국민 소득을 높이기 위한 환경정책이 세워지도록 돕는 것이 중요하다. 또한 무분별한 남획과 다른 피조물을 생각하지 않는 행위들은 지양하도록 환경법이 잘 세워져야 한다. 기후변화로 인해 나타나는 해수면 상승으로 영토를 상실하는 주권의 문제가 해결되도록 적극적으로 대응해야 하며, 방파제 등 다양한 형태의 지혜를 모아 해결해야 한다.

두 번째 나라는 <u>통가</u>이다. 2022년 1월 15일, 통가에 해저 화산이 폭발하면서 주민들이 큰 피해를 받았고, 1,000㎞ 떨어져 있는 페루의 해변이 기름범벅이 되었다. 화산폭발로 인한 수증기가 성층권까지 올라가면서 지구온난화를 가속시켰다. 그렇다면, 왜 통가에서 해저 화산폭발이 발생했을까? 정확한 사실은 알기 어렵지만, 지진과 화산폭발은 지구온난화와 기후변화로 더 빈번해지고 있다는 연구들이 많다. 이러한 원인으로 통가와 그 외의 수많은 나라에 위협이 되는 것이다. 그러므로 선교사역을 통해 화산폭발로 피해를 받은 이들을 돕고, 기후변화를 인지하고 변화시킬 수 있도록 협력할 기회와 여건을 마련하는 것이 중요하다.

세 번째 나라는 <u>투발루</u>이다. 투발루에서 가장 높은 곳이 해수면에서 달랑 4.6m 지점인 탓에 지구온난화와 해수면 상승으로 국토가 사라지고 있다. 9개 섬으로 구성된 투발루에는 지구온난화로 2개의 섬이 가라앉게 되었고, 남은 섬도 모두 가라앉을 위기에 처했다. 수도 푸나푸티에서 해수면 상승이 되면서 육지의 면적이 확연히 줄어들었다. 육지 폭이 20m까지 줄어든 곳도 있다. 그 결과 해수면 쪽에 살던 주민들이 내륙 쪽으로 이주하면서 섬을 가로지르는 중심 도로와 활주로 가장자리에 점점 더 많은 주택과 상점이 밀집되었다. 다른 나라의 경우 활주로는 상시 통행할 수 없게 되어 있으나, 투발루는 약 1,500m가 되는 이착륙이 없을 때 산책이나 스포츠를 즐기는 사람을 만날 수 있다. 이러한 현상은 해수면 상승이 투발루 국민에게 영향을 끼쳤기 때문이다. 투발루 주민들은 타로와 코코넛을 주식으로 삼는다. 하지만 바닷물이 육지로 들어오면서 토양에 염분이 많아지고 담수가 부족해져서 농사를 짓기 어려워졌다. 도저히 식품을 구할 수 없는 이들은 신선식품이 아닌 수입한 통조림이나 냉동식품을 애용한다. 그로 인해 비만이 많이 늘어나는 추세(절반가량)다. 그리고 살기 어려운 약 1/5의 주민들은 이민을 간다. 해수면 상승으로 사라지고 있는 대표적인 지역은 '아일렛(lslet)'이다. 이 지역의 모래와 나무가 사라지고 있다. 바위만 남아있다. 이를 위해 재생에너지 사업을 확장하고 있고, 위기를 해결하려는 모습도 보인다. 하지만 이것으로 끝낼 수 없다. 우리가 협력하여 기후위기에 대응하고 국토를 유지할 방안을 세워나가야 한다. 또한 식량 자원이 부족한 현실을 잊지 말고 돕는 것이 필요하다.

네 번째 지역은 <u>나우에(뉴질랜드령)</u>다. 이 지역은 알려진 것이 거의 없다. 하지만 이 지역 역시 기후변화로 섬 지역이 위험에 처해있다.

다섯 번째 지역은 <u>미국령 사모아(미국령)</u>이다. 미국령 사모아는 사모아의 동쪽에 있는 섬 지역으로 미국령이다. 이 지역은 거의 모든 것이 미국과 비슷하다. 하지만 폴리네시아 쪽에 자리하는 섬이기 때문에 해수면 상승과 지진 및 해일 쓰나미로 위협을 받는다. 그리스도인들이 대부분인 이 지역은 미국 본토에서 기후변화의 위기에 대응 방법을 지원하는 것이 가장 중요하다.

여섯 번째 지역은 <u>왈리스 푸투나(프랑스령)</u>다. 이 섬은 남태평양의 사모아 서부에 위치한 프랑스 해외 집합체로, 여러 개의 섬으로 이루어져 있다. 크게 왈리스 섬과 푸투나 섬이 있고 그 외에 알로피 섬과 기타 20개의 무인도로 구성되어 있다. 이곳은 덥고 습하다. 연평균 기온이 26.6℃, 습도가 80%이며 연간 강수량이 2,500~3,000㎜에 달한다. 그래서 열대우림 지대가 우거져 있다. 하지만 연료용으로 나무를 베다 보니 산림이 황폐되었다. 1만 5천여 명의 지역 주민을 위한 에너지 체제를 세워나가는 것이 중요하다. 재생에너지인 태양, 풍력 및 파력/조류발전을 지원하면 좋겠다. 더불어 열대우림 생태계를 보호하고 회복시킬 복원사업이 이루어지도록 지원해야 한다.

일곱 번째 지역은 <u>이스터섬(칠레령)</u>이다. 칠레령이지만 본토로부터 3,700㎞가량 떨어진 이 섬은 제주도의 1/100 정도이다. 이 섬을 환경 분야에서 많이 소개된다. 자연환경을 파괴해서 사회기반도 몰락한 사례로 말이다. 모아이를 경쟁적으로 축조하는 과정에서 장이족과 단이족이 나무를 끊임없이 사용하고 벌목했다. 그렇게 1700년대 무렵 산림의 대부분이 훼손되었고, 모든 수목이 멸종되었다. 그 이후 토양침식이 이어지면서 경작이 어려워졌고, 야생동물도 사라졌다. 하지만 이는 왜곡된 진실이라는 의견이 최근에 나오고 있다. 산림이 사라진 것은 사실이지만, 그 주범은 '폴리네시아 쥐'였을 가능성이 크다. 그리고 산림이 사라진 뒤에도 새로운 농경을 일구며 삶을 영위하고 있다. 이스터섬이 쇠락한 것은 이후에 침범한 외부인 때문이었다. 하지만 지금은 또 다르다. 해안침식으로 이스터섬의 일부 석상들이 바다로 사라질 위험에 있기 때문이다. 이는 해수면 상승과 강력해지는 폭풍 및 해일 때문이다. 이스터섬의 문화유산을 보호하고 이스터섬 주민을 위해 기후변화에 대한 대응이 적절하게 이루어져야 한다. 오직 하나님의 사랑으로 그들을 돕고 기후변화에 적절하게 대응할 수 있도록 지원이 이어져야 하겠다.

여덟 번째 지역은 쿡제도(뉴질랜드령)이다. 쿡제도는 뉴질랜드의 구성국으로서, 이전에는 뉴질랜드 본국의 식민지였으며 지금은 뉴질랜드 본국과 자유연합(free association) 관계를 맺고 있는 속령이다. 즉, 뉴질랜드령이며, 국가로서 갖추어야 할 것들은 모두 갖추고 있다. 약 1만 7천여 명의 국민이 약 240㎢ 면적(우리나라의 통영시와 비슷)에 살고 있다. 환초로 구성된 북부 군도와 화산섬으로 구성된 남부로 나뉜다. 이곳은 천혜의 자연환경과 자원으로 관광업 및 어업으로 살아간다. 하지만 기후변화와 환경문제가 대두되면서 해양 보호의 중요성을 깨닫게 되었고, 그 결과 2017년 세계 최대 규모의 해양보호구역으로 지정(190만㎢의 규모)했다. 태평양 해역에서도 외딴곳이라는 지리적 특성으로 광활한 해양영토를 보유하고 있다. 이 해양보호구역 중 32만㎢ 면적에만 어업 행위를 모두 금지했고 나머지 구역에는 지속 가능한 선에서 조업이 허용된다. 깨끗하고 환경친화적인 여행지라는 이미지를 얻기 위함도 있지만, 바다가 주는 이익 즉, 깨끗한 공기와 물, 식량을 제공을 받기 때문에 보호한다. 기후변화로 인해 해수면 상승의 영향도 받고 있음을 기억하고 기후위기에 대응하며 해양을 보호하는 역할을 잘 감당하면 좋겠다. 더불어 쿡제도를 뉴질랜드와 다른 고유의 문화를 인정하고 협력해야 한다.

아홉 번째 지역은 토켈라우(뉴질랜드령)이다. 이 지역은 뉴질랜드의 구성국으로 사모아 북방 약 480㎞에 있어 뉴질랜드의 최북단 영토이다. 특히, 쿡제도와는 다르게 완전한 정부로 인정받지 못하고 있으며, 뉴질랜드에서 행정관이 파견되었다. 국방과 외교는 뉴질랜드에서, 자치의회와 정부는 토켈라우에서 맡았다. 아타푸, 누쿠노누, 파카오푸의 3개 섬으로 구성되어 있다. 면적이 약 10㎢로 서울시 중구와 비슷하다. 그리고 배타경제수역은 약 30만㎢로 어업이 주 생계 수단이다. 그리고 관광지로써는 이동시간이 오래 걸려 역할을 못한다. 무엇보다 이 지역은 환초섬으로 3~5m 정도로 낮다. 다른 환경문제나 이슈는 잘 드러나지 않지만, 기후변화로 인한 해수면 상승으로 인한 어려움과 물 문제가 두드러진다. 그러므로 토켈라우 지역을 선교할 때 해수면 상승을 대비한 시스템과 역할을 분명히 준비해야 하고, 기후변화에 대한 대응 및 적응을 위한 협력체계가 이어져야 한다. 더불어 빗물 저장고와 해수 담수화 시설 등을 지원하여 물과 식량을 얻도록 돕는 것이 필요하다.

열 번째 지역은 프랑스령 폴리네시아이다. 프랑스령 폴리네시아는 남태평양에 있는 프랑스의 해외 집합체다. 면적이 4,200㎢이며, 중심도시는 타히티에 있는 파페에테이다. 118개의 섬으로 이루어져 있으며, 인구의 70% 이상이 타히티에 살고 있다. 온화한 기후와 수려한 자연환경 덕분에 관광산업이 발전했다. 다만, 이 지역은 관광산업이 발달하면서 패스트푸드가 유입되었고, 어류가 남획되면서 늪의 오염이 발생했다. 불과 몇십 년 만에 환경파괴와 문화변동이 심각하게 일어나고 있다. 이러한 식탁의 위기는 프랑스령 폴리네시아를 뒤집고 있다. 더불어 작은 섬임에도, 1인당 연간 이산화탄소 배출량이 1인당 2.92톤에 달한다(UN기준 1인당 2톤). 관광산업에 의한 에너지 소모가 많고, 발전으로 인한 이산화탄소 배출이 많다. 또한 최근 대두된 프랑스에서 진행한 핵실험의 영향을 받은 지역이기도 하다. 1966년부터 1974년까지 이어진 핵실험으로 당시 주민의 90% 수준인 11만 명이 방사능 피해를 입었다. 프랑스 정부가 보상 절차를 시작했지만 거의 받지 못했고, 사과도 없었다. 프랑스 정부가 진정으로 사과하고 정확한 보상책을 지원하는 것이 필요하다. 선교사역으로 프랑스령 폴리네시아에 간다면, 기후변화 대응과 로컬푸드와 영속농업을 지원하고 어업생산 과정을 잘 파악하여 친환경적인 시스템이 세워질 수 있도록 협력해야 할 것이다.

열한 번째 지역은 핏케언 제도(영국령)다. 이 제도는 크게 헨더슨 섬(37.3㎢), 핏케언 섬(4.6㎢), 두시에 섬(0.7㎢), 오에노 섬(0.65㎢)까지 4개의 주요 섬과 작은 산호초 섬들로 구성되어 있다. 두 번째로 큰 핏케언 섬만이 유인도이고, 헨더슨 섬은 유네스코 세계자연유산으로 지정되어 파괴되지 않은 유일한 섬이다. 하지만 활주로는 물론 항구도 없어 출입하기가 굉장히 힘들다. 특히, 2021년 기준으로 47명의 주민만 살고 있다. 원래 1천여 명이 넘는 사람들이 있었으나, 뉴질랜드나 호주로 떠나버렸다. 세계적인 수준의 외진 지역으로 가장 가까운 유인도는 서쪽으로 480㎞ 떨어진 프랑스령 폴리네시아 감비에르제도 망가레바 섬이다. 하지만 이러한 핏케언 제도는 영국령에 속해 있으나 영국의 관심 밖에 있는 것 같다. 오히려 호주나 뉴질랜드에 도움을 더 많이 받고 있다. 이러한 핏케언 제도는 쓰레기 자체도 거의 나오지 않는다. 하지만 헨더슨 섬에 미세플라스틱 쓰레기들이 발견되고 있고, 그 숫자는 약 40억 개에 달한다는 보고가 충격을 준다. 우리가 버리는 플라스틱 쓰레기들이 돌고 돌아 핏케언 제도까지 당도한 것이라 볼 수 있다. 우리의 환경파괴는 사람이 접촉하지 않은 핏케언 제도까지 닿아 우려를 낳고 있다. 하나님이 창조하신 세계를 그대로 유지하며 살아가는 일을 하기 위해서 핏케언 제도에 선교사역을 진행하면 어떨까 싶다. 특히, 주요 종교가 재림교회이기 때문에 올바른 복음을 전해야 할 것이다.

마지막 지역은 하와이(미국령)다. 하와이는 미국에서 가장 유명한 휴양지 중 한 곳이다. 그래서인지 환경에 관심이 높고 환경정책들이 철저한 편이다.

플라스틱 사용을 금지하고, 선크림에 산호초를 죽이는 화학제품이 들어가면 사용하지 못하게 금지되어 있다. 자연환경이 유지되지 않으면 하와이의 명성도 사라지기 때문에 철저히 관리한다. 이러한 노력에도, 플라스틱 쓰레기가 하와이 해변을 덮었다. 2011년 동일본 대지진 이후에 발생한 현상이다. 카밀로 비치라는 곳인데, 세계에서 가장 더러운 해변으로 알려져 있다. 플라스틱 사용을 금지한 이후로 하와이 내에서는 문제가 없으나, 카밀로 비치에는 여전히 많은 플라스틱 쓰레기가 뒤덮여 있다. 자원봉사로 쓰레기를 치우고 있지만 여전히 역부족인 상태이다. 또한 기후변화에 큰 위협을 받고 있다. 하와이는 서핑이 유명한 지역인데, 하와이 남부에 있는 오하우 섬에서 2022년 7월 12일 약 25피트(7.62m) 높이의 파도가 발생했다. 이는 허리케인 다비의 영향과 함께 만조일 때 해수면이 전보다 상승해서 형성되었다. 이처럼 기후변화로 서핑 천국의 위상이 흔들릴 수 있다. 하나님이 만드신 세상을 회복하고, 충분히 여유를 누리며 바다를 느낄 수 있는 하와이만의 매력을 경험하도록 함께 만들어야 한다. 이처럼 폴리네시아 지역의 나라와 지역을 함께 나누었다. 이 지역들의 환경문제를 잘 알고 환경선교를 잘 감당해야 한다.

우리는 지금까지 오세아니아 대륙에 있는 나라들과 지역들에 대한 환경문제 및 이슈 그리고 선교의 방향에 대해 알아보았다. 이 대륙의 전반적인 환경문제와 중점이 되어야 할 방향성을 다음과 같이 정리해보고자 한다.

첫째, 오세아니아 대륙을 이루는 수많은 바다 특히, 태평양에 펼쳐져 있는 산호초가 지구온난화로 백화현상을 맞았다. 세계적인 산호초 지대인 호주의 그레이트 베리어 리프나 마셜제도 등 모든 곳이 심각하다. 이러한 백화현상은 산호초를 고사시킨다. 산호초는 해양생태계를 유지하기 위한 아주 중요한 요소이다. 산호초가 사라지면 수많은 해양생물도 사라질 가능성이 크다. 그렇기에 오세아니아 대륙에 펼쳐져 있는 산호초를 보호해야 한다. 즉, 백화현상이 나오지 않게 하고, 온전히 회복시켜 나가는 것이 반드시 필요하다. 그러므로 선교사역을 통해 기후변화 교육을 진행하고, 해양생태계와 산호를 보호하는 역할들을 감당하도록 알려야 할 것이다. 이를 통해 하나님이 창조하신 생명체의 소중함을 깨닫는 좋은 기회가 될 수 있다.

둘째, 오세아니아에는 수많은 해안선을 끼고 있는 나라들이 존재한다. 하지만 이러한 해안선을 보호하는 맹그로브숲이 사라지고 있다. 개발과 양식장을 만들기 때문이다. 인공적인 방파제의 조성은 해류의 흐름을 변화시켜 해안침식으로 이어지는 경우가 많다. 이러한 부분을 이해하고 온전히 맹그로브숲을 회복시키는 대응책을 세워야 한다. 더불어 군소도서국가라 해양 자원을 얻기가 더 쉽지 않다. 특히, 기후위기로 인해 해수면 상승과 해양생태계의 파괴 등이 두드러지게 나타난다. 그러므로 해양과 뗄 수 없는 관계인 오세아니아 지역을 위한 해양환경정책을 잘 만들고 균형을 유지하며 살아갈 수 있도록 기도하며 협력해야 한다.

셋째, 전 세계의 쓰레기들이 바다를 거쳐 오세아니아 섬나라 해안가에 몰려오고 있다. 그중에서 플라스틱이 대부분을 차지한다. 2011년 동일본 대지진이 발생한 이후 플라스틱 쓰레기들은 하와이를 비롯한 많은 오세아니아의 청정한 나라들과 지역에 밀려들어 왔다. 이러한 위협은 자신이 버린 쓰레기의 양보다 훨씬 더 많은 경우가 대부분이다. 쓰레기를 처리할 방법을 잘 고안하고, 전 세계에 있는 나라들은 플라스틱 쓰레기가 오세아니아 해안가로 들어오지 못하도록 플라스틱 사용을 금지해야 한다.

마지막으로 오세아니아의 수많은 섬나라와 작은 도시에 가장 큰 위협이 되는 환경문제는 바로 기후변화다. 그중에서 지구온난화로 인한 현상 중 해수면 상승이 이들을 괴롭히고 있다. 이들에게는 생존과 직결된 문제다. 그래서 호주나 뉴질랜드로 떠나는 이들이 많다. 살아갈 수 없어 떠나는 아픔을 지닌 이들을 환경이재민 혹은 기후난민이라 부른다. 솔로몬제도의 5개의 섬과 투발루의 2개의 섬이 사라졌고, 그 외의 수많은 나라에서도 섬들이 사라지거나 밀물일 때 바닷물이 육지로 들어오는 위험을 감수하고 있다. 특히, 나우루, 마셜제도, 키리바시, 팔라우, 사모아 등이 그렇다. 이러한 위협은 식량을 생산할 수 없게 하고, 수입에 의존할 수밖에 없어 비만 등 성인 질병에 걸릴 확률을 높인다. 그리스도인으로서 이들을 향한 사랑의 마음으로 같이 대응하고 회복시키는 노력을 끝까지 해야 한다.

이렇게 우리는 환경선교에 대해 대륙별로 어떻게 나아가야 할지 생각해 보았다. 이 내용이 모든 것을 설명하고 있다고 말할 수 없지만, 우리가 사랑으로 돌보아야 할 각 지역의 사람들과 피조물이 많다는 사실을 알리고 싶었다. 지속적인 협력이 우리에게 필요하고, 누구나 환경적 위협에 노출될 수 있음을 기억하며, 서로 사랑으로 돌보기를 소망한다.

감사와 당부의 말

'창조관점으로 환경이슈 터파기'는 환경문제와 이슈가 만연한 현시대를 담고 있습니다. 진화론적인 관점을 넘어, 하나님의 관점으로 환경문제와 이슈를 바라보고 싶어 오랫동안 고민해왔습니다. 그리고 마침내 고민의 결과를 이 책에 담아 전합니다.

이 책을 위해 도움을 주신 분들의 참여와 헌신에 감사드립니다. 지금도 환경문제는 지속적으로 확대되거나 새롭게 발생합니다. 제가 소속되어 있는 단체(하나님이 만드신 아름다운 세상 연구소)는 새로운 환경문제와 이슈에 대해 계속해서 조사하고, 대응 방향을 제시하는 데 힘쓸 것입니다. 또한, 이 책을 필두로 더 나은 내용을 전하고자 합니다. 이 모든 것을 위해 기도와 협력 그리고 참여를 부탁드립니다. 감사합니다.

[연락처. baraelohim@hanmail.net / 070-7530-4101]

참고문헌

강수돌 외 10명(2021). 그린뉴딜과 신공항으로 본 대한민국 녹색시계. 산현재

뉴스펭귄(2021). 자연과 생태계는 법적 권리를 가질 수 있을까? (기사 검색, 23.02.07)

류모세(2010). 열린다 성경: 동물 이야기. 두란노

류모세(2010). 열린다 성경: 식물 이야기. 두란노

세계일보(2022). 제주 본섬~우도 해상 케이블카 추진 논란 (기사 검색, 22.7.6)

서울신문(2021). 동해안 모래사장 침식 재앙 덮친다...한 해, 축구장 18개 면적 사라져 (기사 검색, 22.1.8)

신진(1995). 환경난민과 근원적 해결방안. 사회과학연구소, 6, 127-138.

오마이뉴스(2021). 구례군, 지리산 케이블카 추진... "2022 지방선거 의식?" (기사 검색, 22.6.30)

연합신문(2019). 제주 제2공항 건설계획. (나무위키 검색, 22.8.17)

인천in(2020). 환경단체들, 백령공항 생태계 보전 대안 마련 요구 (기사 검색, 22.9.6)

조효제(2020). 탄소 사회의 종말: 인권의 눈으로 기후위기와 팬데믹을 읽다. 21세기 북스

환경운동연합(2016). 환경파괴 케이블카사업 살펴보기 1탄 - 신불산 케이블카. (웹사이트, 22.06.29)

Jessica B. Cooper(1998). Environmental Refugees : Meeting the Requirements of the Refugee Definition. New York University Environmental Law Journal, 6(2), 503.